聚合物复合改性沥青

胡昌斌 张 峰 著

科学出版社

北 京

内 容 简 介

聚合物复合改性沥青具有普通聚合物改性沥青所不具备的优良性能，因此在道路工程中的应用广泛，对其配方、性能、改性机理及制备工艺的研究，一直是相关领域研究的重点和热点。本书系统介绍了常见聚合物复合改性沥青的配方、制备、性能、改性机理及结构分析结果，具体包括硅藻土与硫磺改性沥青、岩沥青与湖沥青复合改性沥青、EVA 与 SBS 复合改性沥青、SEBS 复合改性沥青、高黏高弹改性沥青、橡胶复合改性沥青、多聚磷酸改性沥青、湿热地区复合改性沥青等。

本书可供从事改性沥青研究和应用的科研、教学、专业技术人员和研究生参考。

图书在版编目（CIP）数据

聚合物复合改性沥青/胡昌斌，张峰著. —北京：科学出版社，2021.11
ISBN 978-7-03-070548-8

Ⅰ. ①聚… Ⅱ. ①胡… ②张… Ⅲ. ①聚合物–复合材料–道路沥青–改性沥青 Ⅳ. ①TE626.8

中国版本图书馆 CIP 数据核字（2021）第 226134 号

责任编辑：裴 育 周 炜 李丽娇 / 责任校对：张小霞
责任印制：师艳茹 / 封面设计：陈 敬

科学出版社 出版
北京东黄城根北街 16 号
邮政编码：100717
http://www.sciencep.com
北京凌奇印刷有限责任公司 印刷
科学出版社发行 各地新华书店经销
*
2021 年 11 月第 一 版 开本：720 × 1000 B5
2024 年 1 月第二次印刷 印张：24
字数：469 000
定价：**168.00 元**
（如有印装质量问题，我社负责调换）

前　　言

随着我国交通事业不断发展，沥青路面建设规模不断扩大，特别是高等级公路和城市道路建设里程不断增加，对高质量道路沥青的需求量也呈不断上升的趋势。沥青的性能主要取决于原油的性质，由于我国地大物博，南北气候差异大，很多原油性质并不能满足高质量道路对沥青的要求。另外，国民经济的高速发展，带来交通量的大幅增加，车辆大型化和车辆重载情况严重，同时还出现了很多高性能的沥青混合料形式，如沥青玛蹄脂碎石混合料(SMA)、多孔沥青混合料、高韧性超薄加铺沥青等，对沥青路面的质量提出了更高的要求。使用一般的普通沥青难以达到要求，研究和生产改性沥青以提高沥青路面的使用性能，已经成为沥青技术发展的动力和趋势。

沥青改性通常会向沥青中添加一定量的聚合物，如热塑性弹性体(如 SBS、SBR、SEBS、SIS)、废胶粉(如 CR)、塑料(如 LDPE)、热塑性树脂(如 EVA)等。不同类型的聚合物由于自身性质和结构的差异对沥青具有不同的改性效果。然而，由于聚合物自身的性能也存在一定的缺陷，单一的聚合物改性沥青的部分性能仍然不能满足实际的需求，需要进一步改性。可以在聚合物改性沥青中添加少量的辅助改性剂来进行复合改性，用于聚合物复合改性的辅助改性剂种类繁多，常见的有黏土类(如蒙脱土)、增塑剂(如芳烃油)、交联剂(如硫磺)、多聚磷酸等。针对不同聚合物改性沥青的性能特点，辅助改性剂具有很强的选择性，实践证明少量辅助改性剂的添加能够明显改善聚合物改性沥青性能上的不足，部分或全面改善聚合物改性沥青的各项物理性能及流变性能，具有高效、低成本的优点。因此聚合物复合改性沥青的研究和推广，对于提高聚合物改性沥青的质量、完善其性能、降低成本、改善沥青路面的性能均具有重要意义。

本书系统介绍了常见的各类聚合物复合改性沥青的配方、制备、物理性能、流变性能、改性机理、结构分析方法和主要结论。具体内容包括硅藻土与硫磺改性沥青、岩沥青与湖沥青复合改性沥青、EVA 与 SBS 复合改性沥青、SEBS 复合改性沥青、高黏高弹改性沥青、橡胶复合改性沥青、多聚磷酸改性沥青、湿热地区复合改性沥青等。

福州大学道路与机场工程研究中心的徐松博士、章灿林博士，研究生张瑜、蔡郑明、彭昊晖、尤如杰、张亚玲、王楠楠、蒋振梁、谢尚兵、庄伟龙、林建建、周月华、侯文博为本书的研究内容做了大量的工作。本书的研究工作是在国家自然科学基金(51708121)以及与福州市公路局、泉州市公路局合作的福建省交通科技发展项目资助下完成的,在此一并表示衷心的感谢。

限于作者水平,书中难免存在疏漏和不足之处,敬请读者批评指正。

作　者

2021 年 1 月于福州大学

目　录

第1章 绪　　论

1.1　沥青的种类与性质

1.1.1　沥青的种类

沥青主要是指由高分子的烃类和非烃类组成的黑色到暗褐色的固态或半固态黏稠状物质，以固态或半固态存在于自然界或在石油炼制过程制得。沥青按其来源可分为石油沥青、天然沥青及煤焦油沥青等。沥青是人类应用最古老的建筑材料之一。人类在认识石油之前便开始使用沥青。早在 5000 多年前人们发现了天然沥青(主要是湖沥青与岩沥青)，并且利用其良好的黏结能力、防水特性、防腐性能等特征，以不同的形式用作铺筑石块路的黏结剂，例如，为宫殿等建筑物做防水处理，用作制作木乃伊的防腐剂，作为船体填缝料等[1]。

目前，石油沥青专指在原油加工过程中制得的一种沥青产品，主要含有可溶于三氯乙烯的烃类和非烃类衍生物，其性质和组成随原油来源和生产方法的不同而变化，在石油产品中属非能源产品。按胶体理论，石油沥青主要由油分、胶质、沥青质三种物质组成，油分作为分散介质，使胶质和沥青质分散于其中，从而形成稳定的胶体结构。技术成熟的石油沥青生产方法大致有以下六种：蒸馏法、溶剂沉淀法、氧化法、调和法、乳化法及沥青的改性生产。这些方法工艺易定型，对大多数炼油厂来说容易操作。沥青按其生产加工方法可分为直馏沥青、溶剂脱油沥青、氧化沥青、调和沥青、乳化沥青、改性沥青等[1]。直馏沥青是指由原油用常减压蒸馏方法直接得到的产品，在常温下是黏稠液体或半固体；溶剂脱油沥青是指由减压渣油经溶剂沉淀法得到的脱油沥青产品或半成品，在常温下是半固体或固体；氧化沥青是以减压渣油为原料经吹风氧化法得到的产品，在常温下是固体。由上述生产方法得到的沥青再加入溶剂稀释，或用水和乳化剂进行乳化，或加入改性剂进行改性，就可以分别得到稀释沥青、乳化沥青和改性沥青[1]。

经过 100 多年的生产和发展，石油沥青作为工程材料已在国民经济各部门广泛使用，成为许多领域不可替代的工程材料，而且应用领域还在不断拓宽。目前我国沥青生产能力已达到 2000 万 t/a，可以生产道路铺装、防水防潮、油漆涂料、绝缘材料等数十个品种和上百个牌号的沥青产品。我国不仅大量生产和使用沥青，而且高度重视沥青生产技术的发展、产品质量的改进和新品种的开发，以及在各工业部门的应用。目前公路建设和建筑业的持续发展对石油沥青的需求愈发强劲，市场容量大。展望未来，石油沥青产品仍将持续发展。

1.1.2　石油沥青的化学组成和性质

石油沥青的性质取决于油源与生产方法，而石油沥青质量的差异，归根到底是化学组成的差异。组成、化学结构和结合形态的任何变化都会改变沥青的物理性质。沥青是石油中分子量最大，组成和结构最为复杂的部分。只有对沥青的化学组成与结构进行分析，才能从本质上了解影响沥青抗老化性能、路用性能及使用性能的内在原因，正确地指导沥青的生产与使用[1]。

沥青是石油中最重的部分。沥青的元素组成，特别是碳、氢含量和H/C原子比对沥青的物理及化学性质影响很大。除碳、氢元素外，沥青中还含有少量的硫、氮、氧等元素，这些元素主要存在于沥青质和胶质中，对沥青的性质也有一定的影响。石油沥青中还含有其他微量元素，如铁、锑、镍、钒、钠、钙、铜等，也大多集中在沥青质和胶质之中，但因其数量甚微，对沥青性质和使用性能的影响不显著。沥青富集了原油的大部分微量金属元素，其种类、含量和分布完全取决于油源。沥青的碳和氢含量与其物理性质的关系并不密切，但元素的存在对沥青的界面性质、电性能和加工性能有重大影响[1]。

石油沥青组成复杂，且随原油及加工条件不同而不同，对于沥青这样复杂的体系，要分离为单体组分几乎是不可能的。最常用的方法是借助各种液相色谱，将沥青按照其中所含化合物的类型来进行分离，例如，利用液固吸附色谱可以成功地按照极性的不同实现饱和分、芳香分、胶质的分离；借助离子交换色谱，可以按照组分的酸碱性进行分离；而凝胶色谱则大致是按照分子体系的大小进行分离的。采用液相色谱和溶剂分离，可以将沥青大致分为饱和分、芳香分、胶质、沥青质四个组分。此外，沥青化学结构的研究方法还有化学降解法和超临界流体精密分离技术。可按分子量大小连续地分成多个馏分，或分子量近似而极性不同的混合物按极性大小连续分成多个馏分，所得的馏分可用于进一步研究化学组成与结构以及使用性能的关系[1]。

现代胶体理论认为，石油沥青以沥青质为核心，胶质吸附于其周围形成胶束，作为分散相分散在由芳烃和饱和烃组成的分散介质中。沥青的性质在很大程度上取决于四种组分的组合比例和沥青质在分散介质中的胶溶度或分散度。各种沥青的饱和烃的H/C原子比在2.0左右，分子量为500~800，芳碳率几乎为0，环烷碳分率为10%~20%，其他均为烷基碳。沥青中的饱和烃主要由正构和异构的烷烃所组成，在分子上还带一些环烷烃。存在于饱和烃中的正构烷烃(蜡)，对沥青的使用性能影响很大，特别是对胶体结构、流变性、低温延度、黏附性都有很大的影响。对于道路沥青，一般含蜡量应在3%以下。芳烃的分子量为800~1000，

H/C 原子比为 1.56～1.67。胶质也称极性芳烃，其 H/C 原子比为 1.40～1.47，平均分子量为 1300～1800，它的芳构化程度比芳烃还高，胶质在沥青胶体体系中作分散剂，在常温下呈半固体状态。它的存在可使沥青具有很好的塑性和黏附性，还能改善沥青的脆裂性并提高延度。其化学性质不稳定，易于氧化转变为沥青质。沥青质是石油沥青中最重的部分，其平均分子量可达数千到 10000，H/C 原子比仅为 1.16～1.28，其芳碳率、芳环数均较其他组分高。沥青质没有固定的熔点，加热时通常首先膨胀，然后到达 300℃以上时，分解生成气体和焦炭。沥青质是沥青胶体体系的核心物质，它的多少和结构对沥青胶体结构性能的影响很大。由于沥青质分子的缔合作用，沥青质分子总是几个分子结合在一起，含沥青质高的沥青，其软化点高，针入度小，延度小，低温易脆裂[1]。

要生产一种优质道路沥青，沥青中的饱和分、芳香分、胶质、沥青质应有一个合理配比。单独存在时，饱和分和芳香分的针入度极大，软化点很低，黏度也小，可以认为它们是沥青中的软组分，起塑化剂作用；而胶质、沥青质的针入度为 0，软化点很高，胶质的黏度比饱和分和芳香分大三四个数量级，因此可认为它们是硬组分，在沥青中起稠化作用。化学组成与沥青的胶体性能存在密切的关系。

解释石油沥青结构的理论有胶体理论和高分子理论两种。现代胶体理论认为，按四组分解释，固态微粒的沥青质是分散相，散态的油分(饱和分和芳香分)为分散介质，胶质使分散相很好地胶溶在分散介质中，沥青质是核心，一些沥青质聚集在一起，胶质吸附在表面，逐渐向外扩散，而使沥青质的胶核溶于油分介质中，这种结构就是胶体的组成结构单元，即胶团。各个组分在沥青中可以形成不同的胶体结构，通常按它们的化学特性及各种组分的比例和流变学特性，可以分为溶胶、溶胶-凝胶和凝胶三种结构。

第一类沥青为溶胶型结构，沥青中沥青质含量很少，同时由于胶质作用，沥青质完全胶溶分散于油分介质中。胶团没有吸引力或吸引力很小。这类沥青完全符合牛顿流体的特点，剪切力与剪切应变速率呈直线关系，弹性效应很小或完全没有[1]。

第二类沥青为溶胶-凝胶型结构，沥青中沥青质含量适当，并有很多胶质作为保护物质。它所形成的胶团相互有一定的吸引力。这类沥青在常温时，在变形的最初阶段，表现为非常明显的弹性效应，但在变形增加到一定数值后，则表现为牛顿流体。大多数优质的路用沥青都属于溶胶-凝胶型沥青，它具有黏弹性和触变性，也称弹性溶胶[1]。

第三类沥青为凝胶型结构，沥青中沥青质含量很高，形成空间网格结构，油分分散在网格结构中，这种沥青具有明显的弹性效应[1]。

沥青感温性能指标针入度指数(penetration index, PI)与沥青的胶体结构、化学组分有密切的关系。用 PI 值表示沥青的胶体类型是现在最常用的方法。壳牌公司根据沥青的针入度指数将沥青分为三类：当 PI<-2 时，为纯黏性的溶胶型沥青，也称焦油型沥青；当-2≤PI≤2 时，为溶胶-凝胶型沥青，这类沥青有一些弹性及不十分明显的触变性，一般的道路沥青属于这一类；当 PI>2 时，为凝胶型沥青，有很强的弹性和触变性，大部分的氧化沥青属于这一类，而且氧化程度越高，沥青质的浓度越大，PI 值越大[1]。

也有研究人员采用高分子溶液理论来研究沥青。这种理论认为，沥青是一种以高分子量的沥青质为溶质，以低分子量的软沥青质为溶剂的高分子溶液。沥青质的含量以及沥青质与软沥青质溶解度参数的差异，很大程度上决定了高分子溶液的稳定性。通常沥青质含量很低，且沥青质与软沥青质溶解度参数差值很小，就能形成稳定溶胶。随着沥青质含量的增加，由溶胶逐渐转化为稳定的凝胶。若沥青质含量很高，且沥青质与软沥青质溶解度参数差值又较大，则可形成沉淀型凝胶。凝胶是一种过渡状态。优质高等级道路沥青按照相容性理论应满足以下准则：①一种沥青能否形成稳定的溶液，不取决于沥青颗粒的大小，而是取决于溶质(沥青质)在溶剂(软沥青质)中的溶解度和溶剂对溶质的溶解能力；②软沥青质与沥青质的平均化学结构越相似，溶解度参数越接近，所形成的沥青结构越稳定；③优质高等级道路沥青的软沥青质和沥青质的浓度应有一个合理的范围[1]。

在沥青高分子浓溶液中，沥青质分子是以扩散运动和沉降运动的综合结果而显示不同性质的，前者是分子间作用力的作用结果，而后者是分子重力的作用结果，可由沥青质分子的扩散状态间接地了解沥青的相容性。在常温下，由于软沥青质的黏度较大，沥青质分子的沉降效应较小，很难观察出沥青质分子的扩散状态。当加入稀释剂后，即可降低软沥青质的黏度，增加沥青质的沉降效应，因而可根据沉降速度的不同，判定沥青的相容性。相容性较好的沥青，沥青质分子的扩散效应较大，沉降速度较慢；相反，相容性较差的沥青，沥青质分子的沉降速度较快。沥青的相容性与沥青的耐久性、流变性和延度存在显著相关性。沥青的相容性是沥青内部分子相互作用的结果，它们反映在宏观上即为沥青的物理性质，沥青的抗老化性能随相容性增加而提高；沥青的流变指数值随相容性的提高而更趋牛顿流体；同样，相容性好的沥青具有较大的延度[1]。

1.1.3　道路改性沥青的产生和发展

在国外，很早就有通过掺加改性剂对沥青材料的性能进行提高的相关研究的报道，尤其是聚合物改性沥青在 19 世纪初就有相关应用。英国人 Whiting 在 1873 年申请了橡胶改性沥青的专利，并在 1845 年采用橡胶改性沥青铺筑了路面，法国在 20 世纪初也用橡胶沥青铺筑了路面。通过在沥青中掺加少量聚合物，能够显著提高沥青材料的路用性能。1936 年，荷兰人在从阿姆斯特丹通往海牙的道路上用橡胶沥青修筑了一条路面,该路面在经历第二次世界大战中的重型机械碾压后,仍然保持着良好的路面状况,这引起了人们的广泛关注;1937年,英国以橡胶改性沥青作为磨耗层铺筑了碾压式沥青混凝土路面。1947年,美国研究了丁苯橡胶(styrene-butadiene rubber,SBR)胶乳和胶粉改性沥青,采用1.5%~3%的丁苯橡胶改性沥青铺筑的道路至今已超过5000km。近年来,美国对正交异性钢桥面进行了铺装,铺装材料为环氧树脂;奥地利理查德·费尔辛格集团从20世纪70年代开始研究改性沥青,历经20年后研制出了路福沥青[2]。

在亚洲,日本是使用改性沥青路面最多的国家。1952年,日本人在东京的祝田桥附近用橡胶沥青铺筑了试验路,1983年,又铺设了本洲—四国大桥的钢桥桥面,采用的材料是橡胶沥青和热塑性树脂,1985年,由日本建设省建筑研究所研究开发了橡胶沥青"筑波Ⅰ号",并进行了试验路铺筑,试验结果表明其路用性能能够达到预期的目标。近年来,日本又结合多种技术研制出了苯乙烯-丁二烯-苯乙烯三嵌段共聚物(styrene-butadiene-styrene block copolymer,SBS)、韧性聚苯乙烯(toughened polystyrene,TPS)等多种改性剂,其中TPS专门应用于排水沥青路面。近60年来,国外对改性沥青的研究大概经历了表1.1所列的几个主要阶段[3]。

表1.1 国外改性沥青的发展阶段

时间阶段	发展成果
1950~1960年	主要的改性材料:天然橡胶或胶粉;掺入方法:将改性剂掺入沥青混合料中进行拌和或预先配制天然橡胶沥青
1961~1970年	将SBR以胶乳的形式按照一定的比例拌和在混合料中,SBR改性沥青试验成功;国际合成橡胶生产商协会(International Institute of Synthetic Rubber Producers,IISRP)召开了首届橡胶沥青国际会议
1971~1988年	热塑性树脂如乙烯-乙酸乙烯共聚物(ethylene-vinyl acetate,EVA)、聚乙烯(polyethylene,PE)等开始广泛应用;改性沥青材料由先前的特殊材料变为一般材料
1988年至今	路面材料的功能性逐渐增强,依据高性能面层、重载交通以及沥青的再生等功能,把改性沥青的分类由按材料分类改为按性能分类,同时废除了沥青的温度-黏度关系曲线

为了适应国产原油资源的特点,自20世纪70年代后期以来,我国大力开发从各种类型原油生产石油沥青的技术,形成了深度加工和合理利用资源相结合的多种组合工艺,使石油沥青的产量和质量大幅度提高,特别是道路沥青的生产布局更为合理,有力地推动了公路等基础设施建设的发展。我国高速交通和重交通路面的建设,特别是特殊路段和特殊气候条件下路面铺装技术的发展,以及现代建筑物的大举兴建,大大促进了改性沥青技术和品种的开发以及生产的发展。

我国聚合物改性沥青的研究起步较晚,但是发展较快,并取得了显著的成绩。20世纪60年代以前,由于技术的问题,当时国内用的沥青材料来源主要依靠进口原油进行提炼和直接进口沥青，因此沥青路面使用范围受到了限制，仅用于高等级公路。70 年代末期，交通部科学研究院、同济大学以及黑龙江、江苏、江西和广东等地科研机构相继进行了废胶粉改性沥青的研究，同济大学还进行了再生胶乳在改性沥青中的应用研究。80 年代，国内研究部门进行了氯丁胶乳改性沥青、丁苯胶乳改性沥青以及 SBS、炭黑复合改性沥青的研究。但直到 80 年代末这些研究仍仅用于铺筑小规模道路，并没有大范围的应用推广。90 年代，交通部重庆公路科研所与协作单位成功研制了第一台橡胶改性沥青生产设备，并将生产的橡胶改性沥青应用于广州通往深圳的一级汽车专用路的铺筑中，从此揭开了我国聚合物改性沥青应用的序幕。Novophalt 技术传入我国和首都机场高速公路的建成也推动了我国改性沥青技术的发展。1991～1993 年，我国橡胶沥青的铺筑面积达 400 多万 m^2。进入 21 世纪，道路的服务性能要求越来越高，出现了排水沥青路面等新型路面形式，这些新型路面形式对沥青提出了更高的要求，改性沥青的应用越来越多，先后在一些高等级的路面上铺筑了胶粉改性沥青试验路或实体工程，同时以硅藻土、天然沥青等新型掺合料改性沥青的试验路也在各地有一定的发展[3]。

1.1.4 道路改性沥青的分类

改性沥青是指向沥青中加入改性剂(如聚合物、树脂、胶粉或其他填料)或采取一定的加工措施(如对沥青进行轻度氧化)，使沥青或沥青混合料的路用性能得以有效提高的沥青结合料。改性剂是指在沥青或沥青混合料中加入的能够熔融或分散在沥青中，从而使沥青的性能得以改善的材料，改性剂可以是天然的或人工的有机或无机材料[2]。

关于改性沥青的分类，全世界范围内并不存在统一的划分标准。本书从广义和狭义两种角度对改性沥青划分如下。

1. 改性沥青的广义分类

广义的改性沥青是指按照使用目的不同划分改性沥青。划分情况如图 1.1 所示。

2. 改性沥青的狭义分类

道路改性沥青现在一般是指聚合物改性沥青。按照改性剂的不同，聚合物改性沥青又分为三类[2]。

(1) 热塑性橡胶类。即热塑性弹性体，主要是苯乙烯嵌段共聚物，如 SBS、苯乙烯-异戊二烯嵌段共聚物 (styrene-isoprene-styrene block copolymer，SIS)、苯乙烯-乙烯-丁烯-苯乙烯嵌段共聚物 (styrene-ethylene-butadiene-styrene，SEBS)等。由于它们兼顾橡胶和树脂两类改性沥青的结构与性质，也称为橡胶树脂类。

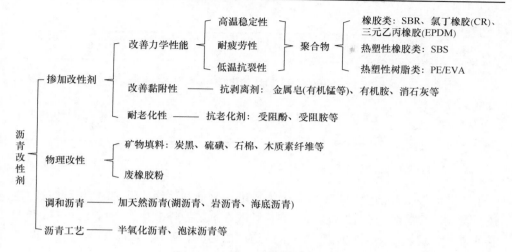

图 1.1 沥青改性剂的广义分类

(2) 橡胶类。如天然橡胶(natural rubber，NR)、SBR、氯丁橡胶(chloroprene rubber，CR)等。

(3) 树脂类。热塑性树脂，如 EVA、PE、无规聚丙烯(atactic polypropylene，APP)、聚乙酸乙烯酯(polyvinyl acetate，PVA)等。

说明：上述聚合物的名称均有国家标准或石化行业标准规定，如《橡胶和胶乳 命名法》(GB/T 5576—1997)、《乙烯-乙酸乙烯酯共聚物(E/VAC) 命名》(SH 1052—1991)等。

3. 改性剂品种

现在常用的路用改性沥青可以根据添加改性剂种类的不同进行分类，改性剂种类及实例见表 1.2[1]。

表 1.2 改性剂种类及实例

改性剂种类		典型例子	备注
无机填料类		炭黑、硅藻土、木质素纤维等	可改善路面抗永久变形能力
热塑性橡胶类		SBS、SIS、SEBS 等	SBS 为目前道路上最常用的一类
橡胶类		NR、SBR、CR、BR、IR、SIR 等	CR 常用于改性煤沥青
树脂类	热塑性	EVA、PE、APP、PVA、丁腈橡胶(NBR)等	APP 价格低廉，经常用于改性沥青油毡，但与石料黏结力较差
	热固性	环氧树脂(EP)等	

续表

改性剂种类	典型例子	备注
矿物填料	滑石粉、石灰石粉、云母粉、石棉粉、水泥	一般矿物填料的掺量为 20%～40%
纳米粒子改性剂	改性蒙脱土纳米改性剂、聚合物/层状硅酸盐纳米复合材料	增韧、增弹、提高高温和耐老化性能

4. 不同改性剂改性效果和使用地区

不同改性剂对沥青的改性效果是不同的，因此在选择改性剂时应有针对性地进行选择。壳牌公司曾对目前常用的几种改性剂的改性效果进行对比，并根据大量的试验和经验明确了常用改性剂大致适用的地区，SBS、SIS、EVA、PE 这四类改性剂的主要功效和大致适用地区见表 1.3[1]。

表 1.3　不同改性剂的主要功效和大致适用地区

项目	SBS	SIS	EVA	PE
抗车辙变形	+	+	+	+
抗温缩裂缝	+	+	−	−
抗温度疲劳裂缝	+	+	−	−
抗交通疲劳裂缝	+	+	+	−
裂缝自愈合性能	+	+	?	−
抗磨耗性能	+	+	+	−
抗老化性能	+	+	0	0
大致适用地区	炎热、温暖、寒冷地区	炎热、温暖、寒冷地区	炎热、温暖地区	炎热地区

注："+"表示提高；"−"表示降低；"0"表示无影响；"?"表示尚不清楚。

通过调研国内外路面改性沥青研究现状可以看到，对于改性沥青的研究具有如下特点。

(1) 材料。改性沥青的研究材料包含无机物(硅藻土、白炭黑、纳米碳酸钙等)、聚合物[SBS、SEBS、高密度聚乙烯(high-density polyethylene，HDPE)、低密度聚乙烯(low-density polyethylene，LDPE)等]、胶粉等改性剂，其中对聚合物改性沥青的研究和应用较多，其他类改性沥青的研究相对较少。

(2) 改性技术。沥青的改性技术包括物理共混、反应性共混等，改性方法包括单一改性、复合改性等。

(3) 性能研究。改性沥青的性能研究主要集中在高温稳定性、低温抗裂性、温度敏感性、抗老化性、抗疲劳、储存稳定性等诸多方面。

(4) 试验方法。改性沥青的试验方法涵盖了传统的针入度、延度、软化点、黏度等方法，还有动态剪切流变、低温弯曲蠕变试验、弯曲小梁试验，以及先进的热分析、红外光谱、核磁共振等针对微观结构分析的试验方法。

近年来，关于橡胶和树脂进行复合的改性沥青以及环氧树脂改性沥青的相关研究和应用有了新的进展。但是由于沥青改性的技术工艺相对来说比较落后，导致改性沥青在国内的应用和推广还不够广泛，对于沥青的理论研究还有待进一步研究与完善。在国内，目前应用较为广泛的改性剂主要有 SBS、SBR、PE、EVA，其中 SBS 应用最为广泛，主要是因为 SBS 能够同时改善沥青的高、低温性能，具有较好的双向改性性能。

目前改性剂在沥青材料中的广泛应用和研究结果表明，改性沥青对沥青材料的各项性能都起到了显著的改善和提高作用。但同时应该看到对于新型改性沥青研究的不足，也没有针对区域性的专门研究，对性能评价指标和不同改性沥青的控制指标的研究仍有待进一步加强。

1.2 主要改性剂与辅助改性剂

1.2.1 热塑性弹性体类

热塑性弹性体(thermoplastic elastomer，TPE)改性剂主要包括四大类：聚醚-聚酯共聚物、聚氨酯、苯乙烯嵌段共聚物以及聚烯烃，其中已被证明具有最大潜力的道路沥青改性剂是苯乙烯嵌段共聚物。SBS、SIS、SEBS 改性沥青作为其代表性产品，常被称为热塑性橡胶类(thermoplastic rubber，TPR)改性沥青。其中，SBS 分子结构为条形，通常用于路面沥青改性，目前 SBS 改性沥青是国际上应用于道路的改性沥青中使用最多的；热熔黏结料多采用 SIS；抗氧化、抗高温变形要求高的屋面和道路多采用 SEBS。

1. SBS 改性剂

SBS 橡胶归属于嵌段共聚型热塑性弹性体，其作为苯乙烯-丁二烯-苯乙烯三嵌段共聚物弹性体。SBS 橡胶以 1, 3-丁二烯和苯乙烯作为单体，使用阴离子聚合制得星型或线型嵌段共聚物，如果添加填充油则形成充油 SBS。我国的石化行业标准《热塑性丁苯橡胶(SBS)1401、4402、4452》(SH/T 1610—1995)正式将 SBS 命名为热塑性丁苯橡胶。

SBS 高分子链段存在串联结构的塑性段、不同嵌段和橡胶段，使其构成了接近于合金的"金相组合"结构，如图1.2所示。这种热塑性弹性体存在多相结构，每一个丁二烯链段(B)末端都连接一个苯乙烯嵌段(S)，多个丁二烯链段偶联就构成星型或线型结构。聚苯乙烯链段(S)位于两端，然后各自聚集在一起，构成物理学交联区域，也就是硬段，称为微区，也可称为约束相(或分散相、聚集相、岛相等)；而聚丁二烯链段(B)构成软段，也可称为连续相，表现为高弹性。硬链段(S)与软链段(B 段)互相不能兼容，硬聚苯乙烯链段分子缔合作用就像物理的交联或结合，而且保持在一起很长时间，和中间基封闭聚丁二烯软橡胶聚合物化学结合，通常称这种分相结构为微观相分离结构。

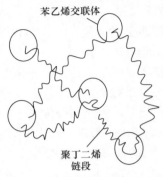

图 1.2　SBS 的相位结构

　　SBS 橡胶呈现白色或者微黄色多孔性粒状、条状或粉状物，在我国多呈粒状物或条状。分子量为 5000~16000，通常粒长小于 10mm，较丁苯橡胶低很多。SBS 橡胶的密度是 940~1130kg/m³，而 SBS 橡胶的加工温度是 150~230℃，氧化分解会在温度高于 230℃时进行。它的型号很多，在筑路部门和沥青防水材料应用最多的为 SBS1301(YH-791)、SBS1401(YH-792)、SBS4303(YH-801)三个型号。热塑性弹性体 SBS 牌号及性能见表 1.4[1, 2]。

表 1.4　热塑性弹性体 SBS 牌号及性能

项目	SBS1301 (YH-791)	SBS1401 (YH-792)	SBS4303 (YH-801)	SBS4402 (YH-802)	SBS1551 (YH-795)	SBS4452 (YH-805)
结构	线型	线型	星型	星型	线型	线型
嵌段比(S/B)	30/70	40/60	30/70	40/60	48/52	40/60
充油率/%	0	0	0	0	33	33
拉伸强度/MPa	>18.00	>20.00	>12.00	>21.60	>11.80	>13.70
300%定伸应力/MPa	>1.90	>2.30	>1.50	>2.90	>1.37	>1.00
伸长率/%	>700	>500	>590	>550	>950	>900
永久变形/%	<45	<65	<45	<65	<80	<55
邵氏硬度	>60	>82	>65	>80	>60	>55
总灰分/%	<0.20	<0.20	<0.20	<0.20	<0.20	<0.20
挥发分/%	<2.00	<2.00	<2.00	<2.00	<3.00	<3.00
防老剂 264	非污染	非污染	非污染	非污染	非污染	非污染
熔体流动速率/(g/10min)	0.4~10.0	0.15~10.0	0~1.0	0.1~5.5	3.5~25	0.5~10.0

　　SBS 橡胶的溶解度参数大约为 17.6(J/cm³)^{1/2} 时，特性黏度达最大值，有无需

硫化、节能的特点，被称为第三代橡胶。SBS 橡胶的低温脆化点大约是–100℃，交联点是可逆的。130℃以上 SBS 橡胶显示线型聚合物行为，室温时 SBS 橡胶会呈现交联橡胶的特征。

SBS 橡胶分为两种结构：星型和线型。通常比起线型 SBS 橡胶，星型 SBS 橡胶改性沥青效果更优，但线型结构在加工方面要更容易，星型则有一定的难度，对设备的剪切力及研磨力要求较高，如果提前对 SBS 橡胶用软化剂给予处理，其加工性能将明显改善。

1) SBS 改性剂的改性机理

SBS 的硬链段充当分散相分布在连续相聚丁二烯中，使分子链段冷流受到阻断，常温下，甚至是在低温–100℃的条件下，仍存在硫化橡胶的特征，起到了聚丁二烯补强活性填充剂和物理交联点固定链段的作用。聚丁二烯软段镶嵌于聚苯乙烯硬段，连接成星型或线型结构，因此称为嵌段共聚物。SBS 通过聚苯乙烯嵌段构成一种三维结构，在沥青中分散，聚苯乙烯末端提供给材料充足的强度，中间嵌段聚丁二烯又保证了共聚物具有良好的弹性。

SBS 两相分离的结构确保了其具有两个玻璃化转变温度，T_{g1} 为–80℃(聚丁二烯)，T_{g2} 为 80℃(也有资料说是 100℃)。如果温度升高到高于 SBS 端基苯乙烯的玻璃化转变温度(T_{g2})的情况下，SBS 的网状结构也会被破坏，塑料段开始软化和流动，对拌和与施工有利。而在路面使用温度下其为固体，起到物理的交联和增强效果，产生高拉伸强度以及高温作用下的抗拉伸能力；中段丁二烯给予了更好的弹性和抗疲劳性能，其玻璃化转变温度极低，呈现低温柔性。当 SBS 熔入沥青后，SBS 端基随之转化和流动，在中基吸收沥青软组分之后，成为海绵状材料，体积扩大了许多倍。在冷却之后，SBS 端基再次硬化，并且发生物理交联，使中基嵌段进入形成弹性的三维网状。通常这种在加工温度下表现为塑性流动状态，而在常温下不需要硫化，也就是呈橡胶性能的特点，促使 SBS 充当道路沥青的改性剂时具有非常好的使用性能[2]。

利用聚苯乙烯和聚丁二烯电子密度差显示出两相结构的形态。制作的样品薄膜在显微镜下能观察到聚苯乙烯通常卷曲为球状，SBS 热塑性弹性体结构示意图如图 1.3 所示。

2) SBS 改性效果

(1) SBS 改性剂对沥青力学性能的影响。SBS 橡胶的主要力学性能是回弹性和蠕变性、黏性和韧性。SBS 橡胶沥青的黏性或韧性都发生了显著改善，体现了 SBS 橡胶沥青具有更好的黏结力及抗冲击破坏性能，且随着 SBS 橡胶掺量的增加，沥青的回弹性明显得到提高。在经试验后，SBS 的掺量在 1%～6%时回弹性得到的增长幅度较大，掺量超过 6%以后，回弹性增长变得缓慢。试验表明，低黏度沥青的弹性要比高黏度沥青制成的改性沥青效果好[4]。

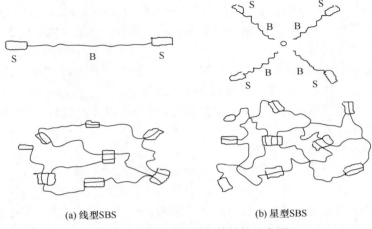

(a) 线型SBS (b) 星型SBS

图 1.3 SBS 热塑性弹性体结构示意图

(2) SBS 改性剂对沥青低温性能的影响。玻璃化转变温度、低温延伸度、当量脆化点是 SBS 改性沥青的主要低温性能指标。SBS 改性沥青的低温延伸度随 SBS 掺量的增大而增大，在掺量为 3%～5%时，增加幅度达到最大，而掺量大于 5%之后增长变得较为缓慢。在增加 SBS 的掺量之后，极大地降低了其改性沥青的脆化温度和玻璃化转变温度，说明极大地提高了 SBS 改性沥青的低温性能。

(3) SBS 改性沥青对感温性能的影响。温度对沥青材料的影响非常重要，假如改性沥青混合料能承受温度变化的范围越广，沥青材料就越能抵抗夏季炎热及冬季严寒，既不会因为高温软化而产生永久变形，也不会因为严寒而产生开裂。在 SBS 改性沥青的基础上，为了提高沥青材料在低温情况下的抗龟裂能力，可通过对不同辅助改性剂的复合使用并进行辅助改性后，使其改性沥青的延度和针入度得到大大提高。改性沥青感温性能是采用三种不同温度(15℃、25℃、30℃)的针入度，求取 PI，PI 值越低，它的温度敏感性就越高。通常非改性沥青的 PI 值基本上不超过−0.8。而改性沥青要求的 PI 应该在−0.2 以上，其实际测定 PI 值均应大于−0.2，这表明改性沥青感温性能已经得到改善。

(4) SBS 改性沥青对弹性恢复性能的影响。对于普通沥青来说，沥青在拉伸一定距离剪断后的恢复能力通常都比较小，也就是说，拉伸长度不能恢复原状。而对于改性沥青来说，改性沥青弹性恢复能力涉及沥青路面承受外力作用后变形能否恢复(或接近)原来的状态，能否很好地抵抗外力作用。当改性沥青弹性恢复率达到 92%以上，显著超过我国《公路沥青路面施工技术规范》(JTG F 40—2004)所规定的技术指标要求时，基质沥青添加 SBS 改性剂后，其弹性恢复性能就可以取得最佳的效果。

2. SEBS 改性剂

SEBS 是苯乙烯-乙烯-丁烯-苯乙烯嵌段共聚物，在常温下，SEBS 的聚苯乙烯(PS)段硬塑性嵌段，以及中间乙烯/丁烯(EB)弹性体嵌段，在热力学上其实是不相容的，与此同时产生两相结构，表现为微观相分离状态。

SEBS 新型弹性体的分子链上不饱和双键加氢达到饱和后，比 SBS 具有更好的稳定性，并且具有极好的耐热性，SEBS 使用温度可达到 130℃(而 SBS 仅为65℃)；特别是具有优异的耐氧化、耐臭氧、耐紫外线和户外的耐候性能，在非动态用途方面可以媲美乙丙橡胶，无需硫化就能拥有橡胶的良好应用性能；而且可以与热塑性塑料一样热塑加工成型，它的边角余料可以循环回收利用且不损伤其弹性体的物理性质和加工性能；在常温下呈现出橡胶的高弹性，高温下呈现出塑料的流动性。SEBS 在使用中可以取得较好的耐磨性和柔韧性。SEBS 的加工温度可媲美通用塑料聚丙烯。SEBS 耐醇类、无机酸等化学品腐蚀，具有良好的共混性和溶解性，能溶于通常使用的溶剂中，能与许多聚合物共混，能与其他材料(如橡胶工业中常用的烷油、环烷油、还有其他聚合物和填料)配炼，生产出特殊用途制品，这样不仅可以改进共混物的加工性能，而且也可提高共混物的使用温度。由于 SEBS 具有优异的性能，从 20 世纪 80 年代初正式工业化生产以来，SEBS 作为用途很广的新型弹性体材料一直为国际上所公认[4, 5]。

SEBS 作为一种多用途新型热塑性弹性体，在科技界有人将之称为"第四代橡胶"。SEBS 是采用聚苯乙烯当作末端段，并采用聚丁二烯加氢得到的乙烯-丁烯共聚物当作中间弹性嵌段的线型共聚物。加氢之后的 SBS 的中间聚丁二烯嵌段就转化成乙烯和 1-丁烯的无规共聚段而变成 SEBS。SEBS 不含不饱和双键，因此具有良好的耐老化性和稳定性。与 SBS 相比，SEBS 的耐热性显著提高，SEBS 的使用温度和加工温度分别可达 130℃和 290℃，而 SBS 相应是在 65℃和 200℃时耐候性较好，经过暴露试验 3000h 后，其强度稍微削减，保持率达到 95%；其电绝缘性和掺混性也得到进一步改进。

SEBS 具有良好的耐热性、耐候性、耐压缩变形性和优良的力学性能[5]。

(1) 耐温性能较好。SEBS 脆化的温度小于或等于-60℃，在存在氧气的气氛下其分解温度大于 270℃。

(2) 耐老化性能优异。SEBS 在人工加速老化箱中老化一周，性能的下降率小于 10%，臭氧老化(38℃)100h，其性能下降小于 10%。

(3) 电性能优良。SEBS 的介电常数在 1000Hz 时为 1.3×10^{-4}，在 1MHz 时为 2.3×10^{-4}；

(4) 溶解性能、共混性能和充油性良好。SEBS 可以溶解于许多常用溶剂中，其溶解度参数为 $7.2 \sim 9.6(J/cm^3)^{1/2}$，可以和多种聚合物一起共混，能采用橡胶工业常用工程塑料油类，如白油或环烷油来进行充油。

(5) 不需要硫化即可使用的弹性体。加工性能和 SBS 类似，其边角料可重复使用，满足环保要求且无毒，也满足美国食品药品监督管理局的要求。

(6) 较小的相对密度，大约为 0.91，只要同样重量就可以生产出更大体积的产品。

表 1.5 列出某化工厂巴陵牌 SEBS 主要产品性能。

表 1.5 某工厂巴陵牌 SEBS 主要产品性能[6]

项目	SEBS561	SEBS501	SEBS502	SEBS503
结构	线型	线型	星型	星型
苯乙烯含量/%	34	30	30	33
拉伸强度/MPa	25	20	25	25
300%定伸应力/MPa	5.5	4.0	4.8	6.0
伸长率/%	500	500	500	500
邵氏硬度	82	75	75	77
20℃时 10%甲苯溶液黏度/(MPa·s)	1200	500	1200	1500

SEBS 广泛应用于生产高档电缆电线的填充填料、润滑油增稠剂、高档弹性体和护套料等，能够制作各种软接触材料，如手柄、文具、玩具、运动器材的把手以及汽车密封条等，其边角料也能够重复使用。这么多年以来，我国使用该产品都是依赖进口，价格十分昂贵。目前全球的 SEBS 年产能仅 15 万 t 左右。

1) SEBS 改性机理

SEBS 作为改性剂可以改进沥青的高低温性能。这是因为 SEBS 的两端是刚性苯乙烯嵌段，中间是较为柔软的丁二烯-1、丁二烯和乙烯的共聚物。在加工温度下，它具有塑性流动状态，而在室温下不需要硫化就可以形成橡胶性能的特点。SEBS 的苯乙烯链段(S)在两端，各自聚集在一起，形成物理交联区域，聚乙烯、一部分未饱和丁二烯链段(EB)和丁二烯-1 就会形成软段，表现为弹性。另外 EB 段与蜡组分相容性较好，减少了国产沥青中蜡含量高对低温延度造成的负面影响。SEBS 分散于沥青中，苯乙烯末端给予材料足够的强度，中间嵌段又使共聚物具有良好的相容性和弹性。SEBS 具有柔性链段，其分子间距较大，沥青向其分子网络中渗透和 SEBS 分子链段向沥青中扩散都比较容易发生，使沥青中可以作为"束缚溶剂"的那部分沥青组分比例增大，同时一部分饱和分(包括蜡组分)能够被 SEBS 有效地吸收，因此其能够降低沥青的感温性[7]。

添加 SEBS 后，基质沥青的物理性能明显改善，如软化点的提高，弹性、延度和韧性的改进可归因于 SEBS 的分子链结构。一方面，软沥青组分，如饱和芳香族化合物在一定程度上能被氢化丁二烯基团吸收，从而改变沥青的分布；另一方面是苯乙烯基团 SEBS 分子链中较高的玻璃化转变温度也促使沥青的软化点进一步提高。对低温的延展性和弹性的改善取决于沥青中溶胀的 SEBS 颗粒的柔韧性。聚合物链的强度和弹性有利于沥青的抗变形能力，如增强沥青的韧性。随沥青中 SEBS 含量的增加，软化点也显著增加，但因为氢化丁二烯的活性低，延性和韧性变化都不大[6]。

2) SEBS 改性效果

在壳牌基质沥青中混入 4.5% SEBS 改性剂，其改性效果见表 1.6[6]。

表 1.6 SEBS 改性壳牌沥青效果

技术指标		基质沥青	混入 4.5% SEBS 的改性沥青
针入度/0.1mm	5℃	9	13
	25℃	85	74
	35℃	178	140
	PI	−0.625	0.931
软化点/℃		47	60.5
延度/cm	25℃	>120	>120
	5℃	11	40
弹性恢复率(25℃)/%		5	60

从表 1.6 中可以看出，SEBS 作为新型沥青改性剂，能显著提升沥青混合料的力学性能和路用性能。SEBS 改性沥青针入度降低，延度降低，软化点升高，针入度的指数增大，感温性能得到改善。

3. SIS 改性剂

SIS 是苯乙烯-异戊二烯嵌段共聚物。SIS 不仅像 SBS 一样具有可溶性、热塑性、弹性和韧性，还具有 SBS 无法比拟的特性。例如，SIS 的模量低，溶液黏度及熔融黏度小，在一定剪切速率下，仅为 SBS 的 1/10，因此其具有良好的加工流动性；具有比 SBS 更好的低温柔韧性；由于异戊二烯链段有较大的缠绕空间，其与相应的添加剂有更好的相容性，加工的过程中异戊二烯的热老化以降解为主，不会明显影响其加工流动性，同时有益于提高其相容性；具有与高弹性相结合的高黏性强度和优良的电绝缘性、透光性、透气性；能与众多的增黏剂和增塑剂结合等。SIS 通常情况下应用于如热熔压敏胶、涂料、耐低温沥青改性、腻子及塑料改性方面[8]。

SIS 特有的形态结构决定了其具有一系列优良的性能，采用电子显微镜观察，能够看到 SIS 分离为两相。当聚苯乙烯的含量低于 30%时，就会聚集成约束的成分，称其为微区，它们进而分散到聚异戊二烯连续相中，起到补强和硫化的作用，促使其在常温下具有强度、弹性和耐磨性。当加热 SIS 到聚苯乙烯段的软化点以上时，SIS 链段就会出现滑动，使 SIS 呈现热可塑性。当温度降低时，聚苯乙烯段又会聚集形成微区，恢复最初的弹性和强度[8, 9]。

SIS 的特点如下[8-10]：

(1) 具有特殊的流变性能，溶液黏度仅为 SBS 的 2/3，流动性好。

(2) SIS 与其他材料的相容性优于 SBS。

(3) 在抗老化性能上，SBS 在短时间(如 3 个月)内使用性能尚无明显变化，但长时间(如半年或者更长时间)使用则初黏力全部消失，但 SIS 却变化很小。

(4) SBS 的渗油现象在热熔胶应用上变得较为严重，黏结性能很快消失，而 SIS 不会出现此现象。

湖南岳阳巴陵石化公司 SIS 性能见表 1.7[6]。

表 1.7 湖南岳阳巴陵石化公司 SIS 性能

项目	SIS1204	SIS1200	SIS1105	SIS4104
熔体流动速率(200℃，5kg)/(g/10min)	2.63	3.70	6.14	6.40
邵氏硬度	54	48	43	36
拉伸强度/MPa	19.3	13.2	11.1	8.7
伸长率/%	1100	1060	1100	1200
永久变形/%	18	31	14	8
结构	线型	线型	线型	星型
苯乙烯/异戊二烯(质量比)	24/1	15/1	20/1	14/1
300%定伸应力/MPa	1.8	1.4	1.1	0.7

1) SIS 改性机理

SIS 具有分子链中不同玻璃化转变温度的两个特征链段(苯乙烯与异戊二烯)。低玻璃化转变温度(73℃)的异戊二烯段能吸收轻质沥青组分，在常温或低温下软化，使沥青在低温下具有弹性。除此之外，较高的玻璃化转变温度的苯乙烯段也有利于提升高温性能和变形抗力，如增加软化点与韧性。随着 SIS 含量的增加，改进变得更加显著。因为 SIS 嵌段共聚物分子在结构上的特点，SIS 的纯料模量较低，黏性容易产生；SIS 中间嵌段的异戊二烯在结构上存在甲基侧链，因此有优良的黏着性能和良好的黏聚力以及与其他添加物良好的相容性。SIS 结构中的苯乙烯为硬段，改性沥青呈现为塑料的热塑性，异戊二烯为软段，呈现为橡胶的高弹性，因此对基质沥青的针入度、软化点提升较为明显；SIS 中苯乙烯具有塑料性质，起到物理交联点的作用，可以大大改善基质沥青的黏度[10, 11]。

2) SIS 改性效果

SIS 沥青是苯乙烯-异戊二烯嵌段共聚物和沥青材料组成的共混物的简称。在沥青中掺入 SIS 之后，可以制成热塑性弹性体 SIS 沥青，可以使用熔融共混法生产。石油沥青中掺入 5% 的 SIS，其性能比较见表 1.8[9]。

表 1.8　掺入 5% SIS 的石油沥青性能比较

项目	基准沥青	SIS 沥青
SIS 掺量/%	0	5
针入度(25℃)/0.1mm	78	70
软化点/℃	46.5	64
延度(7℃)/cm	>100	>35
黏韧性(25℃)/(N·cm)	290	670
韧性(25℃)/(N·cm)	270	670
黏度(180℃)/(Pa·s)	32	101
针入度指数 PI	−1.05	2.5

从表 1.8 中可以看出，SIS 沥青较基准沥青的黏韧性与韧性提高较大，表明 SIS 沥青较基准沥青的低温性能提高，黏结力增大，针入度降低，延度降低，软化点提高，针入度指数增大，表明感温性得到改善。

4. 丁苯橡胶

丁苯橡胶(SBR)是由丁二烯与苯乙烯共聚而制得的一种合成橡胶。根据合成方法可分为两类：溶液聚合丁苯橡胶和乳液聚合丁苯橡胶。在筑路材料中采用的是乳液聚合丁苯橡胶或者丁苯胶粉。它的化学结构式如图 1.4 所示。

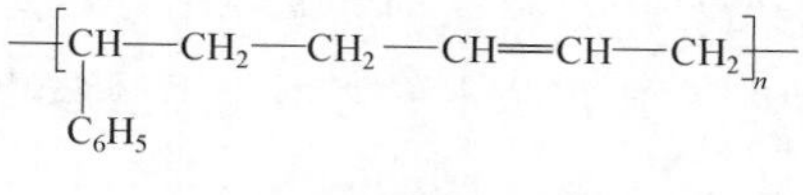

$$\left[\begin{matrix} CH-CH_2-CH_2-CH=CH-CH_2 \\ | \\ C_6H_5 \end{matrix}\right]_n$$

图 1.4　丁苯橡胶化学结构式

丁苯橡胶粉末呈浅褐色，带有苯乙烯的气味，苯乙烯的结合量为 4%～40%，分子量为 $10^5 \sim 1.5 \times 10^6$，玻璃化转变温度($T_g$)为 −60～−50℃，溶解度参数 δ=16.6～17.7$(J/cm^3)^{1/2}$，穆尼黏度(100℃)为 30～130。表 1.9 是常用的丁苯橡胶技术性能[4]。

表 1.9　丁苯橡胶技术性能

项目	SBR1500	SBR1502	SBR1712	SBR1778
挥发分质量分数/%	0.1~1	0.1~1	0.1~1	0.1
总灰分质量分数/%	0.8~1.5	0.8~1.5	0.7~1.5	0.7
有机酸质量分数/%	5~7	4~7	4~6	4.8
皂质量分数/%	0.02~0.5	0.02~0.5	0.02~0.5	0.06
苯乙烯质量分数/%	22~25	22~25	22~25	—
拉伸强度/MPa	21~31	24~31	20~25	24
伸长率/%	480~550	430~450	550~570	520
生胶穆尼黏度(100℃)	45~60	45~56	42~58	48
冻炼胶穆尼黏度(100℃)	76~85	76~83	60	61

1) 丁苯橡胶改性机理

丁苯橡胶改性沥青低温性质的改善，其原因主要是丁苯橡胶沥青作为一种镶嵌结构，在低温情况下，沥青硬而聚合物比较软，在受到外力作用时，胶粒拉伸起到了提升韧性和塑性的作用，使橡胶沥青的脆性降低，从而改善其低温性能。

丁苯橡胶的分子量较大，因此改善了其高温性质，掺入沥青后，增大了橡胶沥青的平均分子量，这些大分子起到了缠绕沥青分子的作用，使沥青分子的流动性能与滑动性能受到阻碍，因而提高了高温性能。再加上沥青中低分子起溶剂作用而进入橡胶网络，减少了沥青中的油分，在高温下起到使其流动性减缓的作用，从而改善了高温性能。

丁苯橡胶作为一种线型高分子材料，高分子间通过范德瓦耳斯力结合，尽管分子链上存在苯环，会使扭转阻力增大，由于分子间距离较大，并且存在柔性的丁二烯链段，使用丁苯橡胶制成的丁苯橡胶沥青有较大的抗变形能力，从而提高了黏韧性和韧性。

2) 丁苯橡胶改性效果

由沥青和丁苯橡胶所组成的共混物命名为丁苯橡胶沥青，其中的丁苯橡胶是非热塑性丁苯橡胶，不能直接将它熔融到沥青之中，只有经过硫化才能更好地表现出橡胶特性。在筑路材料和建筑防水材料中应用最多的是非硫化型丁苯橡胶或硫化共混型丁苯橡胶。

与基质沥青相比，丁苯橡胶沥青的性能得到很大改善，特别是较大程度地提高了其低温性能、高温性能、黏弹性及韧性等。

(1) 相容性。在沥青中丁苯橡胶与沥青相容时，不能以分子量级分散，其大部分是两相，很少部分的沥青进入丁苯橡胶网络，形成共混结构。在显微镜下观察可以看到，在沥青中形成的镶嵌结构中分布有粒径 2~5μm 的丁苯橡胶，在胶粒分散过程中，由于分散度大，比表面积大，具有很高的表面性能。由于胶粒表面有选择性地吸附沥青组分，在胶粒表面构成界面吸附层；有利于胶粒和沥青两相的结合，胶粒不会从沥青中分出。由于多胶粒的协同作用，保证了在外力作用下共混物不被损坏。在热储存时，如果胶粒存在上浮现象，稍微搅拌就可以在沥青中均匀地分散。

(2) 高温性能。在沥青中掺入丁苯橡胶后，其针入度会降低，且随着掺量增加而降低，其软化点随着橡胶掺量的增加而有所升高，延度在低温下增大很多；丁苯橡胶沥青的感温性、热稳定性大大提高。沥青中的低分子起着溶剂作用，进入橡胶的网络，相对减少沥青中的油分，在高温条件下，促使它的流动性得到减缓，一定程度上改善了其高温性能。

(3) 低温性能。丁苯橡胶沥青的低温性能可用脆点和低温延度来表示。由于丁苯橡胶沥青是一种镶嵌结构，在低温下由于沥青变硬而聚合物相对较软，这样在受到外力作用时，胶粒的拉伸起到一定的增韧增塑作用，降低了橡胶沥青的脆性，使得低温性能得到改善。丁苯橡胶沥青的延度随丁苯橡胶的掺量增加而提升。

(4) 黏韧性和韧性。丁苯橡胶作为一种线型高分子材料，因为高分子间通过范德瓦耳斯力结合，尽管分子链上存在苯环，会使扭转阻力增大，但分子间的距离较远，而且丁苯橡胶存在柔性的丁二烯链段，所以用丁苯橡胶制成的丁苯橡胶沥青有较大的抗变形能力，提高了其黏韧性和韧性[4]。

1.2.2 塑料类

热塑性树脂类改性剂的最大特点是使沥青混合料在常温下黏度增大，从而提升它的高温稳定性。令人遗憾的是沥青混合料的弹性并没有增加，同时受热之后更容易产生离析，再次冷却时，还会产生大量的弥散体，这些在道路沥青的改性中均被采用过。加热后软化，冷却时固化变硬是这类热塑性树脂的基本共性。

1. 聚乙烯基本性质

聚乙烯(PE)是由乙烯聚合而成的高分子化合物，其化学结构式如图 1.5 所示。

$$-\!\left[CH_2\!-\!CH_2\right]_n\!-$$

图 1.5 聚乙烯化学结构式

根据反应的压力，可分为低压聚乙烯、中压聚乙烯和高压聚乙烯。按照生成物的密度可分为高密度聚乙烯(HDPE)、低密度聚乙烯(LDPE)。中压聚乙烯和低压聚乙烯属于高密度聚乙烯。高压聚乙烯和线型低密度聚乙烯(linear low-density polyethy-lene，LLDPE)属于低密度聚乙烯。低压聚乙烯强度高，熔融温度高；高压聚乙烯强度低，熔融温度低；中压聚乙烯介于二者之间。在道路材料中多采用低密度聚乙烯[2]。

高密度聚乙烯一般使用齐格勒-纳塔催化剂聚合法制造，由于其分子链上不存在支链，所以分子链排布规则、整齐，有较高的密度。这个过程采用乙烯作为原料，在管式或釜式低压反应器中使用氧或有机过氧化物作为引发剂引发聚合反应。

低密度聚乙烯通常使用高温、高压下的自由基聚合生成，由于在反应过程中的链转移反应，在分子链上生出许多支链，这些支链阻碍了分子链的规整排布，所以密度相对较低。

高压聚乙烯表现为乳白色，无毒、无臭、无味，作为一种表面无光泽的蜡状物颗粒，密度为 0.916～0.930g/cm^3，是聚乙烯树脂中最轻的一种，结晶度为 55%～65%，熔融指数(melt index，MI)较宽，为 0.2～50g/10min，有良好的柔软性、延伸性、透明性、电绝缘性、加工性，化学稳定性好，可耐酸、碱，能耐 60℃以下的有机溶剂，熔融温度为 105～115℃，在-70～80℃条件下仍能保持稳定[2]。高压聚乙烯有巨大的分子量，平均分子量大约是 30 万，属于线型长链烷烃分子结构，同时在主链上面附有数量较多的烷基侧链及较短的甲基侧链。由于存在这种多分支链排列不规整的分子结构，在沥青中支链能相互结合，构成了网状立体结构，能较好地改善沥青性能，尤其是高温性能和黏附性。高压聚乙烯是油溶性的，具备石蜡结构基本链节的支链型高分子化合物，很少的加入量就能在沥青中形成分散在整个沥青的网状结构，沥青中的蜡就被吸附在这些网络上，破坏了石蜡的结晶性，能较大程度上减小晶粒体积，至于多蜡沥青，只要掺入 1%～5%高压聚乙烯，就可使蜡成分在沥青中较好地均匀分散，阻止蜡形成结晶，改善了多蜡沥青的性能。

低压聚乙烯的密度为 0.942～0.950g/cm^3，软化点为 120～125℃，使用温度可达 100℃。中压聚乙烯密度为 0.95～0.980g/cm^3，软化点为 100℃，结晶度达 90%，熔点为 190～210℃；其机械性能，如拉伸性能、弯曲强度、压缩强度、剪切强度和硬度均优于低压聚乙烯，化学稳定性好，但由于软化点较高，结晶度高，要求沥青熔融温度高，制作工艺不如低压聚乙烯，在道路沥青中应用较少[2]。

线型低密度聚乙烯是在聚乙烯的主链上通过共聚许多具有短支链的共聚物而生成的。

2. 聚乙烯改性沥青改性机理

聚乙烯强度高、伸长率大、耐寒性好，玻璃化转变温度通常在-150～-120℃(玻璃化转变温度即指在玻璃状态时，链段开始运动的温度)，在温度为 100～130℃时熔化。从聚乙烯改性机理方面来分析，在-20～70℃时聚乙烯依然保持稳定，在常温时抗拉强度达到 1.5MPa，极限伸长率达到 25%，优越性明显。此外，因为聚乙烯的熔融指数较宽，有在加热时熔化、冷却时凝固的特点。受热熔化的聚乙烯由固态颗粒变为清晰的黏稠液体，在高速搅拌的机械作用下，聚乙烯能快速地分散在热沥青中，从而使聚乙烯微粒与热沥青均匀地混溶，这种混溶过程仅仅是一种物理共混，沥青作为一种非常复杂的高分子碳氢化合物及其非金属衍生物所组成的混合物，由于其自身复杂性的原因，在通常状态下，它不与其他物质发生化学变化。因此，聚乙烯只是在高速剪切作用下以 0.01～0.03mm 的粒度在高温沥青中均匀分散。开键饱和烃是蜡的主要成分，其结构是非极性的，聚乙烯作为一种含蜡结构物质，有高度对称的结构，没有极性，所以二者可以很容易地混溶，并且蜡本身作为聚乙烯的溶剂，当聚乙烯均匀分布在沥青中时，沥青中的蜡成分进入聚乙烯结构内部，促使聚乙烯体积增大，使得最初折叠规整的聚乙烯链段伸展开来，微粒溶化膨胀成为立体网状结构。冷却后，聚乙烯链重新结晶，此时的聚乙烯晶体产生了一些变化，再次结晶的网格产生剧烈的相互作用，使沥青胶体的流动性和沥青质点间的位移受到较大的限制。聚乙烯有很大的分子量，并且属于线型长链分子结构，在长链上存在较多的烷基侧链和甲基支链，从而形成一种多分支的树枝状结构。正是因为存在多分支支链排列以及不规整的分子结构，才使得沥青的黏结力和柔韧性得到了提高，很好地阻抗了沥青的变形、龟裂、车辙等[4]。

聚乙烯是线型高分子，尽管分子链上带有支链，链间距略有增加，但毕竟分子规整性比较高，有结晶现象，极性很小，因此常温下不溶于溶剂。在高温下分子晶格被破坏，随温度升高，分子的振动加快，链间距加大，此时聚乙烯的一些良溶剂，如一些芳香类小分子化合物，可以扩散进入大分子链间使其溶胀，大分子逐渐向溶剂中扩散，但这个过程是较慢的。因此，聚乙烯加入沥青之后，沥青中的芳香物质对聚乙烯的溶胀起着十分重要的作用。沥青中具有较高含量的芳香分成分，有利于聚乙烯微粒表面分子的溶胀与分子链的舒展，促进在沥青中的分散，并对沥青分子的流动、运动阻滞具有明显作用。

3. 聚乙烯改性沥青改性效果

目前用于改性沥青的聚乙烯，外观为白色颗粒，它具有较高的机械强度，良好的熔融流动性，因此，依然以化工厂生产的低密度聚乙烯为主。

1) 高温稳定性

在聚乙烯沥青中，沥青胶体内均匀分布着聚乙烯，大量聚乙烯链互相折叠，在沥青空间中形成一张张密集的网络，从而使沥青胶体结构的流动性受到限制。同时，聚乙烯与沥青相比，分子量要大得多，它有长链状的分子结构，还有许多分链，这些分链极大地提升了沥青黏结力，增加了抵抗外力的能力，因此在高温时的强度和抗变形能力显著增强，对温度的敏感性降低，但耐热性能提高。

2) 感温性能

相比于基质沥青，聚乙烯沥青的感温性能有很大改善。具有相当感温性的基质沥青经过聚乙烯吸附之后，使得沥青中的饱和分、蜡和芳香分有一部分进入改性剂的分子网络，从而使沥青组分产生变化，胶体结构也会产生变化，聚乙烯的量添加得越多，这种表现越清晰。聚乙烯沥青的耐热性和耐低温性能得到提高。

3) 相容性

聚乙烯与沥青的相容性差，但与多蜡沥青的相容性较好，聚乙烯的溶解度参数为 7.90，蜡的溶解度参数为 7.24，两者非常接近，因此有较好的相容性。一方面，沥青中的蜡分子会进入聚乙烯结构内部，从而引起聚乙烯体积增大，因此使聚乙烯结晶度降低。另一方面，溶胀使聚乙烯分子长链舒展了，在高温和机械作用下，降低其分子量，这是聚乙烯均匀分散混溶于沥青中的必要条件。所以聚乙烯对多蜡沥青的改性效果会比较好[4]。

1.2.3　热塑性树脂类

1. EVA 基本性能

EVA 是由乙烯和乙酸乙烯单体共聚而制得的一种热塑性树脂，其化学结构式如图 1.6 所示。

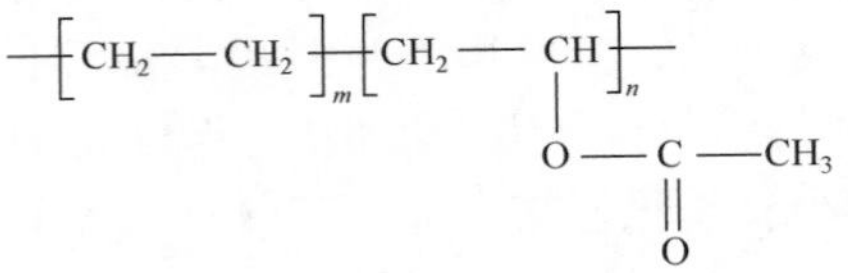

$$\left[CH_2 - CH_2 \right]_m \left[CH_2 - CH \right]_n$$
$$O - C - CH_3$$
$$\parallel$$
$$O$$

图 1.6　EVA 化学结构式

EVA 与沥青的相容性较好，无需繁杂的改性设备即可生产，因此曾在国际上广泛应用。在国外的改性沥青中，EVA 含量约 25%，在欧洲各国中，使用较多的是英国。在我国，由于价格昂贵，EVA 的使用受到了限制。

在常温下 EVA 为透明颗粒状(也有粉状产品)，具有轻微乙酸味。乙烯支链上插入了乙酸基团，使 EVA 富有弹性和柔韧性，尤其是 EVA 能很好地溶于沥青中，而 PE 则很难溶于沥青，致使两者在工程中的加工性能上有很大的区别。

乙烯-乙酸乙烯聚合物为半透明或半乳白色的粒料或粉末，无毒、易燃，具有优良的耐臭氧性、良好的耐候性、耐低温性、弹性和加工性能，密度为 0.93～0.95g/cm³，熔融指数 MI 为 50～100g/10min[乙酸乙烯酯(VA)含量 50%]或 2g/10min(VA 含量 25%)。乙烯-乙酸乙烯的分子量大小可用熔融指数 MI(g/10min)间接表示。MI 值越大，分子量和黏度越小；反之，MI 值越小，分子量和黏度越大。当 MI 一定时，VA 含量增加，EVA 的弹性、柔韧性及与沥青的相容性相应增加。VA 含量越低，其性质越趋于低密度聚乙烯。当 VA 含量一定时，MI 值增大，则 EVA 分子量降低，软化点下降；MI 值减小，则 EVA 分子量增大，性质变硬，强度相应提高[2]。

这里选取四种改性剂，主要包括 EVA210、EVA260、EVA250、EVA560，其性能指标见表 1.10[6]。

表 1.10 不同熔融指数的 EVA 改性剂

项目	EVA210	EVA260	EVA250	EVA560
VA 含量/%	28	28	15	14
熔体流动速率/(g/10min)	400	6	15	3.5
密度/(g/cm³)	0.950	0.950	0.950	0.930

在挑选 EVA 树脂时，应依据具体使用性能进行选择。EVA 的性能也受分子量及乙酸乙烯含量的影响。熔融流动指数(melt flow index，MFI)与分子量呈反比关系，表现为熔融状态下的黏度，MFI 越大则分子量和黏度就越小。聚乙烯紧紧结合在一起构成结晶区，体积较大的乙酸乙烯基团转变为非结晶区，又或是无定形似胶物的区域，使得聚乙烯的紧密分布被破坏。聚乙烯结晶区具有很高的劲度，增强了它的加筋作用，乙酸乙烯非结晶区可以起到类似橡胶的作用。乙酸乙烯含量越高，或基团越大，则似胶物的比例越大；相反，则结晶体的比例越小。

EVA 的类别按照乙酸乙烯酯的含量及熔融流动指数值的高低进行分类。EVA 中乙酸乙烯酯的含量为 3%～50%。依据乙酸乙烯酯含量的不同，我国标准将其分为七个档次，一般把 VA 含量小于或等于 5% 的 EVA 看作低密度聚乙烯改性，用作改进高温性能，如黏度与软化点；而 VA 含量大于 5% 时，也能改善 EVA 的低温性能。熔融流动指数也称为熔体流动速率，试验方法按《塑料 热塑性塑料熔体质量流动速率(MFR)和熔体体积流动速率(MVR)的测定 第 1 部分：标准方法》(GB/T 3682.1—2018)测定，该方法规定有三个试验条件，通常采用 190℃，负荷 2.16kg 时测定，将试验结果可分为 10 个档次。VA 含量越大，熔融流动指数越小，熔融之后的黏度越大，改善就越好，但沥青中的加工分散越不容易。

国外最常用的是 MFI150 和乙酸乙烯酯含量为 19% 的 150/19 级，其次是 45/33 级，且常用于改性 70 号沥青，能较容易地混溶入沥青中，有良好的相容性。在改性沥青混合料正常的拌和温度下，改性沥青能保持稳定的状态，但是在静态条件下储存会产生分离，所以在使用前必须进行充分搅拌。试验表明，针入度 $68×10^{-1}$mm、软化点 49℃ 的 70 号沥青，采用 5% 的 EVA150/19 级及 45/33 级改性，针入度分别下降到 $50×10^{-1}$mm 和 $57×10^{-1}$mm，软化点分别提高为 65.5℃ 和 58.5℃，热压沥青混合料车辙试验的动稳定度则由原来未改性的 600 次/mm 提高到 3150 次/mm 和 2520 次/mm。在这里，含量为 33% 的 VA 改性效果反而不如含量为 19% 的 VA，这是由于 45/33 级 EVA 改性沥青加工困难[4]。

2. EVA 改性机理

由于 EVA 与沥青的溶解度参数非常接近，当 EVA 与沥青混溶时具有较好的相容性。EVA 是由特殊结构组成的，被乙烯共聚物和乙酸乙烯酯分成两个区域。

聚乙烯紧紧连接在一起形成结晶区，体积较大的乙酸乙烯基团变成非结晶区抑或是无定形似胶的部分，聚乙烯的紧凑排列被破坏。聚乙烯结晶区具有很高的劲度能够提升加筋作用，乙酸乙烯非结晶区则有类似于橡胶的作用。其中一个结晶区域是由有规律的聚乙烯链段部分组成，乙酸乙烯酯是由非晶态和无定形区域。结晶部分在弹性体中起着刚性聚苯乙烯的作用，在沥青中能够形成凝胶网状结构，从而提高了高温性能。橡胶弹性体区域使其在低温下具有更好的弹性和柔韧性。在催化剂作用下，聚合物与交联剂发生交联作用，促使沥青与聚合物产生化学链接，EVA 的粒径变大，与此同时，聚合物相的体积分数也增大，促使改性沥青软化点增加。另外，橡胶弹性体能够吸收沥青中的轻质组分，高温性能能够得到进一步提高。交联剂促进聚合物发生交联反应，使沥青与聚合物形成化学链接，有效地提升了高聚物与沥青的相容性，使改性沥青有更好的储存稳定性[4]。

3. EVA 沥青改性效果

在沥青中随着 EVA 掺量的增加，对基质沥青性能的改善效果更明显。软化点随着 EVA 含量的增加逐渐升高，针入度随之逐渐减小，因此 EVA 改性沥青的高温性能也渐渐得到了改善，下面从高低温性能、力学性能等方面进行分析。

1) 高温性能

VA 含量相同时，EVA 中 MI 值越小，改性沥青的高温黏度和稠度增加程度越大，而 VA 含量逐渐增加时，这种效果却渐渐减弱。EVA 改善的程度还随它的掺量的增加而提高，尤其是 EVA 掺量超过某个上限时，黏度的提升速率则更加明显。

2) 低温柔韧性

通常来说，EVA 掺量越高，沥青的低温柔韧性越好，不同品种的 EVA 对于沥青低温柔韧性的影响无显著差别；VA 含量大、MI 大的 EVA 对于提升沥青的低温柔韧性是有益的。

3) 回弹性

沥青属于黏弹性材料，当外力作用时，变形由弹性和塑性两部分构成，而塑性是不可复原的，会使沥青路面产生永久变形。材料的弹性与塑性比值越大，先前的变形越容易恢复原状，路面的稳定性能也就越好。回弹率是用于检测这一指标的重要参数之一。EVA 掺量增多，改性沥青的回弹率越高。硬的程度相对较高的 EVA 在低温时改性效果比较明显，但温度较高时，EVA 的品种对回弹率的影响大致是相同的。

4) 韧性

EVA 含量高以及 MI 值大的 EVA 能够明显地提高改性沥青在 4℃时的韧度值。但在温度为 15℃时，VA 含量的影响并不显著，此时由 EVA 的掺量来决定。在温度为 25℃时，EVA 类别的作用就更微小了。EVA 掺量增加或选用 VA 含量大的 EVA 在提高沥青的低温柔韧性方面是有用的。

5) 相容性

乙烯-乙酸乙烯树脂与沥青有较好的相容性，以细小微粒分布在沥青中，形成稳定的共混体，发生凝聚或离析不明显。这是因为 EVA 的溶解度参数与沥青的溶解度参数相近。

沥青的溶解度参数随沥青的品种不同而有所差别，通常为 $17.2 \sim 18.0(kJ/m^3)^{1/2}$；而乙烯-乙酸乙烯树脂的溶解度参数随乙酸乙烯的含量不同略有区别，通常随乙酸乙烯的掺量增加而增大，大致为 $17.2 \sim 18.0(kJ/m^3)^{1/2}$。EVA 与沥青的溶解度参数极为接近，两者相容性较好，热储存性能稳定，不发生离析现象[4]。

1.2.4 硅藻土、蒙脱土

1. 硅藻土改性剂

硅藻土(diatomite)是一种硅质岩石，大部分分布在中国、美国、日本、法国、丹麦、罗马尼亚等国家。它是一种生物成因的硅质沉积岩，组成大部分是古代硅藻的遗骸。主要化学成分是 SiO_2，用 $SiO_2 \cdot nH_2O$ 表示，矿物成分为蛋白石及其变种。我国硅藻土储量大约有 3.2 亿 t，远景储量有 20 多亿 t，大部分集中在东北及华东地区。其中，储量较多、规模较大的有吉林(54.8%，其中储量占亚洲第一位的是吉林省临江市)、浙江、云南、山东、四川等省份，分布十分广阔，但优质土仅集中在吉林长白山地区，其他矿床大多数为 3~4 级土，由于杂质含量过高，不能被直接利用[12, 13]。

1) 硅藻土性质

硅藻土是由低等水生植物硅藻的遗骸堆叠而成的，它的本质是无定形非晶质 SiO_2，矿物成分为非均质蛋白石-A，化学式为 $SiO_2 \cdot nH_2O$。它是生物成因的蛋白石，具有独特的、大量有序组合的纳米微孔，且具有孔隙率高、质量轻、堆密度小、孔容大、比表面积大、活性好、吸附性强、导热系数低等优点。据相关记载，1g 硅藻土中包含硅藻遗骸几千万个甚至上亿个，可知单体硅藻遗骸是很小的，通常只有十几微米到几十微米。

(1) 化学成分。硅藻土化学成分主要是 SiO_2，含微量 Al_2O_3、Fe_2O_3、CaO、MgO、K_2O、Na_2O、P_2O_5 与有机质，SiO_2 占 80%以上。硅藻土的组成成分主要是硅藻，它的矿物成分是由一种有机成因的蛋白石组成，与一般成因的蛋白石不同，称为硅藻蛋白石。硅藻当中的 SiO_2 不是纯的含水氧化硅，而是含有与之紧密伴生的其他组分，一种独有类型的氧化硅，称为硅藻氧化硅。通常 SiO_2 是评定硅藻土原土质量极其重要的参数之一，SiO_2 含量越多表明硅藻土质量越好，而且硅藻土具有化学稳定性很高，对热、声、电的低传导性以及不溶于酸(氢氟酸除外)等优良性能。

(2) 粒径。硅藻土的基本单元是颗粒,用途不同的硅藻土填料粒径大小也有不一样的要求。本书指的硅藻土是含有 80%以上硅藻组成的硅藻精土,粒径范围为 $10\sim40\mu m$。粒径小,有助于硅藻土与沥青均匀混合,能够有很好的分散作用。

(3) 结构形态。硅藻细胞由上、下两个壳相互扣在一起所形成。外形一般有两种类型:一种是圆形;另一种是针、线与棒形,壳面两侧对称。硅藻壳壁有两层,即内层和外层,外壳壁上有不同形状排列的小孔隙。一部分小孔隙会穿过内层的壳壁。这种特殊的小孔会使硅藻土与沥青产生很大的张力作用,形成良好的黏附性。

(4) 堆密度。堆密度是指原土单位体积的质量。堆密度越小,原土质量就越好,硅藻土就越纯。在我国,硅藻土的堆密度为 $0.34\sim0.65g/cm^3$,可知其密度相对较小;密度是反映填料颗粒堆砌状态的一种性能,密度小更有助于填充沥青混合料的小孔隙。

(5) 颜色。硅藻土的颜色有白色、灰白色、灰色与浅灰褐色等,颜色越深,表明杂质含量越多。加入沥青后使沥青路面呈现柔色色调,相比于基质沥青反光减弱,可以为车辆提供更好的行车环境。

(6) 硬度。不同的填料有不同的硬度,加入基体后对制品的强度、延展性、耐磨性及加工条件产生不同的影响。硅藻土是一种软质填料,硅藻土壳壁的莫氏硬度为 $4.5\sim5.5$,加入热沥青,在高温环境作用下,它的莫氏硬度升高为 $5.6\sim6.0$。

2) 硅藻土改性沥青改性机理

(1) 增强沥青强度的机理。硅藻土作为矿物填料,对沥青强度产生补强作用。硅藻土填料表面特性会对填料在沥青中增强性能产生很大影响,矿物填料与胶料界面间产生相互作用,将直接对混炼胶力学性能起作用。黏附功是指固液界面结合能力及分子间作用力大小的指标,黏附功越大,矿物与胶料界面的黏附越紧固,有助于提高复合材料表面的力学性能。界面张力小,却有利于矿物填料的分散,增加矿物填料与基体的接触面积,增加矿物与基体界面的相互作用,性能显著增强。

(2) 增强沥青减振性的机理。使物体振动衰减的性质称为减振性,振动源的能量被吸收后转化为热能,而让物体振动速度或振幅衰减的能力。沥青属于黏弹性物质,在外力作用下,分子的变形因为链的镶嵌缠连而伸长,在外力去除后依然能够恢复,此时能量就会消散,以达到减振的目的。

(3) 增强沥青水稳定性的机理。从矿料表面剥离的角度分析表面电位机理。沥青与集料的黏附性通常是指表面张力、范德瓦耳斯力、化学反应引力及机械附着力,都要根据两种物质表面电荷及由此产生的引力。吸附在集料固体表面的沥青能被水置换,这是因为水极性很强。相比于水与集料分子的引力,沥青与这种集料分子的引力要小些。而石英材料的硅含量相对较多,表面带有较弱的负电荷,它能与水分子中的氢离子以氢键方式结合。而它与沥青的吸附大部分取决于相对较弱的范德瓦耳斯力,比水分子与硅的极强的极性吸附力小很多。硅藻土吸水性强，当水分浸入时，沥青中的硅藻土就会吸附一部分水分，弱化了水分与集料接触结合的机会，所以用硅藻土改性沥青将具备更好的水稳定性。

(4) 硅藻土改善沥青高温性能的机理。硅藻土有很大的孔隙，所以沥青与硅藻土颗粒结合面积大，增加了沥青结构厚度。另外，壳面上的细缝使硅藻土具有较大的比表面积，增大了硅藻土与沥青的接触面积，提高了沥青与硅藻土的黏结力，提升了沥青的黏韧性与高温稳定性。细缝结构还能增加沥青的吸附与湿润，使沥青与硅藻土很好地互溶。硅藻土颗粒细缝结构类似于微毛细管，会产生毛细作用，从而使沥青与硅藻土的接触面增加。硅藻土颗粒壳壁会提高沥青的胶浆抵抗变形性能，从而提升硅藻土改性沥青的高温性能[12, 13]。

3) 硅藻土改性沥青改性效果

(1) 抗变形能力。硅藻土的加入能有效提高硅藻土改性沥青的抵抗变形性能，可以显著抑制高温车辙的产生，提高高温稳定性，而硅藻土的掺入却降低了抗疲劳性。考虑性能平衡关系，硅藻土掺量不宜过多。

(2) 抗老化能力。硅藻土的特殊物理结构使沥青具有良好的抗短期热氧老化与紫外老化性能，建议太阳辐射量大的地区采用硅藻土改性沥青。

(3) 相容性。硅藻土与沥青的相容性较好，因此在硅藻土掺入沥青之后，不会导致离析与分层现象。而良好的相容性是改善沥青低温与高温性能的重要前提。

(4) 分散性。硅藻土在沥青中有较好的分散性能。改性剂硅藻土有一种特殊的性质，其含有 30%～40%孤立的自由分散的微小非聚结颗粒，这种非聚结颗粒混入沥青后会互相排斥、不凝结，使硅藻土颗粒在沥青中能够很好地分散，这是决定沥青改性好坏的关键步骤。小粒径的硅藻土及其良好的分散性显著提高了沥青混合料粉胶比。

(5) 提高强度。硅藻土的孔隙结构非常独特，比表面积很大，具有极强的吸附性，能将沥青中的成分吸到孔中，以改变沥青中各成分的比例关系。吸入孔中成分产生机械锁力，增加沥青黏度，使沥青能很好地附着在集料表面，一定程度上降低了沥青的流动性，增大了流变阻力，构成高强度路面。

(6) 防腐、防滑与耐磨。硅藻土导热系数小，有良好的化学稳定性，因此改性沥青后，能够增强沥青路面的热稳定性及防腐、防滑与耐磨等性能[12, 13]。

2. 蒙脱土改性剂

蒙脱土(montmorillonite，MMT)又称为胶岭石、微晶高岭石，是一种硅酸盐天然矿物，为膨润土矿的大部分矿物组分，含 Al_2O_3(16.54%)、MgO(4.65%)、SiO_2(50.95%)。结构式为$(Al，Mg)_2[SiO_{10}](OH)_2 \cdot nH_2O$。其为单斜晶系，多位微晶，集合体呈土状、球粒等状。白色微带浅灰色，含杂质时呈浅黄、浅绿、浅蓝色，土状光泽或无光泽，有滑感。加水后其体积可膨胀数倍，并变成糊状物。受热脱水后体积收缩。具有特别强的吸附能力及阳离子交换性能,大部分产于火山凝灰岩的风化壳中。蒙脱土(包括钙基、钠基、钠-钙基、镁基蒙脱土等)经剥片分散、提纯改型、超细分级、特殊有机复合,平均晶片厚度小于 25nm,可作漂白剂、吸附剂、填充剂,被称为"万能材料"。将聚合物/层状硅酸盐复合材料的复合技术、研发思路应用在改性沥青中,就有可能研发出耐高温性、抵抗道路老化的路用改性沥青材料[14, 15]。

1) 蒙脱土的基本特征及有机化处理

(1) 蒙脱土基本特征。

蒙脱土属于 2:1 型层状硅酸盐,每个晶胞由两层硅氧四面体夹着一层铝(镁)氧(羟基)八面体构成,彼此依靠共用氧原子连接,这种四面体与八面体的堆积形式,使它拥有高度有序的晶格排布,每层的厚度约 1nm,可知拥有非常高的刚度,并且层间不易滑移。部分硅氧四面体中的 Si^{4+} 与部分铝氧八面体中的 Al^{3+} 被 Mg^{2+} 同晶置换,这些厚 1nm 的片层表面形成过剩的负电荷。为维持电中性,过剩的负电荷通常由层间吸附水合的 Na^+、Ca^{2+} 等来弥补。在制备聚合物/MMT 纳米复合材料时,常采用有机阳离子进行离子交换而使层间距增加,改善层间微环境,使 MMT 内外表面由亲水转变为亲油,降低了 MMT 的表面能,利于单体或者聚合物插入 MMT 层间形成具有不同结构的聚合物/MMT 纳米复合材料。

膨润土矿物的主要组成成分是蒙脱石,也是在自然界分布较多的一种黏土矿物,它的化学成分属于很复杂的一种矿物。国际黏土研究协会确定以蒙皂石族作为族名,也可命名为蒙脱石族,包含二八面体与三八面体两个亚族。蒙脱石族矿物分类见表 1.11[14, 15]。

表 1.11　蒙脱石族矿物分类

X_1/X_0	二八面体		三八面体	
	八面体阳离子	矿物种	八面体阳离子	矿物种
—	—	—	Mg^{2+}	斯皂石
—	—	—	$Mg^{2+}(Li^+)$	锂皂石
—	—	—	$Mg^{2+}(Li^+、Al^{3+})$	富锂皂石
<1.0	$Al^{3+}(Mg^{2+})$	蒙脱石	单个或多个 3d 过渡金属离子	缺陷的三八面体过渡金属蒙皂石
		贝得石	Mg^{2+}	皂石
		绿脱石	Fe^{2+}	铁皂石
<1.0	Al^{3+}	—	Zn^{2+}	锌皂石
	Fe^{3+}	铬绿脱石	Co^{2+}	钴皂石
	Cr^{2+}		Mn^{2+}	锰皂石
	V^{3+}	钒蒙皂石	单个或多个过渡金属离子	三八面体过渡金属蒙皂石

蒙脱石的晶体结构是由两层[SiO₄]四面体与一层铝氧八面体组成的 2：1 型层状硅酸盐矿物，属于单斜晶系，如图 1.7 所示。a_0=0.5nm，b_0=0.906nm，c_0 变化较大，无水时为 0.96nm，当层间阳离子为 Ca^{2+} 时，$c_0 \approx 1.55$nm；当层间阳离子为 Na^+ 时，c_0 可增加到 1.8～1.9nm，当层间吸附有机分子时，c_0 则可达到 4.3nm。硅氧四面体中 Si^{4+} 常被 Al^{3+} 置换，而铝氧八面体中的 Mg^{2+} 等低价阳离子将 Al^{3+} 置换，促进结构层(晶体层)间产生剩余的负电荷。为维持电中性，结构层吸附了以水化状态存在的大半径阳离子，如 Na^+、K^+、Ca^{2+}、Mg^{2+} 等，可相互交换，使蒙脱石族矿物形成了一系列良好的特性。

蒙脱石的水化程度与膨胀在某种程度上依赖于阳离子交换的种类，插层能否成功的重要标志取决于阳离子交换量(cation exchange capacity，CEC)。倘若阳离子交换量过高，则会导致库仑力在无机物片层间过大，对大分子链的插入产生不利影响；而当阳离子交换量较低时，无机物与聚合物则无法显著地发生相互作用，同时，也得不到插层复合物。膨胀压很大的 Na^+ 基蒙脱土，晶体被分散成细小颗粒，有的甚至变成单个单元晶层。所以 Na^+ 基蒙脱土作为制备聚合物基复合材料的首选被广泛应用[14, 15]。

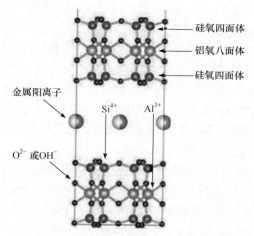

图 1.7　蒙脱石的晶体结构

(2) 蒙脱土有机化处理。

由于蒙脱土层间距限制，同时有较大的表面疏油性和表面能，使得聚合物分子链中大部分聚合物单体不易进入其层间。这样就需对蒙脱土表面进行有机化处理，使其能高效地与聚合物分子相熔融混合。因此，找到能够与聚合物有良好相容性的阳离子交换剂是至关重要的。对蒙脱土片层间进行离子交换作用的离子交换剂统一称为插层剂。良好的插层剂可以明显地提高蒙脱土的层间距，将层间化学环境从疏油性转变为亲油性，同时提升蒙脱土片层与聚合物分子链的亲和性，使其表面能降低，让聚合物的单体或分子链段更容易在蒙脱土层间插层。也可选有机官能团当作有机插层剂，因为它也能与聚合物发生化学反应，这样能进一步提高无机相与聚合物彼此间的黏结，有助于制备性能更加优异的复合材料。

蒙脱土的有机化处理是制备性能优良的聚合物/蒙脱土复合材料至关重要的一步，因此插层剂的选择就变得特别关键。通常而言，选择插层剂需遵循以下原则：①选择容易进入蒙脱土层间的插层剂，能提高蒙脱土层间距；②选择与聚合物的单体或其高分子链有较强的物理或者化学作用的插层剂分子，有助于插层反应在单体或聚合物中顺利进行，提高它们界面的相互作用，提高蒙脱土两相间的片层与聚合物界面的黏结，使复合材料的性能得到提升；③选择容易获得的插层剂分子，同时价格低廉。研究表明，表面活性剂含量多的烷基季铵盐是不错的选择，同时发现含较长烷基链的表面活性剂在有机化处理后仍有充分的亲油性，通常都是大于 8 个碳原子的烷基链[14, 15]。

2) 有机化蒙脱土改性沥青改性机理

基于原子力显微镜(atomic force microscope，AFM)对有机化蒙脱土改性机理的分析，沥青有机化蒙脱土复合材料形成的是插层型体系。原子力显微镜的图像是因为样品表面化学组成及刚性大小的不同产生的，图像差异越大，样品表面的化学组成与刚性大小的差异越大。未改性沥青中因为化学组成与各处刚性的不同而出现了明显的两相，即分散相(包含"蜂形"结构的深色区域)与连续相(浅色的区域)。有机化蒙脱土改性之后，分散相与连续相的对比明显增加，"蜂形"结构尺寸有所减小，但其在沥青中的分散更为均匀。这是因为有机化蒙脱土与分散相和连续相表现出不同的互相作用，与连续相相比，有机化蒙脱土与分散相的相互作用更强，进而使改性之后分散相的刚性增加，这些可以从测得的有机化蒙脱土改性沥青抗高温性能的明显增加得以证明。

在热、光与氧的作用下，沥青分子的化学结构会发生变化。根据研究，"蜂形"结构可能是在测试温度条件(约 5℃)下因沥青中的微晶蜡或类蜡分子的结晶所形成的，在老化过程中，这些微晶蜡或类蜡分子的结构也会受到热、光与氧的作用而发生变化，在一定程度上阻止了它的结晶作用，进而使"蜂形"结构在老化之后减小或者消失。除此之外，在热氧与光氧老化的过程中，沥青中的分散相体现出明显的缔合作用。这致使沥青硬化，进而使沥青的性能劣化，即软化点与黏度的增加及针入度与延度的降低。沥青在老化过程中的缔合作用得到有效的抑制，老化后，有机化蒙脱土改性沥青中仍存在明显的两相，沥青的抗老化性能得到显著改善。这可由有机化蒙脱土的阻隔机理来解释：通常来说，沥青的老化可理解为一个氧化的过程。有机化蒙脱土的片层已经被剥离，有机化蒙脱土的改性沥青形成了剥离型的纳米复合结构。在薄膜烘箱试验(thin film oven test，TFOT)老化过程中，分散在沥青中的有机化蒙脱土的片层能有效地抑制氧在沥青中的扩散，因此有机化蒙脱土改性沥青的老化程度会明显降低。

对于紫外老化来说，与其他聚合物一样，沥青分子在紫外光作用下达到激发态，在氧的存在下易被氧化。氧化初期形成的羧基或过氧化氢基团光的稳定性较差，在紫外光辐射下，这些基团都将进一步与其他沥青分子反应，加速了沥青的老化。但是，因为有机化蒙脱土片层的阻隔，氧在沥青中的扩散被明显抑制，进而使初期反应产物显著减少。沥青的抗紫外老化性能也得到显著改善[14]。

3) 有机化蒙脱土改性沥青改性效果

(1) 抗热氧老化。与未改性沥青相比，有机化蒙脱土改性沥青 TFOT 与压力老化容器(pressure aging vessel，PAV)试验老化之后的延度保留率明显增加，软化点增量与黏度变化的指数明显减小，表明有机化蒙脱土的加入可以有效地改善沥青耐热氧老化的性能。与插层型纳米复合结构相比，沥青与有机化蒙脱土形成的剥离型纳米复合结构对改善沥青的抗热氧老化性能更为明显。

(2) 抗紫外老化。有机化蒙脱土改性沥青能改善沥青的抗紫外老化性能。不同有机化蒙脱土改性沥青的抗紫外老化性能都表现出一定的差异性。这是因为有机化蒙脱土改性沥青形成了剥离型纳米复合结构，分散在沥青中的片层结构对紫外光的屏蔽作用更为显著。

(3) 相容性。与普通 MMT 相比，有机化蒙脱土与沥青表现出更好的相容性。插层剂中具有的节基明显增强了有机化蒙脱土与沥青的相容性。

(4) 改善力学性能。相比于基质沥青，有机化蒙脱土能改善沥青的抗变形能力、延伸性与黏韧性。

沥青的软化点、黏度增加，但延度变小。软化点与黏度的增加，是蒙脱土与沥青形成插层或剥离结构之后，沥青分子链段的运动受约束所形成的，而延度的减小同样是因为沥青分子链段的运动受限，蒙脱土以片层形式分散在沥青中，其对沥青分子链的运动影响更大，进而表现为沥青黏度与软化点的明显增加[14]。

1.2.5 岩沥青、湖沥青

1. 岩沥青改性剂

岩沥青是一种天然沥青。石油在岩石夹缝中经过亿万年之久的沉积、变化，并且在热、氧气、触媒、细菌及压力的综合作用下生成的沥青类物质称为岩沥青。因为岩沥青长期和自然界共生共存，经受了各种恶劣的自然环境，所以岩沥青的性质极其稳定。北美岩沥青通常不能直接被使用，同时，也不能完全替代基质沥青。岩沥青作为沥青的改性剂，和基质沥青相容性好，若将岩沥青和集料充分裹覆，就能起到加强沥青和集料的黏附性效果。

国外岩沥青的代表性产品有：美国犹他州的北美岩沥青、伊朗克尔曼沙阿地区及印度尼西亚的布敦岩沥青。我国也拥有可观的天然岩沥青资源，如四川广元、新疆克拉玛依、甘肃等地区[16, 17]。

1) 天然岩沥青结构组成

天然岩沥青是由分子量高达 10000 的沥青质和其他元素(氢、氮、氧等)以及其他化学成分共同聚合而成的混合物。岩沥青的化学构成(质量分数)如下：碳 81.7%、氢 7.5%、氧 2.3%、氮 1.95%、硫 4.4%、铝 1.1%、硅 0.18%和其他金属 0.87%。在岩沥青的沥青质中，大约每个大分子中都含有由上述元素组成的极性官能团，这些极性官能团使得天然岩沥青和岩石表面有着非常强的吸附力。

岩沥青中的极性官能团具有吸附硅酸岩、石英岩、石灰石、高岭石和硅铝酸盐等岩体表面能量的能力，胶质含量比基质沥青高出数倍，所以岩沥青的抗剥落性能优良。除此之外，岩沥青中还含有可以提升石油沥青中的活性基团(羰基、羧基、醛基等)交联聚合的有机链，使得沥青分子在掺入岩沥青后的排列方式和网状结构(结点和强度)得到明显改善，沥青的黏聚力得到了增强，并且明显改善了改性沥青的抗氧化性、抗流动性、黏附性和感温性等，特别是在抗车辙方面，更是表现出十分优异的特性。

天然岩沥青呈黑色块状，易碎，易于松解，有类似矿物的解理，结构紧密，断面有光泽，呈现不规则棱角状，而不像普通沥青由于结构均一，而呈半贝壳状或贝壳状断面。

伊朗岩沥青的物理性质及主要化学元素含量(质量分数)见表 1.12[16, 17]。

表 1.12　伊朗岩沥青的物理性质及主要化学元素含量

项目	指标
灰分/%	10
水分/%	0.1~1.5
挥发性物质/%	60~65
固定碳/%	25~35
在二硫化碳中的溶解度/%	85~90
在三氯乙烯中的溶解度/%	60~70
在正庚烷中的溶解度/%	60~70
渗透率(25℃)/%	0~2
碳/%	75~82
氢/%	6~9
氮/%	0.8~1.5
硫/%	1~6
氧/%	1.5~2.5

2) 岩沥青改性机理

与基质沥青相比，天然岩沥青改性沥青中的沥青质含量和胶质含量都大大增加，并且天然岩沥青掺量增加，沥青质和胶质含量都明显呈上升趋势。随着天然岩沥青掺量增加，改性沥青中的胶团极性增强，使得胶体结构由溶胶型逐步向溶胶-凝胶型与凝胶型转变，因此沥青的抗高温能力得到明显提升。除此之外，天然岩沥青还含有多种有机链，可以促进石油沥青中的活性基团交联聚合，提升了沥青黏聚力和抗拉断力。

天然岩沥青对极性小的饱和烃、芳香烃具有很强的亲和作用。天然岩沥青中的分子量很大，当其与基质沥青混合后，在小分子包围和高温环境下，会引起天然岩沥青中大胶束的破裂，使其活性点暴露出来，而这些活性点会快速与小分子结合形成半聚合作用，由此可知，天然岩沥青与基质沥青有十分优良的互溶性[16, 17]。

3) 岩沥青改性效果

(1) 随着天然岩沥青的掺入，沥青质和胶质含量明显升高，大大增强了改性沥青胶团的极性，促使沥青胶体结构由溶胶型逐步向溶胶-凝胶型和凝胶型转变，不仅提升了沥青针入度指数、增大软化点，并且降低了沥青的感温性能，抗高温能力也得到明显的提升。

(2) 天然岩沥青含有多种有机链，可以促进石油沥青中的活性基团交联聚合，改性沥青的组分比例发生了显著变化，沥青性能也随之变化，即沥青的抗氧化性、流动性、黏结性和感温性等都得到较明显的提升。

2. 湖沥青

湖沥青的形成是由于在天然湖中石油从地壳中冒出，经长年累月的沉淀、变化、硬化，从而形成的天然沥青，最具代表性的产品就是南美洲特立尼达岛的特立尼达湖沥青(Trinidad Lake Asphalt，TLA)。

研究产自于南美洲特立尼达湖的天然沥青表明，湖沥青具有十分稳定的化学成分，沥青52%～55%，矿物质35%～39%，有机物9%～10%以及一些挥发性物质和水。由于这些矿物质具有稳定的结构和坚硬的特点，湖沥青具有一般沥青所不具有的特殊性能。

特立尼达天然湖沥青的另一特征是它在铺路与服务过程中比其他沥青改性剂更加具备抵御极端气候的能力。特立尼达天然湖沥青可以在严寒的气候条件下铺路，可以在高温下搅拌而不降低其黏结力。

湖沥青的针入度很小，即便加热也无法直接与矿料拌和均匀，所以不能直接使用，一般通过与普通石油沥青按一定比例掺配使用，作为改性剂，特立尼达湖沥青是全球唯一被广泛使用的湖沥青，我国执行《公路改性沥青路面施工技术规范》(DB14/T 160—2015)，特立尼达湖沥青质量标准见表1.13。通过不同含量湖沥青与石油沥青调配，能按要求制出针入度等级不同的、质量均匀的湖沥青改性沥青[18]。

表 1.13　特立尼达湖沥青质量标准

项目	指标
针入度(25℃)/0.1mm	0～4
软化点/℃	93～99
加热损失(63℃，5h)/%	2.0
溶解度/%	52～55
灰分质量分数/%	35～39
密度(25℃)/(g/cm^3)	1.39～1.44

1) 组成成分

研究表明，通过精炼加工后的湖沥青由以下四种物质组成[18]：

(1) 地沥青(二硫化碳可溶分)占 53%～55%，它包含了 36%软沥青质和 18%沥青质。除此之外，在可溶性沥青中，含 67%～70%软沥青质和 30%～33%沥青质。

(2) 矿物质(灰分)占 36%～37%，主要由石英与黏土构成。矿物质成分非常精细，90%的矿物质成分小于 0.075mm，44%的矿物质成分小于 0.01mm，呈现珊瑚状，在高温的作用下，可以将沥青轻组分吸入细孔中，其作用不同于在沥青中加矿粉。

(3) 4.3%矿物质的化合水。

(4) 3.2%有机材料(在二硫化碳中不可溶解)。

2) 湖沥青改性机理

从基质沥青的形貌图中可以观察到一些明暗相间的条纹，这样的结构被称为蜂形结构。蜂形结构的出现是因为沥青中的沥青质胶团的存在。湖沥青掺入基质沥青改性后可以使沥青中的蜂形结构尺寸缩小，并且可以使其在体系中的分布更为均匀，形貌更为光滑。这种现象表明，湖沥青加入之后，基质沥青中的沥青质和其他组分的相互作用改变了，沥青质可以有效地被周围的沥青分子溶解并分散，从而形成了更加稳定的体系，沥青的胶体结构类型从溶胶型向溶胶-凝胶型再向凝胶型转化。

湖沥青中含有较低的饱和分与较高的沥青质，而饱和分与沥青质的含量都是影响沥青性质的重要因素，其中沥青质的含量与沥青的路用性能有很大的关系。从湖沥青的改性沥青 AFM 物相可以看出，两相的对比度下降，它们的界限变得模糊，除此之外相图中的蜂形结构也随着湖沥青的掺入而消失。这个现象进一步说明，湖沥青的加入明显降低了沥青中沥青质和周围沥青分子的性质差别，提高了彼此的相容性。湖沥青改性后，沥青中连续相所占的面积大幅减少，而分散相的面积却大幅增加，并表现出显著的缔合作用，因此提高了整个体系的刚性，促使改性沥青的软化点、黏度等性能都得到了明显的改善和提升，但延度、针入度却急剧降低[18]。

3) 湖沥青改性效果

(1) 湖沥青与石油沥青有非常好的相容性。由于湖沥青本质是沥青，它的物理性质与化学性质和石油沥青是基本一致的，所以湖沥青与石油沥青有非常好的相容性。因为它们良好的相容性，湖沥青改性沥青的加工工艺比 SBS 等聚合物改性沥青更为简便，只需在温度为 170℃ 左右时将湖沥青与石油沥青搅拌混合均匀，生产成本比聚合物改性沥青更低。当有灰分沉淀离析时，只要重新适当搅拌即可使之均匀。

(2) 湖沥青改性沥青的高温稳定性好。因为湖沥青是在高温高压下历经亿万年的充分氧化形成的，不含蜡，沥青分子量大，聚合程度高，湖沥青的灰分呈珊瑚状，在高温下沥青的轻组分可以被吸入细孔中。所有这些特性都能使湖沥青改性沥青的温度敏感性降低(针入度指数变小)，软化点、黏度和劲度模量等都能显著增加，具有良好的抵抗车辙变形的能力。

(3) 与石料的黏附性强，抗水性能好。湖沥青中的软沥青质具有大量的氮、氧、有机硫等物质，这些物质的存在使得沥青的极性增加，对石料的黏附能力、浸润能力大大改善；若在长时间高温作用下，湖沥青改性沥青的黏附性还有增强的趋势，极大地提高了湖沥青改性沥青混合料的抗水损害性能。

(4) 抗老化性能强。因为湖沥青是经过亿万年在高温高压和各种气候下形成的，它的氮含量是普通沥青的几倍甚至几十倍，湖沥青的氮元素是以官能团形式出现的，对自由氧化基具有较高的抗性，因此这些特点使湖沥青改性沥青具有优良的抗老化性能。沥青旋转薄膜加热试验(rotated thin film oven tests，RTFOT)表明，湖沥青改性沥青老化后质量损失很小，针入度比却很高。这种情况说明湖沥青改性沥青具有较强的抗老化性能。

(5) 提高对燃油、微生物等侵蚀的抵抗能力。湖沥青是在自然条件下，经过亿万年高温高压而形成的具有独特结构性质的物质，其具有比普通沥青更多的凝胶体，与基质沥青掺配而成的湖沥青改性沥青呈现溶胶-凝胶结构，由于沥青质有较多的树脂作为保护，在一定程度上增强了湖沥青改性沥青对燃油、微生物等的抗侵蚀能力。这些特点对于提高沥青路用性能和耐久性是非常必要的。

(6) 湖沥青具有较高的矿物质(灰分)，其针入度、延度非常小。

1.3　常见的辅助改性剂

1.3.1　增塑剂

增塑剂是当今世界各国供需量最大的塑料助剂之一。在美国工程塑料添加剂市场中，增塑剂市场占有率最高，达到 28%。当前我国产业导向是 "以塑代木，以塑代钢"，工业聚氯乙烯(polyvinyl chloride, PVC)塑料产品已经延伸到国民经济、国家高科技产业的各个领域。塑料主要成分是改性天然树脂与合成树脂，但树脂本身存在各种缺陷，如耐热性差、易热降解，加工性能差等，只有采取向其中添加各种其他物质来改善其不足，使其达到耐久、实用、增强等要求，因此塑料添加剂是塑料不可缺少的成分。其中为了增加高聚物塑性、柔韧性或者膨胀性，改善高聚物加工性能而加入到高聚物体系中的添加剂，称为增塑剂。工业增塑剂是一类重要的精细化工产品，是塑料工业中重要的助剂之一，大量用于 PVC 树脂，其品种已达几百种之多。

1. 增塑剂的定义及性能要求[19]

(1) 增塑剂的定义。广义上说，凡添加到聚合物体系中，能增加聚合物塑性，改善加工性能，赋予制品柔韧性与伸长性的物质均可称为增塑剂。因为增塑剂的添加，可使高聚物玻璃化转变温度降到能用温度以下，因而使高聚物才有了能用价值。例如，在 PVC 中加入少量邻苯二甲酸二辛酯等化合物，可以改善 PVC 的加工性能。因为增塑剂的增塑作用，不仅赋予了高聚物许多良好的性能，而且可以扩大高聚物的应用范围，又便于制品的加工成型。

(2) 增塑剂性能要求。增塑剂通常是沸点高、难挥发液体或者是低熔点的固体。这样制品在高温加工或者升温过程中使之不易损失。从性能来说，理想的增塑剂应满足下列条件：①增塑剂与高聚物具有良好的相容性；②塑化效率高；③有良好的耐久性；④具有难燃性能；⑤耐寒性、耐老化性好；⑥尽可能无色、无臭、无味、无毒；⑦具有原料成本低、能用效率高等优点。

2. 增塑剂的作用机理

当聚合物中加入增塑剂进行增塑时，在聚合物增塑剂体系中存在如下三种力：①聚合物分子间的作用力；②增塑剂本身分子间的作用力；③增塑剂与聚合物分子间的作用力。一般增塑剂是小分子，故②很小，可以不考虑，关键在于①的大小：若是非极性聚合物，则①小，增塑剂易插入其间，并能增加聚合物分子间距离，削弱分子间引力，起到很好的增塑作用；反之，若是极性聚合物，则①大，增塑剂不易插入，需要通过选用带极性基团增塑剂，使其极性基团与聚合物的极性基团发生作用，代替聚合物极性分子间作用，使③增加，因而削弱分子间的作用力，达到增塑目的[19]。

3. 增塑过程[19]

(1) 湿润与表面吸附。增塑剂分子进入树脂孔隙并填充其孔隙，这个过程几乎瞬间发生，且为不可逆过程。

(2) 表面溶解。增塑剂要渗入树脂粒子中，速度比较慢，尤其是在低温时更加缓慢。通常认为增塑剂先使聚合物表面的分子溶解或溶胀，当它的表面有残留胶体悬浮聚合时，可以延长这个诱发阶段。研磨的粉状 PVC 或者用溶剂洗涤的 PVC，有时不经诱发直接进入表面溶解。

(3) 吸收作用。树脂颗粒可以由外缓慢地向内溶胀，将产生很强的内应力，表现为增塑剂与树脂总的体积降低。

(4) 极性基游离。增塑剂渗入树脂内部，局部改变树脂的内部结构，并将溶解大量特殊的官能团。增塑剂被吸附后，介电常数比起始混合物高。这一过程会受到活化能大小和温度高低的影响。

(5) 结构破坏。增塑剂以分子束的形式存在于链段或高分子之间。

(6) 结构重建。增塑剂与聚合物的混合物加热到流动态而发生塑化后，再冷却，将形成一种与原聚合物不同的新结构。

4. 常见的增塑剂品种[19]

增塑剂的主要品种见表 1.14。

表 1.14　增塑剂的主要品种

种类	品种	性能	应用
邻苯二甲酸酯类	邻苯二甲酸二辛酯(DOP)	相容性、光稳定性及电绝缘性好、耐低温、低毒	薄膜、板材、电绝缘料
	邻苯二甲酸二丁酯(DBP)	相容性好、柔软性好、价廉、不单用	薄膜、板材、电绝缘料
	邻苯二甲酸二异癸酯(DIDP)	耐热性好、电绝缘性好	薄膜、板材、电绝缘料

续表

种类	品种	性能	应用
脂肪族二元酸类	己二酸二辛酯(DOA)	耐寒性优，对光稳定；增塑作用好，塑化效率高	薄膜、板材、电绝缘料
	己二酸二乙酯(DEA)	耐寒性优，对光稳定；增塑作用好，塑化效率高	薄膜、板材、电绝缘料
	癸二酸二辛酯(DOS)	耐低温性能超过同类其他产品，挥发性较低；价格高，应用受限制	薄膜、板材、电绝缘料
环氧酯类	环氧大豆油(ESO)	光、热稳定性良好，低挥发性；对于洗涤抽出具有广泛的抵抗力	透明制品
	环氧硬脂酸辛酯(ED3)	光稳定性好、耐低温性好	农用薄膜、塑料糊
含氯化合物类	氯化石蜡(42%)	耐燃、电性能好、价廉、不单用	电缆、板材
磷酸酯类	磷酸三苯酯(TPP)	相容性好、阻燃性好、耐寒性差	电缆
	磷酸三辛酯(TOP)	相容性好、耐寒性好、无毒	薄膜、板材
	磷酸三甲苯酯(TCP)	相容性好、阻燃性好、低温性差、有毒	板材、电缆、人造革
其他	石油磺酸苯酯(M-50)	辅助增塑剂	通用塑料制品

5. 邻苯二甲酸二辛酯

　　邻苯二甲酸二辛酯(dioctyl phthalate，DOP)是一种带有支链的侧链醇酯，分子量是390，无色或者淡黄色油状液体，具有特殊气味。相对密度0.9861，熔点-55℃，沸点370℃(常压)，不溶于水，溶于大多数有机溶剂，微溶于乙二醇、甘油与一些胺类。与二丁酯相比，邻苯二甲酸二辛酯挥发度小，与水互溶性差，并有良好的电绝缘性能，而二丁酯大部分用作聚氯乙烯辅助增塑剂，相较邻苯二甲酸二辛酯而言，二丁酯易迁移，常与邻苯二甲酸二辛酯结合使用，以降低增塑剂添加成本。

　　邻苯二甲酸二辛酯是工业上广泛使用的增塑剂，除聚乙酸乙烯酯、乙酸纤维素外，邻苯二甲酸二辛酯与绝大部分在工业上允许使用的合成树脂与橡胶都能较好地相容，并且具有较好的综合性能。邻苯二甲酸二辛酯混合性能好，增塑效率高，低温柔软性较好，挥发性较低，耐水抽出，电气性能高，以及耐热性与耐候性较好[19]。

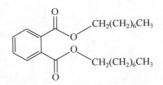

图1.8　邻苯二甲酸二辛酯的化学结构式

　　邻苯二甲酸二辛酯的分子式为$C_{24}H_{38}O_4$，化学结构式如图1.8所示[19]，其物理性能见表1.15[19]。

表 1.15 邻苯二甲酸二辛酯的物理性能

项目	指标
沸点(1.0325×10⁵Pa，760mmHg)/℃	370
折光率(20℃)/%	1.4859
闪点/℃	218.33
黏度(20℃)/(Pa·s)	81.4
相对密度	0.9861
燃点/℃	241
冰点/℃	−55
熔点/℃	−16
流动点/℃	−41
体积电阻/(Ω·cm)	$1×10^{11}$
比热容(50~150℃)/[cal/(g·℃)]	0.57
蒸发热/[kcal/(g·℃)]	23.6
水中溶解度(20℃)/%	<0.1

注：1cal=4.184J。

6. 芳烃油

芳烃油又称芳香烃油，是深色黏稠液体，是石油化工的基础原料之一。芳烃油可以对橡胶起到增塑、软化的作用，以达到改变橡胶的弹性性能与韧性性能的作用。

芳烃油的性能特点：①蜡含量低，黏性好；②硫含量低，毒性小；③挥发分低，不易抽出；④闪点高，耐高温性好；⑤芳香烃含量高；⑥可取代酯类油，能有效降低成本。

芳烃油的用途：芳烃油有良好的橡胶相容性，有耐高温、低挥发等特点，可以极大地改善橡胶的加工性能，还能增强橡胶产品抗氧化、抗风化、减缓衰老的性能，减小摩擦程度，同时还可以增强橡胶料中填充剂的混合与分散，普遍用于沥青的增塑剂与再生胶等。

芳烃油的物理性能见表 1.16[19]。

表 1.16 芳烃油的物理性能

项目	指标	分析结果
运动黏度/(Pa·s)	14~19	16.59
密度/(g/cm³)	0.9529~1.0188	1.0119
折光指数	1.550~1.610	1.5780

项目	指标	分析结果
闪点/℃	195	199.5
凝点/℃	5	1
水分质量分数/%	0.1	0.1
黏度指数	0.930~1.000	0.9779
折光率/%	1.060~1.090	1.0721
灰分质量分数/%	0.01	0.001

1.3.2 交联剂

1. 概述

一般在两个高分子的活性位置上生成一个或者数个化学键，并且将线型高分子转变成体型高分子的反应称为交联反应。交联剂是指能使高分子化合物交联的物质。交联反应在高分子材料加工中起着重要作用：一方面能有效提高聚合物的耐热性能及使用寿命；另一方面还能改善材料的力学性能和耐候性。例如，交联反应能赋予橡胶不可缺少的高弹性。因此，交联反应是一类极其重要的化学反应。

聚合物通过交联剂生成三维结构的初始阶段是硫磺对天然橡胶的硫化。1834年，Hayward 发现将硫磺放入生胶中并加热可以提高橡胶的弹性并且延长橡胶的使用寿命。1893年，Goodyear 独自完成了硫化方法，并因此获得了专利。橡胶分子由线型结构转变为体型结构的过程就称为硫化。实际上硫化就是将橡胶分子进行交联，使橡胶具有良好的弹性及其他许多优异性能。其中硫磺起到交联剂的作用，应用最早的高分子交联反应就是硫化反应[19]。

目前，高分子材料在许多方面都会用到交联反应。例如，某些塑料，特别是某些不饱和塑料树脂，也需要进行交联。用不饱和聚酯制造玻璃钢时，使之硬化的必要条件就是要加入交联剂。用交联剂胶接物件时，要使物件粘牢需要进行固化。通常将高分子发生交联的结果称为固化，这种情况下使用的交联剂也称为固化剂。如今在塑料、橡胶、树脂、纤维及涂料等诸多领域中，交联剂都有广泛的应用。

此外，随着技术的进步，交联剂的应用范围也在不断地扩展。在许多技术中交联剂都起着不可替代的作用，如医用高分子材料的水溶性高分子的交联水凝胶、感光树脂平版印刷的油墨及涂料的固化技术。由此可见，选择合适的交联剂采用各种交联方法制备高附加值的聚合物是未来的一个重要发展方向。

交联剂有很多种类，主要以有机交联剂为主，也有如氧化镁、氧化锌、硫磺及氯化物等无机化合物。在不同情况下，不同的交联剂相应适用于不同的高分子。

交联剂的用途非常广泛，主要分为以下七类：①橡胶硫化剂，包括硫磺等有机硫化剂及无机交联剂；②醇酸树脂、氨基树脂用交联剂；③乙烯基单体、不饱和树脂交联剂及反应性稀释剂；④聚氨酯用交联剂，包括多元醇、胺类及异氰酸酯等化合物；⑤环氧树脂固化剂，大部分以改性树脂和多元胺为主；⑥纤维用树脂整理剂；⑦塑料用交联剂，以有机过氧化物为主。

交联剂应用在结构领域可分为以下九类：①醌及醌二肟类交联剂；②羧酸及酸酐类；③硅烷类交联剂；④偶氮化合物交联剂；⑤无机交联剂；⑥醇、醛及环氧化合物；⑦有机过氧化物交联剂；⑧胺类交联剂；⑨酚醛树脂及氨基树脂类交联剂等[19]。

2. 交联剂作用机理[19]

聚合物的交联反应会因为高分子化合物的结构和交联剂种类的不同而变化，因此其机理是非常复杂的。大多数交联反应只能大概地说明它的反应形式。这里仅列举一些典型的交联剂在高分子中的交联作用加以说明，并对射线交联及光交联的作用机理加以解释。

1) 有机交联剂对高分子化合物的交联反应

(1) 交联剂诱发自由基反应。在这种反应中，交联剂的功能是自身分解出自由基，这些自由基引发高分子自由基链反应，从而促使高分子化合物链的 C—C 键交联，所以交联剂在这个过程中起的是引发剂的作用，并且主要是有机过氧化物，可以同不饱和聚合物与饱和聚合物两种不同聚合物进行交联。

(2) 交联剂的官能团与高分子聚合物反应。借助高分子化合物与交联剂分子中的官能团(主要是反应性双官能团、多官能团及 C=C 双键等)进行反应，将交联剂以桥基的形式把聚合大分子交联起来。这种交联机理是除过氧化物外大多数交联剂采用的形式。

(3) 交联剂引发自由基反应和交联剂官能团反应相结合。将前述两种机理相组合实际上就是其交联机理。将自由基引发剂和官能团化合物联合使用的一个典型的例子就是用有机过氧化物和不饱和单体来使不饱和聚酯进行交联。

有机交联剂的这三种交联机理是一个复杂的反应体系，一般情况下可以同时存在于同一交联过程中，并伴有许多副反应发生。

2) 无机交联剂的作用机理

常见的无机交联剂通常有硫磺及硫磺同系物、硫化物及过氧化物、金属氧化物、金属卤化物、硼酸及磷化物等。以下对其交联机理进行简单介绍[19]。

(1) 金属氧化物及过氧化物的交联机理。在含氯类聚合物的交联中，金属氧化物及过氧化物应用比较广泛，一般金属氧化物(如氧化锌、氧化镁)通常可以作为硫化活性剂使用。

(2) 金属卤化物。用金属卤化物及有机金属卤化物交联时，高分子多数按照金属离子配位。例如，氯化亚铁等能使带有酰胺键的聚合物产生配位，形成分子间多螯合结构。

金属卤化物易与带有吡啶基的聚合物发生反应，得到的交联产物会受吡啶作用，特别是碱性强的吡啶作用，使其交联点解离。带磺酸基的聚合物与金属卤化物也很容易发生反应，生成交联产物。

(3) 硼酸及磷化物的交联。具有羧基末端的液体丁二烯橡胶，能用双酚 A 改性多磷酸、焦磷酸、亚磷酸三苯酯等交联成三维结构。聚乙烯醇在硼酸浓溶液中可得到交联产物，但其交联点会随温度的升高而解离。

3. 交联剂的主要品种

交联剂，按照结构可分为无机交联剂和有机交联剂；按应用范围可分为橡胶用交联剂(或称硫化剂)、涂料用固化剂、塑料用交联剂等。并且交联剂的应用范围又相互渗透，例如，有机过氧化物过氧化苯甲酰(benzoyl peroxide，BPO)可以用于橡胶和不饱和聚酯的交联[19]。

1) 过氧化物交联剂

在工业用品和家用制品方面，塑料的应用在不断地扩大。近年来，对塑料制品提出的要求变得愈加苛刻。塑料是一种容易成型的加工材料，但是也存在许多问题。例如，温度升高易软化和流动的缺点，在应力条件下塑料的耐溶剂性差，易发生环境应力龟裂。为解决这些问题，一种行之有效的方法就是将塑料进行交联。目前，交联技术广泛地用于作为电线和电缆绝缘材料的交联聚二烯、交联聚氯乙烯、耐热性薄膜、管材、带材、各种包装材料及各种成型制品等方面，交联技术已经被广泛应用。

2) 胺类交联剂

胺类化合物作为卤素系列聚合物、羧基聚合物及带有酯基、异氰酸酯、环氧基、羧甲基聚合物的交联剂已经被广泛应用，其中在环氧树脂的固化及聚氨酯橡胶中的应用尤为显著。这类化合物主要是含有两个或两个以上氨基的胺类，它包括脂肪酸、芳香族及改性多元胺类。无论是哪一种胺类，通常伯胺、仲胺是交联剂，而叔胺是交联催化剂。

3) 有机硫化物交联剂

有机硫化物常在橡胶工业中起硫化剂的作用，又称为硫磺给予体。因为它们具有在硫化温度下能够析出硫，进而使橡胶进行硫化的特点。由这种方式形成的交联方式称为无硫硫化。与采用无机硫磺等硫化所形成的多硫键相比，不同的是硫磺给予体主要形成双硫键和单硫键，因而硫化橡胶具有耐热性能好，且不易产生因硫化而引起硬化的特点。有机硫化物交联剂一般分为二硫化秋兰姆及其衍生物、吗啡啉衍生物、有机多硫化合物、有机硫醇化合物及二硫代氨基甲酸硒等。

4) 树脂类交联剂

树脂类交联剂在橡胶、涂料、胶黏剂、纤维加工等诸多工业部门对树脂类交联剂都有广泛应用。酚醛树脂硫化剂主要用于丁基橡胶的硫化(如硫化轮胎)，使之具有优异的耐热性和耐高温性，其在工业上已得到广泛应用；氨基树脂则是最有代表性的烘烤型涂料交联剂之一，它也可作为可塑性的油改性醇酸树脂、无油醇酸树脂、油基清漆、丙烯酸树脂、环氧树脂等的交联剂。

5) 硫磺交联剂

硫磺又称为硫、胶体硫、硫磺块，其外观为淡黄色脆性结晶或粉末，有特殊臭味，具有挥发性。硫磺不溶于水，微溶于乙醇、醚，易溶于二硫化碳。硫磺为易燃固体，硫磺在燃烧时会发出青色火焰，伴随燃烧产生二氧化硫气体。主要的用途有作为农药，制造染料、火柴、火药、橡胶、人造丝等。硫磺水悬液呈微酸性，可以与碱反应生成多硫化物。工业硫磺的颜色呈黄色或淡黄色，形状有块状、粉状、粒状或片状等。

本书采用的硫磺是产自新泰市汶河化工厂，产品名称为：500 目超细脱酸硫磺粉，产品主要指标见表 1.17[6]。

表 1.17 脱酸硫磺粉的主要指标

项目	指标
硫质量分数/%	≥99.5
水分质量分数/%	≤0.5
灰分质量分数/%	≤0.03
酸度(以 H_2SO_4 计)/%	≤0.003
铁质量分数/%	≤0.03
砷质量分数/%	≤0.0001
有机物质量分数/%	≤0.03

1.3.3 多聚磷酸

1. 多聚磷酸基本性能

20 世纪 30 年代，美国田纳西河州流域管理局研究发现，有一种液体磷酸存在于正磷酸(H_3PO_4)与焦磷酸($H_4P_2O_7$)中。其中 $w(P_2O_5)$的含量占该液体磷酸的 76%[折合 $w(H_3PO_4)$为 105%]，以正磷酸形态存在的 P_2O_5大约占液体磷酸的 49%，焦磷酸占 42%，三聚磷酸($H_5P_3O_{10}$)占 8%，四聚磷酸($H_6P_4O_{13}$)占 1%。这种由聚磷酸与正磷酸组成的混合液称为多聚磷酸(polyphosphoric acid，PPA)，也称为线型缩合磷酸，PPA 的通式用 $H_{n+2}P_nO_{3n+1}$ 表示，多聚磷酸的化学结构式如图 1.9 所示。

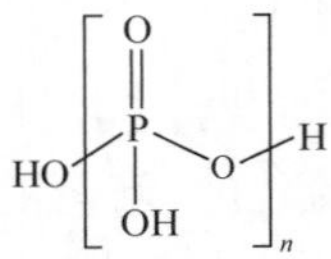

多聚磷酸也称为四聚磷酸、多磷酸，或者称为聚合磷酸。该液体呈无色透明黏稠状，不结晶，易潮解，具有较强的腐蚀性，可以与水混溶，水解为正磷酸；熔点为 48~50℃，沸点为 856℃，密度为 2.1t/m³，分子量为 337.93，多聚磷酸的代表式为 $H_6P_4O_{13}$。在磷化工业中，通常把 $w(H_3PO_4)$在 105%以上的磷酸称为多聚磷酸。在颜料、香料、制药、皮革、阻燃剂制造等多个行业中，多聚磷酸都有广泛的用途，例如，在有机合成中作为酸化剂、环化剂和脱水剂等。多聚磷酸一方面可作为磷酸的代用品，另一方面它还是重要的化工中间产品，同时也是一种重要的化工产品[20]。

图 1.9　多聚磷酸的化学结构式

在湿法磷酸的生产过程中，提高磷酸浓度的方法是将磷矿石和硫酸反应产生的料浆经过滤、浓缩。通常是在不同类型的真空蒸发器中进行酸的浓缩，由于高温及传热不均匀性，即使努力保证受热均匀，酸在浓缩过程中依旧会出现一些问题。例如，产生局部过热，使容器表面在加热后仍然会出现沉淀结垢。因此从 20 世纪 20 年代至今，国内外的许多学者设计了多种有效且低能耗的方法来提高磷酸的浓度，并获得了满意的效果。

多聚磷酸是一种无机酸，是由单个的磷酸分子脱水交联形成的聚合物，多聚磷酸是不同聚合度的聚磷酸所组成的混合物，其组成大致如下：多聚磷酸(含量 117%，按磷酸计)包含 2%的正磷酸，8%的三聚磷酸，7%的焦磷酸，11%的四聚磷酸，72%的高聚磷酸。多聚磷酸强度、韧度和硬度优越，拥有良好的耐热性、耐化学性及抗开裂能力。在国外，多聚磷酸被用作沥青的一种化学改性剂，得到了较为广泛的研究与应用，并且因为多聚磷酸的改性效果得到国外研究者的普遍关注[20]。

2. 多聚磷酸改性沥青改性机理

分析多聚磷酸对沥青的改性作用的机理以及彼此间相互产生的作用及影响可

以发现，改善沥青的性能存在一基本前提，即需要将改性剂与沥青两者充分地混溶。在这个基础上，通过吸附沥青中的轻质组分，改性剂会发生溶胀，接着又同沥青的其他组分发生相互作用，最终产生一种新的结构体系，而使沥青性能得到相应的改善也离不开此种改性剂自身的固有特性。

要把沥青质团聚体分散成沥青质单元，可以借助多聚磷酸阻止沥青质团聚的形成。为使其可吸附更多的胶质，可让沥青质被多聚磷酸破坏并被转化成若干个单个粒子，使其比表面积增加。而沥青硬度和弹性的增加可以借助多聚磷酸的作用。在沥青软组分中，多聚磷酸将会使得沥青质团簇被打破，从而增强沥青质的分散度以及在分散的沥青质中能够形成稳定的空间网络。

在基质沥青中加入多聚磷酸会使基质沥青分子中的活性位(羟基、亚胺基、巯基)与多聚磷酸发生反应。多聚磷酸会与沥青中的醇类发生反应，磷会将醇中的羟基酸化，生成物可能为磷酸酯。从多聚磷酸改性沥青宏观试验性能上看，沥青高温性能的改善是加入多聚磷酸后，与沥青凝胶化所致。这是因为沥青中的芳香族会因多聚磷酸中的磷酸二氢根 $H_2PO_4^-$ 而发生环化，在对位的中间喹啉也会发生质子化，促使质子迁移，生成新磷酸化合物和醇官能团。沥青中双酚 A 被磷酸化的程度会随着多聚磷酸掺量的增加而不断加大，沥青的酯化程度也会随之增高。换言之，沥青中羟基脱水和多聚磷酸缩合后产生的大分子增多，即长链烃类组分在沥青中越多，沥青在某一程度上就会变得越黏稠，宏观上表现为沥青高温性能的提高[20]。

3. 多聚磷酸改性效果

1) 感温性能

沥青的硬度会随着多聚磷酸掺量的增加而提升，同时多聚磷酸的加入促使沥青的温度敏感性减弱，进而提高沥青的感温性能，以提高沥青使用时的工作性。

2) 高温性能

沥青的软化点和黏度会因为多聚磷酸的加入而明显升高，同时针入度相应降低，沥青组分中的硬组分的含量明显升高，而软组分的含量明显下降，多聚磷酸的掺入促使沥青凝胶化，从而增强沥青的高温性能。

3) 低温性能

当多聚磷酸的掺量低于 1.5%时，对沥青的低温抗裂性能没有明显影响。当多聚磷酸掺量大于 1.5%时，对沥青的低温延度有不利影响。这是由于加入多聚磷酸改性剂后会使沥青凝胶化后变硬变脆，同时，也会加剧沥青材料的不均匀性，使沥青应力集中点增多，加大发生脆性破坏的可能性[20]。

1.4　聚合物改性沥青的制备方法

一般的聚合物改性沥青都可以由高速剪切法加机械搅拌制得。

1) 高速剪切机

高速剪切机也称为高速剪切乳化机,其基本构造及搅拌原理如图 1.10 所示,其可以使聚合物在基质沥青中分散均匀。高速剪切乳化机类似于把一般的高速搅拌机的叶片替换成由带孔的转子和定子组成的高速剪切搅拌器,当启动高速剪切机后,在剪切头的下方形成一个真空区。吸进改性剂和沥青的混合物,改性剂会被转子与定子上的小孔强迫剪切、分散,同时使粉碎的流体介质形成高速液流。可通过显微镜取样,检查确认改性是否完成。因为在高速剪切过程中将改性剂剪切的同时会存在大量的空气气泡可能被带入沥青中,所以驱赶走沥青中的气泡是在沥青试样进行试验测试前必不可少的一个步骤。在聚合物改性沥青制备中,当剪切机停止剪切后,沥青中的气泡可用搅拌棒继续缓慢搅拌直至全部消失,然后对改性沥青灌模(三大指标:针入度、延度、软化点试模,以及 RTFOT等)进行物理性质测试。因为在改性过程中存在沥青老化,当与基质沥青进行比较时,为了排除老化的影响,基质沥青也同样需要按照改性沥青制备的工艺进行类似的操作[2]。

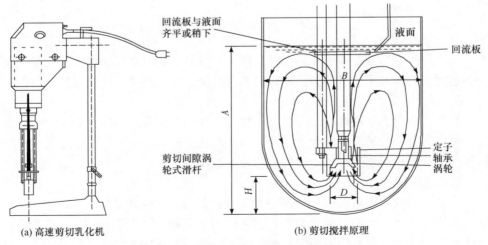

(a) 高速剪切乳化机　　　　　　　　　　　　(b) 剪切搅拌原理

图 1.10　高速剪切乳化机及剪切搅拌原理

$A : B = 1.2 \sim 1.3$;　$D : H = 1 : 3$

2) 机械搅拌

从理论上讲，通过机械搅拌，基质沥青与聚合物改性剂混合都可以得到改性沥青。不过机械搅拌法的难易程度会因为改性剂与基质沥青的相容性不同存在很大的差别。机械搅拌法难以用来加工相容性较差的改性剂，如 SBS、PE 这类改性剂，而机械搅拌法可以加工 EVA 及某些相容性较好的聚合物。EVA 有很多品种，改性效果会随着乙酸乙烯酯(VA)的含量与熔融后黏度的加大以及熔融指数的降低而越来越好，但在沥青中的加工分散也会更困难，因此机械搅拌法仅适用于 VA含量较高且熔融指数较高的 EVA 产品。由于非晶态α-烯烃共聚物(amorphous poly alpha olefin，APAO)与沥青有极好的亲和性，在高温下掺入沥青时，只要稍加搅拌便能够均匀地分散。在生产 APAO 改性沥青时，沥青厂家需要在沥青罐上方安装一台普通机械搅拌装置，只需将沥青温度提高到(165±5)℃时，按规定的配比用人工投入改性剂，利用搅拌轴不断地搅拌沥青，可将改性剂熔化均匀，对搅拌的速率无特殊要求。

1.4.1　实验室制法

聚合物改性剂与沥青相比，在分子量和化学结构上存在很大的差异，改性剂难以直接与沥青混溶，因此，需要通过高速剪切机把大颗粒的改性剂剪切成细小颗粒，从而增加改性剂与沥青间的相互接触面积，促进改性剂与沥青更好地相容。

制备改性沥青时采用的剪切机型号为 AF25 型，厂家是上海启双机电有限公司，仪器如图 1.11 所示。在实验室自制改性沥青时，需要注意剪切和搅拌的速率、时间和温度，每个部分的制备工艺对改性沥青的性能都有很大的影响。在实验室制备改性沥青主要包括以下几个步骤[11]：

(1) 将基质沥青放在 135℃的烘箱内熔化备用，按照试验所需的质量分数分别称取基质沥青和改性剂。

(2) 将称取的基质沥青放在装有导热油的容器中加热到 180℃，然后加入改性剂，手动搅拌均匀溶胀。

(3) 开动剪切设备，先低速剪切 10min，保持温度在 180~190℃，增加转速至 4300r/min，连续剪切 1h。

(4) 剪切完成后用机械搅拌机搅拌 2h，在刚开始搅拌时加入稳定剂或者交联剂，试验温度同样控制在 180~190℃，保证改性剂充分溶胀。

(5) 改性沥青制备完成，即可入模测试性能。

(a) 剪切机 (b) 搅拌机

图 1.11 剪切机与搅拌机

1.4.2 改性沥青的中试

1. 中试设备简介

改性沥青生产流程如图 1.12 所示[6]。

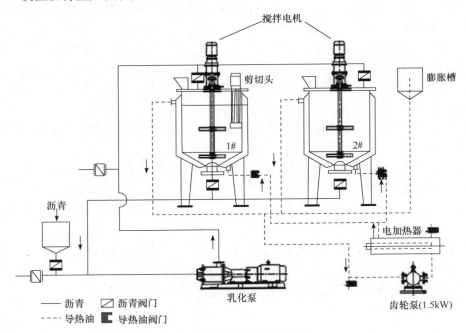

图 1.12 改性沥青生产流程

上海威宇公路技术股份有限公司提供的改性沥青成套生产设备，其技术参数见表 1.18，改性沥青成套生产设备如图 1.13 所示。

表 1.18 改性沥青成套设备配件及技术参数

设备名称	规格	数量	技术参数
沥青熔融罐	Φ500mm×770mm、V=130L	2 台	平盖锥底，导热油加热
加料斗	200mm×150mm	1 台	方扣锥形
沥青配料罐	Φ600mm×800mm	2 套	平盖锥底，导热油加热
剪切机	IBE405 乳化剂	1 台	功率 5kW
搅拌器	二叶桨，0.45kW	2 套	桨叶式搅拌，转速<50r/min
高速剪切机	100L，0.55kW	1 台	—
导热油池	Φ300mm×800mm	1 台	内设两支 9kW 加热管
导热油膨胀罐	Φ200mm×330mm	1 台	锥底敞口容器
导热油循环泵	2CY-3.3/0.33	1 台	流量 3.3m³/h，出口压力 3.3kg
管路、阀门系统	DN50mm、DN25mm	1 套	沥青管路为 DN50mm 管阀、导热油管路为 DN25mm 管阀
操作平台	2000mm×1000mm×400mm	1 套	台式
电控柜	600mm×400mm×600mm	1 套	内置控制剪切机、搅拌器、导热油泵和加热控制装置

(a) 改性沥青成套设备

(b) 导热油加热装置　　　(c) 发育罐与剪切罐　　　(d) 沥青储罐

(e) 高速剪切机　　　　　　　　(f) 电控柜

图 1.13　改性沥青成套生产设备

2. 生产操作工艺

生产过程主要分为以下几个步骤，每个步骤都要严格控制时间和温度。

首先将基质沥青加热至 130℃倒入沥青熔融罐中以备取用；对导热油进行加热，同时打开油泵对导热油进行循环，为了避免基质沥青的过度加热，只打开要取用的沥青熔融罐的导热油阀门进行导热油循环，同时打开乳化泵的导热油阀门，当温度达到 150～155℃时，将沥青倒入加料斗，开启乳化泵，将加料斗里面的沥青通过乳化泵导入沥青配料罐，同时升高导热油的温度，当配料罐里的沥青温度达到 170～180℃时，先加入增塑剂，然后加入改性剂，进行低速搅拌；搅拌结束后，打开配料罐的阀门，同时打开乳化泵，对沥青进行高速剪切，并导入沥青溶胀罐；待四次剪切完成后，再在配料罐中加入交联剂，同时打开剪切机和搅拌器，待剪切结束后，将沥青由乳化泵导入发育罐，搅拌，使沥青和改性剂充分反应；最后，把沥青导出，进行取样，准备物理性能测试[6]。

1.4.3　聚合物改性沥青的大规模生产

改性沥青的生产在专门的大型改性沥青生产装置上进行，该装置由两个大的沥青罐和一个进口胶体磨组成，采用导热油加热，沥青罐和胶体磨间通过管线连接，在沥青泵作用下，当沥青在两个罐子和管线中流动时，被胶体磨高速剪切研磨几次,在一个罐中搅拌溶胀发育,最后出料装车即可,装备及生产过程如图 1.14 所示[21]。

(a) 胶体磨

(b) 沥青反应罐(一侧)

(c) 计量沥青罐中沥青的添加量

(d) 添加改性剂

(e) 向沥青罐中加入增塑剂

(f) 制备进行中(罐顶部投料口)

(g) 生产后的沥青抽样检查

(h) 从罐槽顶部注料装车

图 1.14　装备及生产过程

1.5　改性沥青的主要测试指标

1.5.1　物理性能指标

　　沥青各项性能的测试及其一般相关性参数的计算按照《公路工程沥青及沥青混合料试验规程》(JTG E20—2011)中的相关规定进行。

　　不同的改性剂能够改善沥青某一方面或某几方面的性能，因此针对不同的改性沥青性能其评价的侧重点并不相同，主要评价指标见表 1.19[1]。

表 1.19　改性沥青物理性能评价指标

性能	评价指标
高温性能	软化点、当量软化点、60℃动力黏度
低温性能	延度、脆点、当量脆点、柔度
感温性	针入度指数、塑性温度范围
抗变形性能	弹性恢复、黏韧性和韧性

　　注：表中当量软化点、当量脆点、针入度指数、塑性温度范围均为根据规范计算所得数值。抗变形性能通常只针对聚合物改性沥青，特别是热塑性弹性体改性沥青。

　　1. 高温性能

　　改性沥青的高温性能通过软化点、当量软化点、60℃动力黏度来评价。

　　1) 软化点

　　软化点即物质软化的温度，主要是指无定形聚合物开始变软时的温度。它与高聚物的结构及其分子量大小都存在一定关系。其测定方法有很多，测定方法不同，其结果往往不同。较常用的测定方法有维卡(Vicat)法和环球法。沥青软化点是反映沥青敏感性的重要指标，也是沥青黏稠性的一个量度。

　　2) 当量软化点

　　将针入度为 800(0.1mm)的温度定义为当量软化点。因为当量软化点受沥青蜡含量的影响小，因此更能体现出沥青的高温性能。

　　3) 60℃动力黏度

　　黏度是流体抵抗流动的能力，其种类有很多，如标准黏度、动力黏度、运动黏度等。其中的 60℃动力黏度是反映道路沥青高温抵抗永久变形能力的一项重要参数，其测试方法目前有两种，分别是真空减压毛细管法和 Brookfield 旋转黏度计法。

2. 低温性能

改性沥青的低温性能用延度、脆点、当量脆点和柔度来评价。

1) 延度

延度试验是根据要求将温度设定为 25℃、15℃、10℃、5℃，以 5cm/min(当低温时采用 1cm/min)速度拉伸"8"字形标准沥青试件至其断裂时的长度(cm)，即为延度。延度越大，表明沥青的塑性越好。延度是评价沥青塑性的重要指标。

2) 脆点

脆点是沥青在等速降温条件下，用弯曲受力方式测定的沥青发生脆裂破坏时的温度。根据试验方法不同，脆点有：弗拉斯脆点、皿式脆点以及模拟沥青收缩开裂试验而得出的缩裂温度。脆点实质上反映了沥青由黏弹性状态变为玻璃态的温度。它是某一种特定试验方法下的条件劲度温度，一般认为沥青弯曲脆裂时的劲度为 2100MPa，针入度为 1.2～1.25(0.1mm)。通常对同一种油源产生的沥青，其脆性温度越低，低温抗裂性能就越好。

3) 当量脆点

利用当量软化点原理，同样可以根据沥青在弗拉斯脆点时的针入度的假定，针入度为 1.2(0.1mm)时的温度可利用沥青针入度温度回归直线方程求出，并成为当量脆点 $T_{1.2}$。采用当量脆点 $T_{1.2}$ 评价沥青的低温抗裂性，与实际的路用性能相符合。因此用当量脆点来评价沥青是合理的[1]。

4) 柔度

柔度是指延度与最大拉力的比值，延度越大，沥青的低温性能越好。随着沥青老化的增加，沥青的柔度降低。

3. 感温性

沥青感温性用针入度指数和塑性温度范围来评价。

1) 针入度指数

描述沥青温度敏感性的指标称为针入度指数(针入度是用来描述稠度的指标)；针入度指数越大，沥青的温度敏感性越小。

2) 塑性温度范围

塑性温度范围(ΔT)是指当量软化点(T_{800})与当量脆点($T_{1.2}$)的差值，即 $\Delta T = T_{800} - T_{1.2}$；它反映出沥青对温度的敏感性，塑性温度范围越大，沥青对温度越不敏感；反之，沥青对温度越敏感[1]。

4. 抗变形性能

改性沥青的抗变形性能通过弹性恢复、黏韧性和韧性来评价。

1) 弹性恢复

弹性恢复是指当除去作用在某物体上的力后，该物体变形恢复为原来形状的能力。通常来说，对同一基质沥青弹性恢复指标与改性剂的含量密切相关，弹性恢复性会随着聚合物改性剂含量的增加得到明显改善。在不同的改性剂中，以 SBS 的弹性恢复性能最好，PE 几乎没有弹性，EVA 只有一定的弹性恢复，有的试验表明，8% EVA 改性沥青弹性恢复尚不如 2%~3%的 SBS 改性沥青的弹性恢复性能好，而 SBR 也几乎没有弹性恢复。

2) 黏韧性和韧性

沥青黏韧性试验是指在规定温度条件下测定沥青在高速拉伸情况下与金属半球的黏韧性和韧性。试验温度为 25℃，拉伸速率为 50mm/min。它最早由 Benson 于 1955 年提出，用以评价掺加改性剂后的改性沥青效果。在试验的初始阶段会表现出需要较大的荷载，在后来会出现一段较长时间的变形段，将总的功称为握裹力，将在后期有较长时间变形的部分称为黏结力，单位为 N·m。用这两项指标来评价改性沥青的质量。黏韧性试验荷载-变形曲线如图 1.15 所示[22]。

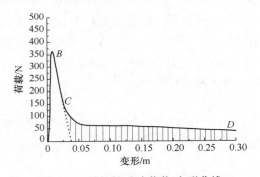

图 1.15　黏韧性试验荷载-变形曲线

1.5.2　流变性能测试模式和指标

1. 动态剪切流变仪

1) 动态剪切流变试验原理

动态剪切流变仪(dynamic shear rheometer, DSR)是用来评价沥青材料流动特性常用的仪器，将样品放在一个固定板和能够左右振荡的板上，并施加循环荷载，这时振荡板开始移动，从 O 点移动到 A 点，再从 A 点返回经过 O 点继续移动到 B 点，然后再返回到 O 点，这样就形成了一个周期，在循环荷载的作用下继续振荡，速度为 10rad/s。试验中的平行板直径为 25mm，间距为 1mm，原理示意图如图 1.16 所示[11]。

动态剪切流变仪是美国公路战略研究计划(Strategic Highway Research Program，SHRP)用来研究沥青材料黏性和弹性的仪器，通过测量沥青胶浆的复数剪切模量 G^* 和相位角 δ 来进行表征。

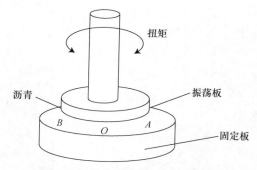

图 1.16　动态剪切流变仪工作原理

复数剪切模量 G^* 通常用最大剪切应力 $\tau_{\max}$ 和最大剪切应变 $\gamma_{\max}$ 来表示，用来表征沥青材料抵抗变形的能力和度量材料在受重复剪切变形时的阻力，G^* 包括弹性模量 G' 和黏性模量 G'' 两个部分，其计算式如式(1.1)～式(1.3)所示[11]。

$$G^* = \frac{\tau}{\gamma} = G' + \mathrm{i}G'' \tag{1.1}$$

$$G' = G^* \cos\delta \tag{1.2}$$

$$G'' = G^* \sin\delta \tag{1.3}$$

式中，G' 为剪切储存模量，指沥青材料在荷载重复作用下内部所储存的能量，代表了材料的弹性成分，$G' = G^* \cos\delta$；G'' 为损失弹性模量(疲劳因子)，表征了材料在变形过程中损失的能量，$G'' = G^* \sin\delta$，$G^* \sin\delta$ 越小，表示材料的循环荷载作用下能量损失得越慢，说明材料耐疲劳性能越好；$G^*/\sin\delta$ 表示车辙因子，通常用来评价沥青的高温抗车辙能力，其值越大说明材料的高温性能越好，在高温条件下抗变形能力越强。

在动态剪切流变仪试验中，沥青材料的应力和应变产生的响应不同步，存在一个由于时间上不同步而产生的滞后角度——相位角 δ。δ 用来表示材料的黏弹性特性，对于完全弹性的材料，其 δ 等于 0°，当材料为纯黏性弹性体时 δ 为 90°，对于黏弹性的材料 $0<\delta<\pi/2$。G^*、G'、G'' 和 δ 的示意图如图 1.17 所示[11]。

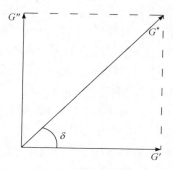

图 1.17　复数剪切模量示意图

2) 测试仪器及方法

选用德国 Anton Paar 公司生产的 MCR-102 型动态剪切流变仪，试验仪器如图 1.18 所示[11]。

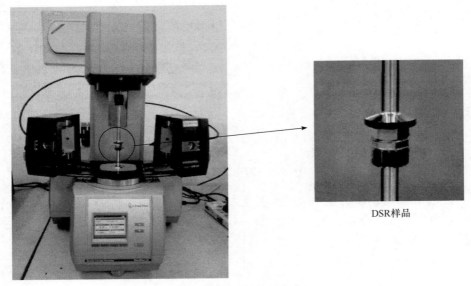

DSR样品

图 1.18　动态剪切流变仪

使用该仪器在不同测量模式下对沥青样品进行测试，分析老化对沥青流变性能的影响。对沥青样品采用如下三种测试模式：

(1) 温度扫描。30～138℃，间隔为 2℃，频率为 10rad/s。

(2) 频率扫描。0.01～100rad/s，测试温度：25℃、30℃、40℃、50℃、60℃。

(3) 蠕变试验。采用反复加载和卸载循环的模式，加载压力为 30Pa，时间 1s，卸载时间为 9s，循环次数为 100 次。

随着以美国 SHRP 为代表的沥青路面技术研究的深入，采用动态剪切试验评价沥青材料黏弹性力学性能的研究已经成为这一领域的热点，在评价沥青高温性能的过程中，仅仅采用车辙因子来表征沥青的高温性能仍存在一定的缺陷，特别是对于聚合物改性沥青，美国公路合作研究组织 NCHRP9-10 报告中提出采用重复蠕变试验拟合，以蠕变劲度的黏性成分 G_v 作为沥青高温性能的评价指标。NCHRP9-10 项目"改性沥青胶结料的 Superpave 草案"中提出，采用加载 1s、卸载 9s 的模式对沥青进行 100 个重复循环，然后通过 Burgers 四单元模型对第 51 次的试验结果拟合得到 G_v，推荐的重复蠕变试验在路面设计的高温 60℃下进行，建议的应力为 30Pa。

Burgers 模型的本构关系：Burgers 模型是由一组 Maxwell 模型(G_0，η_0)和一组

Kelvin 模型(G_1, η_1)所组成。其中，G_0、η_0 分别为 Maxwell 模型中的弹性和黏性部分，G_1、η_1 分别为 Kelvin 模型中的弹性和黏性部分。沥青作为黏弹性材料，在剪切蠕变的作用下产生瞬时变形，随时间单调增加的连续变形，如图 1.19 所示。瞬时发生的变形 γ_e 是材料的弹性响应，依赖于时间的变形是材料的黏性部分，包括了黏弹性即延迟弹性变形 γ_{de} 和黏性流动变形，卸去荷载后，瞬时弹性变形立即恢复，黏性变形无法恢复，延迟弹性变形则以递减的速率恢复 γ_v，如图 1.20 所示。

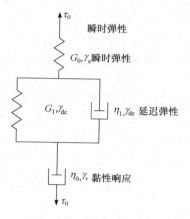

图 1.19 Burgers 模型图　　　　图 1.20 沥青蠕变恢复过程中应变-时间关系曲线

因此蠕变的响应拟合应该包括瞬时弹性变形、延迟弹性变形和流动变形，整个应变和蠕变时间的关系可以用 Burgers 模型的本构方程来表示，如方程式(1.4)所示[11]：

$$\gamma = \frac{\tau_0}{G_0} + \frac{\tau_0}{G_1}\left(1 - e^{-G_1/\eta_1}\right) + \frac{\tau_0}{\eta_0} = \gamma_e + \gamma_{de} + \gamma_v \tag{1.4}$$

式中，γ 为剪应变；τ_0 为恒定的剪切力，Pa；G_0 为 Maxwell 模型中的弹性模量，Pa；G_1 为 Kelvin 模型中的弹性模量；Pa；η_1 为 Kelvin 模型中的黏性系数，Pa·s；η_0 为 Maxwell 模型中的黏性系数，Pa·s。

由式(1.4)可以看出，Burgers 模型的应变分为瞬时弹性部分 γ_e、延迟弹性部分 γ_{de} 和黏性部分 γ_v，将式(1.4)两端除以 τ_0 得方程式(1.5)并整理得方程式(1.6)：

$$\frac{\gamma}{\tau_0} = \frac{1}{G_0} + \frac{1}{G_0}\left(1 - e^{-G_1/\eta}\right) + \frac{t}{\eta_0} \tag{1.5}$$

$$J(t) = J_0 + J_1\left[1 - e^{-t/(J_1\eta)}\right] + J_v \tag{1.6}$$

式中，t 为蠕变时间，即加载时间；J_v 为蠕变柔量，$J_v = t/\eta_0$。

通过变换后的 Burgers 模型本构方程式(1.6)可以直接拟合计算出方程中的 J_v，从而 $G_v = 1/J_v$ 作为蠕变劲度的黏性成分，用来评价不同沥青的高温路用性能，G_v 越大，沥青的高温性能越好。

2. 弯曲梁流变仪

1) 弯曲梁流变试验原理

弯曲梁流变试验最早是由美国公路战略研究计划提出的，采用工程上梁的理论在沥青小梁上施加一个蠕变荷载，模拟在温度降低时路面中可能产生的应力，并通过试验测得的劲度模量 S 和蠕变速率 m 值两个评价指标进行评价。

劲度模量 S 值越小，表明在相同的温度和荷载作用下，沥青中产生的内应力越小，在低温下沥青柔性就越大，即沥青的低温性能就越好；m 值是劲度对数随时间对数的变化率，反映了在低温下路面收缩时，沥青材料应力释放的速率，m 值越大，说明了沥青材料响应的应力变化的速率越快，能够使材料的应力减小，从而减小了低温开裂。

弯曲梁流变仪(bending beam rheometer，BBR)由简支梁加载系统、恒温浴、温度及位移采集系统和计算机控制系统组成，其工作原理如图 1.21 所示[11]，通过自动采集系统分别记录加载时间为 8s、15s、30s、60s、120s 和 240s 时的劲度模量 S(单位：MPa)和蠕变速率 m 值。

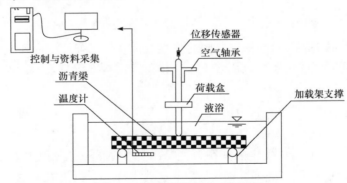

图 1.21　弯曲梁流变仪工作原理

2) 测试仪器及方法

采用低温弯曲梁流变仪测试改性沥青低温流变性能，仪器型号为 TE-BBR，由美国 Cannon 公司生产，如图 1.22 所示，试验样品如图 1.23 所示[11]。

弯曲梁流变试验过程主要包括开机步骤和试样准备两个部分，具体操作如下：

(1) 开机步骤。

首先检查电源接线，然后开空压机和温度冷却器，当温度控制器的 Cool 和 Power 绿灯亮，将旋钮调到试验温度，接着启动弯曲梁流变仪，调节开关，使冷却溶液搅拌。

图 1.22 低温弯曲梁流变仪

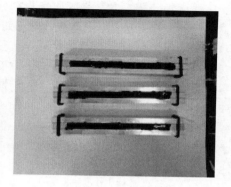

图 1.23 BBR 试验样品

(2) 试样准备。

① 磨具的拼装。

选择两块试模侧板，对齐上面的刻线；将试模底板和两个侧板涂上凡士林，并贴上裁剪好的塑料片；在试模的端部内侧涂上甘油和滑石粉混合脱模剂；用 O 形橡胶圈装配好，将试模定型。

② 试样制备。

当沥青加热到能够自由流动时，向试模中左右来回倾注沥青，使沥青略高出试模；将浇筑好的试样在空气中自然冷却后，用热刮刀修除高出的沥青；将修整好的试模连同试样放在冰箱中，取出后卸下 O 形圈旋转底板，小心地旋转侧板使侧板脱去；取掉两块端模，将带有塑料片的试样放入恒温槽内 30min，撕下塑料片。

③ 试样恒温。

将试样放入恒温槽中，并注意将试样放在荷载架底部，不要让它浮起来；恒温 1h 后方可进行试验。

美国 SHRP 规定，弯曲梁流变试验采用劲度模量 S 和蠕变速率 m 值两个指标来评价沥青的低温抗裂性能。S 值越小，表明在低温下沥青柔性就越大，低温性能就越好；m 值越大，说明了沥青材料响应的应力变化的速度越快，能够使材料的应力减小，从而减少了低温开裂。

1.5.3 光氧老化与热氧老化

沥青老化一般是指沥青在存储、运输、拌和、施工及长期使用过程中发生的一系列挥发、氧化、聚合乃至沥青内部结构产生变化，从而使性质发生改变，一种可能是较长的烷基侧链断裂形成低分子的挥发，因而相对增强了芳香 C—C 的含量，另一种可能是烷基侧链也伴随脱氢缩合生成芳碳。在沥青老化过程中，原来沥青结构与组成的平衡会因为各种含氧化合物的生成以及烷基侧链脱氢缩合等反应而遭到破坏，尤其是胶质和芳香分的减少，相应地，沥青质含量增加，使沥青的胶体结构被破坏，沥青胶体对沥青质胶溶能力降低，从而使沥青分子量增加，黏度增加，性质发生明显变化，导致其性能劣化。

通常来讲，沥青老化包括两个方面：短期老化与长期老化。沥青在拌和与铺筑过程中的老化称为短期老化。与短期老化相比，在路面使用过程中沥青的老化时间很长，所以称为长期老化。目前，沥青老化实验室加速模拟方法包括薄膜烘箱试验(TFOT)、旋转薄膜烘箱试验(rolling thin film oven test，RTFOT)、压力老化容器(pressure aging vessel，PAV)、紫外线(ultraviolet，UV)照射老化以及自然暴晒老化(natural exposure aging，NEA)等。其中 TFOT 与 RTFOT 用于模拟沥青短期热氧老化，PAV 大部分是模拟沥青材料的长期热氧老化，UV 老化是在实验室加速模拟沥青在使用过程中的紫外光老化，自然暴晒老化是经过在室外暴晒沥青试样模拟沥青材料的光氧老化。在以上模拟沥青材料老化的试验方法中，TFOT、RTFOT 与 PAV 法已形成了相关标准，而紫外线老化、自然暴晒老化目前还没有形成标准试验方法。

1. 光氧老化

太阳光是一种连续光谱，我国的西部高原地带，气候干燥且温差较大，在该地区沥青胶结料会变得脆硬，从而影响沥青胶结料的路用性能。造成这一问题的根源是当沥青胶结料受到长时间强烈紫外线日照时将发生臭氧老化、光氧老化等反应。

原油经过处理后会得到沥青胶结料，其大部分是高分子结构，这些高分子结构由碳、氢、氧、氮等元素形成。结构通过化学键连接，结构的稳定性取决于连接结构化学键的键能，当键能越高时，分子的结构越稳定。分子链段所吸收波长的能量和化学键强度是沥青胶结料在光照下是否会发生断键，从而导致一系列的氧化降解过程的关键所在，不同的高分子结构敏感性对光波波长是有差异的。光氧老化大部分是因为碳键断裂，造成沥青成分与化学结构的变化，路用性能急剧下降。

根据试验研究表明，沥青胶结料中形成的羧基酸或者酮化学组分变化是导致沥青胶结料老化最主要的特征，并且饱和分与芳香分会在沥青胶结料光氧化期间不断减少。在老化过程中，沥青的老化其实是一个氧化过程，这是通过羧基官能团含量判断的。因为在温度的作用下沥青中极性分子会与空气中的氧发生反应，反应生成的过氧化物也容易与沥青中的有机硫化物反应生成含有羧基的组分。但光氧老化与热氧老化方式还是存在一定差异的，这就类似于化学高分子键的破坏形式，高分子化学键获取不同的能量，前者大部分依靠紫外线提供光能，后者大部分是以热能为主。

1) 紫外线照射老化

紫外老化试验是通过模拟太阳光中紫外辐射、淋雨、冷凝、温度与湿度环境，对沥青进行加速耐气候老化性能试验，以获得沥青耐气候性结果。

紫外线老化仿真系统原理是通过模拟自然条件,由汞灯替代紫外线的照射源,使试验箱中紫外线的辐射强度达到室外日光条件的 10 倍以上，进而缩短沥青老化的周期。它的组成有 5 部分：光源系统、强紫外线光源环境箱、温度控制系统、安全控制系统及时间控制系统。

紫外老化烘箱中特制荧光紫外灯管模拟阳光的照射，光氧老化也是路面沥青老化变硬的主要原因之一，沥青摊铺在路面上时，在太阳辐射作用下，沥青老化速度比暗处要快很多。研究表明，在太阳辐射情况下，黑色物体表面温度一般不超过 80℃，在 20～80℃，发现温度对沥青的光老化影响较小。

太阳光波长范围在 $1.5 \times 10^2 \sim 1.2 \times 10^3 nm$，根据波长可分为紫外光、可见光、红外线。其中紫外光是影响高分子材料老化的主要因素之一。紫外光的能量很大，能够切断高分子链段或者引发光氧老化，使分子链发生降解或交联。试验证明，含有羰基或者双键分子结构最容易吸收紫外光，引发化学反应。高分子材料在热加工、长期使用或者存放过程中很容易被氧化生成羰基或双键，称之为紫外老化。

为了模拟沥青在使用过程中的实际老化过程，并加速沥青的老化进程，利用紫外老化(烘箱模拟沥青的老化，以期在较短的时间内获得试验结果)。所用的紫外老化箱为无锡市石油仪器设备有限公司的 WSY-067A 沥青紫外线光老化箱，如图 1.24 所示[23]。

图 1.24 沥青紫外线光老化箱

2) 自然暴晒老化

自然暴晒老化也可以提供沥青老化性能变化的信息，沥青自然暴晒老化的优点是环境条件的真实性、环境因素的综合性、测试数据的可追溯性及测试结果的可靠性，但其缺点是老化试验周期很长。自然暴晒老化过程是先将沥青分别制成沥青薄膜，水平放在屋面上太阳直射的地方，隔一段时间取样测试其性能。自然暴晒老化也包括从沥青路面直接取样，通过抽提试验得到老化。

影响沥青自然暴晒老化的因素如下：

(1) 自然暴晒老化试验地点选择。合适的试验地点是自然老化最重要的影响因素，一般来说，老化试验地点选择需基于试验目的及样品的特性。

(2) 自然暴晒老化时间。自然暴晒老化是长期老化过程，因此试验效率较低。

(3) 污染物影响。在自然暴晒老化试验中，悬浮颗粒、腐蚀性气体、酸雨与其他不同种类污染物均会对老化试验样品造成影响，因而在自然暴晒老化试验中需要采取一些保护措施。

2. 热氧老化

沥青从炼油厂被炼制出来后，会因为各种原因，如在储运、加工、施工过程中暴露在空气中，在热、氧的作用下发生挥发、氧化、分解、聚合等物理化学变化时，沥青中不仅含氧官能团会增多，其他化学组成也会有所变化，使沥青黏度增加，造成老化。

沥青热氧老化可以分为两个过程：短期热氧老化与长期热氧老化。

1) 短期热氧老化——薄膜烘箱试验

薄膜烘箱试验是模拟沥青拌和与摊铺过程中的热氧老化情况，常用薄膜烘箱试验前后沥青性质变化来表征沥青抗老化性能。薄膜烘箱试验可用于预测沥青在通常热拌和过程中(约 150℃)性质变化情况，通常以黏度、针入度、软化点与延度来表示，薄膜老化烘箱如图 1.25 所示[11]。

TFOT老化后样品

图 1.25　薄膜老化烘箱

在沥青薄膜烘箱结构中，烘箱壁面具有耐热保温的性能，安装有自动温度控制装置和温度传感器及可转动的转盘架，转盘上面有可供放置盛样皿的 3～4 个浅槽，转盘悬挂在烘箱中央垂直轴上，转盘水平由传动机构转动，在箱的内部，还装有监视温度计量值。通气孔设在烘箱上下部，设通气孔的目的是形成自然对流和产生自动通风条件，以提供新鲜空气的进入与热空气、蒸气逸出。沥青薄膜烘箱工作温度可达 180℃，转盘轴应对正烘箱中心，安装后应转动良好。

沥青薄膜烘箱试验所用盛样皿是由铝或者不锈钢制成，内表面平整，金属厚度 0.6～1.0mm，在使用过程中不变形，50g 沥青试样在该盛样皿中形成厚大约为 3.2mm 的薄膜。

薄膜烘箱试验的步骤如下：在适当的容器中放入足够的试样，加热至试样呈流体状态，通常加热时要注意避免局部过热，加热时最高温度不要超过 150℃，加热过程中要搅拌试样，避免在试样中产生气泡，在符合要求盛样皿中，分别称取(50±0.5)g 试样；将空盛样皿放入转盘预定的位置，烘箱处于平衡状态时，调节温控开关使温度控制在(163±1)℃；预热与调节好烘箱后，将空盛样皿取出的同时，快速地将装有试样的盛样皿置于转盘上，关紧烘箱门，使转盘开始旋转；待烘箱内温度重新上升到(163±1)℃后保持 5h，5h 起始时间从温度上升到 163℃开始，但试样在烘箱内时间不应超过 5.25h。试验结束后，将试样从烘箱中移出；将每个盛样皿中试样用适当的刮铲或者油灰刀刮出，倒入容器中，充分搅拌混合试样，如果有必要可将容器放在加热板上加热，保持试样呈流体状态；在 72h 内采用标准规定试验方法，完成薄膜烘箱试验后试样黏度、针入度与延度等的测定。

利用薄膜烘箱试验模拟沥青的短期老化过程，可以比较准确地模拟沥青的拌和与摊铺老化过程，便于对沥青老化后性能的表征进行测试，从而分析沥青的老化过程和性能变化。

2) 短期热氧老化——旋转薄膜烘箱试验

旋转薄膜烘箱试验也是大部分模拟沥青短期热氧老化过程，旋转薄膜烘箱试验对基质沥青老化试验是很有效的，一般认为旋转薄膜烘箱试验后沥青的老化程度较薄膜烘箱试验严重一些。因为聚合物改性沥青黏度一般要远大于基质沥青，且不同种类改性沥青黏度差距也非常明显，老化过程比基质沥青复杂得多，因此不同聚合物改性沥青在经历旋转薄膜烘箱试验后，老化程度会有明显差异。

沥青旋转薄膜烘箱主要构成如图 1.26 所示[6]。烘箱壁面耐热保温，安装有自动温度控制装置和温度传感器。箱内悬挂有监视温度计，烘箱门上有一双层耐热的玻璃窗，可通过此窗观察内部试验情况，读取监视温度计的数值。加热装置在烘箱的底部。烘箱的顶部及底部均有通气口，从底部通气口均匀进入的空气经过加热之后进入烘箱。

图 1.26　旋转薄膜烘箱

3) 长期热氧老化——压力老化容器试验

压力老化容器试验用于模拟沥青在使用过程中的长期老化过程，PAV 试验可以在较短的时间内模拟沥青在遭受气候与车辆的长期老化过程中沥青老化性能的变化，提供性能测试用老化沥青样品，便于研究气候与交通荷载对沥青长期老化性能的影响。压力老化容器试验后沥青老化程度对应于沥青实际使用年限的老化，与沥青种类、沥青实际老化条件等多种因素有关。压力老化仪如图 1.27 所示。由于长期老化过程中对样品进行了加压，因此样品在经过压力老化容器试验后会有大量的气泡，因此需要用抽真空装置将样品中的气泡排除，仪器如图 1.28 所示[11]。

不同老化程度下样品的制备流程：原样沥青→进行 TFOT→进行 PAV 试验→抽出样品中的空气，各个阶段的样品如图 1.29 所示[11]。

压力老化容器试验系统由压力容器、压力控制设备、温度控制设备、压力和温度测量设备，以及温度与压力记录系统组成。温度传感器需至少每 6 个月按照国家标准的温度显示器及其配套仪器进行校正检查，温度传感器要准确到 0.1℃。压力表需至少每 6 个月将压力核准至 0.02MPa 的精度。

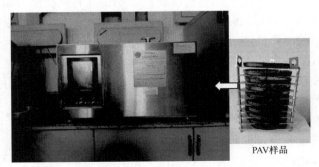

PAV样品

图 1.27　PAV9500 压力老化仪

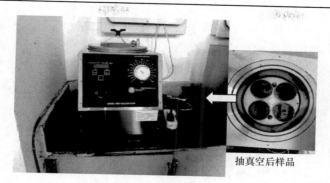

图 1.28 样品抽真空装置

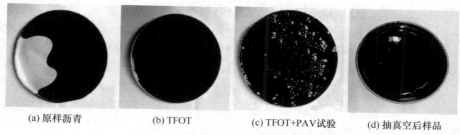

(a) 原样沥青   (b) TFOT   (c) TFOT+PAV试验   (d) 抽真空后样品

图 1.29 不同老化状态下的沥青样品

压力老化容器试验的通常步骤如下：将 TFOT 盘放在天平上，向盘中加入 (50±0.5)g 的经 RTFOT 老化后的沥青残留物，摊铺成厚约 3.2mm 的沥青膜，将盘与架放入压力容器内部，如用烘箱，将压力容器放在烘箱中，选择老化温度(90～110℃)，将压力容器预热到选定的老化温度；如使用有温度控制仪的压力容器，则应选择老化温度，按设备说明预热压力容器；压力容器放在烘箱中，直到其内部的温度达到规定的温度后，通入压力为(2.1±0.1)MPa 的压缩空气，开始对老化程序计时，如果使用温度控制器，则预热容器后通入(2.1±0.1)MPa 压缩空气，按设备说明对老化程序计时；将压力容器内部的温度和压力维持在 20h±10min。

在老化阶段如遇到下列情况，老化过程无效，试验样品当废弃处理：装入支架和盘子 2h 后容器内的温度还没有达到加压希望的温度；温度记录设备显示的温度高于或低于目标老化温度±0.5℃的总时间超过 60min；在老化程序的结束阶段压力超出设计范围；如该设备只能记录最高温度和最低温度，且在 20h 的老化期间，记录的温度变化值超过老化温度±0.5℃。

当 20h 老化结束时，用放空阀慢慢减小 PAV 的内部压力。先给放空阀设定一个开度，使 PAV 内部和外部压力在 8～15min 达到平衡，避免沥青产生过多的气泡和泡沫；对老化试样进行真空脱气，将架和盘从 PAV 中移出，将盘放在设定为 163℃的烘箱中加热(15±1)min；从烘箱中移出盘，将含有单一样品的盘中热的残留物单独倒入一个容器中，使容器中残留物厚度为 15～40mm，刮完最后一个盘后，在 1min 内将容器转移到真空烘箱中，将真空烘箱在(170±5)℃保持(10±1)min；尽可能快地将压力减小到(15±2.5)kPa 的绝对压力，并维持恒压(30±1)min，释放真空，移出容器，如果表面还留有气泡，用热刀除掉 PAV 残留物表面的气泡；对脱气后的 PAV 残留物进行其他性能试验。

1.6　沥青组分分离分析

沥青的组成十分复杂，对其组成的研究只能根据沥青在某些溶剂中的溶解度或其他物理化学性质的不同分成几种不同的组分。这样，若分离条件改变了，所得各组分的性质和数量都不同。我国通常把沥青分离为饱和分、芳香分、胶质、沥青质等四个组分，简称为四组分法。分离通常采用经典的液相吸附色谱法。沥青组分试验原理依据液固吸附色谱法。沥青的吸附色谱法已经被列入我国的规范中。吸附是物质的液体分子受到不平衡力的吸引而积聚在固体表面上。物质的有效分离是根据在吸附剂上的吸附力不同而得到。一般情况下，易被吸附剂吸附的物质是极性较大的，而不易被吸附的是极性较小的物质，根据这个特点即可将沥青进行组分分离。当前对于石油馏分和沥青组分分离，经典液固色谱法是应用最广泛的方法。更重要的是分离出的沥青四组分与沥青的路用性能有着密切的关联。

1.6.1　四组分分析

1. 组分分离的基本原理

沥青的组分分离采用四组分法。吸附法的原理是基于沥青在吸附剂上的吸附性和在抽提溶剂中溶解性的差异。例如，首先用低分子烷烃沉淀出沥青质，接着用吸附剂(硅胶、白土、活性氧化铝等)吸附可溶分，将其分成两部分：吸附部分——胶质，未被吸附部分——油分，这样可将沥青分成沥青质、油分和胶质三个组分。

色谱法以吸附法为基础，应用液固吸附色谱对沥青进行梯度冲洗，使沥青的各组分在固定相中交替进行吸附—脱附过程，在流动相中不断进行交换和再分配，最终达到使饱和分、芳香分、胶质和沥青质分离的目的。活性氧化铝、活性炭、硅胶、白土等是较常用的吸附剂，不同类型的吸附剂对组分的区分能力是不同的，例如，一般使用硅胶区分饱和分和芳香分，而区分不同环数的芳香分则通常使用活性氧化铝。梯度冲洗溶剂的选择和顺序一般采用按溶剂极性逐渐增强的顺序进行冲洗，对所得的冲洗馏分除去溶剂后定量，就可以得到按分子极性和构型分类的组分。采用色谱法实现沥青组分分离，四组分法将沥青分为饱和分、芳香分、胶质和沥青质。最常用的一种分离方法是吸附色谱法，根据分离物质吸附程度和极性不同，挑选合适的固定相和流动相，达到便捷、高效的分离目的。

2. **试样测试方法和样品制备**

《公路工程沥青及沥青混合料试验规程》(JTG E20—2011)规定，沥青试样测试方法采用四组分法。沥青四组分使用的冲洗剂及用量见表 1.20，试验流程图如图 1.30 所示[22]。

表 1.20 沥青四组分使用的冲洗剂及用量

组分	溶剂	用量/ mL
饱和分	正庚烷	80
芳香分	甲苯	80
胶质	甲苯-乙醇(1∶1)	40
	甲苯	40
	乙醇	40
沥青质	正庚烷静置沉淀，过滤再抽提	50mL 正庚烷
		50mL 甲苯

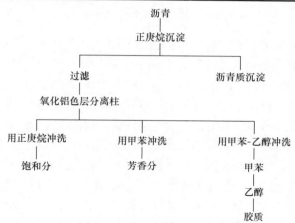

图 1.30 沥青四组分的试验流程

四组分分离试验用到的主要仪器有：沥青质抽提器(由球形冷凝器和抽提器组成)、玻璃吸附柱，如图 1.31 所示[22]。

沥青四组分的试验流程：第一步先利用正庚烷将沥青试样沉淀为沥青质，接着用正庚烷冲洗吸附在氧化铝谱柱上的可溶分(软沥青质)，此时所得的组分称为饱和分；随后用甲苯冲洗，得到的组分为芳香分；最后再用甲苯-乙醇、甲苯、乙醇冲洗，所得组分为胶质。

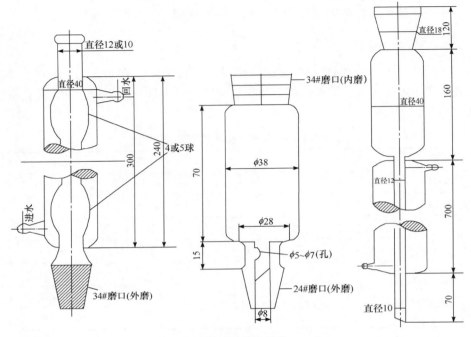

图 1.31　四组分仪器(单位：mm)

　　对石油馏分和沥青来说，液固吸附色谱是几种液体色谱中最有用也是应用最广泛的一种。液固吸附色谱法是基于吸附剂(固定相)表面对不同分子具有不同的吸附能力，使混合物得到分离。由于固体吸附剂的表面多为多孔性，在表面有许多活性中心，当带有溶质的移动相与极性吸附剂接触时，各种分子就在吸附剂的表面发生争夺吸附中心的竞争作用。此时溶质和溶剂的极性官能团是决定性因素，官能团的极性越强或数目越多，则与吸附剂的亲和力越大。这就意味着液固吸附色谱对同系物的选择性很小，但对不同类型的化合物却具有明显的选择性。它的选择性来源于各分子吸附能的差值。由于吸附剂的活性基团或吸附中心都是固定在吸附剂表面上的，所以样品中相应的官能团与这些吸附的相互作用与分子的几何形状有很大的关系。当官能团的位置与吸附中心相匹配时，吸附作用明显增大。例如，不同异构体的相对吸附作用有很大差别，这就使液固吸附色谱对某些异构体的分离有较大的选择性。结构上较小的差别，往往会使分离度有很大的差别。方法是将沥青试样用正庚烷沉淀出沥青质，脱沥青质部分用氧化铝吸附色谱分离为饱和分、芳香分和胶质。

　　原油产地不同，沥青组成差别很大。在石蜡基大庆原油生产的沥青中，饱和分最多，胶质最少，几乎没有沥青质；在环烷基孤岛原油生产的沥青中，饱和分最少，胶质较多，沥青质含量达89%；而任丘原油比较特殊，虽然属于石蜡基原油，但其油含胶质高达53.1%，与胜利、孤岛渣油接近。对于这种原油不能单纯地用原油分类的指标估计其渣油的组成，我国沥青的特点一般是饱和分多、芳香分少、胶质多(大庆渣油除外)、沥青质少。

1.6.2　凝胶渗透色谱

凝胶渗透色谱(gel permeation chromatography，GPC)是液体色谱的一种，它的机理与其他的液体色谱不同。在凝胶渗透色谱中，当大小不同的分子通过孔径不同的凝胶色谱柱时，具有不同的渗透性，因此，可根据渗透性不同进行分离。由于分子的大小在一般情况下就代表分子量的大小，因此，凝胶渗透色谱在原则上可以认为是根据样品分子量的大小而分离的。对于在沥青中的小分子来说，所有的微孔都是有效的，也就是小于微孔的分子能向所有的微孔内扩散，分配系数 $K=1$。若沥青的分子大于微孔时，所有的孔隙对这类分子均无效，而在孔隙体积(V)时全部被洗脱下来，此时分配系数 $K=0$。而对于大小介于上面两种分子的中间大小的分子，被有效孔径所需要的溶剂洗脱下来。

在给定的凝胶-溶剂体系中，K 值一般只取决于溶质分子的大小，而与色谱柱的尺寸、几何形状等无关。各组分从色谱柱中流出的顺序如下：首先流出的是分子量最大的溶质，其次是分子量介于中间的溶质，最后流出的是保留体积最大而分子量最小的物质。若将各种溶质分子量的大小与保留体积的关系用图表示出来，就得到一条半对数曲线，要想深入地研究石油沥青的化学组成和结构，必须应用各种近代的分离方法将沥青进行充分而有效地分离之后，才有可能实现这一目的。凝胶渗透色谱法是近年来发展较快的一种液体色谱，也是分离石油沥青很有用的方法之一。凝胶渗透色谱和其他的液相色谱法是现阶段分离沥青最有效的方法。

1.7　沥青结构分析

1.7.1　红外光谱

1. 红外光谱分析

沥青属于复杂的高分子材料，沥青性能分析过程中仅用宏观手段不能了解沥青的结构特性，本章采用红外光谱(infrared spectroscopy，IR)对沥青的微观结构进行分析，研究改性沥青物质结构特性。红外光谱法主要是利用物质对红外光区的电磁辐射的选择性吸收来进行结构分析及对各种吸收红外光的化合物定性和定量分析的一种方法。

2. 红外光谱的基本原理

当红外光通过测试样品时，该辐射不能引起分子中电子能级的跃迁，但可以被分子吸收引起振动能级跃迁。样品中官能团的振动频率与照射红外光频率一致时，分子吸收能量由原来的低能级跃迁到高能级上，该频率的红外光就被物质吸收了，反映在红外光谱图上。化合物中含有很多官能团，官能团受激发后产生的振动频率必然会反映在谱图上，形成该物质特定的谱图形状。不同的物质对红外光的吸收频率不同，形成的谱图就不一样，同时物质含量不同，吸收峰的强度不同，不同的含量也会对红外光谱图造成影响，所以根据红外光谱图可以推断该物质分子结构、官能团及化学变化过程。

　　红外光谱的实质是一种分子根据内部原子间的相对振动和分子转动等信息来确定物质分子结构和区别化合物的方法。中红外区一般分成 $4000\sim1300cm^{-1}$ 和 $1300\sim625cm^{-1}$ 两个区域。在 $4000\sim1300cm^{-1}$ 区域内，吸收峰的数量少，但峰的强度大，说明该区官能团特征性很强，大多数官能团的伸缩振动谱带都在这个区域内出现，这一区域对判断官能团有很大的价值，所以也称官能团区。在 $1300\sim625cm^{-1}$ 区域内，吸收峰较多，峰的强度不太强，但这一区域随化合物变化特别敏感，物质结构变化较明显，因此该区称为指纹区。红外光谱的分类见表 1.21。

表 1.21　红外光谱的分类

名称	波长/μm	波数/cm⁻¹
近红外区	$0.78\sim2.5$	$12820\sim4000$
中红外区	$2.5\sim25$	$4000\sim625$
远红外区	$25\sim500$	$400\sim20$

　　红外光是一种电磁波，波长范围在 $0.78\sim500\mu m$，可以分为三个区段，常用中红外区。基质沥青常见官能团的吸收波数见表 1.22，基质沥青的红外光谱图如图 1.32 所示[11]。

表 1.22　基质沥青常见官能团的吸收波数

波数/cm⁻¹	官能团
2924	亚甲基中的 C—H 非对称伸缩振动
2852	亚甲基中的 C—H 非对称伸缩振动
2700	醛基的伸缩振动
1700	羰基(C═O)的伸缩振动
1600	苯环的吸收振动
1454	—CH₂—的剪式振动
1375	—CH₃的剪式振动

续表

波数/cm⁻¹	官能团
1030	亚砜基(S=O)的伸缩振动
966	C=C 扭曲振动
868	苯环的伸缩振动
812	苯环的伸缩振动
723	亚甲基链段的协同振动

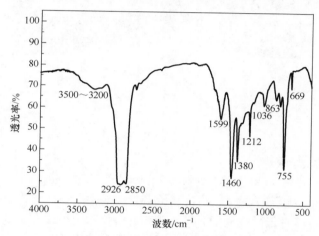

图 1.32　基质沥青的红外光谱图

3. 试样制备

1) 测试仪器

这里所用的红外光谱仪为美国尼高力 360 智能型红外光谱仪(图 1.33)，波数为 $400\sim4000\mathrm{cm}^{-1}$，分辨率为 $4\mathrm{cm}^{-1}$。试验仪器：KBr 窗片、电子秤、三氯甲烷(分析纯)[11]。

2) 试样的制备与测试

称取一定质量的沥青，选用三氯甲烷作为溶剂，配制浓度为 10%的沥青溶液，进行红外测试，具体步骤为：①将洗净的小玻璃瓶烘干冷却至室温；②称取 0.164g 的沥青样品，装入小玻璃瓶中；③以三氯甲烷作为溶剂，用移液枪量取 1mL 溶液到小玻璃瓶中，配制浓度为 10%的沥青溶液；④待沥青完全溶解后，用移液枪量取 2μL 的沥青溶液滴在 KBr 片上，注意滴液不能出现气泡；⑤将 KBr 片放在红外灯下烘干，然后放入红外光谱仪中进行测试。

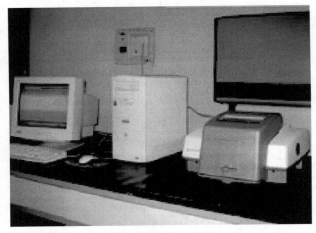

图 1.33　红外光谱仪

1.7.2　形貌分析

1. 形貌分析仪器

1) 扫描电子显微镜

扫描电子显微镜(scanning electron microscope，SEM，简称扫描电镜)是一种介于透射电子显微镜和光学显微镜之间的微观形貌观察手段，可以直接借助样品表面材料的物质性能进行微观成像，具有较高的分辨率，可以非常清晰地观察样品的三维微观形貌特点。借助扫描电镜可以对胶质和沥青质从微观角度进行分析，可知胶质和沥青质分子的二维堆砌结构形貌特点。

扫描电镜有以下优点：①放大倍数较高，可以从 20 倍连续调到 20 万倍；②景深的距离很大，视野广阔，成像富有立体感，可直接观察各类表面凹凸不平试样的细微结构；③制备试样简单。如今的扫描电镜都配备有 X 射线能谱仪装置，其不仅可以进行显微组织形貌的观察，还可以进行微区成分分析，它是科技工作者普遍使用的科学研究仪器。

2) 荧光显微镜

荧光显微镜(fluorescence microscope，FM)使用的光源是紫外线，检测物被照射之后，被检物体能发出荧光，然后通过显微镜观察物体的形状及其所在位置。荧光显微镜用于研究细胞内物质的吸收、运输，化学物质的分布及定位等，也可以用荧光染料或荧光将一些本身不能产生荧光的物质抗体染色后，通过紫外线照射产生荧光，因此对这类物质的定性和定量研究一般都要用到荧光显微镜[6]。

2. 形貌分析的基本原理

1) 扫描电镜的基本原理

扫描电镜的原理示意图如图 1.34 所示。从最上边电子枪打出来的电子束，经过栅极聚焦后，在电压作用下，经过 2～3 个电磁透镜组成的电子光学系统，会积聚为一个细的电子束聚焦在样品表面。在末级透镜上面装有扫描线圈，在扫描线圈的作用下促使电子束在样品表面进行扫描。

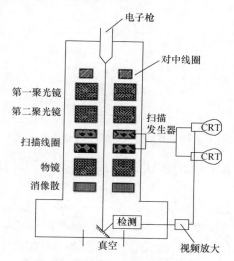

图 1.34　扫描电镜的原理示意图

由于样品物质与高能电子束的交互作用产生了二次电子、背反射电子、吸收电子、X 射线、俄歇电子、阴极发光和透射电子等各种信息。这些信号被对应的接收器接收，被放大之后送到显像管的栅极上，调制显像管的亮度。因为经过扫描线圈上的电流是一一对应于显像管相应的亮度的，换句话说，电子束发射到样品上一点时，在显像管荧光屏上就对应出现一个亮点。扫描电镜采用逐点成像的方法，把样品表面不同的特征，依照顺序、成比例地转换为视频信号，完成一幅图像，进而能在荧光屏上观察到样品表面的各类特征图像[6]。

2) 荧光显微镜的基本原理

荧光显微镜的工作原理示意图如图 1.35 所示。通常的光源采用 200W 的超高压汞灯，它的制作材料是石英玻璃，中间呈球形，内部存储一定数量的汞，在工作状态下，通过两个电极间放电，促使水银蒸发，球内气压急剧增加，当水银全部蒸发时，压力可达 50～70atm(1atm=1.01325×10⁵Pa)，这个过程通常需要 5～15min。电极间放电使水银分子不断解离和还原过程中发射光量子促使超高压汞灯的发光。它发射出很强的紫外光和蓝紫光，足以激发各类荧光物质，所以为荧光显微镜普遍采用。

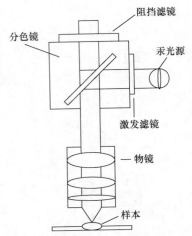

图 1.35　荧光显微镜的工作原理示意图

　　灯室必须有良好的散热条件是因为超高压汞灯会散发大量热能，所以工作环境温度不宜太高。

　　新型超高压汞灯在使用前期阶段无需高电压即可引燃，使用一段时间后，则需要高压启动(约为 1.5×10^4V)，启动后，通常维持 50～60V 的工作电压和约 4A 左右的工作电流。在每次使用 2h 的情况下，200W 超高压汞灯的平均寿命约为 200h，超高压汞灯寿命会因为开动一次工作时间越短而变短，例如，开一次只工作 20min，则寿命降低 50%。所以，在使用时应尽量减少启动次数。灯泡的光效随着使用次数的增加而逐步降低。灯熄灭后，在未完全冷却的情况下，尽量不要立马启动。点燃灯泡后需要等待 15min 后方可关闭，否则会因为水银蒸发不完全而损坏电极。灯泡务必置于灯室中方可点燃，这是因为超高压汞灯紫外线强烈，压力很高，会伤害眼睛或操作不当会造成爆炸[6]。

　　3. 试样制备

　　1) 扫描电镜的制样方法

　　扫描电镜可用于进一步观察试样的微观结构。选用的仪器是由日本 Hitachi 公司生产的，型号为 S-4800，放大倍数为 20～8×10^5 倍，分辨率能够达到 1.0nm，仪器如图 1.36 所示。

　　样品制备过程为：首先取少量的样品放置在导电胶上，然后小心地进行铺平，使样品充分地黏结在导电胶上，最后将样品进行喷金处理，喷金时间为 50s，待喷金结束后取出样品，放置在仪器中即可对样品进行观测。

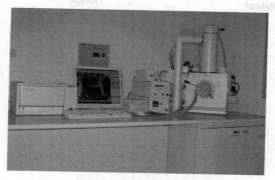

图 1.36　扫描电镜

2) 荧光显微镜的制样方法

改性剂在沥青中的形态分布可以通过显微镜进行观察。选用的是上海蔡康光学仪器厂荧光显微镜，型号是 DFM-20C，放大倍数为 400 倍，仪器如图 1.37 所示。

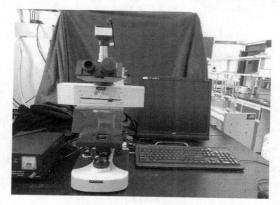

图 1.37　荧光显微镜

根据光学显微镜的原理，首先要将观察的材料做成样本。具体做法：首先使用镊子选取少量基质沥青或改性沥青置于载玻片上，再用盖玻片将沥青试样压实，由于沥青在常温下不易变形，因此可以将载玻片放在电炉上轻微加热以帮助样品压实，压实尽量使盖玻片下无气泡，沥青均匀地摊铺在载玻片上。样本制作时，尽量保证样本厚度适中，太厚光线无法透过，太薄则容易使光线全部透过，这两种情况都会导致无法观测到材料的形貌结构[23]。

1.7.3　核磁共振

1. 核磁共振分析

核磁共振(nuclear magnetic resonance，NMR)波谱是根据有磁矩的原子在磁场作用下发生能级跃迁作用来检测有机分子中 C、H 的化学环境，从而确定物质分子结构的一种技术。

采用的核磁共振波谱仪为瑞士产的 AVANCE III (图 1.38)，频率为 500MHz，射频通道为 H-100W、X-300W，并利用 MestReNova 软件进行图谱分析[23]。

图 1.38　核磁共振波谱仪

2. 核磁共振基本原理

核磁共振主要是由原子核的自旋运动引起的，原子核是带正电的，但不能旋转。只有能自旋的核才有稳定的电流，产生磁场，此时自旋的原子核就像一个小小的磁铁。质子磁矩与外磁场方向的平行和反平行两种不同的取向，分别对应它的低能态和高能态。与外磁场顺向排列为低能态，逆向排列为高能态，它们的能量差为 $4E$。一个原子核要从低能态跃迁到高能态，必须吸收 $4E$ 的能量。当辐射的能量恰好等于自旋核两种不同取向的能量差时，处于低能态的自旋核吸收电磁辐射的能量能跃迁到高能态，这种现象称为核磁共振。

利用核磁共振波谱仪记录下原子在共振下的有关信号绘制的图谱称为氢谱。氢原子具有磁性，如电磁波照射氢原子核时，通过共振，氢原子核能吸收电磁波能量进而发生跃迁。用核磁共振波谱仪可以记录到有关的信号，处在不同环境中的氢原子因产生共振时吸收电磁波的频率不同，在图谱上出现的位置也不同，利用化学位移 δ、峰面积和积分值及耦合常数等信息，进而推测其在碳骨架上的位置[23]。

在核磁共振氢谱图中，有机分子中氢原子化学环境的种类可以由特征峰的数目体现出来；不同特征峰的强度比或特征峰的高度比也反映了不同化学环境中的氢原子的数量。

核磁共振波谱现已广泛应用于沥青化学结构的分析。应用高分辨率的核磁共振波谱仪，可以测定出基质沥青的 ^1H NMR 谱图(图 1.39)。根据谱图中各类氢的

化学位移 δ，同时由于沥青的组成极其复杂，不同官能团化学位移有少许的交叉重叠，不可能明确区别，而常以"切段式"归属，即可得到氢分布(H_{ar}、H_{alk}、H_{α}、H_{β}、H_{γ})数据，结果见表 1.23[23]。

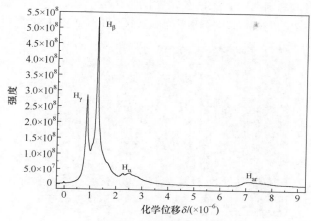

图 1.39　基质沥青的 ^{1}H NMR 谱图

表 1.23　氢谱中 [1]H 的类型

参数	化学位移 $\delta/(\times 10^{-6})$	氢的类别
H_{ar}	6.0～9.0	芳香氢
H_{alk}	4.8～5.8	烯烃氢
H_{α}	2.0～4.0	与芳环上 α 碳相连的氢原子
H_{β}	1.0～2.0	β 碳上的氢原子或 β 碳上的亚甲基和次甲基上的氢原子
H_{γ}	0.5～1.0	γ 碳上的氢原子或 γ 碳上的甲基上的氢原子

H_{ar} 代表直接与苯环相连的氢原子。H_{α} 代表与芳环上 α 碳相连的氢原子，H_{β} 代表 β 碳上的氢原子或 β 碳上的亚甲基和次甲基上的氢原子。H_{γ} 代表 γ 碳上的氢原子或 γ 碳上的甲基上的氢原子。

3. 试样制备

由于沥青黏度较高，给沥青样品的 NMR 测试带来了一些困难。NMR 可以用于高分子固体的测试，但研究时间较短，效果不如液体成熟，所以选用将沥青溶解为液体进行核磁共振测试，选用的溶解试剂是氘代氯仿，浓度为 20%。首先称取定量的沥青样品放入核磁管中，然后倒入一定量的氘代氯仿，将沥青样品溶解，形成均匀的溶液后进行测试。

1.7.4 热分析

这里选用的是德国 NETZSCH 公司的同步热分析仪，型号为 STA449C，该仪器的温度范围是 25~1650℃，分辨率为 0.1μg，仪器如图 1.40 所示[11]。

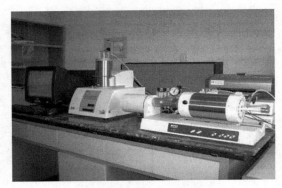

图 1.40　STA449C 同步热分析仪

1. 热重法

热重法(thermogravimetry, TG)是指在程序控制温度下测量待测样品的质量与温度变化关系的一种热分析技术，用来研究材料的热稳定性和组分。TG 曲线确定了一系列关键温度，因此可用关键温度法表示 TG 曲线。TG 曲线显示所有沥青经历 350~550℃的主要质量损失阶段，质量损失主要是由于沥青轻组分如饱和分和芳香分的挥发以及聚合物和大沥青分子的分解。

微商热重法(derivative thermogravimetry, DTG)是 TG 的一次微分曲线。如果失重温度很接近，在 TG 曲线上的台阶不容易区分，作 DTG 曲线可以用来分析物质在温度不断变化的情况下质量的变化情况。DTG 曲线向下为失重峰，这是最为常见的峰，向上为增重峰。

在 TG 曲线中能够确定几个关键的温度点，图 1.41 为 TG 与 DTG 曲线示意图，TG 曲线开始偏离基线的点的温度是沥青起始分解温度，如图中 A 点所示；该曲线在下降阶段的切线与基线的交点 B 点，称为外延起始温度；C 点是样品质量损失达到最大时所对应的温度，称为终止温度；由于 B 点所对应的温度再现性好，因此常采用外延起始温度来表示材料的热稳定性。DTG 曲线中出现的峰，说明样品的质量发生了变化，峰的起点与 TG 曲线中起始分解温度相对应，峰的个数与 TG 曲线下降峰的数目一致，DTG 曲线峰顶的温度对应于 TG 曲线上最大失重速度点的温度[11]。

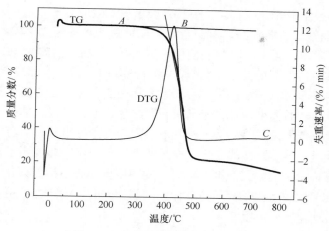

图 1.41　沥青的 TG 曲线与 DTG 曲线

　　热重分析仪的作用是可以提供高纯度的氩气环境，并逐渐提高样品室温度。待测样品会随着温度的升高而逐渐分解。在这个过程中，一方面，它可以记录沥青样品质量随着温度上升而下降的 TG 曲线；另一方面，还可以呈现自身附带的微分线路，得到 TG 曲线对温度变化的微分曲线，即 DTG 曲线，并且可以将两条曲线在同一张图上展现出来。而 TG 曲线变化的快慢情况可由 DTG 反映，样品上的几个失重阶段对应 DTG 曲线上的几个峰，峰顶端与 TG 曲线的拐点相对应为失重速率的最大值，且峰面积越大，失重量也越大，并且沥青失重量可由 DTG 的峰面积算出，DTG 曲线与 TG 曲线相比，尽管两条曲线(TG/DTG)所提供的信息是相同的，但是 DTG 曲线能更清晰地反映出起始反应温度、达到最大反应速率的温度和反应终止温度，所以增强了分辨两个或多个相继发生的质量变化过程的能力。

　　2. 差热分析法

　　差热分析法(differential thermal analysis，DTA)是在程序控制温度下，建立被测量物质和参比物的温度差与温度关系的一种技术。

　　3. 差示扫描量热法

　　差示扫描量热法(differential scanning calorimetry，DSC)是在差热分析法的基础上发展起来的一种热分析技术，是指通过程序来控制温度，测量样品与参比物的功率差和温度间的相互关系。按照测定的方法，其可以分为功率补偿型和热流型两类。测试所得出的曲线称为差示扫描量热曲线或 DSC 曲线。DSC 要求试样与参比物温度，无论试样吸热还是放热都要处于动态零位平衡状态，即 $\Delta T \rightarrow 0$。曲线向上为正，表示吸热效应；向下为负，表示放热效应。

在 DSC 曲线上，沥青的热机械行为可以通过主要质量损失阶段的吸热峰来描述，每个吸热峰的面积可以通过使用切线来计算。通过比较吸热峰的面积，可以进一步评估改性沥青的分子量分布和成分。峰面积的计算示意图如图 1.42 所示[11]。DSC 曲线面积越大，组分越分散，且组分越复杂，分子量分布越宽；反之亦然。通过吸收峰的大小和位置来判断沥青的热稳定性，较大的吸收峰，即峰与基线围成的面积较大，说明在这个温度范围内沥青中的组分发生转化的较多，意味着试样的性质发生了剧烈的变化，样品的性能不稳定，即说明了样品的热稳定性差。DSC 可以分析沥青在温度变化时其内部组分相态结构的变化，对沥青及改性沥青温度敏感性做出比较合理的解释和预测，同时 DSC 也可用来测定沥青和改性沥青的玻璃化转变温度 T_g。

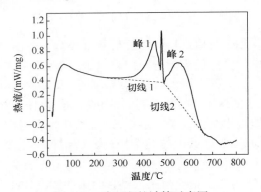

图 1.42　峰面积的计算示意图

在热环境中，沥青样品会发生化学变化、成分的改变及分解，与此同时可能伴随样品质量的变化。热分析是一种在不同的热条件下测量试样质量变化的动态技术，测试的结果可以用 TG 曲线、DTG 曲线和 DSC 曲线来表示，如图 1.43 所示[11]。

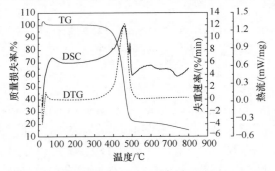

图 1.43　基质沥青 TG 曲线、DTG 曲线和 DSC 曲线

1.8 本书主要内容

实践证明,添加少量辅助改性剂能够明显改善聚合物改性沥青性能上的不足,部分或全面改善聚合物改性沥青的各项物理性能及流变性能,具有高效、低成本的优点。因此聚合物复合改性沥青的研究和推广,对于提高聚合物改性沥青的质量,完善其性能,降低成本,改善沥青路面的性能都具有重要意义。

本书在研究的基础上,系统介绍了常见的各类聚合物复合改性沥青的配方、制备、物理性能、流变性能、改性机理、结构分析方法和主要结论。主要内容包括硅藻土与硫磺改性沥青、岩沥青与湖沥青复合改性沥青、EVA 复合改性沥青、SEBS 复合改性沥青、高黏高弹改性沥青、橡胶复合改性沥青、多聚磷酸改性沥青、湿热地区路用聚合物复合改性沥青等。基于此,以期为研究改性沥青及从业的同行提供参考。

第 2 章　硅藻土与硫磺改性沥青

2.1　硅藻土改性沥青

采用硅藻土对基质沥青进行改性，并对沥青的性能和结构进行研究。

2.1.1　原材料

基质沥青为福州 70#，硅藻土为四川宏辉科技有限公司提供，该种硅藻土改性剂采用水洗法加工提纯而成，可以避免高温煅烧技术提纯硅藻土造成的硅藻纳米微孔被破坏，并避免硅藻土的骨架溶解，在最大程度上保留了硅藻土的原初形态，使得硅藻土纳米微孔开合良好，结构完好无破损。该种活性硅藻土的典型化学组成和主要技术指标见表 2.1 和表 2.2[24]。

表 2.1　硅藻土的典型化学组成

项目	典型化学组成						
	SiO_2	非晶体 SiO_2	Al_2O_3	Fe_2O_3	CaO	MgO	Na_2O
含量/%	87.23	78.31	2.89	0.96	0.53	1.23	0.98

表 2.2　硅藻土主要技术指标

项目	指标
外观	灰白色或灰色
pH	6~8
硅藻粒径/μm	13~15
堆密度/(g/cm³)	<0.3
烧失量质量分数/%	3.92
比表面积/ m²	66.53
500 目筛余量/%	<1
含水量质量分数/%	<5
硅藻质量分数/%	>98

2.1.2 样品制作工艺

硅藻土改性沥青样品制作：先将硅藻土置于 150℃烘箱中烘干备用，将沥青加热 150℃完全熔融，然后按比例将硅藻土投入基质沥青中，使用高速搅拌机持续搅拌 30min，温度维持在 150℃左右。

2.1.3 物理性能与抗老化性能的研究

1. 物理性能

在沥青中添加不同掺量 0%、12%、14%、17%(按基质沥青质量计)的硅藻土进行改性，短期薄膜老化后主要性能对比如图 2.1 所示[23]。

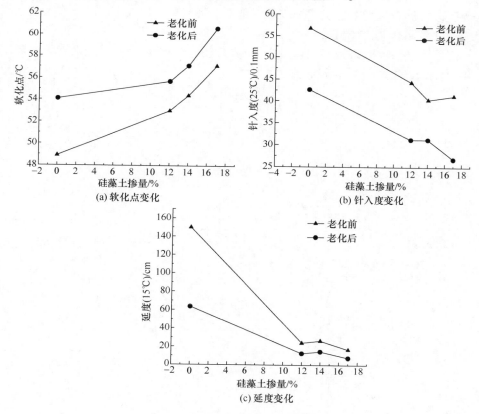

图 2.1 硅藻土掺量对性能的影响

软化点的变化如图 2.1(a)所示，随硅藻土掺量的增加，沥青的高温性能逐渐增加。针入度随硅藻土掺量的大小变化情况如图 2.1(b)所示。从图 2.1(b)可以看出，在本章选用的三个硅藻土掺量下，改性沥青针入度范围为 41.3～44.4(0.1mm)。硅藻土改性剂的加入，使得基质沥青的针入度变小，即硅藻土的加入使得沥青变硬，抗剪切破坏的能力增强。当硅藻土的掺量由 0%变为 12%以及由 12%增加到 14%时，沥青的针入度有较大幅度的减小，由 14%增加到 17%时，针入度值有较小幅度的上升。延度的变化如图 2.1(c)所示。延度反映的是一定温度和拉伸力作用下沥青抵抗变形的能力，是沥青黏聚力的衡量。由图 2.1(c)可以看出，在本书选用的三种硅藻土掺量下，改性沥青延度范围为 17.0～24.3cm。随着硅藻土掺量的增加，改性沥青的延度在 14%处有转折，拉伸柔度一直减小，但在 14%～17%内降低幅度较大。

硅藻土的加入使得沥青的延度降低，可以说硅藻土的加入使得沥青的低温性能变差，但随着掺量变化幅度不同。由图 2.1(c)可以看出，硅藻土掺量以 14%为分界，改性沥青延度最好，超过该量，延度下降明显。当选用硅藻土作为改性剂时，应该控制合适的掺量。

选取上述改性效果较好的掺量为 14%的硅藻土改性沥青和基质沥青紫外老化效果对比，结果如图 2.2 所示[23]。

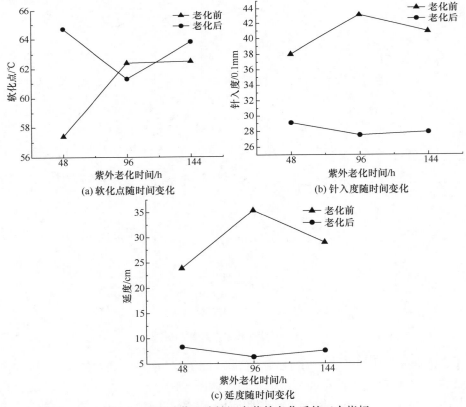

图 2.2　14%硅藻土改性沥青紫外老化后的三大指标

软化点的变化如图 2.2(a)所示，随紫外老化时间的增加，沥青软化点在 96h 出现转折。针入度随紫外老化时间变化情况如图 2.2(b)所示。从图 2.2(b)可以看出，14%硅藻土改性沥青，硅藻土改性剂的加入，在老化时间点内使得针入度先增后减，即硅藻土的加入随着时间的增加沥青先变软后变硬，抗剪切破坏的能力先增强后减弱。延度的变化如图 2.2(c)所示，延度反映的是一定温度和拉伸力作用下沥青抵抗变形能力，是沥青黏聚力的衡量。由图 2.2(c)可以看出，在三个时间点测试中，随着时间的推移，改性沥青的延度在 96h 处有转折，拉伸柔度一直减小。

2. 抗老化性能研究

1) 短期薄膜老化

采用软化点差、残留针入度比和延度保留率三项抗老化指标评价硅藻土改性沥青的抗老化性能。短期老化后三项抗老化指标随硅藻土掺量变化如图 2.3 所示[23]。

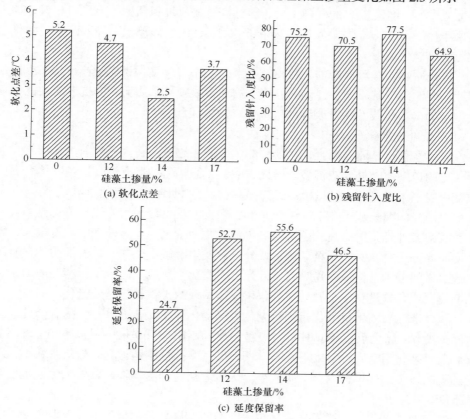

图 2.3　三项抗老化指标随硅藻土掺量变化的情况

由图 2.3 分析可得到如下结论：

(1) 随着硅藻土掺量的增加，短期薄膜老化后的软化点差呈现先减小后增加的趋势。当硅藻土掺量为 14% 时，软化点变化达到最小值，掺量继续增加时，软化点变化出现增加的趋势。说明当硅藻土掺量较多时，沥青更易被氧化，表现为软化点变化值更大。但与基质沥青相比，在本试验掺量的情况下，三种掺量硅藻土改性沥青的软化点变化都是减小的，说明硅藻土的加入改善了沥青的抗短期热老化能力。

(2) 随着硅藻土掺量的增加，改性沥青的残留针入度比没有明确的变化趋势，根据该指标评价硅藻土改性沥青抗老化性能排序为：14% 硅藻土改性沥青＞基质沥青＞12% 硅藻土改性沥青＞17% 硅藻土改性沥青。

(3) 随着硅藻土掺量的增加，老化后硅藻土改性沥青的延度保留率呈现先增大后减小的变化趋势，转折点发生在 14% 硅藻土掺量处。从图中数据可以看出，由于基质沥青老化前 15℃ 延度超过 150cm，无法计算延度保留率，但延度保留率低于 42.4%，加入 12% 的硅藻土后，改性沥青的延度保留率上升到 52.7%，掺量 14% 后上升到 55.6%，掺量 17% 下降到 46.5%，说明硅藻土的加入改善了沥青的抗短期热老化能力。

综上所述，硅藻土的加入使得软化点差减小，延度保留率提高，14% 掺量残留针入度比高于基质沥青，说明硅藻土的加入改善了基质沥青的抗老化性能，掺量 14% 的硅藻土改性沥青改善效果最好，为最佳含量。

2) 紫外光老化

光氧老化也是路面沥青老化变硬的主要原因之一，在太阳辐射的作用下，沥青老化的速度比暗处要快得多。研究表明，太阳辐射的情况下，黑色物体表面的温度一般不超过 80℃，在 20～80℃，发现温度对沥青的光老化影响较小。

太阳光的波长范围在 150～1200nm，根据波长可分为紫外光、可见光、红外线。其中紫外光是影响高分子材料老化的主要因素之一。紫外光的能量很大，能够切断高分子链或引发光氧老化，使分子链发生降解或交联。试验证明，含有羰基或双键的分子结构最容易吸收紫外光，引发化学反应。高分子材料在热加工、长期使用或存放过程中很容易被氧化生成羰基或双键，称为紫外老化。

紫外老化后三项抗老化指标随老化时间变化如图 2.4 所示[23]。随着紫外老化时间的变化，软化点在 48h 时间内快速上升。从图 2.3 和图 2.4 可以看出，短期老化和紫外老化后沥青针入度下降。硅藻土属于多孔性结构材料，导热系数小，对光的吸收较小，所以针入度下降较小。热氧老化后延度下降，紫外老化使延度继续下降。

经过紫外老化后，紫外光老化对不同的沥青样品老化程度不一，但老化后三大指标变化都很明显，变化趋势一样，即软化点升高、针入度下降、延度下降，表明紫外老化改善了沥青的高温稳定性，降低沥青低温性能，沥青在紫外老化 96h

后发生转折，说明紫外老化不是随时间增加老化程度加深，老化到一定程度后生成的老化膜阻止了改性沥青的进一步老化，甚至起到保护作用。14%硅藻土改性沥青抗紫外老化性能最好。

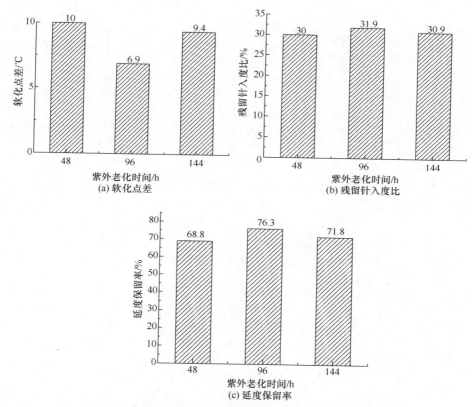

图 2.4　14%硅藻土改性沥青三项抗老化指标变化的情况

2.1.4　流变性能测试

1. 温度扫描

采用动态剪切流变仪对不同硅藻土掺量的改性沥青进行流变测试，试验采用温度扫描模式。试验条件：加载频率为 10rad/s，应变值为 0.5%，温度为 30～70℃。以下主要对复数剪切模量、相位角、车辙因子和复数剪切黏度 4 个指标进行分析。

基质沥青和不同硅藻土掺量(0%、12%、14%和 17%)的改性沥青动态剪切流变试验得到的温度扫描模式下的相位角 δ 和复数剪切模量 G^* 随温度的变化情况如图 2.5 所示，车辙因子 $G^*/\sin\delta$ 随温度变化如图 2.6 所示[23]。

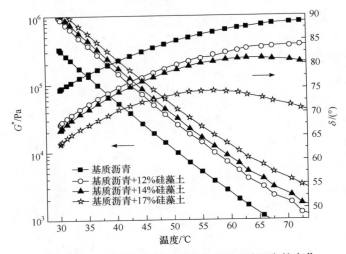

图 2.5　不同掺量硅藻土改性沥青 G^* 和 δ 随温度的变化

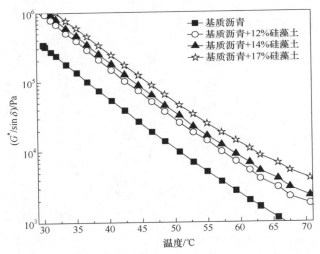

图 2.6　不同掺量硅藻土改性沥青 $G^*/\sin\delta$ 随温度的变化

　　从图 2.5 可以发现，温度为 30~70℃时，硅藻土的加入使得复数剪切模量 G^* 有所增加，即硅藻土的加入增强了沥青抵抗变形的能力，而且随着硅藻土掺量的增加，这种增强效果有所增强。在选用的三种硅藻土掺量中，17%掺量的硅藻土改性沥青在不同温度下的复数剪切模量是最高的，14%掺量的硅藻土改性沥青次之，12%掺量的硅藻土改性沥青最小，同时 12%和 14%的硅藻土改性沥青的复数剪切模量大小相近。

　　从图 2.5 可以看出，温度为 30~70℃时，基质沥青和三种硅藻土改性沥青的相位角是随温度的升高而逐渐增加的，即沥青中黏性成分的比例随着温度的升高而增加。不同掺量的硅藻土加入后，对沥青材料的相位角产生了一定的影响，使得基质沥青的相位角有所增加，但增加的幅度是相当微小的，在温度为 30～70℃，不同掺量硅藻土改性沥青的相位角较基质沥青相比，硅藻土对基质沥青相位角的影响不大。不同掺量的硅藻土对相位角的影响程度大小排序为：14%掺量硅藻土＞17%掺量硅藻土＞12%掺量硅藻土，即硅藻土的掺量不同对沥青相位角的影响不同。

从图 2.6 可以看出，硅藻土的加入使得沥青的车辙因子有一定程度的增加，车辙因子 $G^*/\sin\delta$ 随着硅藻土掺量的增加而使其车辙因子逐渐变大，说明硅藻土的加入提高了沥青的高温稳定性，这是由于硅藻土作为一种孔隙率极高、吸附能力极强的活性矿物，能够吸附沥青的轻质成分，使得其表面形成结构沥青，从而提高沥青的抗车辙能力，减小高温情况下的流动变形。

2. 频率扫描

采用动态剪切流变仪对不同硅藻土掺量的改性沥青进行动态剪切试验，试验采用频率扫描模式，试验条件：温度为 60℃，应变值为 0.5%，加载频率：0.1～100rad/s。以下主要对复数剪切模量、相位角、车辙因子和复数剪切黏度 4 个指标进行分析。

基质沥青和不同硅藻土掺量下的硅藻土改性沥青的复数剪切模量 G^* 和相位角 δ 随频率的变化情况如图 2.7 所示，车辙因子 $G^*/\sin\delta$ 随频率的变化情况如图 2.8 所示[23]。

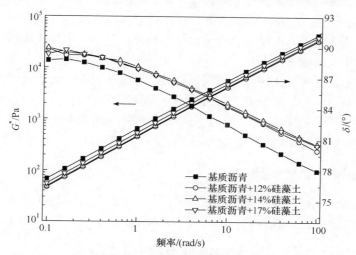

图 2.7　不同掺量硅藻土改性沥青 G^* 和 δ 随频率的变化情况

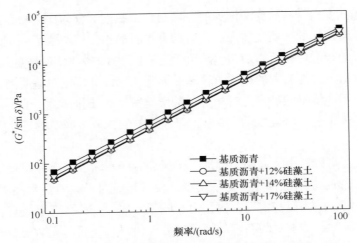

图 2.8　不同掺量硅藻土改性沥青 $G^*/\sin\delta$ 随频率的变化情况

由图 2.7 可以看出，基质沥青和三种硅藻土掺量的改性沥青的模量都是随着频率的增加而增大的。说明频率越高，对沥青抵抗变形越有利。同时硅藻土的加入使得沥青的复数剪切模量有所减小，这对沥青的抵抗变形是不利的。随着硅藻土掺量的增加，相同频率下复数剪切模量减小的程度越小，即高掺量的硅藻土改性沥青在频率扫描模式下比低掺量的对沥青复数剪切模量的减小作用要小。

由图 2.7 可以看出，基质沥青和三种掺量硅藻土改性沥青的相位角随频率的增加逐渐减小。而且硅藻土的加入使得沥青的相位角有了较大的提高，这种提高的幅度是随着频率的增加而增大的，相位角的增加说明沥青中黏弹性成分的比例发生了变化，黏性成分所占比例增加，弹性成分所占比例减小。这种变化是对沥青的高温性能不利的。硅藻土的掺量越大，相位角越小，而且这种减小的幅度是随着频率的增大而增加的。

同模量随着频率变化的情况相同，车辙因子随着频率的增加而增加，硅藻土的加入使得基质沥青的车辙因子有所减小，而且随着硅藻土掺量的增加，相同频率下的车辙因子也是增加的。与复数剪切模量和相位角的变化情况一致，高掺量的硅藻土改性沥青对车辙因子的降低作用更小。

2.1.5　流变抗老化性能分析

复数模量老化指数是指老化后复数模量与老化前复数模量的比值，可以用来表示沥青的老化程度。其计算公式如式(2.1)所示。

$$复数模量老化指数 = {G^{*\prime}}/{G^*} \tag{2.1}$$

式中，$G^{*\prime}$ 为老化后的复数模量；G^* 为老化前的复数模量。

硅藻土改性沥青与基质沥青的复数模量老化指数如图 2.9 所示。

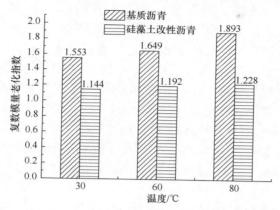

图 2.9 硅藻土改性沥青与基质沥青的复数模量老化指数

从图 2.9 可以看出，掺入硅藻土使得复数模量老化指数降低，即硅藻土改善了沥青的抗老化性能。从选择的三个温度发现，30℃老化指数最小，80℃老化指数最大，表明温度越高，沥青老化越严重。

2.1.6 形貌分析

1. 扫描电镜观察

根据文献调查，硅藻土颗粒有两种类型，一种是壳面大多辐射对称的圆形结构，另一种是壳面呈两侧对称的针、线和棒型结构。对所用的硅藻土改性剂进行电镜扫描，扫描结果如图 2.10 所示[23]。

(a) 5000 倍放大图　　　　　　　　　　(b) 1000 倍放大图

图 2.10 硅藻土扫描电镜图像

从 1000 倍的放大图可以看出，本书研究的硅藻土属于辐射状圆形的硅藻土，且硅藻土堆积密度较小，有较大的孔隙。从 5000 倍的放大图可以看出，硅藻土的圆盘蓬松，盘面上呈脊状，有大量细缝。

　　硅藻土的特殊结构形态对硅藻土改性沥青性能有一定的影响。硅藻土孔隙大，意味着沥青与硅藻土颗粒结合面积大，增加了结构沥青的厚度。加之壳面上细缝使硅藻土具有较大的比表面积，使得硅藻土与沥青的接触面积增大，也增加了结构沥青厚度，提高沥青与硅藻土黏结力，改善沥青黏韧性和高温稳定性。细缝结构还能增加沥青的吸附与湿润，使得沥青与硅藻土能够更好地相容。硅藻土颗粒的细缝结构相当于微毛细管，会产生毛细作用，这也会增加硅藻土颗粒与沥青间的界面作用力。硅藻土颗粒周缘小刺及盘面上的"微脊状"突起有助于提高沥青胶浆的抗剪切性能，从而改善硅藻土改性沥青的高温性能。一定量的沥青被吸附到细缝中，阻碍与氧气的反应，在一定程度上改善了沥青的老化性能。

　　综上所述，硅藻土的加入可提高沥青的黏性，增加沥青和矿料的黏结力，改善沥青的高温性能和抗老化性能。

2. 显微镜观察

　　利用荧光显微镜对不同掺量的硅藻土改性沥青进行观察，结果如图 2.11 所示[23]。

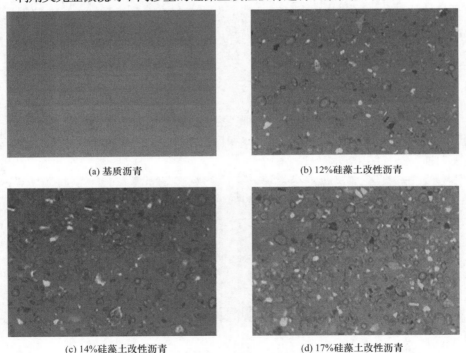

(a) 基质沥青　　　　　　　　　　　　　　(b) 12%硅藻土改性沥青

(c) 14%硅藻土改性沥青　　　　　　　　　　(d) 17%硅藻土改性沥青

图 2.11　基质沥青与硅藻土改性沥青荧光显微镜图片

　　从图 2.11 可以明显看出，硅藻土在沥青中呈分散状态，硅藻土呈圆形。改性剂在基质沥青中细密均匀的分布程度是保证改性沥青效果的关键。对于硅藻土改性剂而言，其在基质沥青中均匀分布的标志就是硅藻土颗粒独立存在，没有出现团聚现象，并且每个颗粒都被沥青包裹，形成了稳定的整体。由以上图形可以看到，三种掺量的硅藻土都均匀分散在基质沥青中，硅藻颗粒独立存在，没有出现抱团凝聚现象，也就是说，本次硅藻土改性沥青的制备是成功的。随着硅藻土掺量的增加，硅藻颗粒越来越密集，若掺量继续增加，难以保证硅藻颗粒不会抱团凝聚，因此硅藻土的掺量应控制在一定的范围，才能发挥最好的效果。

　　以上显微镜图像表明，硅藻土与基质沥青搅拌混合以后，硅藻土颗粒分散在基质沥青中，形成多相分散体系。由于硅藻土具有多孔、比表面积大等特征，会吸附沥青中的部分油分，从而产生吸附作用。这种吸附作用使沥青中的原有组分发生了变化，油分相对减少，胶质和沥青质含量相对增多，使得沥青原有的交替平衡体系被破坏，新的平衡体系建立，进而改善沥青的高温性能，同时阻碍老化过程中轻组分向硬组分的转化，在一定程度上提高了抗老化性能，良好的吸附能力增强了沥青与硅藻土的界面力，对沥青高温性能的提高产生积极的作用。

　　为了了解老化对硅藻土改性沥青形貌的影响，对不同含量的硅藻土改性沥青进行短期老化和不同时间下的紫外老化，形貌的变化如图 2.12 和图 2.13 所示[23]。

(a) 12%硅藻土改性沥青(老化前)

(b) 12%硅藻土改性沥青(老化后)

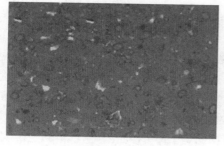
(c) 14%硅藻土改性沥青(老化前)

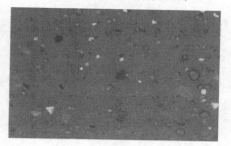
(d) 14%硅藻土改性沥青(老化后)

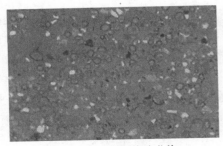

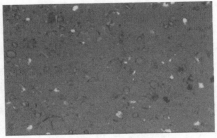

(e) 17%硅藻土改性沥青(老化前)　　　　　(f) 17%硅藻土改性沥青(老化后)

图 2.12　硅藻土改性沥青短期老化前后显微镜图片

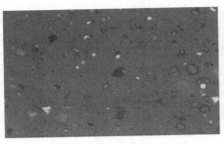

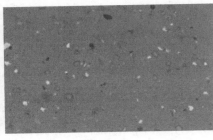

(a) 紫外老化0h　　　　　　　　　(b) 紫外老化48h

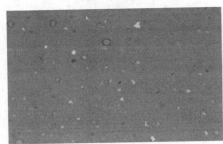

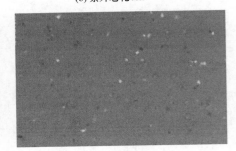

(c) 紫外老化96h　　　　　　　　　(d) 紫外老化144h

图 2.13　硅藻土改性沥青紫外老化显微镜图片

通过对比老化前后图片可以发现，老化前沥青表面粗糙，硅藻土改性剂凸起，硅藻土与沥青相容性较好，硅藻土在沥青中分布均匀，形成分布均匀的网络结构。随着沥青的老化，硅藻土与沥青的界面开始变得模糊，硅藻土颗粒开始降解破碎，对沥青的吸附能力变差，沥青与硅藻土的网络结构逐渐消失。随着老化轻组分逐渐向沥青质转化，减少了对硅藻土的溶胀作用，造成沥青质溶解性降低，沥青的缔合作用增强，高温性能增强。

对比紫外老化形貌分析可以看出，随着老化时间的增加，硅藻土改性沥青界面更加模糊，硅藻土所占面积逐渐减小，与短期老化趋势一致。紫外老化 96h 后硅藻土面积较 48h 明显减少，144h 与 96h 形貌变化较少，说明紫外老化 96h 后，沥青老化程度较充分，老化后生成的极性大分子形成保护膜阻止进一步老化，与前面物理试验结果一致。硅藻土改性沥青改性效果好，与其特殊的物理结构密切相关，由于荧光显微镜放大的倍数有限，不能清楚地观测到硅藻土的物理结构，本书对硅藻土单独进行扫描电镜测试。

2.1.7　红外光谱分析

对基质沥青和不同掺量的硅藻土改性沥青进行红外光谱测试，如图 2.14 所示[23]。

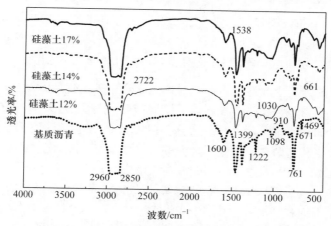

图 2.14　基质沥青及不同掺量硅藻土改性沥青红外光谱图

如图 2.14 所示，$2850 \sim 2960 \mathrm{cm}^{-1}$ 区域内的强峰是典型的 C—H 在脂肪链的伸缩振动。峰值 $1600 \mathrm{cm}^{-1}$ 是由于 C=C 在芳烃的伸缩振动。C—H 在 CH_2 和 CH_3 的不对称变形以及 C—H 在 CH_3 对称变形振动都可以分别在 $1447 \mathrm{cm}^{-1}$ 和 $1399 \mathrm{cm}^{-1}$ 处观测到。高峰 $1222 \mathrm{cm}^{-1}$ 对应于 $(CH_3)_3$C—R 的框架振动。$1098 \mathrm{cm}^{-1}$ 峰值归因于 S=O 的伸缩振动。$671 \sim 910 \mathrm{cm}^{-1}$ 区域内的小峰是典型的 C—H 苯环振动。

通过谱图比较发现，硅藻土改性沥青与基质沥青具有相同的振动吸收峰，且几乎在相同的位移处，唯一区别在于硅藻土改性沥青在 $1098 \mathrm{cm}^{-1}$ 和 $469 \mathrm{cm}^{-1}$ 处出现了新的吸收峰。$1098 \mathrm{cm}^{-1}$ 为 Si—O 伸缩振动吸收峰，$469 \mathrm{cm}^{-1}$ 为 Si—O 弯曲振动吸收峰，这是因为改性沥青中添加了硅藻土造成的。由此说明硅藻土加入基质沥青中没有出现复杂的化学变化，可能只是简单的物理共混。

为了研究硅藻土改性沥青老化性能，选用 14%掺量的硅藻土改性沥青为样品，研究硅藻土改性沥青的老化机理，进行短期老化和不同时间紫外老化红外光谱测试，谱图如图 2.15 所示[23]。

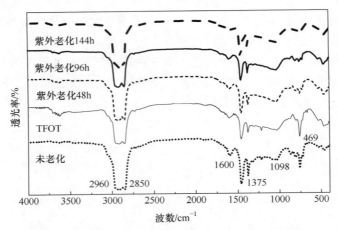

图 2.15 14%硅藻土改性沥青不同老化程度红外光谱图

14%掺量的硅藻土改性沥青经过短期老化和紫外老化后，2850～2960cm⁻¹ 的烷烃、1600cm⁻¹ 的苯环和 1375cm⁻¹ 的脂肪族吸收峰强度减小。2850～2960cm⁻¹ 主要为饱和烃，沥青老化后，轻组分含量降低，是因为在沥青短期老化过程中受热挥发。后续老化过程中，轻组分含量变化不大，说明硅藻土抑制了轻组分的继续挥发，是因为硅藻土的微孔结构能够产生毛细作用，能够使分子间的作用增强，另外在 1700cm⁻¹ 处出现新的微弱吸收峰，该处为羰基 C=O 的特征峰。说明沥青在老化过程中不饱和烃与氧发生了化学反应，生成含氧官能团羰基，在紫外老化过程中，吸收峰的强度变化不能说明硅藻土抑制含氧官能团的生成。

从红外光谱发现，硅藻土改性沥青在 1098cm⁻¹ 和 469cm⁻¹ 处出现了两个新的吸收峰，其余几乎没有变化，硅藻土与沥青没有复杂的化学反应，只是物理混溶。在老化过程中，饱和烷烃挥发，烷烃含量减少，同时新官能团羰基生成。在紫外老化过程中，老化速度减缓，亚砜基含量变化不大，硅藻土抑制亚砜基生成，硅藻土有抗老化作用。

2.2 硫磺改性沥青

使用超细硫磺粉对沥青进行改性，系统研究硫磺改性沥青物理流变性能及结构特征。

2.2.1 原材料

采用 500 目超细硫磺粉，硫磺粉购自汶河化工厂，其性能指标见表 2.3。

表 2.3　500 目超细硫磺粉的组成

项目	检测结果
硫质量分数/%	99.86
水分质量分数/%	0.09
灰分质量分数/%	0.02
酸质量分数/%	0.002
铁质量分数/%	0.007
砷质量分数/%	0.0001
有机物质量分数/%	0.02

2.2.2　样品制作工艺

硫磺改性沥青样品制作：称取一定量的沥青放在电炉上搅拌，熔融温度控制在 180℃左右，温度稳定后加入不同比例的硫磺，在高速搅拌机上搅拌 30min。

2.2.3　物理性能测试

在基质沥青中添加 7%、10%、15%(按基质沥青质量计)的硫磺进行改性，短期老化前后性能对比如图 2.16 所示[23]。

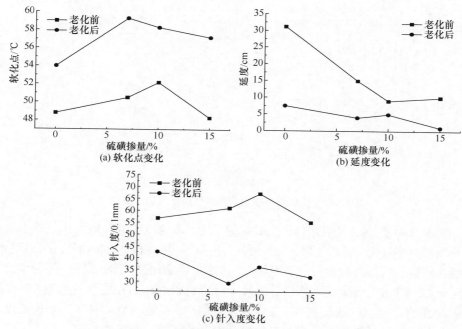

图 2.16　不同掺量硫磺改性沥青三大指标变化

从图 2.6 可以看出，硫磺改性剂的加入使得沥青的延度减小，低温性能下降。硫磺改性沥青延度范围在 8.4～15.1cm。在 0%～7% 和 7%～10% 的范围内各下降 16.1cm 和 7.6cm，下降幅度较大，在 10%～15% 范围内只下降了 0.6cm，幅度很小。从硫磺改性沥青三大指标试验结果来看，硫磺的加入使得基质沥青的高温性能得到了改善，但对低温性能产生了不利影响。硫磺的掺量对改性沥青性能影响较大，针入度和软化点以 10% 为分界点，延度在 10%～15% 范围内变化较小，综合三个指标考虑改性效果最好的为掺量 10%。

选取上述系列的改性效果较好的掺量 10% 硫磺改性沥青与基质沥青效果对比。将硫磺改性沥青(10%)、基质沥青装入老化盘中热氧老化后，放入紫外老化箱中，温度为 60℃，老化时间为 48h、96h、144h。对老化样品进行性能测试，紫外老化后三大指标变化如图 2.17 所示[23]。

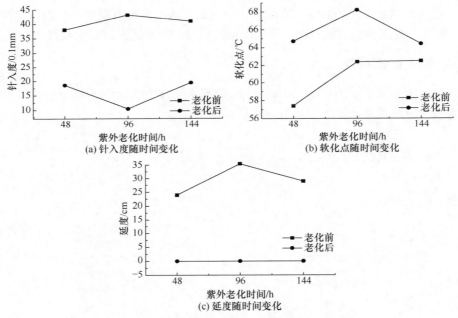

图 2.17　硫磺改性沥青紫外老化后三大指标变化

如图 2.17 所示，随着紫外老化时间的变化，软化点在 48h 时间内快速上升，硫磺改性趋势是先上升后下降，96h 是其转折点，表明 96h 时间内沥青接收紫外辐射量达到饱和状态，沥青充分紫外老化，表面生成老化膜，阻止沥青进一步老化。

短期老化和紫外老化后沥青针入度下降。硫磺改性沥青变化幅度最大。说明硫磺改性沥青对紫外光很敏感，在紫外光的作用下硫磺沥青容易发生结构变化。

热氧老化后延度下降，紫外老化使延度继续下降。经过紫外老化后，硫磺改性沥青延度由大于 150cm 骤减为 0，基质沥青变化幅度也较大。

紫外老化对不同的沥青样品老化程度不同，但老化后三大指标变化都很明显，变化趋势一样，即软化点升高、针入度下降、延度下降，表明紫外老化改善了沥青的高温稳定性，降低了沥青的低温性能，沥青在紫外老化 96h 后发生转折，说明紫外老化不是随时间增加老化程度加深，而是老化到一定程度后生成的老化膜阻止沥青进一步老化，甚至起到保护作用。硫磺改性沥青对紫外光最为敏感。

2.2.4 流变性能测试

不同掺量的硫磺改性沥青和基质沥青的复数剪切模量 G^* 和相位角 δ 随温度的变化情况如图 2.18 所示[23]。

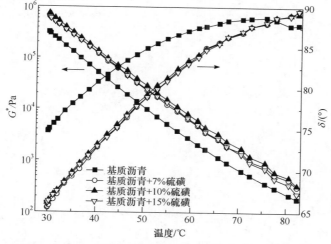

图 2.18 不同掺量硫磺改性沥青 G^* 和 δ 随温度的变化

由图 2.18 可以看出，总体上复数剪切模量随温度的升高而降低，表明基质沥青与硫磺改性沥青的抵抗变形能力随温度升高而降低，从低温到高温弹性成分慢慢转化为黏性成分。基质沥青掺加硫磺后，复数剪切模量明显增强，说明硫磺改性沥青抵抗变形能力增强。在三种掺量中，10%硫磺改性沥青复数剪切模量最大，7%和 15%的复数剪切模量大小相近，说明硫磺改性沥青掺量很重要，10%掺量比较合理。

从图 2.18 可以发现，δ 越大，表明材料的黏性越大，弹性越小。对于沥青样品，期望在高温有足够的弹性，便于变形恢复，低温时有足够的黏性，避免开裂。在温度区间，基质沥青和硫磺改性沥青的相位角 δ 随着温度的升高而增加，说明沥青的弹性成分在减少。硫磺的加入对相位角产生了一定的影响，在低温度区间，基质沥青与硫磺改性沥青相位角相差达 5°～10°，随着温度升高，差距减小。

说明掺入硫磺后，沥青弹性成分显著增多，硫磺对相位角影响较大。但不同掺量的硫磺改性沥青相位角差距很小，说明硫磺掺量 7%～15%范围内对相位角影响较小。

从图 2.19 可以发现，车辙因子试验结果表明，随温度的升高，车辙因子在不断下降，温度对车辙的影响较大。硫磺的加入使得改性沥青车辙因子有所提高，说明硫磺能够改善沥青的高温性能，与前面物理试验结果一致。10%掺量的硫磺改性沥青提高的幅度最大，7%和15%掺量的影响程度相近。

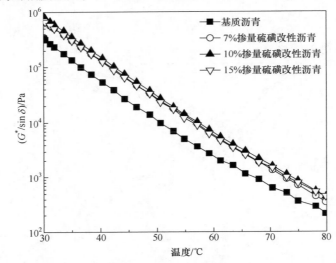

图 2.19　不同掺量硫磺改性沥青 $G^*/\sin\delta$ 随温度的变化

从图 2.20 可以看出，沥青的疲劳因子随着温度上升而下降，经硫磺改性后，同一温度下的疲劳因子明显大于基质沥青，即硫磺改性沥青的抗疲劳性能下降，硫磺改性剂对沥青的疲劳性能不利。随着硫磺掺量增加，疲劳因子 $G^*\cdot\sin\delta$ 增长很缓慢，说明 7%～15%掺量范围内，硫磺掺量变化对疲劳因子影响不大。

选取 10%掺量硫磺改性沥青为老化对象，研究不同老化条件下硫磺改性沥青的流变性能的变化。从图 2.21 可以发现：①经过短期老化和紫外老化后，复数剪切模量明显升高，相位角大幅降低，车辙因子增加，疲劳因子增加。表明硫磺改性沥青的抵抗变形能力增强，抗车辙能力增强，高温性能得到改善，抗疲劳性能显著下降。主要原因是老化后沥青大分子含量增多，组分变硬。②从三个参数变化来看，紫外老化后参数变化明显大于热氧老化的，紫外老化影响程度更大，说明硫磺改性沥青在紫外环境下老化更快，即硫磺沥青对紫外光很敏感。

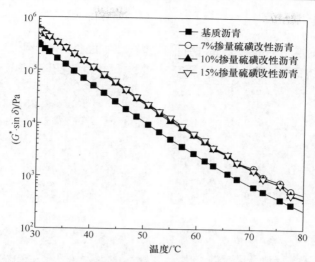

图 2.20　不同掺量硫磺改性沥青 $G^* \cdot \sin\delta$ 随温度的变化

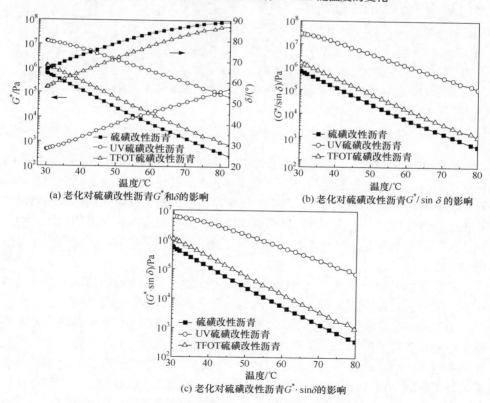

图 2.21　不同老化程度对硫磺改性沥青流变性能的影响

2.2.5 形貌分析

对不同硫磺掺量的改性沥青进行形貌观察，如图 2.22 所示[23]。

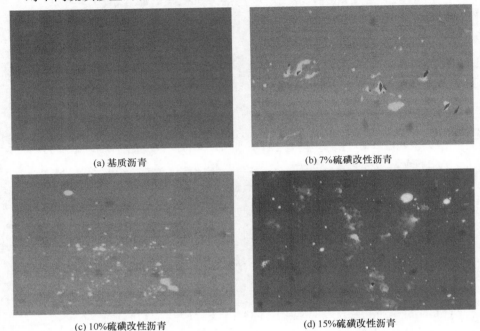

(a) 基质沥青   (b) 7%硫磺改性沥青

(c) 10%硫磺改性沥青   (d) 15%硫磺改性沥青

图 2.22　基质沥青与不同掺量硫磺改性沥青荧光显微镜图片

由图 2.22 可以看出，基质沥青在显微镜下结构很均匀，为均相结构。掺入硫磺改性剂后，出现亮色的物质，说明硫磺与沥青的某些组分发生了化学反应。随着硫磺掺量的增加，由分散的亮色物质慢慢聚多，硫磺的交联作用越来越明显，絮状结构逐渐增多，硫磺与沥青界面更加模糊，两者形成互相交融的网络结构。

为了研究短期老化对沥青形貌的影响，对不同硫磺掺量的沥青进行形貌观察(图 2.23)。

从图 2.23 中可以看出，亮色物质粒径减小，数量增多，说明硫磺在老化过程中发生降解，交联作用减弱。硫磺更均匀地分布在沥青中，相容性变好。

为了研究紫外老化对沥青结构和性能的影响，对 10%硫含量的改性沥青在不同紫外老化条件下的形貌进行观察，如图 2.24 所示。

经过不同时长的紫外老化后，亮色物质随着时间增长逐渐变少，说明硫磺随着紫外老化时间增长逐渐减少。紫外老化 48h 颗粒破碎，粒径变小，颗粒分散；紫外老化 96h 后，颗粒明显减少；144h 后颗粒所剩不多，说明硫磺在紫外光下容易发生化学反应生成气体溢出，也证明硫磺对紫外光敏感。

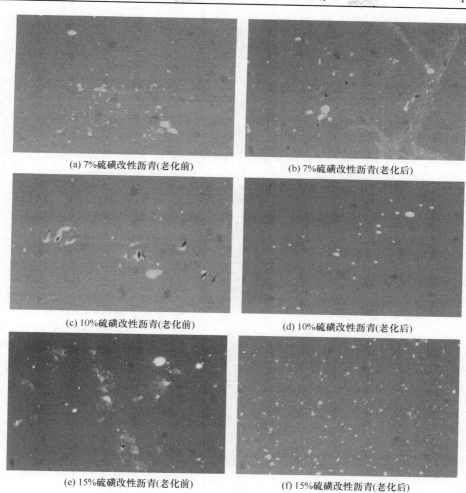

(a) 7%硫磺改性沥青(老化前)　　　　　　(b) 7%硫磺改性沥青(老化后)

(c) 10%硫磺改性沥青(老化前)　　　　　　(d) 10%硫磺改性沥青(老化后)

(e) 15%硫磺改性沥青(老化前)　　　　　　(f) 15%硫磺改性沥青(老化后)

图 2.23　不同掺量硫磺改性沥青老化前后荧光显微镜图片

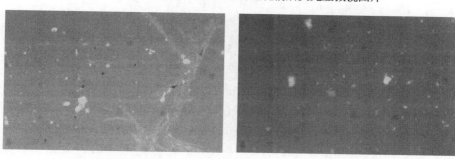

(a) 紫外老化0h　　　　　　　　　　(b) 紫外老化48h

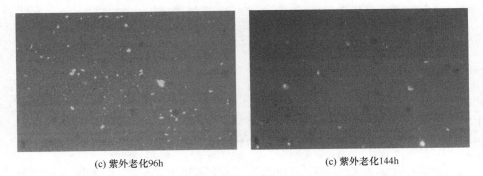

(c) 紫外老化96h　　　　　　　　　　　　　(c) 紫外老化144h

图 2.24　10%掺量硫磺改性沥青紫外老化显微镜图片

2.2.6　红外光谱分析

对不同硫磺掺量的改性沥青进行红外光谱测试，结果如图 2.25 所示[23]。

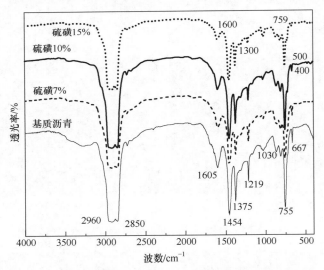

图 2.25　基质沥青和不同掺量的硫磺改性沥青红外光谱图

根据图 2.25 观察到，基质沥青和硫磺改性沥青红外光谱图形状大致一样，都在 $2960\sim2850cm^{-1}$、$1605cm^{-1}$、$1454cm^{-1}$、$1375cm^{-1}$、$1219cm^{-1}$、$755cm^{-1}$ 附近有较强的吸收峰。其中在 $2960\sim2850cm^{-1}$ 吸收峰最强，该吸收峰主要是 —CH_3、—CH_2— 伸缩振动的结果。说明沥青中存在大量的烷烃和环烷烃。$1605cm^{-1}$ 处的吸收峰主要由共轭双键 C=C(苯环骨架振动)和 C=O 的吸收引起。$1454cm^{-1}$ 处的吸收峰归属于 C—CH_2 面内伸缩振动(芳香环不饱和键的伸缩振动引起)。$1375cm^{-1}$ 处为甲基—CH_3 振动引起的(芳香环不饱和键的伸缩振动引起的)。$1219cm^{-1}$ 处的吸收峰属于乙酸乙烯酯中的 —CO—OR 的吸收引起的官能团振动引起的。1030cm^{-1} 处为亚砜基伸缩振动峰，755cm^{-1} 处吸收峰是由烷烃 C—H 弯曲振动引起的。

2.3　本 章 小 结

硅藻土改性沥青具有良好的稳定性、黏附性，可改善沥青及混合料的高温稳定性和低温抗开裂性，明显提高水稳定性和抗疲劳性能、抗老化性能，同时与常规的聚合物改性沥青相比，硅藻土改性沥青在价格、生产工艺、储存方法上有更大的优势。从试验研究可以看到，硅藻土的加入使沥青变硬，抗剪切破坏的能力增强，改善了沥青的高温性能和抗老化性能。随着掺量的增加，对改性沥青的复数剪切模量、相位角、车辙因子的改善作用增大。但在动态频率扫描的试验环境下，硅藻土的加入对沥青的高温性能稍有减弱，但减弱作用不大，同时掺量越大，减弱作用越小。综合考虑硅藻土对沥青低温物理性能的不利影响和流变性能的改善，沥青中硅藻土最佳掺量为 14%。

近些年的研究表明，在沥青混合料中加入硫磺，能够改善沥青混合料的物理结构和力学性能。硫磺与沥青有很好的相容性，与集料有很好的黏结性，拌和过程中在骨料的剪切下，使硫以非常细的颗粒均匀地分散在沥青中，部分呈化学结合。硫在沥青中溶解，在沥青中分散，可以使黏稠的沥青变稀，最终形成结晶，达到改性的效果。使用添加硫磺的胶粉结料拌和出的混合料使结构增强，提高沥青路面面层的高温抗车辙性能，提高混合料的水稳定性。但是硫磺在与沥青共混搅拌的高温过程中容易产生硫化氢、硫蒸气、二氧化硫等有毒气体。因此，需要在硫磺中加入硫化氢抑制剂，以达到相关的环保要求。

本书的试验研究显示，硫磺的加入使基质沥青的高温性能得到了改善，但对低温性能产生了不利的影响。其中 10% 的添加量效果最好，确定为在实际工程中合适的硫磺用量。基质沥青中加入硫磺后，沥青的流变特性发生了显著变化，抗车辙能力增强，高温稳定性大大改善，但对抗疲劳性能有所损失。随着硫磺掺量的变化增加，流变参数变化较小，说明该范围硫磺掺量比较合适，没有成团。由于沥青中存在大量的游离态的硫，因此硫磺改性沥青对热氧老化和紫外老化比较敏感[23]。

第3章　岩沥青与湖沥青复合改性沥青

3.1　岩沥青改性沥青

实践证明，天然岩沥青作为改性剂的改性沥青其高温稳定性、抗老化性及水稳定性都有显著改善，低温抗裂性也有一定程度的提高，但目前对岩沥青改性沥青系统性研究很少，特别是对于岩沥青改性沥青抗老化性能的研究。本章以伊朗产的岩沥青作为改性剂对基质沥青进行改性，并系统地研究岩沥青改性沥青的物理性能、流变性能及改性机理。

3.1.1　原材料

选用伊朗的岩沥青，基质沥青为福州 70#。

3.1.2　样品制作工艺

称取一定量的基质沥青放在电炉上加热熔融，温度控制在 180～190℃，加入不同掺量 10%、20%、30%、40%(按基质沥青质量计) 的岩沥青，再机械搅拌 30min 即可。

3.1.3　物理性能测试

在基质沥青中添加不同掺量的岩沥青，进行短期老化，并对老化前后沥青的性能进行测试，岩沥青对沥青软化点、延度和针入度的影响如图 3.1 所示[23]。

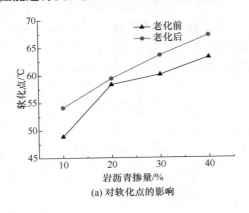

(a) 对软化点的影响

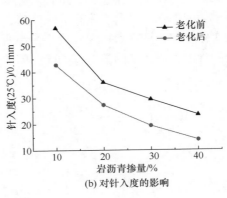

(b) 对针入度的影响

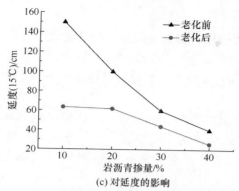

(c) 对延度的影响

图 3.1　不同掺量岩沥青的物理性能对比

可以看出短期老化前后随岩沥青掺量的增加，沥青的高温性能明显改善，低温性能逐渐降低，由于岩沥青中多含沥青质，对沥青高温性能的改善有一定作用。

3.1.4　抗老化性能分析

对基质沥青和岩沥青改性沥青老化前后的物理性能进行测试，采用软化点差、残留针入度比和延度保留率三项抗老化指标评价岩沥青改性沥青的抗老化性能。三项抗老化指标随岩沥青掺量的变化如图 3.2 所示[23]。

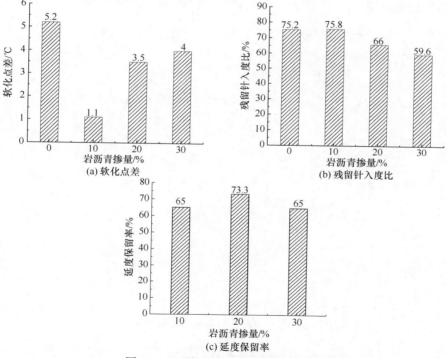

图 3.2　三项抗老化指标随岩沥青掺量的变化

由图 3.2 分析可以得到以下结论:

(1) 软化点差结果表明, 岩沥青改性沥青软化点差都小于基质沥青的, 说明岩沥青使沥青的老化性能得到了很好的改善。随着掺量增加, 软化点差在增加, 可能是由于岩沥青掺量增多时, 硬组分含量持续增加, 破坏了沥青组分的平衡, 沥青更易氧化。

(2) 随着岩沥青掺量的增加, 残留针入度比呈现减小的趋势, 以该指标作为抗老化性能的评价指标反映的不同掺量岩沥青改性沥青的抗老化性能大小排序为: 10%岩沥青改性沥青＞基质沥青＞20%岩沥青改性沥青＞30%岩沥青改性沥青, 说明改性剂掺量一定要适中。

(3) 从延度保留率指标发现, 延度保留率出现先增大后减小的趋势, 以该指标作为抗老化性能的评价指标反映的不同掺量岩沥青改性沥青的抗老化性能大小排序为: 20%岩沥青改性沥青＞10%岩沥青改性沥青=30%岩沥青改性沥青＞基质沥青, 表明岩沥青大大改善了沥青的老化性能。

综合考虑以上三项抗老化性能的评价指标, 岩沥青作为天然沥青, 很大程度上改善了基质沥青的老化性能, 但并不是岩沥青掺量越多, 抗老化性能越好, 综合抗老化性能和物理性能的改善确定 20%的岩沥青为最佳掺量。

3.1.5　流变性能测试

对基质沥青和 20%岩沥青改性沥青进行温度扫描, 复数剪切模量 G^* 及相位角 δ 随温度的变化如图 3.3 所示[23]。

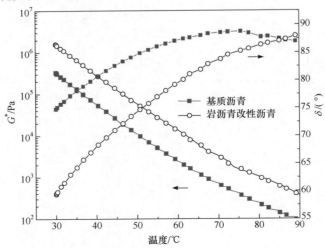

图 3.3　基质沥青和岩沥青改性沥青 G^* 和 δ 随温度的变化

随着温度的升高, 基质沥青和岩沥青改性沥青的复数剪切模量逐渐降低, 这是由于温度升高，沥青低温时的弹性状态逐步转化为高温时的黏性状态。掺入岩沥青后 G^* 有一定程度的提高，岩沥青的加入使得沥青抵抗流动变形的能力增强，这是由于岩沥青作为天然沥青含有较多的沥青质，使得沥青的刚性增强，从而使得沥青具有更高的模量。老化后沥青质进一步增多，复数剪切模量进一步增大，抵抗变形能力增强。

从图 3.3 中可以看出，随着温度的升高，基质沥青和岩沥青改性沥青的相位角逐渐增加，这是由于温度变化时，沥青中黏弹性成分的比例发生变化，温度升高，沥青中的黏性成分比例增加而弹性成分比例相应减小，从而使得相位角随着温度的升高而逐渐增大。岩沥青的加入使得沥青的相位角 δ 有所减小，表明岩沥青的添加使得沥青中的弹性成分比例增加。这主要是因为岩沥青中含有较多的硬质成分——沥青质，而油分含量较少，加入到沥青中提高了沥青体系的刚性，使得沥青分子链随着温度运动的敏感性降低，即温度变化时分子链的流动变形受阻，最终表现为相位角减小，变形后的恢复能力增强。老化后相位角比老化前更小，说明老化后黏性成分在老化过程中不断减少，弹性成分不断增加。

通过老化前后复合模量的变化来评价沥青的抗老化性能，复数模量老化指数是指老化后复数模量与老化前复数模量的比值，可以用来表示沥青的老化程度，取 30℃、60℃、80℃下老化前后的复数模量进行老化指数的计算，其计算公式如式(3.1)所示。

$$复数模量老化指数 = G^{*\prime}/G^* \tag{3.1}$$

式中，$G^{*\prime}$ 为老化后的复数模量；G^* 为老化前的复数模量。

由式(3.1)计算得到岩沥青改性沥青复数模量老化指数如图 3.4 所示[23]。

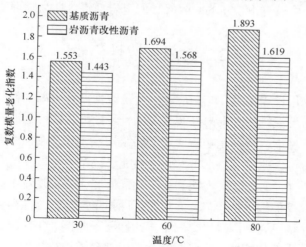

图 3.4 基质沥青与岩沥青改性沥青的复数模量老化指数

从图 3.4 可以看出，不同温度下，掺入岩沥青使得复数模量老化指数降低，所以岩沥青的添加改善了沥青的抗老化性能。

3.1.6　红外光谱测试

对基质沥青和岩沥青改性沥青进行红外光谱测试如图 3.5 所示[23]。

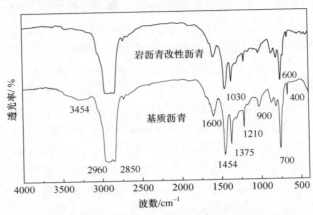

图 3.5　基质沥青及岩沥青改性沥青红外光谱图

比较基质沥青与岩沥青改性沥青可以发现，两种沥青的吸收峰位置大致一样，在 $2960cm\sim2850^{-1}$ 处最强饱和烃 C—H 伸缩振动，$1600cm^{-1}$ 处苯环中 C═C 伸缩振动，$1454cm^{-1}$ 和 $1375cm^{-1}$ 处亚甲基和甲基的剪式振动，$1030cm^{-1}$ 处亚砜基振动，$900\sim700cm^{-1}$ 处苯环上 C—H 伸缩振动等。与基质沥青相比，岩沥青改性沥青的红外光谱中没有出现新的吸收峰，所以岩沥青改性为物理改性。

3.2　湖沥青改性沥青

湖沥青的路用性能出色，应用广泛。但是改性沥青中湖沥青的掺量和所用的基质沥青品种未形成统一，国内外实践表明，经湖沥青改性的沥青混合料路面能够显著提高路用性能，特别是在改善表面层结构性能和路用性能上具有较好的效果。添加湖沥青可以改善基质沥青的感温性能、抗车辙性能及抗水损害性能。目前对于湖沥青改性沥青的物理性能和流变性能研究，特别是对于沥青抗老化性能及改性机理的研究仍然不足。本章通过对不同掺量湖沥青改性沥青的物理性能和流变性能进行系统研究，同时研究湖沥青改性沥青的抗老化性能，并采用红外光谱、形貌分析、热重分析进一步研究其改性机理和结构特征。

3.2.1　原材料

本章采用的基质沥青为福州 70#。湖沥青采用的是特立尼达湖沥青,其是产于加勒比岛国——特立尼达和多巴哥的沥青湖,是世界上最著名的天然沥青,属于涌出型天然沥青。

3.2.2　样品制作工艺

先将基质沥青加热到 160℃完全熔融备用,湖沥青捣碎备用,将湖沥青按比例 10%、20%、30%和 40%(按基质沥青质量计)投入基质沥青中,使用机械搅拌器进行搅拌,持续搅拌 40min,该过程控制温度为 180~190℃,使湖沥青均匀熔融分散在沥青中。

3.2.3　物理性能测试

1. 湖沥青掺量对沥青性能的影响

在基质沥青中添加四种不同掺量的湖沥青进行性能测试,沥青主要性能变化如图 3.6 所示[24]。

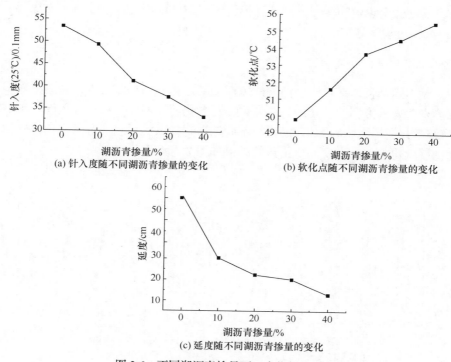

(a) 针入度随不同湖沥青掺量的变化　　(b) 软化点随不同湖沥青掺量的变化

(c) 延度随不同湖沥青掺量的变化

图 3.6　不同湖沥青掺量下三大指标的变化

由图 3.6(a)可以看出，随着特立尼达湖沥青掺量的增加，沥青针入度迅速减小，这是由于湖沥青中含有比基质沥青更多的沥青质，沥青质在沥青中起到稠化的作用，同时湖沥青中含有较多的细矿粉(30%以上)也是该种改性沥青针入度较低的一个重要原因。与基质沥青相比，加入 10% 湖沥青的改性沥青，其针入度值减小了 7.5%，以后每增加 10% 的掺量，针入度值依次减小的幅度为 16.4%、8.5% 和 11.9%。由此可以看出，当特立尼达湖沥青的掺量由 10% 增加到 20% 时，改性沥青的针入度值有较大幅度的减小，其他三种掺量时针入度的减小幅度相对较小。

从图 3.6(b)可以看出，对于福州 70#沥青，经湖沥青改性后，其软化点是随着湖沥青掺量的增加而逐渐增加的，但提高幅度不大，说明湖沥青的加入使得沥青的高温性能有所提高，但提高幅度不大。湖沥青的掺量每增加 10%，其软化点增加的幅度依次为 3.6%、4.1%、1.5% 和 1.8%，即软化点变化幅度较大的点依然发生在湖沥青掺量为 20% 处，这与针入度的变化情况相同。

因湖沥青自身脆性比较大，因此 5℃时的延度较难测出，本章采用 15℃ 作为试验温度对湖沥青改性沥青延度进行测试。根据试验数据得到 15℃ 下沥青的延度值如图 3.6(c)所示。湖沥青的掺量不同，对三项指标的影响程度也不同，当湖沥青掺量从 10% 增加到 40% 时，延度的减小幅度依次为 26.07、9.38% 和 35.96%。其中，延度值变化较为缓慢的湖沥青掺量区间为 20%~30%，区间 10%~20% 和 30%~40% 变化情况相近。

2. 抗老化性能研究

只对不同掺量湖沥青改性沥青的短期热氧老化的抵抗能力进行研究，采用薄膜加热老化来模拟沥青的短期热氧老化，对老化前后的软化点、针入度、延度进行老化参数的计算，所得基质沥青和不同湖沥青掺量沥青三项抗老化指标残留针入度比、软化点差和黏度老化指数的结果如图 3.7 所示[24]。

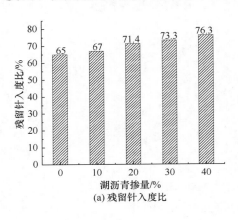

(a) 残留针入度比

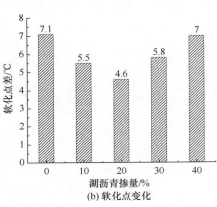

(b) 软化点变化

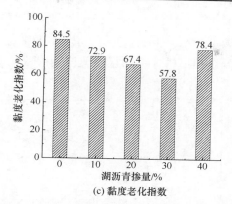

(c) 黏度老化指数

图 3.7 三项抗老化指标随湖沥青掺量的变化

由图 3.7 可以得到如下结论：

(1) 随着湖沥青掺量的增加，沥青材料的残留针入度比呈现增加的趋势，数值上由掺量为 0%时的 65%增加到掺量为 40%时的 76.3%。残留针入度比反映了沥青的抗老化性能。以上试验数据表明，湖沥青的加入使得沥青抗短期热老化性能增强，而且随着湖沥青掺量的增加，这种增强作用变大。

(2) 随着湖沥青掺量的增加，短期老化后的软化点变化呈现先减小后增加的趋势。当湖沥青掺量为 20%时，软化点差达到最小值，当掺量继续增加时，软化点差出现增加的趋势。说明当湖沥青掺量较多时，为样本带来了更多的硬质组分，在老化过程中，硬质组分下沉，轻质组分上升，沥青更易被氧化，表现为软化点差值更大。但与基质沥青相比，在本试验掺量的情况下，4 种掺量湖沥青改性沥青的软化点差都是减小的，说明湖沥青的加入改善了沥青的抗短期热老化性能。

(3) 随着湖沥青掺量的增加，短期老化后湖沥青改性沥青的黏度老化指数呈现先减小后增加的变化趋势，转折点发生在 30%湖沥青掺量处。从图中数据可以看出，基质沥青的黏度老化指数为 84.5%，加入 30%的湖沥青后，改性沥青的黏度老化指数下降到 57.8%，说明该掺量下，湖沥青改性沥青的抗短期老化性能显著增强。同时，与基质沥青相比，在本试验掺量的情况下，四种掺量湖沥青改性沥青的黏度老化指数都是减小的，说明湖沥青的加入改善了沥青的抗短期热老化性能。

综上可以看出，湖沥青的加入使得沥青的残留针入度比变大，软化点差变小，黏度老化指数变小，说明湖沥青的加入增强了沥青的抗短期老化性能。综合考虑沥青的抗老化性能和物理流变性能确定湖沥青的最佳含量为 30%。

3.2.4 流变性能测试

试验采用动态剪切流变仪进行温度扫描，加载频率为 10rad/s，应变值为 0.5%，温度区间为 30～70℃。主要考察复数剪切模量、相位角、车辙因子和复数剪切黏度随温度的变化情况。

　　基质沥青和四种掺量(10%、20%、30%、40%)的湖沥青改性沥青进行动态剪切流变试验得到的温度扫描模式下的复数剪切模量 G^*、相位角 δ 变化情况如图 3.8 所示[24]。

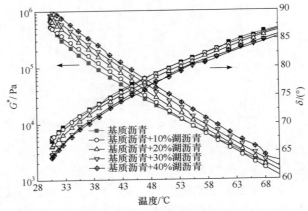

图 3.8　不同掺量湖沥青改性沥青 G^* 和 δ 随温度的变化

　　从图 3.8 可以看出，随着温度的升高，基质沥青和四种掺量的湖沥青改性沥青的复数剪切模量逐渐降低，这是由于温度升高，沥青低温时的弹性状态逐步转化为高温时的黏性状态。除 10%掺量的湖沥青改性沥青在温度区间 30～30.47℃以及 57.13～70℃的复数剪切模量较基质沥青减小外，10%掺量的湖沥青改性沥青在测试区间的其他温度范围以及其他掺量湖沥青改性沥青在整个测试温度区间内的复数剪切模量都有所提高，特立尼达湖沥青的加入提高了基质沥青的复数剪切模量，而且随着掺量的增加，相同温度下的复数剪切模量值呈现递增的变化趋势。湖沥青的加入使得沥青抵抗流动变形的能力增强，这是由于湖沥青中含有较多的沥青质，使得沥青的刚性增强，从而使得沥青具有更高的模量。

　　利用流变仪测得的基质沥青和不同湖沥青掺量的改性沥青在不同温度下的相位角变化情况如图 3.8 所示。从图中可以看出，随着温度的升高，基质沥青和湖沥青改性沥青的相位角逐渐增大，这是由于温度变化时，沥青中黏弹性成分的比例发生变化，温度升高，沥青中的黏性成分比例增加而弹性成分比例相应减小，从而使得相位角随着温度的升高而逐渐增大。湖沥青的加入使得沥青的相位角 δ 有所减小，而且湖沥青掺量越多，相同温度下改性沥青的相位角减小越多，表明湖沥青的添加使得沥青中的弹性成分比例增加。这主要是因为湖沥青中含有较多的硬质成分——沥青质，而油分含量较少。湖沥青加入到沥青中提高了沥青体系的刚性，使得沥青分子链随着温度运动的敏感性降低，即温度变化时分子链的流动变形受阻，最终表现为相位角减小，变形后的恢复能力增强。

3.2.5　红外光谱测试

对基质沥青和 30%的湖沥青改性沥青进行红外光谱测试，如图 3.9 所示[24]。

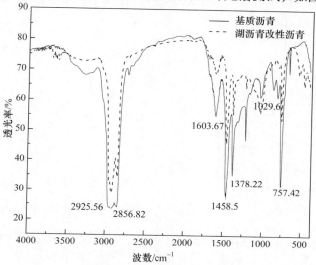

图 3.9　基质沥青和湖沥青改性沥青的红外光谱图

通过图 3.9,将基质沥青和湖沥青改性沥青的红外光谱中出现峰值的位置做如表 3.1 所示的统计。

表 3.1　基质沥青和湖沥青改性沥青吸收峰位置统计

吸收峰类型	基质沥青/cm^{-1}	湖沥青改性沥青/cm^{-1}
—CH$_2$—的伸缩振动吸收峰	2925.56	2926.65
	2856.82	2856.82
苯核振动吸收峰	1603.67	1604.22
—CH$_2$—的剪式振动吸收峰	1458.5	1455.2
—CH$_3$的剪式振动吸收峰	1378.22	1376.57
苯—氢的面内弯曲振动吸收峰	1029.6	1033.57
芳香环上的 C—H 弯曲振动吸收峰	757.42	756.87

由图 3.9 和表 3.1 可以看出，与基质沥青相比，湖沥青改性沥青红外光谱图上没有出现新的吸收峰，而且基质沥青和湖沥青改性沥青吸收峰的位置相近，说明将湖沥青加入到基质沥青中并没有产生新的官能团，两者只是物理意义上的共混。

3.2.6 热重分析

试验测得基质沥青和 30%湖沥青改性沥青的热重分析曲线如图 3.10 所示[24]。

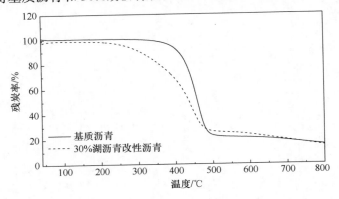

图 3.10 基质沥青和 30%湖沥青改性沥青的热重分析曲线谱

由图 3.10 可以看出,在温度范围 40～200℃内,基质沥青和湖沥青改性沥青热重分析曲线相近,说明在该温度范围内两者的质量变化没有太大差别,两者性能都比较稳定;但随着温度的升高,改性沥青和基质沥青的质量开始减少,沥青发生分解,湖沥青改性沥青发生分解的温度低于基质沥青;随着温度的继续升高,基质沥青分解的速率明显高于湖沥青改性沥青。在 300～600℃内,基质沥青的质量损失为 78.8%,湖沥青改性沥青的质量损失为 67.22%,明显低于基质沥青。因此,湖沥青的加入改善了沥青的加热稳定性。

3.3 湖沥青与 SBS 复合改性沥青

3.3.1 湖沥青+SBS 复合改性沥青的实验室制备

1. 特立尼达湖沥青改性剂的选择

采用深圳市建林沥青工程材料有限公司提供的特立尼达湖沥青。

2. 制备工艺

基质沥青加热到 160℃完全熔融备用,湖沥青捣碎备用,先加入 5% SBS 进行高速剪切 1h,温度控制在 180～190℃,然后搅拌 2h,并将湖沥青按比例 10%、20%、30%和 40%(按基质沥青质量计) 投入基质沥青中,使用高速搅拌器进行搅拌,持续搅拌 40min,该过程控温 180℃,使湖沥青均匀分散在沥青中,然后浇铸沥青试模,进行湖沥青+SBS 复合改性沥青的试验[25]。

3.3.2　湖沥青+SBS 复合改性沥青的性能研究

1. 三大指标分析

SBS 改性沥青和不同掺量 TLA 改性沥青针入度、软化点和延度试验结果如图 3.11～图 3.13 所示[25]。

1) 针入度

TLA 掺量与针入度的关系曲线如图 3.11 所示。由图 3.11 可以看出,随着特立尼达湖沥青掺量的增加,SBS 改性沥青针入度迅速减小,这是由于 TLA 中含有比 SBS 改性沥青更多的沥青质,沥青质在沥青中起到稠化的作用,同时湖沥青中含有较多的细矿粉(30%以上) 也是该种改性沥青针入度较低的一个重要原因。与 SBS 改性沥青相比,加入 10%TLA 的改性沥青,其针入度值减小了 20.8%,以后每增加 10%的掺量,针入度值依次减小的幅度为 16.3%、18.5%和 24.4%。由此可以看出,特立尼达湖沥青的掺加对于 SBS 改性沥青针入度的减小幅度均较大,其中当掺量为 30%～40%时,针入度减小幅度最大。

2) 软化点

TLA 掺量与软化点的关系曲线如图 3.12 所示。

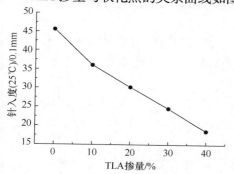

图 3.11　TLA 掺量和针入度的关系曲线　　　　图 3.12　TLA 掺量和软化点的关系曲线

从图 3.12 中可以看出,对于 SBS 改性沥青,经 TLA 加入后,其软化点是增加的,且在掺量为 10%～30%时,增加的幅度较大,说明 TLA 的加入使得 SBS 改性沥青的高温性能提高幅度较大。对于 SBS 改性沥青而言,掺量从 10%到 40% 来看,其软化点增加的幅度依次为 18.7%、16.7%、18.4%和 0.9%,即软化点变化幅度较大的点发生在 TLA 掺量为 10%～30%处。

3) 延度与拉伸柔度

因湖沥青自身脆性比较大,因此 5℃时的延度较难测出,本书采用 25℃作为试验温度进行湖沥青+SBS 复合改性沥青延度测试。根据试验数据得到 25℃下沥青的延度值和拉伸柔度值随 TLA 掺量的变化趋势,如图 3.13 所示。

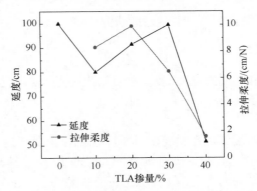

图 3.13　TLA 掺量与延度及拉伸柔度的关系曲线

在试验温度为 25℃的情况下，当 TLA 掺量为 20%～40%时，随着 TLA 掺量的增加，沥青延度和拉伸柔度值逐渐减小，这符合一般性结论：延度值越小，峰值力越大。从低温性能的常用评价指标延度和拉伸柔度来看，特立尼达湖沥青的掺量越多，延度和拉伸柔度的值越小，即掺加 TLA 对沥青的低温性能是不利的，而且掺量越大，对沥青的低温性能越不利，这主要是由于湖沥青中灰分的影响。

TLA 掺量不同，对三项指标的影响程度也不同，当 TLA 掺量从 10%以 10%的增幅增加到 40%时，延度的减小幅度依次为 14.2%、8.7%和 48.1%，拉伸柔度的减小幅度依次为 19.3%、34.3%和 75.4%。其中，延度值变化较为缓慢的 TLA 掺量区间为 20%～30%，区间 30%～40%变化最大；拉伸柔度变化随着 TLA 掺量的增加，其减小幅度逐渐增大。

通过对基质沥青和不同掺量下的 TLA 改性沥青进行三大指标的测试可以发现，湖沥青的加入使得沥青的针入度减小，软化点增加，延度(15℃)减小，这在一定程度上说明了湖沥青的加入提高了沥青的高温性能，但对低温性能会产生不利的影响。随着湖沥青掺量的增加，针入度和延度呈现减小的趋势，软化点呈现增加的趋势，即湖沥青掺量越大，针入度和延度越小，软化点值越大。其中，针入度和软化点变化幅度较为显著的掺量为 10%～20%，延度变化幅度较小的掺量为 20%～30%。综合考虑对高温性能的提高作用越大越好，对低温性能的降低作用越小越好，选择最佳的湖沥青掺量区间为 20%～30%。在本书选用的四种湖沥青掺量中，最佳的湖沥青掺量选取为 30%。

2. 老化性能研究

1) 短期和压力老化性能

选取 30%TLA+5%SBS 复合改性沥青进行短期和压力老化性能研究，得到湖沥青改性沥青的基本物理性能见表 3.2[25]。

表 3.2 5%SBS 改性沥青与 30%TLA+5%SBS 复合改性沥青基本物理性能(薄膜加热)

项目		5%SBS	5%SBS+30%TAL
老化前	软化点/℃	70.2	83.1
	延度(15℃)/cm	45.6	24.6
	黏度(135℃)/(Pa·s)	2.68	5.35
老化后	软化点/℃	64.6	70.2
	延度(15℃)/cm	29.4	16.9
	黏度(135℃)/(Pa·s)	6.29	6.74

由表 3.2 可以看出，随着 30%掺量的湖沥青加入到 SBS 改性沥青中，对软化点和 135℃黏度有明显的增大趋势，而延度有明显的下降趋势。

2) 紫外老化性能

通过紫外老化试验，得到 30%TLA+5%SBS 改性沥青的基本物理性能见表 3.3[25]。

表 3.3 5%SBS 改性沥青与 30%TLA+5%SBS 复合改性沥青基本物理性能(紫外老化后)

项目		5%SBS	5%SBS+30%TAL
老化前	软化点/℃	70.2	83.1
	延度(15℃)/cm	45.6	24.6
	黏度(135℃)/(Pa·s)	2.68	5.35
老化后	软化点/℃	53.8	60.1
	延度(15℃)/cm	45.1	23.7
	黏度(135℃)/(Pa·s)	6.43	6.76

由表 3.3 可以看出，30%湖沥青掺量和 SBS 改性沥青相比，软化点和 135℃黏度有明显的增大，而延度有明显的减小，这与压力老化后的性能相似。

通过对基质沥青、5%SBS 改性沥青与 30%TLA+5%SBS 复合改性沥青进行老化试验可以看到，当掺量为 30%时，与基质沥青相比，沥青材料的残留针入度比呈现增加的趋势，略低于 SBS 改性沥青，压力老化后的软化点差比基质沥青大，比 SBS 改性沥青小，压力老化后黏度老化指数明显下降了许多。对于紫外老化来看，湖沥青的加入，相对于基质沥青，其残留针入度比增大，略低于 SBS 改性沥青，软化点差相对于基质沥青的软化点差是增大的，然而相对于 SBS 改性沥青的软化点差来说是减小的，湖沥青改性沥青的黏度老化指数比基质沥青显著下降。在本节选用的四种湖沥青掺量中，最佳的湖沥青掺量为 30%。

3. 动态剪切试验研究

基质沥青、5%SBS 改性沥青和 5%SBS+30%TLA 复合改性沥青进行动态剪切流变试验得到的温度扫描模式下的复数剪切模量 G^*、相位角 δ 变化情况如图 3.14 所示[25]。由图 3.14 可以看出，随着温度的升高，基质沥青、5%SBS 改性沥青和 5%SBS+30%TLA 复合改性沥青的复数剪切模量逐渐降低，主要由于沥青低温时的弹性状态会随着温度升高而逐步转化为高温时的黏性状态。由图 3.14 可知，5%SBS 改性沥青较基质沥青的复数剪切模量有所提高，而 5%SBS+30%TLA 复合改性沥青是三者中复数剪切模量最高的。特立尼达湖沥青的加入提高了基质沥青的复数剪切模量，而且随着掺量的增加，相同温度下的复数剪切模量值呈现递增的变化趋势。湖沥青的加入使得沥青抵抗流动变形的能力增强，这是由于 TLA 中含有较多的沥青质，使得沥青的刚性增强，从而使沥青具有更高的模量。

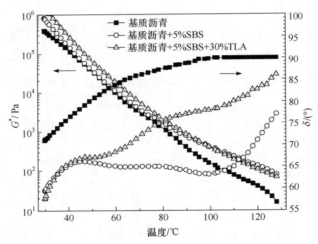

图 3.14　基质沥青、5%SBS 改性沥青和 5%SBS+30%TLA 复合改性沥青
G^* 和 δ 随温度的变化

利用动态剪切流变仪测得的基质沥青、5%SBS 改性沥青和 5%SBS+30%TLA 复合改性沥青在不同温度下的相位角变化情况可以看出，随着温度的升高，基质沥青、5%SBS 改性沥青和 5%SBS+30%TLA 复合改性沥青的相位角逐渐增大，这是由于温度变化时，沥青中黏弹性成分的比例发生变化，温度升高，沥青中的黏性成分比例增加而弹性成分比例相应减小，从而使得相位角随着温度的升高而逐渐增大。TLA 的加入使得沥青的相位角 δ 有所减小，表明 TLA 的添加使得沥青中的弹性成分比例增加。这与基质沥青中掺入 TLA 改性的效果是一样的，主要是因为 TLA 中含有较多的硬质成分——沥青质，而油分含量较少。TLA 加入到

沥青中提高了沥青体系的刚性，使得沥青分子链随着温度运动的敏感性降低，即温度变化时分子链的流动变形受阻，最终表现为相位角减小，变形后的恢复能力增强。

3.3.3 湖沥青弯曲梁流变试验

5%SBS 改性沥青、5%SBS+30%TLA 复合改性沥青老化前后的低温流变性能测试结果如图 3.15 所示[25]。

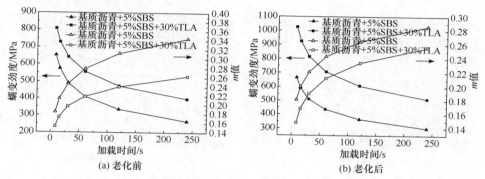

图 3.15 5%SBS 改性沥青、5%SBS+30%TLA 复合改性沥青老化前后的低温性能

从图 3.15(a)中可以看出，在老化前，与 5%SBS 改性沥青相比，加了 30%湖沥青的改性沥青表现出更高的蠕变劲度和较低的蠕变速率(m)，表明 TLA 降低了 SBS 改性沥青的低温性能，这主要是由于 TLA 的硬质较多使沥青变硬，从而降低了 SBS 改性沥青抗低温开裂的性能。

经过短期老化后的湖沥青改性沥青低温性能如图 3.15(b)所示，与老化前的规律基本一致，不同的是，蠕变劲度均提高了，蠕变速率均降低了。这可能是由于短期老化后，两者的抗低温开裂性能都降低了。

3.3.4 湖沥青+SBS 复合改性沥青的形貌观测分析

由图 3.16 中可以看出，SBS 与 TLA 独立均匀分布于基质沥青中，说明 SBS 与 TLA 是较好的改性剂，二者每个颗粒都被沥青包裹，形成稳定的整体。由图可以看出，该掺量的 TLA 与 SBS 都均匀分散在基质沥青中，SBS 与 TLA 独立存在，没有出现团聚现象，也就是说，本次 SBS 与 TLA 改性沥青的制备是成功的。

从 TLA 与 SBS 改性沥青老化前后的形貌图来看，亮色物质粒径减小，数量增多，说明 TLA 与 SBS 在老化过程中发生降解，交联作用减弱。SBS 与 TLA 更均匀地分布在沥青中，相容性变好。

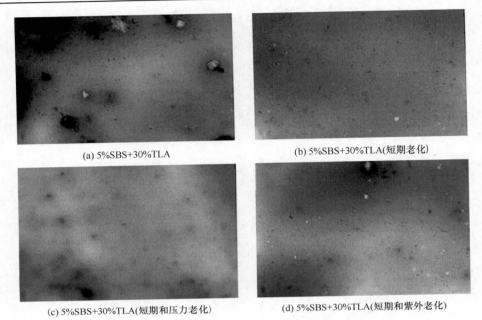

(a) 5%SBS+30%TLA

(b) 5%SBS+30%TLA(短期老化)

(c) 5%SBS+30%TLA(短期和压力老化)

(d) 5%SBS+30%TLA(短期和紫外老化)

图 3.16　5%SBS+30%TLA 复合改性沥青形貌

本书选择 30%掺量的 TLA 改性沥青为样品进行紫外老化试验,经过 180h 的紫外老化后,亮色物质随着时间增长逐渐变少,说明 TLA 与 SBS 随着紫外老化时间增长逐渐减少。紫外老化后颗粒所剩不多,说明 SBS 与 TLA 在紫外光下容易发生化学反应生成气体溢出,也证明 SBS 与 TLA 对紫外光敏感[25]。

3.3.5　红外光谱分析

图 3.17 为基质沥青、5%SBS 改性沥青、5%SBS+30%TLA 复合改性沥青的红外光谱图。根据红外光谱图可以观察到,基质沥青、5%SBS 改性沥青、5%SBS+30%TLA 复合改性沥青的红外图谱形状大致一样,表明三者化学组成相似,都在 $2917cm^{-1}$、$1605cm^{-1}$、$1454cm^{-1}$、$1375cm^{-1}$、$1219cm^{-1}$、$812cm^{-1}$、$755cm^{-1}$、$722cm^{-1}$ 附近有较强的吸收峰。其中在 $2850\sim3100cm^{-1}$ 吸收峰最强,该吸收峰是环烷烃、烯烃和烷烃的 C—H 振动引起的,$2923cm^{-1}$ 和 $2852cm^{-1}$ 的吸收峰可以认为是—CH_3 和—CH_2—伸缩振动的结果。说明沥青中存在大量的烷烃和环烷烃。$1605cm^{-1}$ 的吸收峰主要由共轭双键 C≡C(苯环骨架振动) 和 C≡O 的吸收引起。$1454cm^{-1}$ 的吸收峰归属于 C—CH_2 面内伸缩振动(芳香环不饱和键的伸缩振动引起的)。$1375cm^{-1}$ 为甲基—CH_3 振动引起的(芳香环不饱和键的伸缩振动引起的)。$1219cm^{-1}$ 处的吸收峰属于—C—N≡O 官能团振动引起的。指纹区中 $650\sim910cm^{-1}$ 区域又称为苯环取代区。在这个区域出现的吸收峰都是苯环上 C—H 面外摇摆振

动的结果。

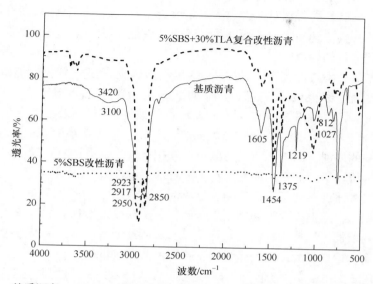

图 3.17　基质沥青、5%SBS 改性沥青和 5%SBS+30%TLA 复合改性沥青的红外光谱图

　　根据红外光谱图的解析，基质沥青、SBS 改性沥青和湖沥青+SBS 复合改性沥青主要由烷烃、环烷烃、芳香族及杂原子衍生物等构成。沥青在化学组分的构成上主要为脂肪族化合物、芳香族化合物及杂原子衍生物。湖沥青与沥青吸收峰的峰面积不一样，湖沥青多含硬组分，小分子居多，所以直链烷烃和支链烷烃含量较高，芳香环含量少。在 $2580 \sim 2950 \mathrm{cm}^{-1}$ 处峰面积宽，在 $600 \sim 900 \mathrm{cm}^{-1}$ 波数范围内吸收峰强度明显，且在 $3420 \mathrm{cm}^{-1}$ 处出现单独的吸收峰，可能是—$\mathrm{NH_2}$ 或—OH 的伸缩振动引起的[25]。

3.4　本章小结

　　聚合物沥青改性剂与沥青存在难以相容的问题，这一改性方法决定了在生产和工艺设备方面，要求有较大的投资，以促使改性剂与沥青能够充分融合。

　　天然岩沥青大多呈固体状，加工成粉末后，本身极易与石油沥青相容，与基质沥青具有优良的配伍性。岩沥青改性沥青的生产和加工都十分容易。实践证明，天然岩沥青作为改性剂的改性沥青，其高温稳定性、抗老化性能及水稳定性能都有显著改善。本章通过岩沥青改性沥青三大指标试验结果发现，岩沥青能够改善沥青高温物理性能和流变性能及沥青的抗老化性能，但对沥青低温性能不利，选择 20%掺量较为合适。

　　试验显示，随着湖沥青掺量的增加，沥青的高温物理性能和流变性能得到明显的改善，湖沥青的添加对沥青的抗老化性能有一定的改善，但对沥青低温性能具有不利的影响。湖沥青加入到基质沥青中，只是物理共混，属于物理改性，湖沥青的最佳掺量约为30%。

　　对新型掺合类改性沥青(湖沥青+SBS复合改性沥青)进行相关性能研究，并通过动态剪切流变试验、紫外老化试验对TLA改性沥青进行性能的比较，研究发现，四种掺量(10%、20%、30%和40%) 湖沥青的改性沥青的软化点范围为 70.8～83.3℃，针入度范围为 18.6～36.1(0.1mm)，25℃延度范围为 51.6～99.5cm，随着湖沥青掺量的增加，沥青的针入度减小，软化点变化不大，25℃延度减小，这在一定程度上说明了湖沥青的加入提高了沥青的高温性能。

　　通过对基质沥青和不同掺量的TLA改性沥青的动态剪切试验表明，与5%SBS改性沥青相比，湖沥青的加入使得沥青的复数剪切模量增加，相位角减小，而且随着掺量的增加，以上指标的变化更明显。说明湖沥青的加入能够改善沥青的流变性能，而且掺量越大，对沥青材料学指标的改善程度越大。

　　通过对 5%SBS 改性沥青和不同掺量的 TLA+5%SBS 改性沥青进行三大指标的测试、动态剪切试验及短期老化试验可以看到，最好的湖沥青掺量区间为20%～30%。在本章选用的四种湖沥青掺量中，最佳的湖沥青掺量为30%。

第4章 EVA复合改性沥青

EVA是通常用于沥青改性的聚合物。EVA共聚物由无规结构组成，通过乙烯和乙酸乙烯酯的共聚制得，其有两个区域：一个是由链的规则且紧密堆积的聚乙烯部分形成的结晶区域；另一个是由非结晶或无定形区域形成的乙酸乙烯酯区域。存在的微晶可以作为块状弹性体中的刚性聚苯乙烯区域起作用，这提高了沥青的高温性能。非晶区域使其表现为更具弹性的方式，并且在低温下变得更具柔性。此外，沥青的轻组分被无定形区域吸收，并且可以进一步提高高温性能。

为改善EVA改性沥青的物理性能，研究人员评估了EVA/SBS改性沥青的性能。发现EVA改性沥青的大部分物理性能大大提高，EVA/SBS改性沥青具有更好的高温性能和低温性能。然而，由于分子量的差异，EVA/SBS改性沥青中聚合物和沥青的物理相容性仍然很差。因此，在以前的研究中加入了硫磺，不仅是兼容性，弹性和温度敏感性都有所提高。虽然已经进行了一些研究来评估EVA/SBS改性沥青和EVA/SBS/硫磺改性沥青的相容性、形态和流变性质，但仍需要进行更深入的研究。首先，对物理性能的研究仍不足，一些重要的性能，如韧性和韧度没有得到解决。这些性质是聚合物改性沥青评估中的两个重要参数。韧性表示与道路聚集体的黏合强度，而韧度表示抗变形性能。其次，需要对流变性能进行深入的研究。许多研究人员评估了聚合物改性沥青的频率和温度依赖性，但是高温反复蠕变和低温蠕变的性能仍然需要进一步表征。反复蠕变表示高温变形阻力，低温蠕变反映聚合物改性沥青的耐低温龟裂性能，实际上，这两种性能在评价沥青改性效果方面是最重要的。最后，由于沥青与聚合物的性质和相互作用的复杂性，EVA/SBS改性沥青和EVA/SBS/硫磺改性沥青的改性机理尚未得到全面的表征[26]。

本章通过测定聚合物改性沥青老化前后的物理、流变学、形态学和结构特征，对聚合物改性沥青的性能和改性机理进行了评估。具体来说：①进一步研究了物理性能，包括以前没有评估的韧性和韧度；②流变性能，包括高温反复蠕变和低温蠕变的聚合物改性沥青，对使用动态剪切流变仪和弯曲流变仪进行评估；③使用形态学观察和傅里叶变换红外光谱仪分别评价了聚合物改性沥青的形态和结构特征。

4.1　EVA 改性沥青

4.1.1　原材料

基质沥青为福州 70#，其软化点为 49.1℃，135℃下的黏度为 0.35Pa·s。所用的硫磺是汶河化工有限公司生产的商业产品硫(工业级)。EVA 中乙酸乙烯酯的含量(质量分数)为 14%，其熔融指数为 3.5g/10min。EVA260、EVA250、EVA560、EVA210 均为三井公司产品，性能见表 4.1[26]。

表 4.1　不同熔融指数 EVA 的性能

项目	EVA260	EVA250	EVA560	EVA210
VAC 含量/%	28	15	14	28
熔融指数/(g/10min)	6	15	3.5	400
相对密度/(g/cm^3)	0.950	0.950	0.93	0.950

4.1.2　样品制作工艺

在 170～180℃将基质沥青加热至完全熔融，然后在基质沥青中缓慢加入 EVA 或 SBS，在 4300r/min 的速度下剪切 1h 后添加硫磺，机械搅拌 2h 即可。

4.1.3　物理性能测试

1. 不同类型 EVA 改性沥青性能比较

在基质沥青中添加 5%的不同类型的 EVA 制得相应的改性沥青，并对短期老化前后的样品进行性能测试。由于不同沥青在黏韧性和韧性、弹性恢复方面存在差异，所以将不同熔融指数的 EVA 改性沥青的三大指标进行对比，如图 4.1 所示[26]。

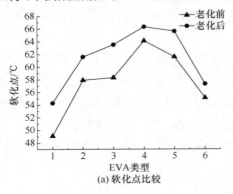

(a) 软化点比较

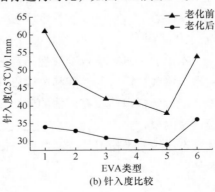

(b) 针入度比较

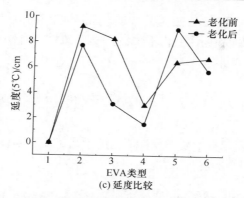

图 4.1　不同熔融指数的 EVA 改性沥青三大指标的变化
1. 基质沥青；2. EVA260；3. EVA250；4. EVA560；5. EVA210；6. EVA HIRET 5%

从图 4.1 中可以看出，与其他改性沥青相比，EVA560 具有更高的软化点和弹性恢复性能，所以以 EVA560 改性剂作为进一步复合改性的基础。

2. EVA 掺量对沥青性能的影响

在沥青中添加不同掺量的 EVA560(4%、5%、6%，按基质沥青质量计)分别制得改性沥青，进行测试，在短期老化后的主要物理性能对比如图 4.2 所示[26]。

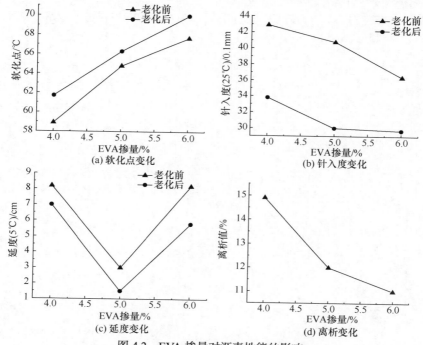

图 4.2　EVA 掺量对沥青性能的影响

从图中可以看出，随 EVA 掺量的增加，高温性能和弹性恢复明显改善，针入度降低，沥青的黏韧性和韧性变化不明显。EVA 改性沥青仍有明显的离析现象。EVA 的掺量在 5% 时为最佳。

4.2　EVA 与 SBS 复合改性沥青

针对 EVA 改性沥青在主要物理性能上的不足，添加 SBS 对 EVA 进一步进行改性，并对其性能和结构进行研究。

4.2.1　EVA 与 SBS1301、SBS4303 复合改性

为了进一步改善 EVA 改性沥青的高温性能和低温性能，采用 5%EVA、2%SBS1301、2%SBS4303 进行复合改性，短期老化后物理性能对比如图 4.3 所示[26]。

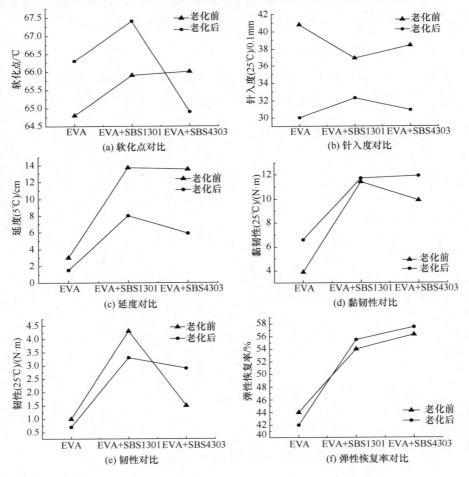

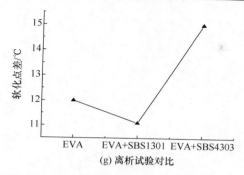

(g) 离析试验对比

图 4.3　EVA 与 SBS 复合改性沥青性能对比

从 EVA 和两种热塑性弹性体复合改性的结果可以看出，SBS1301 的添加能够更大程度上改善沥青的软化点、延度、弹性恢复、黏韧性和韧性，与其他改性沥青相比，EVA/SBS1301 改性沥青具有更优、更全面的物理性能，但仍然存在离析现象。

为了进一步改善 EVA/SBS1301 改性沥青的热稳定性、高温性能、低温性能、黏韧性及韧性，继续添加少量的硫磺进一步改性，EVA560、5%EVA560+2%SBS1301、5%EVA560+2%SBS1301+0.05%硫磺；短期老化前后主要性能对比如图 4.4 所示[26]。

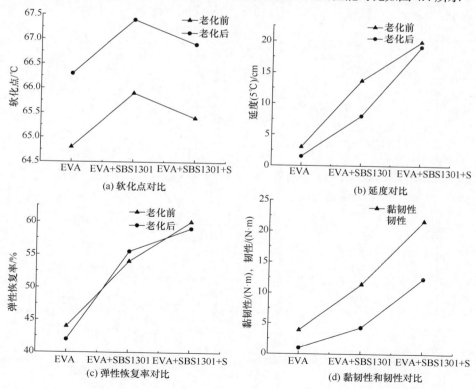

(a) 软化点对比

(b) 延度对比

(c) 弹性恢复率对比

(d) 黏韧性和韧性对比

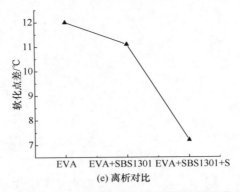

(e) 离析对比

图 4.4　EVA/SBS1301/硫磺复合改性沥青的性能对比

从图 4.4 可以看出，添加硫磺后沥青的延度、弹性恢复率、离析、黏韧性和韧性均得到明显改善，这主要是因为硫磺与 SBS 发生化学交联反应，生成交联的聚合物网络状结构，提高了沥青的弹性和韧性。

为了研究 SBS 的种类对复合改性性能的影响，将 EVA560 与 SBS4303 复合改性，同时添加少量的交联剂，EVA560、5%EVA560+2%SBS4303、5%EVA560+2%SBS4303+0.05%硫磺，制作工艺同前。主要性能对比如图 4.5 所示[26]。

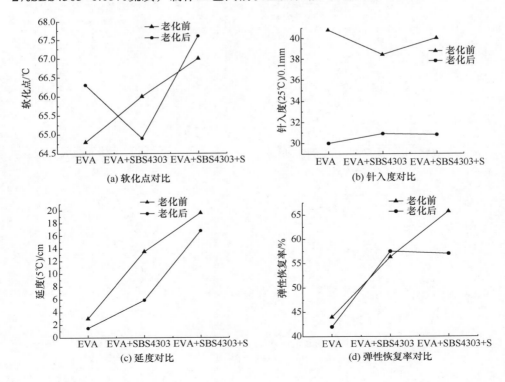

(a) 软化点对比

(b) 针入度对比

(c) 延度对比

(d) 弹性恢复率对比

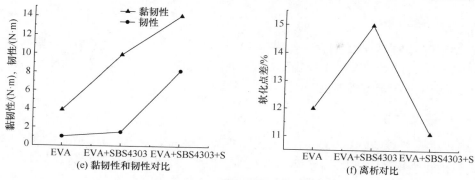

图 4.5　EVA/SBS4303/硫磺改性沥青的性能对比

从图 4.5 可以看出，SBS4303 的添加明显改善了 EVA 改性沥青的高温性能和低温性能，黏韧性和韧性、弹性恢复。与添加 SBS1301 相比，SBS4303 复合改性沥青具有更高的软化点、弹性恢复率，但沥青的低温性能、黏韧性和韧性较差，而且离析更严重。综合考虑沥青老化前后的性能，采用 SBS1301 和硫磺与 EVA复合改性(5%EVA+2%SBS1301+0.05%硫磺)，所得改性沥青性能最好。

对于 EVA 改性沥青(5%EVA+基质沥青)，EVA 的添加提高了基质沥青的物理性能，韧性和黏韧性的提高使得沥青的耐高温能力得到提升。加入 EVA 使得材料强度、刚度以及立体的聚合物结构性能得到加强。软化点、黏度和弹性大大增加，这表明高温性能和弹性有所提高。延性的增加表明低温性能的改善。然而，这些物理性能的改善有一定的局限性，尤其是黏韧性和韧性。此外，较大的软化点差表明 EVA 和基质沥青相容性较差。短期老化后，韧性增加，软化点增加，渗透减少。韧性、低温延展性在一定程度上下降。

对于 EVA/SBS 改性沥青(5%EVA+基质沥青+2%SBS1301)，SBS 的加入使沥青韧性和黏韧性有明显改善。同时，沥青混合料的软化点和渗透性较低，表明加入 SBS 改善了沥青的高温性能。此外，EVA/SBS 改性沥青低温下的韧性大大提高，但是，由于软化点不同，相容性差。短期老化后，韧性和强度在某种程度上下降。

对于 EVA/SBS/硫磺改性沥青(5%EVA+基质沥青+2%SBS1301+0.02%硫磺)，强度和韧性提高，软化点下降。此外，与 EVA/SBS 改性沥青相比，延性显著增加。黏度、弹性恢复和渗透性下降。老化后，韧性和强度下降。

对于 EVA/硫磺改性沥青(5%EVA+0.05%硫磺)，EVA 改性沥青中硫磺的添加降低了软化点并改善了韧性，降低了离析的程度，表明 EVA 分子中仍有少量的官能团与硫磺发生反应。

4.2.2　流变性能测试

对 EVA 改性沥青(5%EVA+基质沥青)、EVA/SBS 改性沥青(5%EVA+基质沥青+2%SBS1301)以及 EVA/SBS/硫磺改性沥青(5%EVA+基质沥青+2%SBS1301+0.02%硫磺)进行流变性能测试。

1. 温度扫描

EVA 改性沥青、EVA/SBS1301 改性沥青、EVA/SBS1301/硫磺改性沥青的流变曲线如图 4.6(a)所示[26]，与 EVA 改性沥青相比，EVA/SBS 改性沥青在整个温度范围内具有更高的复合剪切模量和更低的相位角，表明具有更好的高温性能。EVA/SBS1301/硫磺改性沥青在温度较高时(58～105℃)具有更低的复合相位角，表明内部形成了一种交联的网络状结构，降低了沥青对温度的敏感性。短期老化后，复合剪切模量和相位角随温度的变化如图 4.6(b)所示，可以看出，EVA/SBS/硫磺改性沥青具有较低的相位角和较高的复合剪切模量，这是由于聚合物的降解，导致沥青的黏性行为增加[26]。

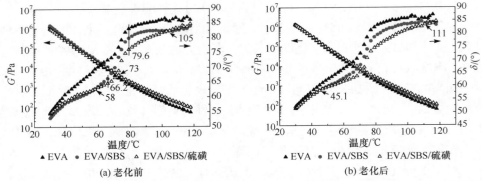

图 4.6　EVA 改性沥青、EVA+SBS 改性沥青、EVA/SBS/硫磺改性沥青的 G^* 和 δ 随温度的变化

2. 频率扫描

老化前不同频率扫描下流变曲线如图 4.7(a)所示，可以看出，SBS 的添加明显降低了相位角，增加了复合剪切模量，增加了沥青的弹性性能。在比较低的频率范围内添加 SBS 的改性沥青具有更高的复合剪切模量，具有更好的高温性能。随剪切频率的增加，EVA/SBS/硫磺改性沥青较 EVA/SBS 改性沥青具有更低的复合剪切模量，表明掺入硫磺后的沥青对剪切更加敏感，随剪切频率的增加，交联的网状结构被破坏，复合剪切模量下降。如图 4.7(b)所示，短期老化后相位角随温度的变化与老化前相似，依旧表明 SBS 对沥青弹性和高温性能的改善以及残留的聚合物网状结构对流变性能的影响，转移频率降低至 6.31rad/s 表明交联的聚合物网络状结构被部分破坏[26]。

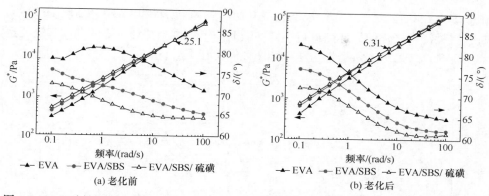

图 4.7　EVA 改性沥青、EVA+SBS 改性沥青、EVA/SBS/硫磺改性沥青的 G^* 和 δ 随频率的变化

4.2.3　蠕变测试

1. 多重蠕变

多重蠕变试验是评价沥青永久变形抗力的较好方法。在多重蠕变试验中，每个周期包含一个持续作用 1s 的外加应力(30Pa)和 9s 的恢复时间(重复 100 次)。该试验通常用于模拟路面上的交通荷载。采用四元 Burgers 模型拟合应变和时间。60℃下老化前后沥青的 G^* 值见表 4.2。

表 4.2　60℃下老化前后沥青的 G^* 值

沥青种类	G^*/Pa	
	老化前	老化后
EVA 改性沥青	819.0	1329.8
EVA/SBS 改性沥青	976.2	1454.9
EVA/SBS/硫磺改性沥青	864.1	1149.9

在老化前，EVA/SBS 改性沥青和 EVA/SBS/硫磺改性沥青中较高的 G^* 值表明添加 SBS 后抗车辙性能提高。EVA 改性沥青的 G^* 值比 EVA/SBS 改性沥青和 EVA/SBS/硫磺改性沥青低，表明其沥青动态剪切较敏感，反复剪切容易破坏网状结构。从表 4.2 中可以看出，老化后沥青的 G^* 值大于老化前的值，这可能是由于在老化后添加了其他的沥青组分。EVA/SBS 改性沥青的 G^* 值最高，显示 SBS 聚合物网络在黏结中的残余效应。EVA/SBS/硫磺改性沥青的 G^* 值最低，表明老化后的硫化聚合物网络大幅度下降[26]。

2. 低温弯曲蠕变测试

改性沥青老化前后的低温蠕变行为可以通过低温弯曲梁流变仪进行测试，测试温度是–20℃。对 EVA 改性沥青、EVA/SBS 改性沥青和 EVA/SBS/硫磺改性沥青这三种沥青老化前后样品进行不同加载时间下测试，并计算蠕变劲度和蠕变速率来评价沥青的低温抗裂性，结果如图 4.8 所示[26]。

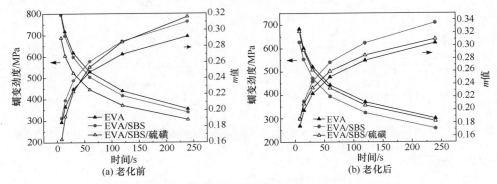

图 4.8　三种沥青老化前后蠕变劲度、蠕变速率(m)随时间的变化

如图 4.8(a)所示，老化前添加 SBS 的 EVA/SBS 改性沥青和 EVA/SBS/硫磺改性沥青，与 EVA 改性沥青相比，低温抗裂能力增强，蠕变劲度减小，蠕变曲率增大。与 EVA/SBS 改性沥青相比，EVA/SBS/硫磺改性沥青在整个加载时间内，由于硫化效应其蠕变劲度减小。如图 4.8(b)所示，与 EVA 改性沥青相比，在整个加载过程中，残余 SBS 沥青的影响，可通过蠕变劲度的低值和蠕变劲度变化的高值所得出，由于 EVA/SBS 改性沥青具有很强的老化敏感性，从其极高的变化曲率和较低的蠕变劲度可得出沥青更黏稠。对于未硫化的聚合物改性沥青，由于聚合物中存在尺寸较大的颗粒，形态上有明显的老化现象。沥青中聚合物颗粒越大，老化过程中聚合物的降解越明显，老化的沥青黏性增强。然而，对于硫化的聚合物改性沥青，由于聚合物微粒的存在，老化后的形态变化不大。因此，硫化改进了 EVA/SBS/硫磺改性沥青的老化性能。

4.2.4　形貌观测分析

光学显微镜通常用来观察聚合物和沥青的相容性(细度和分布)结构以及对连续和非连续相性质的表征。光学显微镜的基本原理是：由于基质沥青的某些成分被吸收而使聚合物膨胀，其中沥青相呈暗黄色，不同轮廓的聚合物相态呈现出亮黄色[26]。

图 4.9 显示了 EVA 改性沥青、EVA/SBS 改性沥青和 EVA/SBS/硫磺改性沥青老化前后的形态。在老化前，EVA 改性沥青是一种颗粒粗且清晰的连续沥青相。图 4.9(a)中观察到 EVA，表明聚合物与沥青的相容性较差。对于图 4.9(c)中的 EVA/SBS 改性沥青，加入 SBS 有助于形成一个连续的丝状聚合物网络，微小的

EVA 颗粒分散在网络和沥青相中。丝状的 SBS 网络的清晰轮廓表明其在沥青的相容性较差。改性沥青硫化后，形态发生了很大变化，如图 4.9(e)所示，SBS 网络完全消失，沥青中出现许多微小的聚合物颗粒，这主要是由于 SBS、沥青和硫磺在硫化过程中发生的交联反应。硫磺可与沥青和 SBS 中的 C═C 键发生反应，使 SBS 和沥青形成共价键，因此显著提高了聚合物与沥青的相容性[26]。

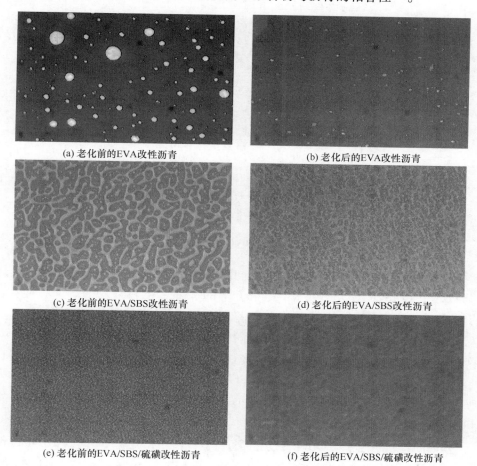

(a) 老化前的EVA改性沥青

(b) 老化后的EVA改性沥青

(c) 老化前的EVA/SBS改性沥青

(d) 老化后的EVA/SBS改性沥青

(e) 老化前的EVA/SBS/硫磺改性沥青

(f) 老化后的EVA/SBS/硫磺改性沥青

图 4.9　EVA 改性沥青、EVA/SBS 改性沥青和 EVA/SBS/硫磺改性沥青形貌

在老化后，与图 4.9(a)相比，图 4.9(b)中的 EVA 降低到一定的程度，这是由于聚合物的大量降解。对于 EVA/SBS 改性沥青和 EVA/SBS/硫磺改性沥青，聚合物降解仍然发挥了很大的作用。图 4.9(d)中 SBS 网络变得模糊，EVA 微小粒子几乎消失。与图 4.9(e)相比，图 4.9(f)中微小的聚合物颗粒溶解在沥青和聚合物的轮廓变得暗淡。

4.2.5　红外光谱分析

在 EVA/SBS1301/硫磺改性沥青最佳配方(5%EVA560+2%SBS1301+0.02%硫磺)的基础上,对其对应的各个配方进行红外光谱测试。EVA 的红外光谱图如图 4.10 所示[26]。

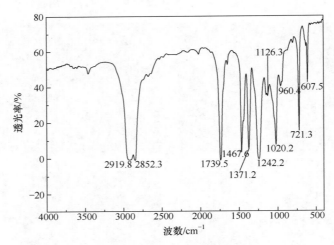

图 4.10　EVA 的红外光谱图

2919.8cm^{-1} 和 2852.3cm^{-1} 处对应 EVA 分子中 C—H 键的弯曲振动,1467.6cm^{-1} 和 1371.2cm^{-1} 处对应 CH$_2$ 和 CH$_3$ 的弯曲振动,1739.5cm^{-1} 处对应羰基的伸缩振动。1242.2cm^{-1} 处对应乙酸乙烯酯组中—CO—OR 的伸缩振动。1020.2cm^{-1} 处对应亚砜组中 S=O 键的伸缩振动。1126.3cm^{-1} 处对应 C—O 键中不对称的伸缩振动。721.3cm^{-1} 处对应—(CH$_2$)$_n$—中 C—H 键的弯曲振动。960.4cm^{-1} 处对应丁二烯中 C—H 键的弯曲振动。

由于老化后样品的红外光谱和老化前相似,因此老化后的谱图可以用老化前的例证。

基质沥青、EVA 和 EVA/硫磺改性沥青红外光谱图如图 4.11 所示,1602.6cm^{-1} 处对应芳环中 C=C 键的伸缩振动,1456.1cm^{-1} 和 1377.0cm^{-1} 处表示 C—H 键的不对称和对称振动。1215.0cm^{-1} 处对应(CH$_3$)$_3$C—R 的框架振动,1029.9cm^{-1} 处对应 S=O 键的伸缩振动。667.2cm^{-1} 和 865.9cm^{-1} 处对应苯环上 C—H 键的弯曲振动。

EVA/SBS1301 改性沥青和 EVA/SBS1301/硫磺改性沥青的红外光谱图如图 4.12 所示。与 EVA 改性沥青相比,SBS1301 的添加在 966.8cm^{-1} 处产生新的吸收峰,其对应于丁二烯分子中 C—H 键的弯曲振动,EVA/SBS1301/硫磺改性沥青在 966.8cm^{-1} 处仍然有吸收峰存在,所以并不能直接看出硫磺对 SBS 交联的作用。

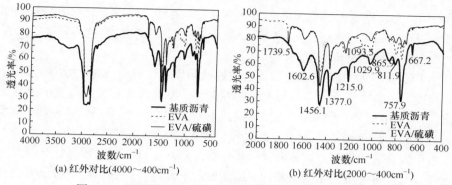

(a) 红外对比(4000~400cm⁻¹)　　　　　(b) 红外对比(2000~400cm⁻¹)

图 4.11　基质沥青、EVA、EVA/硫磺改性沥青红外光谱图

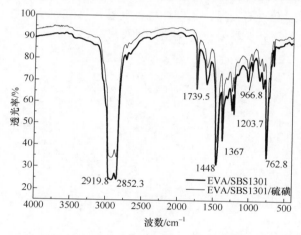

图 4.12　EVA/SBS1301、EVA/SBS1301/硫磺改性沥青的红外光谱图

4.3　本 章 小 结

如前所述，EVA 共聚物由无规结构组成，通过乙烯和乙酸乙烯酯的共聚制得，其有两个区域：一个是由链的规则且紧密堆积的聚乙烯部分形成的结晶区域；另一个是由非结晶或无定形区域形成的乙酸乙烯酯区域。存在的微晶可以作为块状弹性体中的刚性聚苯乙烯区域起作用，这提高了沥青的高温性能。非晶区域使其表现为更具弹性的方式，并且在低温下变得更有柔性。此外，沥青的轻组分被无定形区域吸收，并且可以进一步提高高温性能。

本章试验研究显示，与基质沥青相比，EVA 的添加明显改善了沥青的高温性能、低温性能、黏韧性和韧性、弹性恢复。不同熔融指数的 EVA 改性沥青在黏韧性和韧性、弹性恢复差异规律性方面并不明显。随 EVA 掺量的增加，高温性能和弹性恢复性能明显改善，针入度降低，沥青的黏韧性和韧性变化不明显。EVA 改性沥青仍有明显的离析现象。

　　由 EVA 和三种热塑性弹性体复合改性的结果可以看出，SBS1301 的添加能够更大程度上改善沥青软化点、延度、弹性恢复、黏韧性和韧性，与其他改性沥青相比，EVA/SBS1301 改性沥青具有更优、更全面的性能，但仍然存在离析现象。EVA 改性沥青中硫磺的添加进一步改善了沥青的韧性和稳定性。

　　由于聚合物的降解，导致沥青的黏性行为增加。SBS 对沥青弹性和高温性能的改善以及残留的聚合物网络结构对流变性能的影响，转移频率的降低表明交联的聚合物网络结构被部分破坏。老化提高了聚合物改性沥青的高温性能，也造成了一些轻微的物理性质的衰退，如韧性和黏韧性，这进一步促进了聚合物改性沥青的聚合物降解和部分交联聚合物网络的破坏[26]。

第5章 SEBS 复合改性沥青

当前 SBS 沥青改性剂已被普遍认同，且其在桥梁铺装等方面的应用十分广泛。SBS 改性沥青(热塑性橡胶改性沥青)能显著改善沥青的温度敏感性并提高低温韧性，但由于 SBS 含有不饱和键，在外界光和热的作用下易发生降解，使改性沥青性能恶化，损害道路服务功能，从而缩短道路服务寿命。通过国内外对于 SEBS 改性沥青的研究发现，采用 SEBS 改性剂制备的改性沥青具有较好的耐老化性能和抗疲劳性能。SEBS 改性沥青的耐光氧老化的性能大于 SBS 改性沥青，从而延长了沥青路面的使用期限，增加使用寿命，减少了后期的养护成本。

由于 SEBS 沥青改性剂中含苯乙烯-乙烯-丁烯-苯乙烯共聚物，从而使 SEBS 改性沥青具有优异的抗疲劳性能和抗老化性能。而且 SEBS 作为改性剂可大大提高改性沥青的耐光氧老化性能，其老化后性能高于 SBS 改性沥青，从而提高了改性沥青的使用寿命。在公路上应用，可以增加路面使用寿命，减少养护成本。本章通过对 SEBS 的物理性能及其改性效果进行分析，研究 SEBS 改性沥青的抗老化性能[27-29]。

5.1 SEBS 改性沥青

5.1.1 原材料

基质沥青为福州 70#，SEBS501、SEBS G1726 为美国科腾公司生产。

5.1.2 SEBS 改性沥青的制作

将基质沥青加热至 180℃完全熔融，加入一定量的 SEBS，恒温至 180～190℃，高速剪切 1h(剪切速度为 4500r/min)后，用电动搅拌器搅拌 2h，得到所需的改性沥青。

5.1.3 不同类型 SEBS 改性沥青的物理性能

采用不用型号的 SEBS、SEBS501、SEBS G1726、SEBS G2705(均为美国科腾公司生产)，掺量均为 5%(按基质沥青质量计)，对沥青进行改性，性能如图 5.1 所示[6]。

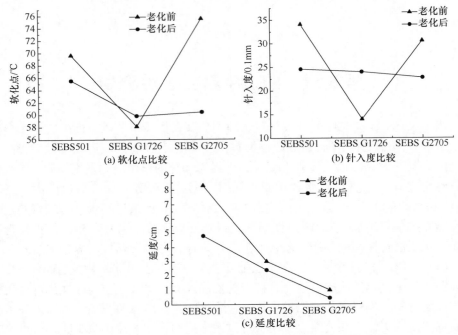

图 5.1　SEBS501、SEBS G1726 和 SEBS G2705 三大指标的变化

与 SEBS G1726 相比,SEBS501 对沥青性能的改善更明显。老化前后 SEBS501 改性沥青具有良好的高温性能、低温性能、针入度和延度。SEBS G2705 具有更好的软化点,但低温性能很差。综合考虑沥青的各项主要性能, SEBS501 为首选。

5.1.4　SEBS 掺量对主要物理性能的影响

添加不同掺量的 SEBS(4%、5%、6%,按基质沥青质量计),进行短期老化后,其对改性沥青主要物理性能的影响如图 5.2 所示[6]。

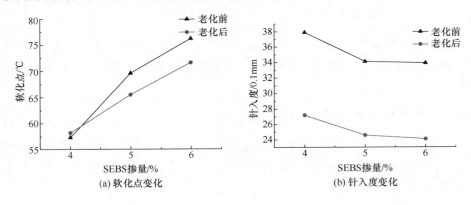

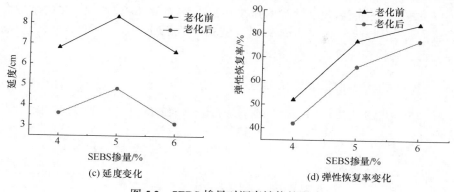

图 5.2　SEBS 掺量对沥青性能的影响

1. 软化点

不同掺量的 SEBS 改性沥青老化前后软化点变化如图 5.2(a)所示。从图中可以看出，加入 SEBS 改性剂后，提高了改性沥青的软化点，随着 SEBS 掺量的增加，软化点逐渐增加，SEBS 改性剂的掺量为 6%时，软化点才达到了南方地区对软化点的要求值 70℃。

对比老化前后软化点的变化情况可知，当掺量为 4% 时，老化后的软化点高于老化前的软化点，说明此样品经过氧化老化后，沥青分子量增加的效果大于 SEBS 的降解，从而使软化点升高；而掺量为 5%和 6%时，老化后软化点都减小了，说明此时 SEBS 分子降解的影响效果大于分子量的增加，表明 SEBS 在掺量为 4%时具有较好的抗老化性能。

2. 针入度

不同掺量的 SEBS 改性沥青老化前后针入度变化如图 5.2(b)所示。从图中可以看出，随着掺量的增加，改性沥青的针入度降低，结合软化点的变化情况可知，掺加 SEBS 改性沥青可以提高基质沥青的高温性能。

3. 延度

不同掺量的 SEBS 改性沥青老化前后延度值变化如图 5.2(c)所示。从图中可以看出，随着 SEBS 改性剂掺量的增加，SEBS 改性沥青的低温延度先增加后减小，且变化范围比较小，这主要是由于 SEBS 分子中不饱和双键较少，分子间的延展性较低，因此 SEBS 对沥青的低温性能改善作用不是很明显。

4. 弹性恢复率

不同掺量的 SEBS 改性沥青老化前后弹性恢复率变化如图 5.2(d)所示。从图中可以发现，老化前后改性沥青的弹性恢复性能随 SEBS 改性剂掺量的增加而增加，这主要是因为 SEBS 掺量较多时，SEBS 和沥青间形成了网络结构，提高了改性沥青的弹性恢复率。

5.1.5　SEBS 和 SBS 改性沥青性能对比

相同掺量的 SEBS 和 SBS 改性沥青短期老化前后的主要物理性能对比如图 5.3 所示[6]。

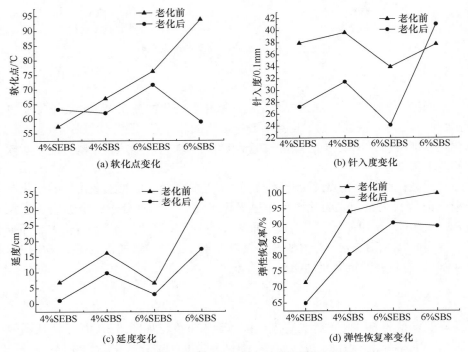

图 5.3　相同掺量 SEBS 和 SBS 改性沥青的物理性能对比

从图 5.3 中可以看出，SEBS 对沥青各项性能的改善不及相同掺量的 SBS，SBS 改性沥青具有更好的高温性能、低温性能、弹性恢复性能。由于 SEBS 分子中缺少具有活性结构的丁二烯结构，使得 SEBS 改性沥青在进行黏韧性测试时，其韧性小于相同掺量的 SBS 改性沥青。因为沥青丝拉伸过程中主要是靠具有活性和弹性的丁二烯分子链，弹性拉伸、弹性恢复、低温延度均低于相同掺量的 SBS 改性沥青。

由于 SEBS 相对于 SBS 含有较少的丁二烯，因此体现出较好的抗老化性能，通过将相同掺量的 SEBS 和 SBS 改性沥青老化前后软化点差来对比分析，试验结果如图 5.4 所示[6]。

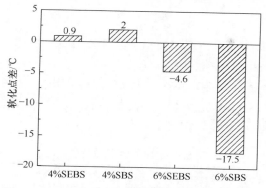

图 5.4　SEBS 与 SBS 改性沥青抗老化性能对比图

通过老化前后软化点的衰减来比较改性沥青的抗老化性能。从图 5.4 可以看出，SEBS 比 SBS 改性沥青具有更好的抗老化性能，经过短期老化后软化点的变化较小；随 SEBS 掺量的增加，SEBS 的抗老化性能表现得更加明显。这是由于 SEBS 相比 SBS 分子链中含有较少的具有活性碳原子的丁二烯结构，在经过老化后，SBS 改性沥青中丁二烯结构缺失得更多，使 SBS 的抗老化性能不如 SEBS。

5.2　SEBS 与有机蒙脱土复合改性沥青

SEBS 改性沥青效果良好，但是 SEBS 的存储稳定性仍然是一个主要问题，这将在一定程度上阻碍工业生产的发展。作为一种矿物，有机蒙脱土被许多研究人员关注，并广泛应用于沥青改性。有机蒙脱土存在较大的层间隙，因此可以吸收沥青的轻质组分，使沥青的高温性能得到一定程度的改善，从而提高沥青的耐高温性能。聚合物粒子表面有机蒙脱土的附着降低了聚合物和沥青的密度差，同时也使其他聚合物改性沥青可以保持良好的稳定性。此外，有机蒙脱土的脱落层阻止了沥青中氧自由基的运动，并保持了沥青或聚合物改性沥青的抗老化性能。然而，在评价抗老化性能的过程中，采用的指标通常侧重于物理性质。实际上，由于复合成分的复杂性，在抗老化性能的评价中采用物理指标是不合理的，有时可能导致错误的结论。此外，对流变学性质的研究还很有限，不能充分显示老化对其流变学行为的影响。

本节采用储层稳定的 SEBS/有机蒙脱土沥青，并通过各种流变试验，研究有机蒙脱土在短期或长期老化后的高温和低温流变行为的影响。采用扫描电镜和 X 射线衍射分析方法，研究有机蒙脱土的结构特征，分析改性沥青的形态。采用热分析方法，阐述有机蒙脱土及老化对热机械性能的影响，并对其进行了分析[30]。

5.2.1　原材料

　　基质沥青是 AH-70，是由厦门新里基沥青公司提供的。SEBS501 是一种线型热塑性弹性体，从中国石油化工股份有限公司购买，其分子量约为 250000，主要物理性质见表 5.1。有机蒙脱土由浙江宇宏新材料有限公司提供，表 5.2 中列出了该材料的物理性质。有机蒙脱土是由原来的蒙脱石制作而成的，用于制备有机蒙脱土的是十六烷基三甲基溴化铵[30]。

表 5.1　SEBS501 的物理性质

项目	数值
苯乙烯质量分数/%	30
拉伸强度/MPa	20
300%伸长应力/MPa	1000
拉断张力/MPa	500
邵氏硬度(A)	65~75
熔融指数/(g/10min)	9~16

表 5.2　有机蒙脱土的物理性质

项目	数值
目数	200
有机蒙脱土质量分数/%	96~98
表观密度/(g/cm³)	0.25~0.35
水质量分数/%	<3
径厚比	200

5.2.2　扫描电镜分析

　　用扫描电镜观察有机蒙脱土形态，如图 5.5 所示。从图 5.5(a)可以看出，有机蒙脱土是由许多硅酸盐集群组成并且有大量的黑色孔洞分布在褶皱硅酸盐群中。图 5.5(b)显示了空腔和褶皱硅酸盐团簇进一步放大后的形态，从图中可以看出，褶皱硅酸盐团簇是由许多覆盖层硅酸盐晶体组成。层状硅酸盐是由 SiO_4 或 Al_2O_3 晶体(SiO_4：Al_2O_3＝2：1)交替而成，这些层由十六烷基三甲基溴化铵分子链相互连接。十六烷基三甲基溴化铵的长分子链在硅酸盐晶体层的差距很大，所以光沥青的构成如饱和烃和芳烃可以吸收沥青改性层间的差距。此外，在硅酸盐中有许多褶腔，使其有足够的空间吸收，这将改善沥青的高温性能[30]。

(a) 1000倍率下　　　　　　　　　　　　　　　(b) 4000倍率下

图 5.5　不同倍率下有机蒙脱土形态(SEM)

5.2.3　X 射线衍射分析

采用 X 射线衍射仪几何方法对有机蒙脱土进行 X 射线衍射测量，采用弯曲的石墨单色仪获得 1.540598nm 的 Cu Kα辐射。这些数据是在室温下、$2\theta= 5°\sim 90.005°$、0.01313 步收集的，扫描速率为 2°/min。有机蒙脱土的层间距使用 Bragg 等式来计算。

探讨有机蒙脱土的层间距，用 X 射线衍射来测试有机蒙脱土的晶体结构，所得 X 射线衍射曲线如图 5.6 所示。从图中可以看出，在 19.7°和 26.6°存在明显的峰值，其是石英、钙蒙脱石衍射峰(d_{100} 和 d_{101})，因此有机蒙脱土中主要是石英、钙蒙脱石。利用 Bragg 方程$\lambda=2d\sin\theta$ 和 d_{100} 计算得出，对于 d_{101} 在 d_{100} 和 d_{101} 层间距为 0.45nm 和 0.33nm[30]。

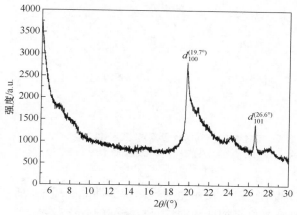

图 5.6　有机蒙脱土的 X 射线衍射曲线

5.2.4　样品制作工艺

采用剪切机和机械搅拌器在高温条件下对改性沥青进行改性。首先,在一个不锈钢容器中将沥青(300g)加热至完全熔融,之后用剪切机剪切,转速5000r/min,然后再搅拌 2h 以确保其完全反应和膨胀,温度保持在 180℃。

5.2.5　SEBS 复合改性沥青的物理性能

沥青的热氧老化包括短期和长期老化。采用薄膜烘箱试验对短期老化进行模拟,在沥青骨料的制备过程中会发生老化。采用压力老化容器对长期老化进行模拟,模拟了 5~10 年的老化过程。对沥青的主要物理性能进行了测试,结果如图 5.7 所示[30]。

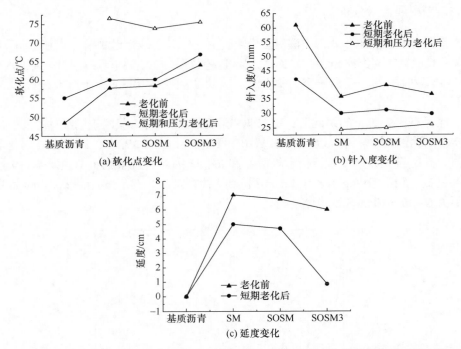

图 5.7　基质沥青、SM 沥青、SOSM 沥青和 SOSM3 沥青三大指标老化前后的变化
SM. SEBS 改性沥青(4%SEBS501);SOSM:SEBS/蒙脱土改性沥青(4%SEBS501+1%蒙脱土);SOSM3. SEBS/蒙脱土改性沥青(4%SEBS501+3%蒙脱土)

SEBS 改性沥青和 SEBS/蒙脱土改性沥青的性能如图 5.7 所示[30]。与基质沥青相比,SEBS 改性沥青在短期老化前后具有较好的软化点和延性。SEBS 的加入改善了基质沥青的主要物理性能,因为其具有较高的苯乙烯玻璃态转变温度和SEBS 分子链的柔性亚甲基。SEBS 改性沥青储存稳定性测试中较大的软化点差表

明，SEBS 与沥青的相容性较差，这意味着 SEBS 容易分离，高温下会浮在沥青表面。为了解决 SM 沥青的不稳定性，制备不同有机蒙脱土掺量的 SEBS/蒙脱土改性沥青(1%和 3%)。可以看出，1%有机蒙脱土的加入在一定程度上降低了 SM 沥青的软化点差，沥青物理性质的差异不明显。根据 SOSM3 沥青微小的软化点差可知，添加 3%有机蒙脱土可使该沥青具有较好的储存稳定性能。与 SM 沥青短期老化前后对比，SOSM3 沥青的软化点也大大提高，这是由蒙脱土进一步吸收沥青而导致的。然而，有机蒙脱土进一步吸收沥青减弱了 SEBS 在沥青中的肿胀，从而导致塑性降低。在短期和压力老化后，与 SEBS 改性沥青的软化点相比，提高的 SOSM3 沥青软化点消失，这是因为增加的硬质沥青在进一步老化中占主导地位。在压力老化试验后，有机蒙脱土吸收的沥青成分完全老化，这可能使有机蒙脱土的结构层被破坏，也可能导致与 SEBS 改性沥青类似的老化程度。因此，3%有机蒙脱土的加入可以提高改性沥青的储存稳定性及 SEBS 改性沥青在短期老化前后的高温性能[30]。

5.2.6　流变性能测试

1. 高温流变性能

采用动态剪切流变仪在三种测试模式下进行了样品的高温流变性能试验研究：温度扫描(30～118℃，2℃的增量，10rad/s)，频率扫描(60℃，0.1～100rad/s)，重复蠕变[60℃，加载(1s，30Pa)，恢复(9s，0Pa)，重复 100 次]。测试得到样品高温流变行为的主要参数：复合剪切模量 G^* 和相位角 δ。

探讨有机蒙脱土对 SM 沥青的高温流变性能的影响，对 SM 和 SOSM3 沥青老化前后采用不同的测试模式，包括温度扫描、频率扫描、重复蠕变。

1) 温度扫描

SM 和 SOSM3 老化前后的流变性能如图 5.8 所示[30]。从图中可以看出，在老化前 SOSM3 沥青在整个温度范围内(10rad/s，30～118℃)有较高的 G^* 和较小的相位角，其表现出良好的高温抗车辙性能，这是因为有机蒙脱土添加改性之后刚度增加。从图 5.8(b)可以看出，短期老化后，SOSM3 沥青的高相位角表示其具有黏性行为，这意味着在老化之后，SEBS 中有部分降解为低分子量，从而造成沥青的软化。由于有机蒙脱土对软沥青组分的吸收，SEBS 沥青膨胀受到很大的限制，有机蒙脱土在 SEBS 颗粒表面的黏附也抑制了 SEBS 在沥青中的均匀分布。

与 SM 沥青中 SEBS 颗粒相比，SEBS/有机蒙脱土复合沥青尺寸更大且与沥青相容性更差，这增大了 SEBS 的易感性，导致 SEBS 分子在老化后的降解和重排。SOSM3 沥青较低的 G^* 也表明 SEBS 在老化后进一步软化和降解。虽然 SOSM3

沥青仍然有较高的软化点，沥青的物理性质不能确定流变特性的差异，尤其是对于复杂的聚合物改性沥青。短期和压力老化后，在 80℃情况下升高的相位角仍可观测到 SOSM3 沥青的黏性流变行为。在整个温度范围内两种沥青类似的 G^* 表明，在老化后进一步增加硬沥青会减弱 SEBS 在 G^* 降解行为中的主导作用。

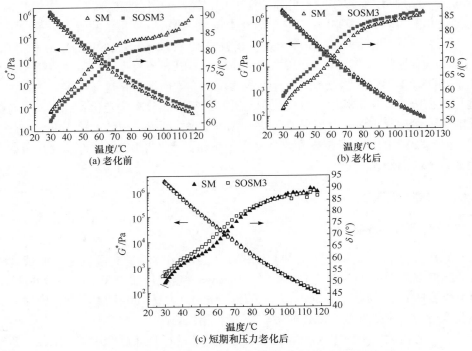

图 5.8　SM 和 SOSM3 沥青在不同温度下老化前后 G^* 和 δ 的变化

2) 频率扫描

沥青在 60℃老化前后的流变性能(0.1～100rad/s，60℃)如图 5.9 所示[30]。在老化前，如图 5.9(a)所示，从整个频率范围较高的 G^* 和较低的 δ 可知，有机蒙脱土改性沥青增加了 SOSM3 的刚度。如图 5.9(b)所示，短期老化后，通过升高的相位角和 SOSM3 沥青下降的 G^*，可知黏性行为是由 SEBS 的严重降解导致的。短期和压力老化后，图 5.9(c)中所示的 SOSM3 沥青较高相位角和较低 G^* 也证实了 SEBS 的降解。显然，SOSM3 沥青易老化，在进一步老化中也变得更软。

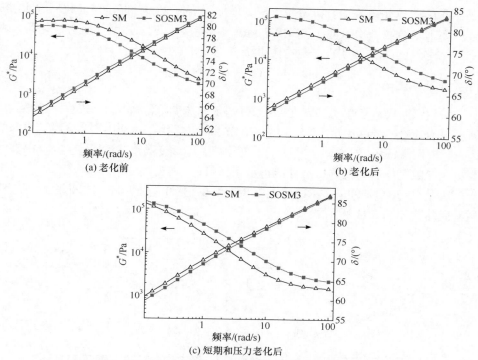

图 5.9　SM 和 SOSM3 沥青在不同频率下老化前后 G^* 和 δ 的变化

3) 重复蠕变

在 60℃反复蠕变试验中，研究了反复轮胎磨削对沥青高温变形抗力的影响。测试有 100 个周期，每个周期分为两个阶段：加载过程(30Pa，1s)和变形恢复(0Pa，9s)，在 NCHRP 研究中用第 50 个和第 51 个周期的黏性成分(G_v)来评价沥青的抗变形能力。

图 5.10 为所有样品的 G_v 测试结果，可以看出，SOSM3 沥青比 SM 沥青具有

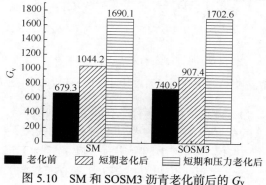

图 5.10　SM 和 SOSM3 沥青老化前后的 G_v

较高的 G_v，这是由添加有机蒙脱土使其增加刚度造成的，但是在老化后 SOSM3 的 G_v 较低，这再一次表明了 SEBS 在降解中的主导作用。短期和压力老化后，两种沥青较小的 G_v 差表明在老化中改性沥青产生了影响[30]。

2. 低温流变性能

采用弯曲梁流变仪对沥青在-20℃时的低温流变特性进行了研究。在测试中，沥青浸泡在冷乙醇(-20℃±0.1℃)中，以 1h 为标准，并在两端用钢尖支撑。以 240s 为例，采用了常压(953mN)，并测量了连续值，用蠕变劲度(S)和蠕变速率(m)等主要流变参数对样品的低温抗裂性能进行了评价。

通过在-20℃条件下的 BBR 测试，SM 和 SOSM3 沥青在不同老化程度下的低温流变性能如图 5.11 所示[30]。

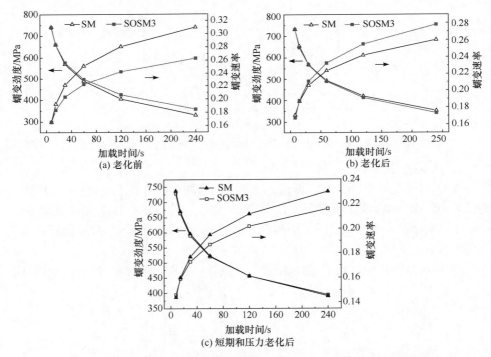

图 5.11　SM 和 SOSM3 沥青在不同加载时间下老化前后的蠕变劲度和蠕变速率

在图 5.11(a)中，与 SM 沥青相比，随着加载时间的增长，SOSM 沥青具有较高的蠕变劲度和较低的蠕变速率，这表明其低温抗裂性能下降。加入有机蒙脱土在一定程度上制约了 SEBS 在沥青中的肿胀，导致灵活性下降。短期和压力老化后，如图 5.11(b)和(c)所示，两种沥青的蠕变劲度没有明显的差异。然而随着加载时间的增长，SOSM3沥青上升的蠕变速率再次证实了黏性行为，这主要是由 SEBS 进一步分解造成的。

5.2.7　形貌观测分析

　　采用扫描电镜观察有机蒙脱土的结构特点。采用光学显微镜对沥青改性剂的分布进行观察，并对其进行放大。将一些熔融的沥青置于载玻片上，轻轻放上盖玻片，将沥青压成薄的试样进行观察。

　　为了进一步研究沥青改性前后的形态和分布，采用光学显微镜对 SM 和 SOSM3 沥青特征进行了研究，结果如图 5.12 和图 5.13 所示[30]。

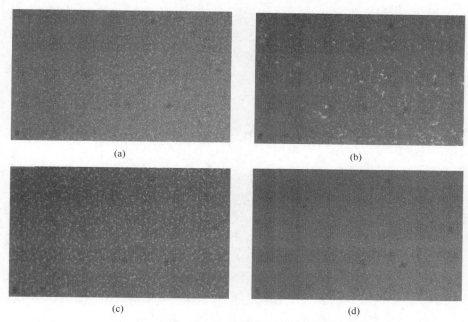

(a)　　　　　　　(b)

(c)　　　　　　　(d)

图 5.12　400 倍率下 SM 和 SOSM3 沥青的形态

(a)　　　　　　　(b)

图 5.13　400 倍率下 SM 和 SOSM3 沥青老化后的形态

由图 5.12 可知，一般的聚合物颗粒轮廓为不规则絮状，有机蒙脱土粒子似乎是小的白色的点。从图 5.12(a)可以看出，有很多小絮状的 SEBS 颗粒，图 5.12(b)中一些大的粗糙颗粒均匀分散在 SM 沥青中。如图 5.12(c)和(d)所示，加入有机蒙脱土后，在图 5.12(c)中聚合物颗粒的轮廓变得比图 5.12(a)和(b)明显，这是由 SEBS 表面黏附的有机蒙脱土造成的，此外，在图 5.12(d)中有很多剩余白色有机蒙脱土小点分散在沥青中。

图 5.13(a)所示为连续微小的聚合物图，短期老化后，对于 SM 沥青，SEBS 的分解导致聚合物颗粒在沥青中进一步被破碎和分散，如图 5.13(b)所示，大量残余的 SEBS 仍然分散在沥青中。如图 5.13(c)所示，对于 SOSM3 沥青，微小的有机蒙脱土点多分散在沥青中。如图 5.13(d)所示，残留的 SEBS 轮廓只能在一些地区的样品中发现。显然，老化后与 SM 胶黏剂相比，SOSM3 中 SEBS 颗粒的分散和轮廓在很大程度上减小了，表明聚合物严重降解。

5.2.8　红外光谱分析

利用红外光谱仪研究沥青老化过程中官能团的分布。将沥青溶液(10%的质量浓度，氯仿的溶解)滴在溴化钾晶片上，并进行干燥试验。

基质沥青、SM 沥青、SOSM3 沥青的红外光谱图如图 5.14 所示[30]。由于老化前后各沥青的吸收峰没有明显的差异，因此在老化之前，短期老化的傅里叶变换红外光谱也可以用它来说明。在图 5.14(a)中，以 2849.6~2923.6cm^{-1} 为主要的吸收峰值，其是由碳氢化合物的 C—H 拉伸振动引起的。1596.4cm^{-1} 的峰值被认为是芳香化合物 C=C 的拉伸振动引起的。在 1462.4cm^{-1} 和 1368.9cm^{-1} 处可以发现 C—H 的不对称和对称变形振动。1214cm^{-1} 的峰值取决于(CH$_3$)$_3$C—R 的框架振动，而 1032cm^{-1} 的峰值是亚砜(S=O)的拉伸振动。芳香环的弱 C—H 振动分布在 664~870.4cm^{-1} 区域。SBS 的特征峰值为 966.7cm^{-1}，丁二烯 C—H 的弯曲振动在 SM 沥青的光谱中是找不到的。在图 5.14(b)中，SM 和 SOSM3 沥青的光谱是相似的，而有机蒙脱土的加入并没有产生任何新的特征峰。在图 5.14(a)中，也不可能找到任何典型的 SM 和 SOSM3 沥青与基质沥青进行比较，这不仅是由于基质沥青的 C—H 峰值的过度叠加，而且是 SEBS 和有机蒙脱土的物理修正机制。

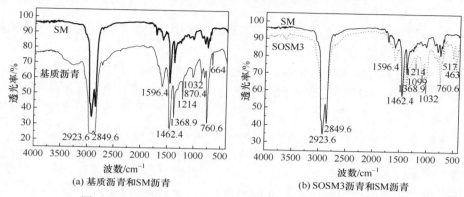

(a) 基质沥青和SM沥青　　　　　　　　(b) SOSM3沥青和SM沥青

图 5.14　基质沥青、SM 沥青和 SOSM3 沥青的红外光谱图

5.2.9　热分析

在氩气(120mL/min)中使用热分析系统对样品的热力学特性进行研究，每个样品质量为 7～10mg，从室温加热到 800℃，升温速率为 10℃/min。采用热重(TG)曲线、失重速率(DTG)曲线、差示扫描量热(DSC)曲线等 3 种温度力学曲线，对样品的结构特征进行研究。所有的测试都重复三次。

热分析通常在显示聚合物改性沥青的结构特征时是有效的。简要研究了有机蒙脱土对 SM 沥青前后的热力学行为的影响。短期老化也应用于有机蒙脱土，并测试了老化前和老化后有机蒙脱土的热行为，如图 5.15 所示[30]。

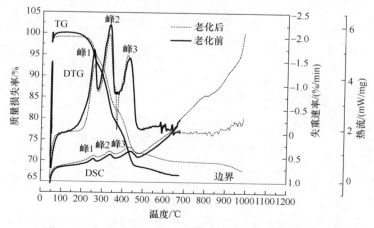

图 5.15　老化前后有机蒙脱土的 TG、DTG、DSC 曲线

在图 5.15 中，200～500℃的主要质量损失可以划分为三个阶段，分别对应于失重速率曲线和差示扫描量热曲线的三个不同的峰值。随着温度的升高，主要质量损失是由于有机蒙脱土中的进一步分解和挥发。老化前和老化后的有机蒙脱土的热行为与温度的升高相似，表明在短期老化后，有机蒙脱土的晶体结构没有被破坏。500℃后两个样品的差示扫描量热曲线表明随着温度的升高，产生了明显的能量消耗。

采用热重力测量法研究 SEBS、基质沥青、SM 沥青、SOSM3 沥青老化前后的热行为，TG、DTG、DSC 曲线如图 5.16 所示[30]。老化前所有样本从 300℃～500℃出现的主要质量损失如图 5.16(a)所示，SEBS 最陡峭的热重曲线显示了主要的质量损失，这是由分子链的分解和构成的挥发所造成的，而图 5.16(b)和(c)中的 SEBS 的失重速率曲线、差示扫描量热曲线的突然峰值也说明了这一过程。对于沥青的样品，不仅是 SEBS，而且在主要的质量损失过程中，包括饱和分和芳烃等的轻沥青也被分解和挥发。在图 5.16(c)中，与 SEBS 相比，沥青样品的平坦主要峰值，表明其广泛而复杂的构成分布，与基质沥青相比，SM 沥青的上升曲线

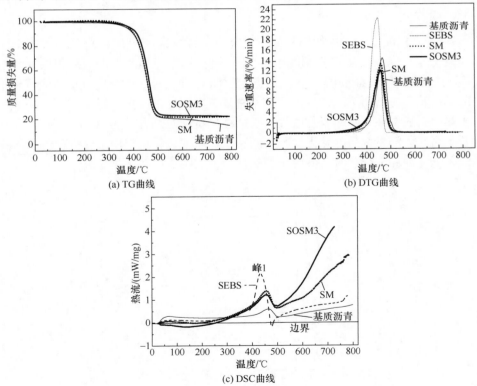

图 5.16　基质沥青、SM 沥青和 SOSM3 沥青的 TG、DTG 和 DSC 曲线

显示了更多的能量消耗，这可归因于 SEBS 的分解。与 SM 沥青相比，在 500℃ 后 SOSM3 沥青曲线进一步上升表明有机蒙脱土所产生的外能量消耗。通过使用切线计算得到老化前后每种沥青的峰值区域如图 5.16(c)所示，并列于图 5.17 中[30]。

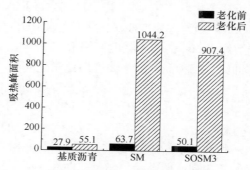

图 5.17　吸热峰面积(绝对值)

在短期老化后，TG 曲线和 DTG 曲线如图 5.18(a)和(b)所示。

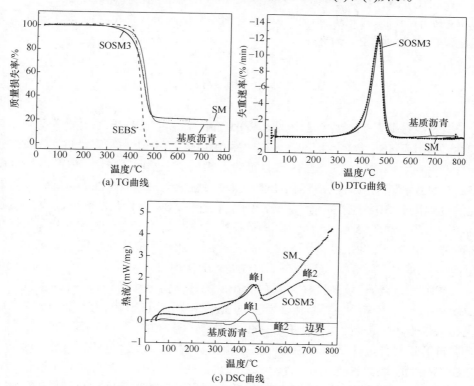

图 5.18　基质沥青、SM 沥青、SOSM3 沥青短期老化后的 TG、DTG 和 DSC 曲线

　　在老化前,SM 沥青和 SOSM3 沥青比基质沥青具有更大的峰面积意味着其在主要质量损失中消耗的能量更多,这是由 SEBS 分解造成的。SOSM3 沥青的峰面积小于 SM 沥青区域,这意味着沥青对有机蒙脱土的吸收而导致能量消耗较少和较少的成分挥发。在短期老化后,TG 曲线和 DTG 曲线如图 5.18(a)和(b)所示,基质沥青、SM 沥青、SOSM3 沥青主要的质量损失仍然集中在 300～500℃温度范围内,残余 SEBS 的分解和进一步的挥发在此期间起重要作用。图 5.18(c)中显示了沥青的差示扫描量热曲线,每种沥青的主要峰值比老化前更广泛和不规则,这意味着老化后沥青的构成更复杂,分子的质量分布变得更加分散。对于基质沥青,差示扫描量热曲线意味着主要的质量损失取决于沥青质和树脂这些硬沥青的分解,而这主要是放热过程(在边界下)。对于 SM 沥青来说,如图 5.18(c)的 DSC 曲线所示,老化后的残余部分仍然是主要的。然而,对于 SOSM3 沥青来说,在 500℃之后,SM 沥青较少的面积和弯曲差示扫描量热曲线表明了更少的能量消耗。如图 5.18 所示,短期老化对有机蒙脱土的晶体结构影响很小,而在 500℃后老化的有机蒙脱土能量消耗是吸热的,因此,SOSM3 沥青的能耗降低,是由于老化后沥青中重质油的剩余量较少,这就意味着,SEBS 的降解更严重,而 SEBS/有机蒙脱土复合改性沥青更容易老化[30]。

5.3　本 章 小 结

　　SBS 改性沥青(热塑性橡胶改性沥青)能显著改善沥青温度的敏感性并提高低温韧性,但由于 SBS 含有不饱和键,在外界光和热的作用下易发生降解,使改性沥青性能恶化。国内外对于 SEBS 改性沥青的相关研究发现,采用 SEBS 改性剂制备的改性沥青具有较好的耐老化性能和抗疲劳性能。SEBS 改性沥青的耐光氧老化的性能优于 SBS 改性沥青。试验显示,由于 SEBS 沥青改性剂中含苯乙烯-乙烯-丁烯-苯乙烯共聚物,从而使由其制备的改性沥青具有优异的抗疲劳和耐老化等性能。SEBS 作为改性剂可大大提高改性沥青的耐光氧老化性能,其老化后性能优于 SBS 改性沥青,从而提高了改性沥青的使用寿命。

　　SEBS 改性沥青效果良好,但是 SEBS 的存储稳定性仍然是一个主要问题,试验显示,由于有机蒙脱土对沥青的吸收和硬度的影响,SEBS 改性沥青(4%SEBS501)的高温性能得到了进一步的改善,但是由于沥青的膨胀在一定程度上受到了限制,因此低温性能下降了。流变试验表明,加入有机蒙脱土增加了 SEBS 改性沥青(4%SEBS501)的老化敏感性,在老化后,SEBS/蒙脱土改性沥青(4%SEBS501+3%蒙脱土)变得有弹性,并表现出明显的黏滞性。通过形态观察,老化或者不同的改性之后,改性剂在沥青中分布分散,老化后 SEBS/蒙脱土改性沥青(4%SEBS501+3%蒙脱土)中的 SEBS 遭到严重破坏。热分析显示改性剂和沥青的热性能，同时也显示了 SEBS/蒙脱土改性沥青(4%SEBS501+3%蒙脱土)严重老化敏感性。在 SEBS 改性沥青(4%SEBS501)中使用有机蒙脱土，限制了沥青中 SEBS 的膨胀和分散，提高了 SEBS 老化敏感性[30]。

第 6 章　高黏高弹改性沥青的制备及性能

6.1　高　黏　沥　青

6.1.1　概述

　　高黏沥青和高弹性沥青作为两种 SBS 复合改性沥青，用于不同功能的路面。高黏沥青用于多孔沥青路面，如图 6.1 所示[31]，高黏沥青具有较好的高温性能和抗变形性能，由相应的动力黏度、软化点和韧性值等进行评估(表 6.1)。除此之外，还用旋转黏度测试沥青与骨料混合时的性能。高弹性沥青通常用于应力吸收层，它是在改造旧水泥混凝土路面中位于旧水泥路面和沥青表面新的薄覆盖层，由细骨料和高弹性沥青组成的应力吸收层(图 6.2)能使旧水泥路面反射裂缝产生的集中于沥青面层底部应力有效地分散，并使沥青路面覆盖层受到保护。为了及时分散积累的应力并在荷载释放后恢复变形，该薄的功能层必须灵活并具有弹性，为此，沥青混合料必须由小尺寸的细骨料组成，使用的高弹性沥青的改性沥青应具有弹性和柔性。由 Koch 公司建议的高弹性沥青的评价标准见表 6.2，从表中可以看出，沥青在老化前后具有较好的弹性恢复和柔性。为了进一步说明沥青的抗变形性能，许多公司采用短时弹性恢复进行评价(在老化前 3min 和老化后 5min)[32-34]。

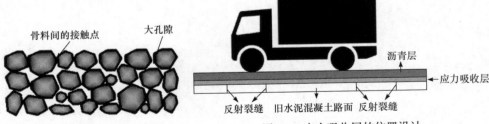

图 6.1　多孔沥青混合料的结构　　　　　图 6.2　应力吸收层的位置设计

　　在以往的研究中已经发现，高黏沥青和高弹性沥青的配比是相似的，包括改性剂 SBS、增塑剂、交联剂的使用。以往已对高黏沥青和高弹性沥青的物理性能、流变学特性和结构特性进行了详细研究。然而，对沥青组成的关系和差异还没有研究，所选改性剂也很有限，也没有考虑改性剂的最佳选择。高黏沥青和高弹性沥青的抗老化性能也未研究并且没有有效的方法来提高抗老化性能[31, 35]。

表 6.1　高黏沥青的技术指标

技术指标	数值
软化点/℃	>80
针入度(25℃)/0.1mm	>40
黏度(135℃)/(Pa·s)	<4
动力黏度(60℃)/(Pa·s)	>2×10⁴
软化点差/℃	≤4
延度(5℃)/cm	>25
黏韧性(25℃)/(N·m)	>20
韧性(25℃)/(N·m)	>15

表 6.2　高弹性沥青的技术指标

技术指标	数值
软化点/℃	>65
针入度(25℃)/0.1mm	>60
黏度(135℃)/(Pa·s)	<3
延度(5℃)/cm	>30
软化点差/℃	<2.5
TFOT 老化后	
弹性恢复率(25℃，1h)/%	>70
延度(5℃)/cm	>20

本书研究使用不同种类的 SBS、增塑剂、交联剂制备高黏沥青和高弹性改性沥青，并指出两者组成上的差异，进一步研究各种改性剂对沥青主要物理性能和抗老化性能的影响，从而选择出高黏沥青和高弹性沥青改性剂的种类和配比，并最终对提高沥青抗老化性能提供一种有效的方法[31]。

6.1.2　主改性剂和辅助改性剂的筛选

本书采用不同种类的增塑剂和交联剂制备高黏度改性沥青和高弹性改性沥青，并且对其主要物理性质进行研究和比较。优化了增塑剂种类并明确了高弹性沥青和高黏沥青组成上的差异。具有不同厚度和柔性的增塑剂可分别用于高黏沥青或高弹性沥青。同时比较和优化了交联剂的种类，发现最有效的交联剂是硫。确认了抗老化试剂的效应，并发现保留高弹性沥青和高黏沥青的物理性能最有效的方式之一是进一步增加 SBS 的含量。

1. 高黏沥青和高弹性沥青的各组成部分对其性能的影响

在以前的研究中已经发现，高弹性沥青和高黏沥青的改性剂是 SBS、增塑剂和交联剂，并且每种改性剂对提高沥青的主要物理性质都是必需的。根据高黏沥青和高弹性沥青的标准，对于高黏沥青性能有一些特殊要求，如软化点、动力黏度、韧性，对于高弹性沥青则是弹性恢复率。为了研究高弹性沥青和高黏沥青的组成并进一步优化其比例，在高弹性沥青比例的基础上研究了各种改性剂的影响。

1) SBS 的影响

SBS 作为高弹性沥青和高黏沥青的主要改性剂，决定了沥青的主要物理性质，如高温性能、低温性能、弹性恢复、黏韧性和韧性，这些在前人的研究中已被证实。在本节研究中使用四种不同分子量和结构的 SBS，见表 6.3[31]。一些主要物理性质包括软化点、储存稳定性、旋转黏度、老化后的软化点损失，用来评估 SBS 在样品制备中的适用性(6%SBS1301、5%邻苯二甲酸二辛酯、0.2%硫)。

表 6.3　SBS 种类

编号	1	2	3	4
种类	SBS1301	SBS4303	SBS LG	SBS KTR-401

注：SBS1301 为线型共聚物，30%苯乙烯，M_w=120000；SBS4303 为星型共聚物，38%苯乙烯，M_w=380000；SBS LG 为线型共聚物，30%苯乙烯，M_w=180000；SBS KTR-401 为线型共聚物，30%苯乙烯，M_w=30000。以上各种 SBS 厂家均为中国石化集团巴陵石化有限责任公司。

研究发现，SBS LG 和 SBS4303 不适合用于样品制备，因为它们与硫的交联反应引起的黏度过高使制备过程不能完成，所以 SBS4303 和 SBS LG 沥青必须选择另一种硫含量(0.05%)，得到的性能如图 6.3 所示。在图 6.3(a)中，SBS4303 和 SBS LG 沥青的软化点更高可归因于 SBS 较高的分子量或苯乙烯含量，SBS1301 其次，SBS KTR-401 最低。然而，老化后的 SBS4303 和 SBS LG 沥青明显的软化点损失可归因于 SBS 降解。SBS 分子量越高，改性沥青拥有越好的高温性能且老化后会发生更明显的软化点损失，表明对老化敏感性强。在图 6.3(b)中，储存试验中的软化差异表明硫化 SBS4303 和 SBS LG 容易与沥青分离，这是由于分子量较大以及与沥青的相容性差。在图 6.3(c)中，SBS4303 和 SBS LG 沥青具有较高的旋转黏度，这表明即使在硫含量较低(0.05%)的情况下其性能仍较差。虽然 SBS4303 和 SBS LG 比其他材料在提高高温性能方面具有优势，但其在抗老化性、可加工性、储存稳定性方面的缺点使它们不可能用于样品制备。当考虑所有被评估的性能时，最好的选择应该是 SBS1301[31]。

2) 交联剂的影响

研究发现，交联剂作为附加改性剂在改善 SBS 改性沥青的储存稳定性和耐老化性方面起着至关重要的作用。由于聚合物和交联剂发生交联反应，SBS 的尺寸和体积大大地改变了，从较粗的颗粒到长丝，这在以前的研究中已被证实。聚合物形态的变化对沥青的物理性能产生很大的影响。首先，改善了 SBS 改性沥青的耐老化性能。因为与较大的聚合物颗粒相比，丝状聚合物的降解变得微弱，所以不会出现更大的物理性能损失。其次，聚合物与骨料的结合力也因交联反应而得到显著改善。因为丝状 SBS 和骨料的界面黏附力进一步加强。最后，由于丝状聚合物与沥青良好的相容性，SBS 改性沥青的交联反应显著提高了 SBS 改性沥青的储存稳定性。

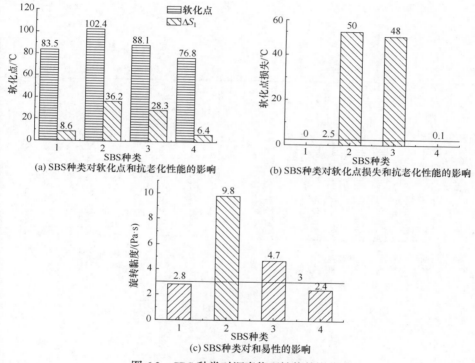

图 6.3　SBS 种类对沥青物理性能的影响

ΔS_1=老化前软化点–老化后软化点

在本研究中，基于高弹性沥青(6%SBS1301、5%邻苯二甲酸二辛酯、0.2%交联剂)，使用 8 种交联剂改善沥青性能。交联剂的选择包括多硫化物、酸酐、过氧化物、树脂等，通常用于聚合物或沥青的改性，见表 6.4。不同种类交联剂对沥青主要物理性能的影响如图 6.4 所示。在图 6.4(a)中，可以看出，硫、二硫化四甲基秋兰姆、马来酸酐的沥青软化点的损失远低于其他沥青的软化点，并且硫化沥青软化点较高。在图 6.4(b)中，软化点的差异表明这些沥青对硫化沥青的储存稳定性差，这意味着由 SBS 分子中的其他试剂引起的交联反应非常微弱，硫是最有效的。在图 6.4(c)中，硫化沥青的旋转黏度仍然可以达到标准；因此应选择硫作为进一步修改的候选者[31]。

表 6.4　交联剂种类

编号	交联剂种类
1	硫
2	二硫化四甲基秋兰姆
3	马来酸酐
4	间苯二胺
5	黏性树脂
6	萜烯树脂
7	过氧化二异丙苯
8	树脂 204

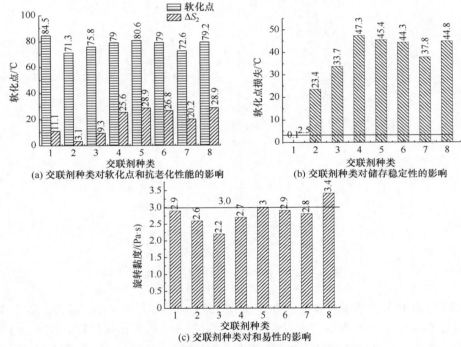

(a) 交联剂种类对软化点和抗老化性能的影响

(b) 交联剂种类对储存稳定性的影响

(c) 交联剂种类对和易性的影响

图 6.4　交联剂种类对沥青物理性能的影响

ΔS_2 为软化点差

3) 增塑剂的影响

增塑剂作为稀释剂促进了 SBS 的进一步膨胀并调节了沥青的渗透性。高黏沥青和高弹性沥青组成的主要差异可归因于厚度差异，这取决于增塑剂的种类和含量。对于高弹性沥青，具有较低稠度和较好流动性的增塑剂对于 SBS 的膨胀应该更有帮助，从而获得更好的弹性恢复和柔韧性。对于高黏沥青，应选择具有适当厚度和流动性的增塑剂，以避免对运动黏度的负面影响。

在本研究中，基于高弹性沥青(6%SBS1301，0.2%硫，5%增塑剂)，分别使用8种增塑剂，见表6.5。弹性恢复率、动力黏度等主要性质如图6.5所示。

表 6.5　增塑剂种类

编号	增塑剂种类
1	邻苯二甲酸二辛酯
2	癸二酸二乙酯
3	二甘酯
4	己二酸二辛酯
5	烷基磺酸酯
6	多元醇苯甲酸酯
7	糠醛抽出油
8	糠醛

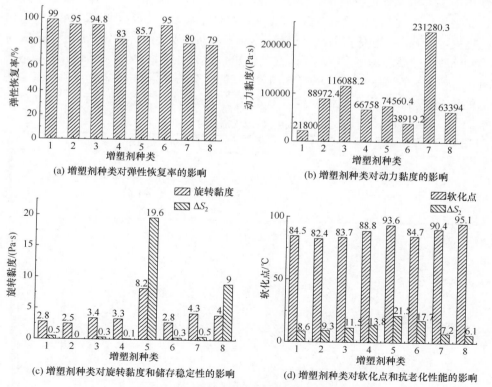

(a) 增塑剂种类对弹性恢复率的影响　　(b) 增塑剂种类对动力黏度的影响

(c) 增塑剂种类对旋转黏度和储存稳定性的影响　　(d) 增塑剂种类对软化点和抗老化性能的影响

图 6.5　增塑剂种类对沥青物理性能的影响

从图 6.5(a)中可以看出，添加邻苯二甲酸二辛酯的沥青最具弹性，弹性恢复率为99%。在图 6.5(b)中，具有糠醛抽出油的沥青具有最高的动力黏度。两种沥青具有良好的可加工性和储存稳定性，如图 6.5(c)所示。在图 6.5(d)中，两种沥青的软化点损失较小，呈现微弱的老化敏感性。由于邻苯二甲酸二辛酯和糠醛抽出油对弹性恢复和动力黏度的主要作用是相应的，用于高弹性沥青的增塑剂是邻苯二甲酸二辛酯，糠醛抽出油可用于高黏沥青[31]。

2. 高弹性沥青和高黏沥青的老化

在上述高弹性沥青和高黏沥青配合比的基础上，进一步改善沥青的抗老化性能是必要的，因为聚合物老化分解是一个重要问题，这个问题降低了聚合物改性沥青的性能并在一定程度上阻碍了其应用。

为了测试抗老化剂的效果，将抗老化剂，包括热稳定剂和酚类抗氧剂，分别用于高弹性沥青的基本配合比上(6%SBS1301、5%邻苯二甲酸二辛酯、0.2%硫)，添加掺量为 0.5%。抗老化剂的种类见表 6.6，这些选择的试剂是有代表性的，通常用于提高聚合物或沥青的热稳定剂和氧化稳定性。从图 6.6(a)中可以看出，相比原来的高弹性沥青，加了抗老化剂的沥青的抗老化性能没有明显改善，从软化点损失可以看出，软化点差最小仍然是 8.6℃。而且硬脂酸锌软化点低于原来的高弹性沥青，较高的黏度表明其工作性差，如图 6.6(b)所示。所以硬脂酸锌不能用于进一步改性。在图 6.6(c)中，储存稳定性试验的结果表明加了抗老化剂和热稳定剂的沥青会变得不稳定，软化点差大于 2.5℃。因此这些试剂不能用于进一步改性。

表 6.6　抗老化剂的种类

编号	抗老化剂种类
1	—
2	2,6-二叔丁基-4-甲基苯酚
3	季戊四醇
4	硬脂酸锌

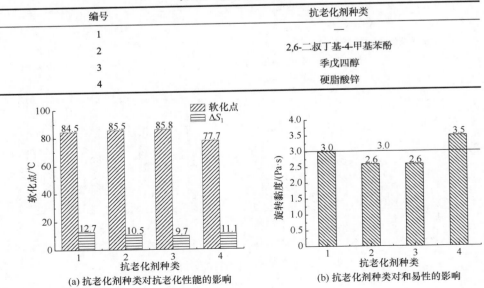

(a) 抗老化剂种类对抗老化性能的影响　　　　(b) 抗老化剂种类对和易性的影响

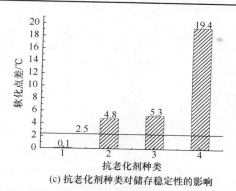

(c) 抗老化剂种类对储存稳定性的影响

图 6.6 抗老化剂种类对沥青物理性能的影响

为了保留高弹性沥青和高黏沥青老化后的主要物理性质，一种有效的方式是适当增加沥青中的 SBS 掺量。虽然 SBS 的降解仍然在继续，但是沥青中的残余 SBS 足以维持原有的性能。添加了 8%SBS 的高弹性沥青和高黏沥青的配合比和物理性质见表 6.7。从表中可以看出，主要物理性质如软化点、动力黏度、弹性恢复率都比原来添加了 6%SBS 的高弹性沥青和高黏沥青更好，并且老化后的沥青主要性能与老化前非常接近，可观察到老化后性能几乎没有损失[31]。

表 6.7 高弹性沥青和高黏沥青的物理性能

物理性能		高弹性	高弹性 2	高黏	高黏 2
软化点/℃		84.5	89.3	90.4	97
针入度(25℃)/0.1mm		106.6	85.9	51.8	45.5
黏度(135℃)/(Pa·s)		2.8	3	4	3.9
动力黏度(60℃)/(Pa·s)		2.2×10^4	5.4×10^4	2.3×10^5	4.0×10^5
延度(5℃)/cm		87.6	92	75.6	83.1
柔度(5℃)/(cm/N)		3.1	3.5	2.8	2.9
黏韧性(25℃)/(N·m)		15.1	17.5	10.6	17.8
韧性(25℃)/(N·m)		12.9	14.2	14.5	15.7
弹性恢复率	(25℃，3min)/%	99	100	80	92
	(25℃，1h)/%	100	100	100	100
软化点差/℃		0.1	1.2	0.5	2.5
TFOT 老化后					
软化点/℃		75.9	88.1	83.2	95
针入度(25℃)/0.1mm		81.3	79	49.7	40.1

续表

物理性能		高弹性	高弹性 2	高黏	高黏 2
动力黏度(60℃)/(Pa·s)		1.8×10^4	5.0×10^4	6.55×10^4	3.8×10^5
延度(5℃)/cm		53.2	87.1	26	81
柔度(5℃)/(cm/N)		1.95	3.3	1.2	2.3
黏韧性(25℃)/(N·m)		18	20.9	20	21
韧性(25℃)/(N·m)		14.5	16	11.8	16.1
弹性恢复率	(25℃, 3min)/%	86.5	92	83.5	89
	(25℃, 1h)/%	100	100	99	100

注：高弹性表示高弹性改性沥青(6%SBS1301、5%邻苯二甲酸二辛酯、0.2%硫)；高弹性 2 表示高弹性改性沥青(8%SBS1301、5%邻苯二甲酸二辛酯、0.2%硫)；高黏表示高黏改性沥青(6%SBS1301、5%糠醛抽出油、0.2%硫)；高黏 2 表示高黏改性沥青(8%SBS1301、5%糠醛抽出油、0.2%硫)。

3. 技术分析

由于和易性差、严重的相分离和易老化性，分子量较高的星型 SBS 不适用于高黏沥青和高弹性沥青的制备。分子量中等的线型 SBS 可用于制备高黏沥青和高弹性沥青。

高黏沥青和高弹性沥青组成上的差异是由于增塑剂的种类不同。具有更好的溶胀效果和柔韧性的增塑剂(邻苯二甲酸二辛酯)适用于高弹性沥青，而具有适度的柔韧性和稠度的增塑剂(糠醛抽出油)适用于高黏沥青的制备。交联剂在提高改性沥青的稳定性、抗老化性和黏结强度方面起着至关重要的作用，并且与其他物质相比，硫作为交联剂更加有效。针对单纯的聚合物的抗老化剂对分散在沥青中的 SBS 没有效果，一种最有效的保留高弹性沥青或高黏沥青的主要物理性能的方式是在老化前要适当增加 SBS 掺量[31]。

6.1.3 高黏改性沥青的制备与物理性能

1. 概述

多孔排水沥青路面是带有多孔的路面结构，可在雨水天气迅速排出表面水。20 世纪 70 年代，美国联邦公路管理局研究了多孔路面，并首次命名其为开级配沥青磨耗层(open graded friction courses, OGFC)。OGFC 由内部带有很多微孔的特殊沥青混合料组成，因为集料是开级配的，相比于其他路面，大孔隙使沥青路面在排水、降噪和防滑方面更为突出，因此 OGFC 在许多国家和地区都十分受欢迎。

在 OGFC 沥青混合料制备过程中，对沥青物理性能的要求十分严格。为了阻止沥青在高温重载下变形，并保留结构内的孔隙，沥青必须有较高的动力黏度和软化点。沥青有了较高的动力黏度，被黏稠沥青黏住的骨料在高温重载下就难以发生变形，因此内部的孔隙结构就不会被破坏，而路面的排水能力就不会受影响。同时高软化点可以阻止路面变形。另外，用于路面沥青也具有很好的裹覆力。因为开级配骨料的角度较大，使 OGFC 的表面更加粗糙，导致轮胎和路面间的摩擦力增加，然而一些表面骨料可能由于较强的摩擦力而从路面剥落，从而减少路面的使用年限。因此，通过进一步增加沥青对骨料的裹覆力来维护路面表面是十分必要的。高黏沥青是一种常用于 OGFC 结构的 SBS 复合改性沥青。相比于其他 SBS 改性沥青，高黏沥青具有更好的高温性能、强裹覆力和抗变形性能。在大多数国家，通过软化点和 60℃的动力黏度来评价高温性能和低温性能，而对集料的裹覆力可以通过黏韧性和韧性的值来评价。目前大多数国家对于高黏沥青的标准是由美国提供的，见表 6.1，从表中可以看出，该标准主要注重的性能为前面所提到的一些物理性能，而更高的 60℃动力黏度($>2 \times 10^4$Pa · s)是主要的特征[35]。

　　高黏沥青的动力黏度通常通过美国沥青协会的标准进行测试。用于测试的毛细管黏度计如图 6.7 所示，黏度计里面黑色的是测试前的沥青，测试是在 60℃的水浴中和毛细管内稳定的负压下(−300mmHg)进行的，沥青沿着毛细管缓慢地向上移动。当沥青在一定时间内(>60s)通过毛细管上一定的刻度，动力黏度便可通过式(6.1)计算[22]。

$$\eta = Kt \tag{6.1}$$

式中，η 为动力黏度，Pa · s；K 为每一个刻度段对应的常数，(Pa · s)/s；t 为测试时间，s。

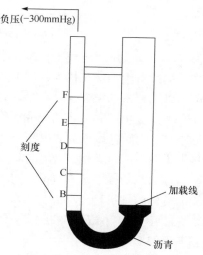

图 6.7　动力黏度测试

　　为确保准确率，每个样品至少进行三次测试，最终结果取平均值。尽管对测试的准确性和用动态剪切流变仪测量零剪切黏度的建议一直有争议，但是由于动态剪切流变仪的缺乏，它仍然在发达国家的大多数工程部门十分流行，且证实了动力黏度的测试对评价高黏沥青的高温性能很有帮助。动力黏度越高，通常高黏沥青的性能越好。然而，沥青的黏度过高也常导致沥青与集料混合时的加工性能差，从而使沥青混合料的制备变得非常困难。为了进一步提高高黏沥青的实用性，有必要调整与集料拌和时沥青的黏度。通常用布氏黏度计得到的135℃旋转黏度来评价沥青的加工性(<3Pa·s)。

　　高黏沥青的黏韧性、韧性均按美国沥青协会提供的标准进行测试，如图 6.8 所示，当在一定长度范围内(300mm)拉伸时，沥青丝的张力持续被记录下来，并且测试结果如图 6.9 所示。区域 A 的面积表示沥青对集料的黏附力，阴影区 B 的面积称为韧性，它表明沥青丝在张拉过程中的变形抗力。区域 A 和区域 B 的整个面积称为黏韧性，韧性是黏韧性的主要部分[22]。

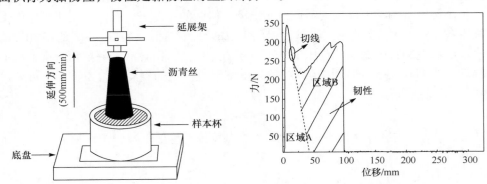

图 6.8　黏韧性和韧性测试　　　　　　图 6.9　黏韧性和韧性的测试曲线

　　高黏沥青的制备作为专利技术已广泛应用于日本、欧洲和美国；但是，其他国家和地区往往不能承受昂贵的费用，这在很大程度上限制了高黏沥青的应用。虽然国内的一些沥青厂仍可以用秘密的配方生产高黏沥青，但价格仍然昂贵，性能也是不完美的。国内外有大量关于高黏沥青的研究报告，但详细的研究还非常少。一些论文指出高黏沥青的改性剂包括热塑性橡胶、增塑剂、交联剂和稳定剂；然而，这些改性剂并无具体说明，所以其他研究者想以同样的方式制备高黏沥青是不可能的。另外，对改性剂影响的描述是模糊的，且没有关于高黏沥青结构特点的详细研究，所以高黏沥青的改性机理还不能被大多数研究者所了解。此外，聚合物改性沥青的抗老化性能作为一个重要的性能常在这些论文中被忽视，这将在很大程度上限制了高黏沥青的应用[35]。

　　在中国，随着城市交通的快速发展，排水性沥青路面非常受欢迎；然而，对于高黏沥青技术的缺乏也产生了一些限制。因此，许多施工单位或人员了解高黏沥青的关键技术是必要的，以便在实践中产生。

在本研究中，通过加入 SBS、增塑剂和交联剂并研究各种改性剂的影响，提供了一种有效的制备高黏沥青的方式。提供的配合比及制备方法简单，高黏沥青的改性剂也可以轻易获得。糠醛抽出油作为增塑剂首次用于沥青改性，这在其他出版物中没有报道过。获得的高黏沥青的性能是完美的，且远远超出了标准。进一步研究了改性沥青的耐老化性能，并通过各种流变试验研究了改性剂和老化对沥青流变性能和结构的影响。采用形态学观察方法研究了沥青在不同老化和不同改性条件下的形貌特征[35]。

2. 高黏沥青的物理性能

沥青中每种改性剂的种类和比例决定着高黏沥青的物理性质。美国建议的标准见表 6.1。从表 6.1 可以看出，高黏沥青的软化点、动力黏度、韧性和黏度等性能更为突出。与基质沥青的物理性能相比，高黏沥青具有极好的高温性能，即很好地保持集料的能力和抗变形能力。通常是否能获得大的改进取决于 SBS 的特性，这意味着 SBS 是主要的改性剂。除了附加的改性剂，如增塑剂和交联剂也是必要的，以进一步提高 SBS 改性沥青的性质。

在本研究中使用三种改性剂，包括 SBS、增塑剂和交联剂来制备高黏沥青。为了研究每种改性剂的作用制备了改性沥青，包括 SBS 改性沥青(SM、6%SBS1301)、SBS/增塑剂(糠醛抽出油)改性沥青(SFM，6%SBS1301，4%增塑剂)、SBS/交联剂改性沥青(SCM，6%SBS1301、0.2%交联剂)、SBS/增塑剂/交联剂改性沥青(SFCM，6%SBS1301、4%增塑剂、0.2%交联剂)，物理性能见表 6.3。为了进一步评估改性沥青的耐老化性能，计算软化点差(ΔS)和黏度老化指数(VAI)，如图 6.10 和图 6.11 所示[35]。

$$\Delta S = 老化前软化点 - 老化后软化点 \tag{6.2}$$

$$\mathrm{VAI} = (老化前的动力黏度 - 老化后的动力黏度) / 老化前的动力黏度 \tag{6.3}$$

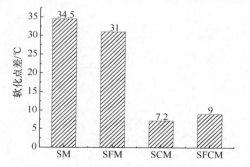

图 6.10　不同 SBS 改性沥青软化点差

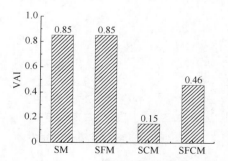

图 6.11　不同 SBS 改性沥青黏度老化指数

在图 6.12 中可以看出，与普通沥青相比，SBS 改性沥青的物理性能有了很大的提高。由于 SBS 分子链中硬质聚苯乙烯片段和软质丁二烯域的结构特征，与普通沥青相比，SBS 改性沥青具有更好的高低温性能，体现在软化点、运动黏度和低温延性大大提高。此外，由于在 SBS 含量为 6%时，连续聚合物网络的形成，SBS 改性沥青表现出更好的韧性和韧度值以及抵抗变形的能力。然而，过量的旋转黏度表明其可加工性能差(>3Pa·s)，储存试验的巨大差异表示其稳定性较差。

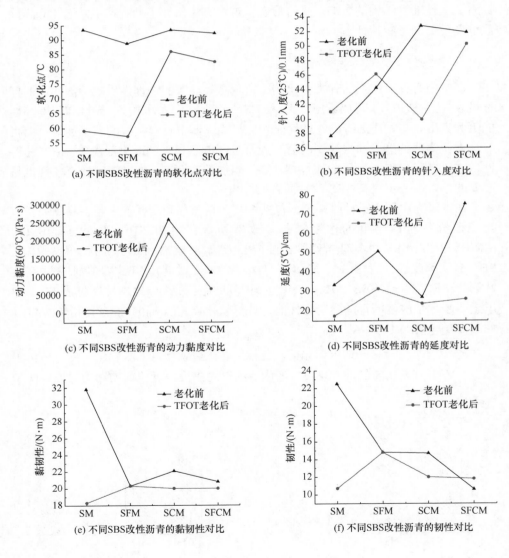

(a) 不同SBS改性沥青的软化点对比

(b) 不同SBS改性沥青的针入度对比

(c) 不同SBS改性沥青的动力黏度对比

(d) 不同SBS改性沥青的延度对比

(e) 不同SBS改性沥青的黏韧性对比

(f) 不同SBS改性沥青的韧性对比

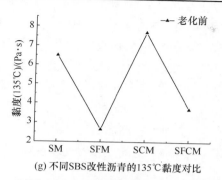

(g) 不同SBS改性沥青的135℃黏度对比

图 6.12　不同 SBS 改性沥青老化前后的物理性能对比

SM. SBS 改性沥青(6%SBS1301)；SFM. SBS/增塑剂(糠醛抽出油)改性沥青(6%SBS1301、4%增塑剂)；SCM. SBS/
交联剂改性沥青(6%SBS1301、0.2%交联剂)；SFCM. SBS/增塑剂/交联剂改性沥青(6%SBS1301、4%增塑剂、0.2%
交联剂)

　　SBS/增塑剂改性沥青的物理性能如图 6.12 所示[35]。与 SBS 改性沥青相比，低温延性的提高归因于添加的增塑剂使 SBS 进一步溶胀。由于增塑剂的稀释，沥青密度下降，因此 SBS/增塑剂改性沥青具有良好的可加工性和合理的针入度。同时，与 SBS 改性沥青相比，由于软化点、运动黏度、韧性下降，沥青的高温性能和抗变形性能降低，溶胀的 SBS 变得更加柔软。储存过程中软化点相差较大，说明增塑剂对提高 SBS 改性沥青的稳定性没有帮助。从图 6.10 和图 6.11 中可以看出，老化后 SBS 改性和 SBS/增塑剂改性沥青中更高的 ΔS 和 VAI 显示出对老化具有很强的敏感性，表明老化后聚合物降解严重。在图 6.12 中，SBS/增塑剂改性沥青与老化后的 SBS 改性沥青相比，增加的韧度可归因于膨胀的 SBS 的进一步拉伸和硬沥青组合物张力的增加。

　　SBS/交联剂改性沥青的物理性质如图 6.12 所示。储存稳定性试验中软化点差小，表现出良好的相容性。作为交联反应的结果，硫化 SBS 的粒径大大降低，SBS/交联剂改性沥青变软，针入度增加。沥青中交联聚合物网络的形成明显增加了SBS/交联剂改性沥青的动力黏度，因为聚合物分子间存在更多的限制，从而降低了延展性。过高的旋转黏度说明了 SBS/交联剂改性沥青的可加工性差，使其难以在实际中应用。老化后，与 SBS 改性和 SBS/增塑剂改性沥青相比，SBS/交联剂改性沥青的较高软化点和运动黏度显示，老化后聚合物的网络没有完全降解。从图 6.10 和图 6.11 中可以看出，SBS/交联剂改性的 VAI 和ΔS 比 SBS 改性和 SBS/增塑剂改性沥青来说小得多，说明改进了抗老化性能。这可以归因于 SBS 在沥青中的形态变化。SBS 对 SBS 改性沥青高温性能的影响在很大程度上取决于沥青中 SBS 的颗粒体积和尺寸。SBS 的体积和尺寸通过硫化大大降低，从粗糙颗粒变成细丝，并且与未硫化颗粒相比，硫化后的 SBS 细丝的降解对沥青的高温性能几乎没有影响。因此，老化敏感性在很大程度上得到降低。

为了利用增塑剂和交联剂的优点，提高 SBS 改性沥青的性能，通过使用增塑剂和交联剂一起制备 SBS/增塑剂/交联剂改性沥青，性能如图 6.12 所示[35]。从图中可以看出，SBS/增塑剂/交联剂改性沥青的物理性能包括高温性能、低温性能、黏聚力和变形抗力，储存稳定性都比较好。此外，合理的黏度和针入度显示其良好的工作性，图 6.10 和图 6.11 中较低的 ΔS 和 VAI 显示出良好的抗老化性能。

考虑到高黏沥青的主要性能，在高黏沥青的制备中，SBS/增塑剂/交联剂改性沥青的配合比(6%SBS1301、5%增塑剂、0.2%交联剂)是最优的、合理的。

6.1.4 流变性能

1. 温度扫描

为了研究不同改性剂对 SBS 改性沥青流变性能的影响，通过不同流变模型对 SBS、SBS/交联剂、SBS/增塑剂、SBS/增塑剂/交联剂改性沥青分别进行了测试。图 6.13(a)和(b)中显示了在高温范围的聚合物改性沥青的流变行为[35]。由于 SBS 在沥青中的粒径减小，轻微的交联反应，导致沥青的 G^* 值下降。在图 6.13(a)中可以看出，随着温度的升高，在 70℃前，SBS/增塑剂/交联剂改性沥青 G^* 值低于 SBS/增塑剂改性沥青，对于 SBS/交联剂改性和 SBS 改性沥青也是如此。70℃后，随着温度升高，沥青与增塑剂的沥青 G^* 值的差异缓慢增加，SBS 改性沥青和 SBS/交联剂改性沥青在 120℃相比其他沥青具有更高的 G^* 值，这可归因于增塑剂的稀释。改性沥青随着温度升高的相位角曲线如图 6.13(b)所示。在所有沥青的相位角曲线上，明显低的值表明沥青中形成了连续的聚合物网络。由于交联反应的结果，聚合物网络的密度进一步增加，这导致了在整个温度范围内分别与 SBS 改性沥青和 SBS/增塑剂改性相比，SBS/交联剂改性沥青和 SBS/增塑剂/交联剂改性沥青的相位角曲线较低。与 SBS/交联剂改性沥青相比，SBS/增塑剂/交联剂改性沥青的最小值越低，表明由于交联剂和 SBS 的反应进一步膨胀，形成了更完整的聚合物网络。

TFOT 老化后，如图 6.14(a)所示[35]，在 66℃后，相比于其他沥青，SBS/交联剂改性沥青和 SBS/增塑剂/交联剂改性沥青 G^*的提高表明其仍有残留的聚合物网络。如图 6.14(b)所示，SBS 改性沥青和 SBS/增塑剂改性沥青中相位角曲线的明显提升表明沥青中 SBS 的含量严重减少以及沥青对老化很敏感。在整个温度范围内，两种沥青的低相位角仍表示沥青中残留的聚合物网络。SBS/增塑剂/交联剂改性沥青的相位角曲线显示残留聚合物网络仍然比较完善，这可归因于溶胀的 SBS 与交联剂的充分反应。

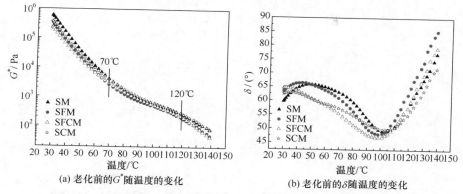

(a) 老化前的 G^* 随温度的变化　　　　(b) 老化前的 δ 随温度的变化

图 6.13　各种沥青老化前的流变行为(温度扫描，30～140℃，10rad/s)

SM. SBS 改性沥青(6%SBS1301)；SFM. SBS/增塑剂(糠醛抽出油)改性沥青(6%SBS1301、4%增塑剂)；SCM. SBS/交联剂改性沥青(6%SBS1301、0.2%交联剂)；SFCM. SBS/增塑剂/交联剂改性沥青(6%SBS1301、4%增塑剂、0.2%交联剂)

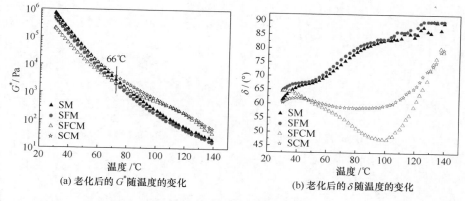

(a) 老化后的 G^* 随温度的变化　　　　(b) 老化后的 δ 随温度的变化

图 6.14　各种沥青 TFOT 老化后的流变行为(温度扫描，30～140℃，10rad/s)

　　聚合物改性沥青在低温范围内的流变性能如图 6.15 所示[35]。从图 6.15(a)中可以看出，与 SBS/交联剂改性沥青和 SBS 改性沥青相比，SBS/增塑剂/交联剂改性沥青和 SBS/增塑剂改性沥青较低的 G^* 表明交联剂和增塑剂的添加在一定程度上降低了沥青的变形阻力。一方面，SBS 通过交联反应成为细丝，导致在沥青中形成松散的聚合物相；另一方面，增塑剂的稀释也使沥青软化。如图 6.15(b)所示，相比于其他沥青，SBS/增塑剂/交联剂改性沥青较高的相位角表明随着增塑剂和交联剂的添加，SBS 改性沥青的黏性行为增加。在 TFOT 老化后，图 6.16(a)较低的 G^* 值显示了交联剂和增塑剂对 SBS 改性沥青流变行为的影响，图 6.16(b)中 SBS/增塑剂和交联剂改性沥青相位角曲线的升高表明了其具有更好的黏性行为。

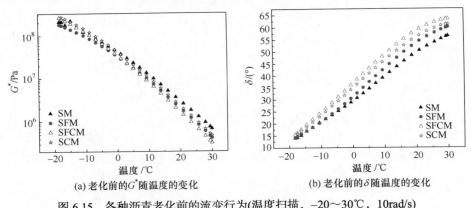

(a) 老化前的 G^* 随温度的变化　　　　　　　(b) 老化前的 δ 随温度的变化

图 6.15　各种沥青老化前的流变行为(温度扫描，–20～30℃，10rad/s)

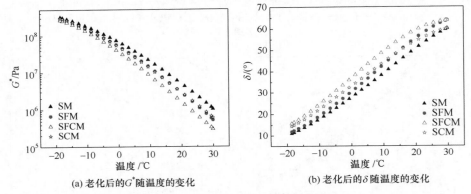

(a) 老化后的 G^* 随温度的变化　　　　　　　(b) 老化后的 δ 随温度的变化

图 6.16　各种沥青 TFOT 老化后的流变行为(温度扫描，–20～30℃，10rad/s)

2. 频率扫描

为了理解聚合物改性沥青流变行为在高温下对频率的依赖性，对每种沥青进行频率扫描试验(0.1～100rad/s)。选择测试温度为 60℃，因为它是沥青路面在夏季通常承受的高温。如图 6.17(a)所示[35]，从图中可以看出，交联的聚合物改性沥青对动态剪切更敏感。对于 SBS/交联剂改性沥青和 SBS 改性沥青，转移频率为 3.9rad/s。在 3.9rad/s 之前，由于交联反应形成的弹性聚合物网络，SBS/交联剂改性沥青具有更高的 G^*，当频率超过 3.9rad/s 时，SBS/交联剂改性沥青的 G^* 随着频率的增加而快速下降，SBS/交联剂改性沥青的 G^* 低于 SBS 改性沥青，这意味着交联聚合物网络对动态剪切非常敏感，提高的 G^* 随着频率的增加而迅速减小。对 SBS/增塑剂改性沥青和 SBS/增塑剂/交联剂改性沥青也可以得出同样的结论。与 SBS/增塑剂改性沥青相比，SBS/增塑剂/交联剂改性沥青的 G^* 随着频率的增加而快速下降，当频率超过 6.3rad/s 时，SBS/增塑剂/交联剂改性沥青的 G^* 低于 SBS/增塑剂改性沥青的 G^*。在图 6.17(b)中，SBS/交联剂改性沥青和 SBS/增塑剂/交联剂改性沥青由于形成弹性聚合物网络而在整个频率上具有较低的相位角曲线，与SBS/交联剂改性沥青相比，SBS/增塑剂/交联剂改性沥青的相位角曲线显示出更完整的聚合物网络。在 1rad/s 之后，SBS/增塑剂改性沥青与 SBS 改性沥青相比，较高的相位角由于溶胀的 SBS 对剪切的敏感性而显示出黏性。

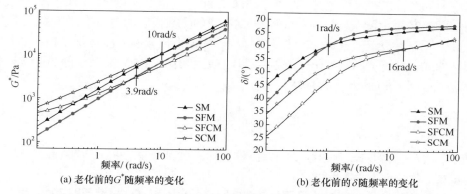

(a) 老化前的G^*随频率的变化　　　　　　(b) 老化前的δ随频率的变化

图 6.17　各种沥青老化前的流变行为(频率扫描，0.1～100rad/s，60℃)

SM. SBS 改性沥青(6%SBS1301)；SFM. SBS/增塑剂(糠醛抽出油)改性沥青(6%SBS1301、4%增塑剂)；SCM. SBS/交联剂改性沥青(6%SBS1301、0.2%交联剂)；SFCM. SBS/增塑剂/交联剂改性沥青(6%SBS1301、4%增塑剂、0.2%交联剂)

老化之后，如图 6.18(a)所示[35]，SBS/交联剂改性沥青的弹性行为在一定程度上增加，如在 10rad/s 的转移频率是高于老化前的。对动态剪切的敏感性下降可归因于聚合物网络的破坏。对于 SBS/增塑剂/交联剂改性沥青和 SBS/增塑剂改性沥青，在 3.9rad/s 之前比老化显示更低的过渡频率显示出 SBS/增塑剂改性沥青更黏的现象，因此 SBS/增塑剂改性沥青更容易受到影响，由于 SBS 的充分膨胀和反应，SBS/增塑剂/交联剂改性沥青的残留聚合物网络更为典型。在图 6.18(b)中，SBS/交联剂改性和 SBS/增塑剂/交联剂改性沥青较低的相位角曲线表明，老化后

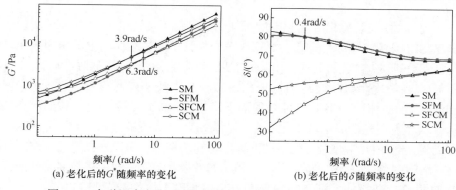

(a) 老化后的G^*随频率的变化　　　　　　(b) 老化后的δ随频率的变化

图 6.18　各种沥青老化后的流变行为(频率扫描，0.1～100rad/s，60℃)

沥青中残留聚合物网络的存在，SBS/增塑剂/交联剂改性沥青的相位角较低，再次表现出弹性聚合物网络。0.4rad/s 后 SBS/增塑剂改性沥青的相位角曲线更高，表明其出现更加黏性的行为，这可归因于溶胀的 SBS 对老化的敏感性[35]。

　　为了了解沥青路面正常工作温度范围内黏弹性能的温度依赖性，对五种不同温度下的沥青进行了频率扫描试验：20℃、30℃、40℃、50℃、60℃，参考温度为 40℃。依据时间-温度叠加原理，根据各自的复数模态的主曲线计算偏移因子。如其他研究人员以前报道的，沥青转换因子的温度依赖性可能适合 Arrhenius 方程，如式(6.4)所示。在本研究的温度范围内，所有样品的转换因子的温度依赖性都很好地用 Arrhenius 方程描述：

$$\alpha(T)_0 = \exp\left[\frac{E_a}{R}\left(\frac{1}{T} - \frac{1}{T_0}\right)\right] \tag{6.4}$$

式中，$\alpha(T)_0$ 为相对于参考温度的转换因子；E_a 为活化能；R=8.314J/(mol·K)；T 为温度，K；T_0 为参考温度。

　　虽然所研究的材料数量有限，不能得出一般结论，但老化后出现的差异似乎是显著的。每个样品的 E_a 值见表 6.8，显示沥青或聚合物分子的作用力。沥青或聚合物分子的相互作用是强还是弱，可以在很大程度上用 E_a 的值来描述。

表 6.8　SBS 改性沥青老化前后的 E_a 值

改性沥青种类	E_a/(kJ/mol)	
	老化前	老化后
SBS 改性沥青	172.2	174.9
SBS/增塑剂改性沥青	166.7	106.2
SBS/交联剂改性沥青	167.6	170.2
SBS/增塑剂/交联剂改性沥青	161.2	162.2

　　从表 6.8 中可以看出，增塑剂的添加明显降低了沥青的 E_a，SBS/增塑剂改性沥青比 SBS 改性沥青的 E_a 低。沥青或聚合物分子的相互作用由于增塑剂的稀释而降低是合理的。交联剂也具有相同的效果，相应地，SBS/交联剂改性沥青和 SBS/增塑剂/交联剂改性沥青的 E_a 值低于 SBS 改性沥青和 SBS/增塑剂改性沥青。聚合物和沥青分子的相互作用因交联反应而下降。因为沥青中聚合物颗粒的形态和分布从较粗颗粒到光滑的细丝变化很大，导致 SBS 与沥青的摩擦力差。老化后，大部分沥青的 E_a 值相应增加，由于硬沥青组合物的增加，沥青分子的相互作用变得明显。增塑剂和交联剂仍然具有与 E_a 相同的效果，例如，SBS/交联剂改性沥青和 SBS/增塑剂/交联剂改性沥青的 E_a 较低。SBS/增塑剂改性沥青的 E_a 最低，表明溶

胀的 SBS 严重降解，这明显降低了沥青和聚合物分子的相互作用[35]。

3. 重复蠕变

最近，高性能沥青路面规格参数 $G^*/\sin\delta$ 的有效性受到质疑，沥青零剪切黏度试验方案的提议受到重视。零剪切黏度用于评估沥青的高温性能。与车辙因子 $G^*/\sin\delta$ 相比，零剪切黏度似乎充分说明了沥青结合料如何有助于路面车辙行为。一般来说，沥青零剪切黏度试验采用频率扫描和 60℃单蠕变试验，但已经发现，改性沥青的试验方式不合理。因为改性沥青在 60℃和低频或剪切速率下不可能变成牛顿流体。研究表明，反复蠕变试验是值得评估的可能替代方法，特别是在剪切速率和温度选择方面。

美国 NCHRP 459 报告的反复蠕变和恢复试验本质上是一个试验，以期更好地模拟现场条件，因为它包括在短时间内施加压力使材料在较长时间内恢复，并重复此循环多次。这样可以模拟路面上的车辆。重复蠕变试验被建议作为评估永久应变积累的沥青的更好方法。蠕变刚度的黏性组分被发现是永久应变累积的良好指标，并被提出作为一个更好的规范参数。

对所有沥青进行反复蠕变恢复试验。该试验进行 100 次循环加载，每次施加 30Pa 的应力 1s，恢复 9s。这些测试参数是基于 NCHRP 459 报告的建议。根据建议，将反复蠕变恢复试验的第 50 个和第 51 个周期的时间和应变数据拟合到 Burgers 模型方程中，如式(6.5)所示[35]。

$$\gamma(t) = \frac{\tau_0}{G_0} + \frac{\tau_0}{G_1}\left(1 - e^{-tG_1/\eta_1}\right) + \frac{\tau_0 t}{\eta_0} \tag{6.5}$$

式中，$\gamma(t)$ 为剪切应变；τ_0 为恒定剪切应变；G_0 为 Maxwell 模型的弹性常数；G_1 为 Kelvin 模型的弹性常数；η_1 为 Kelvin 模型的缓冲常数；t 为加载时间；η_0 为 Maxwell 模型的缓冲常数。

方程式(6.6)表示蠕变顺应性 $J(t)$、弹性组分(J_e)、延迟弹性分量(J_{de})及黏性成分(J_v)。

$$J(t) = \frac{1}{G_0} + \frac{1}{G_1}\left(1 - e^{-tG_1/\eta_1}\right) + t/\eta_0 = J_e + J_{de} + J_v(t) \tag{6.6}$$

黏性成分与黏度成反比，与应力和载荷时间成正比。基于蠕变响应的这种分离，顺应性可以用作沥青对抗车辙阻力的贡献指标。代替使用单位为 1/Pa 的顺应性 $J_v(t)$，并且与在美国公路战略研究计划(Strategic Highway Research Program, SHRP)计划中引入的刚度概念相容，可以使用 G_v 的倒数。定义 G_v 为蠕变刚度的黏性分量，如式(6.7)所示[35]。

$$G_v(t) = \frac{1}{J_v(t)} = \frac{\eta_0}{t} \tag{6.7}$$

　　SBS 改性沥青老化前后的 G_v 值见表 6.9[35]。在老化之前，SBS 改性沥青比其他沥青更坚韧，拥有最高的 G_v 值，这意味着 SBS 改性沥青在高温下更能抵抗变形。通过硫化，如 SBS/交联剂改性沥青的 G_v 所示，SBS 改性沥青的车辙阻力下降。交联聚合物网络易于动态剪切，并在重复动态剪切下被破坏。作为稀释增塑剂的结果，与 SBS 改性沥青相比，SBS/增塑剂改性沥青的 G_v 明显下降，由于在沥青中存在弹性聚合物网络，SBS/增塑剂/交联剂改性沥青的 G_v 略高于 SBS/交联剂改性沥青。老化后，硬质沥青成分如沥青质和胶质的增加，从而提高抗车辙能力，这可以从相比老化前更高的 G_v 值体现。老化沥青中 G_v 值的顺序仍然取决于增塑剂和交联剂的作用，SBS 改性沥青具有最高的 G_v 值，SBS/增塑剂改性沥青次之。由于沥青中残留的聚合物网络，SBS/增塑剂/交联剂改性沥青的 G_v 仍高于 SBS/交联剂改性沥青。

表 6.9　SBS 改性沥青老化前后的 G_v 值

改性沥青种类	G_v/Pa	
	老化前	老化后
SBS 改性沥青	3824.6	6261.7
SBS/增塑剂改性沥青	3044.1	5332.4
SBS/交联剂改性沥青	2191.7	3946.8
SBS/增塑剂/交联剂改性沥青	2583.1	4439.6

4. 低温流变性能

　　通过在-10℃下使用 BBR 测试了 SBS 改性沥青、SBS/增塑剂改性沥青和 SBS/增塑剂/交联剂改性沥青的低温流变性能，结果如图 6.19 所示[36]。在老化前，如图 6.19(a)所示，SBS/增塑剂改性沥青在整个试验时间内具有较低的蠕变劲度(S)和较高的蠕变速率(m)，显示溶胀的糠醛抽出油弹性提高。SBS/增塑剂/交联剂改性沥青的较高的蠕变劲度 S 表明通过添加硫而降低的柔性，这归因于在沥青中形成交联的 SBS 网络，并且在 SBS 分子形成的多硫键大大限制了它们的运动并降低了抗裂性。老化后，如图 6.19(b)所示，与 SBS 改性沥青相比，SBS/增塑剂改性沥青的较低 S 和较高 m 表示了明显的黏性行为，这意味着膨胀的 SBS 在 TFOT 老化后更容易老化并严重降解。对于 SBS/增塑剂/交联剂改性沥青，与 SBS/增塑剂改性沥青相比，进一步升高的 m 和下降的 S 显示出老化后更明显的黏性行为。作为硫化的结果，沥青中溶胀和交联的 SBS 颗粒变得更加微弱，导致对老化的敏

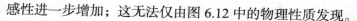

感性进一步增加；这无法仅由图 6.12 中的物理性质发现。

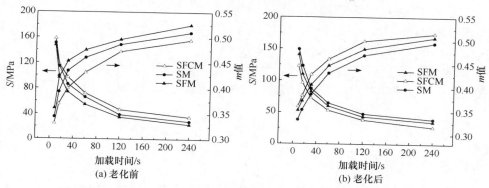

图 6.19　在–10℃下改性沥青老化前后的 S 和 m 值随加载时间的变化

SM. SBS 改性沥青(6%SBS1301)；SFM. SBS/增塑剂(糠醛抽出油)改性沥青(6%SBS1301、4%增塑剂)；SFCM. SBS/增塑剂/交联剂改性沥青(6%SBS1301、4%增塑剂、0.2%交联剂)

6.1.5　结构分析

1. 元素分析

糠醛抽出油作为一种制备改性沥青过程中的改性助剂，对决定高黏沥青的性能起着至关重要的作用，为了进一步研究糠醛抽出油的主要元素，采用元素分析、核磁共振分析、红外光谱分析、形貌分析、热分析对沥青进行测试。

在本研究中，糠醛抽出油作为增塑剂首次用于高黏沥青的制备，它的成分与其他沥青相似，包括四种沥青组分如沥青质、芳香分、胶质和饱和分。为了研究并比较糠醛抽出油和沥青的组成，分析了糠醛抽出油和沥青的主要元素，见表 6.10[36]。从表中可以看出，四种主要元素的含量如碳、氢是相似的，而且糠醛抽出油和沥青的主要元素仍然是碳，这表明糠醛抽出油和沥青在一定程度上具有相同的组成。糠醛抽出油外硫的存在应该是由于在提纯糠醛抽出油过程中使用了硫。

表 6.10　糠醛抽出油和基质沥青的元素组成(质量分数/%)

项目	氮(N)	氢(H)	碳(C)	硫(S)
基质沥青	0.79	9.31	81.3	<0.3
糠醛抽出油	<0.3	9.79	83.6	5.57

注：基质沥青采用福州 70#。

2. 核磁共振分析

为了研究和比较增塑剂和沥青的组成，对基质沥青和糠醛抽出油进行了核磁共振分析，得到的结果如图 6.20 所示。可以看出糠醛抽出油和基质沥青的 ^{1}H 分布相似且两个图没有新的峰出现,这表明糠醛抽出油和基质沥青具有相似的组成。相应的核磁共振数据见表 6.11[36]。^{1}H 的分布可分为芳香质子(H_{ar}, $\delta = (6\sim9)\times10^{-6}$) 和脂肪族区($H_{ar}$, $\delta = (1\sim4.0)\times10^{-6}$),脂肪族区又可进一步被分为三个部分:$H_\alpha(\delta=(2.0\sim4.0)\times10^{-6})$, $H_\beta(\delta=(1.0\sim2.0)\times10^{-6})$, $H_\gamma(\delta=(0.5\sim1.0)\times10^{-6})$。两种样品 H 的分布百分数见表 6.12。可以看出, H_{ar} 含量相似且 H_β 和 H_γ 分布也只有细微的差别,这表明基质沥青和糠醛抽出油的主要成分是相似的。

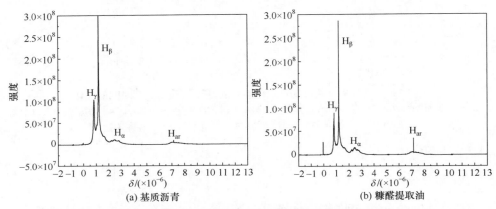

图 6.20　基质沥青和糠醛抽出油的核磁共振波谱图

表 6.11　核磁共振图谱中氢质子的种类

参数	化学位移/($\times10^{-6}$)	质子种类
H_{ar}	6.0~9.0	芳香族氢
H_α	2.0~4.0	芳香环 α 碳原子上的脂肪族氢
H_β	1.0~2.0	芳香环 β 碳原子以及 β 碳原子以外的 CH_2、CH 上的脂肪族氢
H_γ	0.5~1.0	芳香环 γ 碳原子以及 γ 碳原子以外的 CH_3 上的脂肪族氢

表 6.12　基质沥青和糠醛抽出油氢质子的分布

项目	H_{ar}	H_α	H_β	H_γ
基质沥青	0.06	0.14	0.60	0.20
糠醛抽出油	0.06	0.19	0.55	0.20

注:基质沥青采用福州 70#。

3. 红外光谱分析

　　基质沥青和糠醛抽出油的红外光谱图如图 6.21(a)所示。在 $2855\sim2935cm^{-1}$ 区域内的强峰是脂肪族上典型的 C—H 键伸缩振动。在 $1605.3cm^{-1}$ 处的峰是由芳香族上 C═C 键的伸缩振动导致的。在亚甲基 CH_2 和甲基 CH_3 上的 C—H 键非对

称变形以及甲基 CH_3 上的 C—H 键的对称变形可分别在 1454.1cm^{-1} 和 1375.2cm^{-1} 处观察到。在 1219.3cm^{-1} 处的峰对应于$(CH_3)_3C$—R 的框架振动。在 667.2～871.2cm^{-1} 区域内的小峰是苯环上典型的 C—H 键振动。可以看出糠醛抽出油和基质沥青的红外光谱图非常相似，表明具有相似的组分。

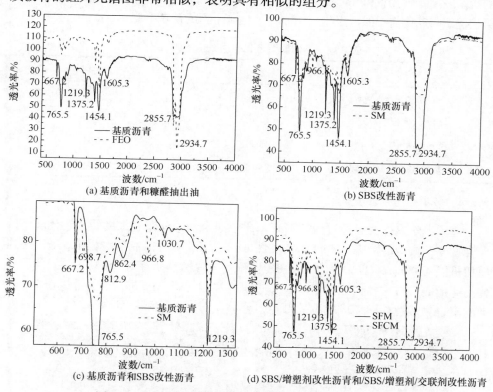

图 6.21　不同沥青和改性剂的红外光谱图(400～4000cm^{-1})

基质沥青和 SBS 改性沥青的红外光谱图如图 6.21(b) 和(c)所示[36]。在 966.8cm^{-1} 处的新吸收峰是由于 SBS 分子链上丁二烯双键上 C—H 键的弯曲振动引起的。对于 SBS/增塑剂改性沥青和 SBS/增塑剂/交联剂改性沥青，如图 6.21(d) 所示，没有新的峰出现在红外光谱图中。

沥青老化前后的光谱图相似，所以老化后的光谱图可用老化前的进行解释。对于改性沥青，丁二烯键的含量(在 966.8cm^{-1} 附近)通常用于评估丁二烯的含量。通过计算 E_q 的结构参数 $I_{CH=CH}$，可以估计由于进一步的改性或老化而导致的 SBS 共聚物的劣化。

$$I_{CH=CH} = \frac{968.7cm^{-1}\text{区域周围的乙烯带面积}}{2855\sim2935cm^{-1}\text{光谱带的面积}} \tag{6.8}$$

每种沥青的计算结果列于表 6.13 中[36]。可以看出，SBS/增塑剂改性沥青老化前

的 $I_{CH=CH}$ 比 SBS 改性沥青低,这表明丁二烯键的含量由于糠醛抽出油的稀释而降低。SBS/增塑剂/交联剂改性沥青的 $I_{CH=CH}$ 比 SBS/增塑剂改性沥青低,表明交联剂与 SBS 分子链的共轭碳键相互作用,使相应 C—H 键的弯曲振动下降。老化后,每种沥青的 $I_{CH=CH}$ 都比老化前低,这是由 SBS 的分解导致的。硫和糠醛抽出油对 $I_{CH=CH}$ 的影响仍然与老化前相似,因此,几种沥青 $I_{CH=CH}$ 值的排序不变。

表 6.13　不同沥青老化前后 $I_{CH=CH}$ 的变化

沥青种类	老化前	老化后
基质沥青	0	0
SBS 改性沥青	0.022	0.017
SBS/增塑剂改性沥青	0.018	0.014
SBS/增塑剂/交联剂改性沥青	0.016	0.013

4. 形貌分析

使用光学显微镜,通过表征沥青基质中聚合物的分布和细度研究老化前后的聚合物改性沥青的形态,如图 6.22 和图 6.23 所示。在样品制备过程中,通过高速剪切机以 4500r/min(1h)的速度将 SBS 颗粒完全剪切在沥青中,剪切力强,然后用较高速度的机械搅拌器搅拌 2h,制备过程在高温(180℃)下进行。制备过程中,较大的聚合物颗粒被剪切成较小的颗粒,分散在沥青中,相分布均匀。

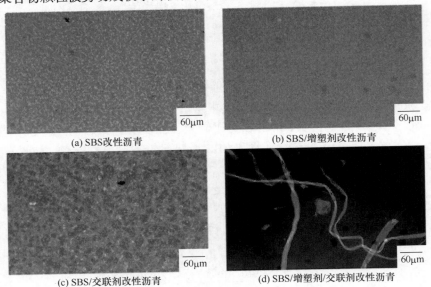

(a) SBS改性沥青　　　　　　　　　　(b) SBS/增塑剂改性沥青

(c) SBS/交联剂改性沥青　　　　　　(d) SBS/增塑剂/交联剂改性沥青

图 6.22　聚合物改性沥青老化前的形貌(光学显微镜放大 400 倍)

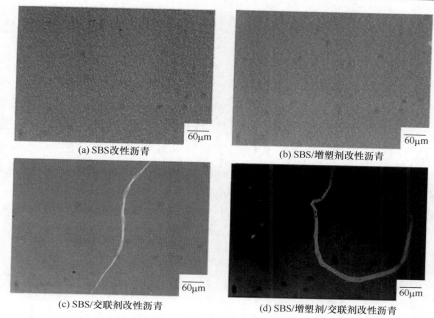

(a) SBS改性沥青　　　　　　　　　　　(b) SBS/增塑剂改性沥青

(c) SBS/交联剂改性沥青　　　　　　　(d) SBS/增塑剂/交联剂改性沥青

图 6.23　聚合物改性沥青老化后的形貌(光学显微镜放大 400 倍)

　　在 6%的 SBS 改性条件下，聚合物在沥青中的分布变得非常致密且连续。对于 SBS 改性沥青，如图 6.22(a)所示[36]，连续聚合物相由分散在沥青中的较粗的 SBS 颗粒组成。聚合物颗粒清晰的轮廓显示了 SBS 与沥青间相容性较差。SBS/增塑剂改性沥青的形貌如图 6.22(b)所示，溶胀的聚合物颗粒被剪成较小的聚合物颗粒，沥青粒径减小，轮廓变模糊，由微小的 SBS 颗粒组成的连续聚合物分布在沥青相周围。SBS/交联剂改性沥青的形貌如图 6.22(c)所示，可以看出聚合物相的形貌大大改变了。SBS 颗粒交联在一起，轮廓变得非常模糊。交联聚合物网络分散在沥青周围。沥青聚合物网络是如此稠密，以至于聚合物颗粒似乎很小。SBS/增塑剂/交联剂改性沥青如图 6.22(d)所示。显然，在形态上将 SBS/增塑剂改性沥青和 SBS/交联剂改性沥青相比，SBS 颗粒转变为丝状体分散在沥青相中的聚合物。丝状聚合物在沥青中充分拉伸并缠绕，这表明沥青中的 SBS 被溶胀充分，并与交联剂进一步反应。

　　TFOT 老化后，SBS 改性沥青的形态如图 6.23(a)所示，比老化前的颗粒小，表明聚合物降解和 SBS 是敏感老化，老化也很严重。SBS/增塑剂改性沥青如图 6.23(b)所示，SBS 颗粒的轮廓变得非常暗淡，其中大部分在沥青中进一步分解和膨胀老化。SBS/交联剂改性沥青与 SBS/增塑剂/交联剂改性沥青的形态相似，如图 6.23(c)和(d)所示。可以看出几个聚合物长丝分散在沥青和聚合物中网络退化，老化后溶解在沥青中。

5. 热分析

　　热分析是用于研究基质沥青、SBS 改性沥青、SBS/增塑剂改性沥青和 SBS/增塑剂/交联剂改性沥青老化前后的结构特性。通过在 10℃/min 下的热重结果研究了每种沥青老化前后的热行为，并通过 TG、DTG、DSC 曲线将结果显示出来，如图 6.24 和图 6.25 所示。TG 曲线表明所有沥青的主要质量损失过程发生在 350~500℃，而质量损失主要是由沥青轻组分如饱和分和芳香分的挥发以及 SBS 和沥青硬组分的分解导致的，这是主要的质量损失阶段，可以从 DSC 和 DTG 曲线的众多明显特征看出。

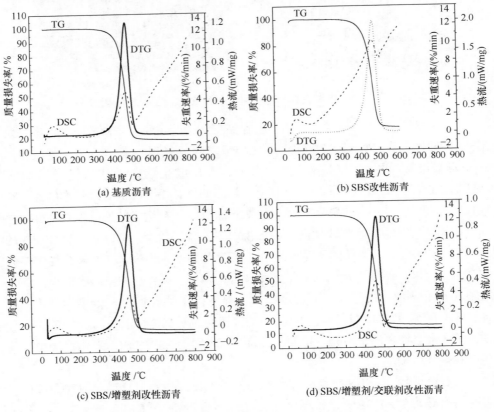

(a) 基质沥青

(b) SBS改性沥青

(c) SBS/增塑剂改性沥青

(d) SBS/增塑剂/交联剂改性沥青

图 6.24　各种沥青老化前的 TG、DTG、DSC 曲线

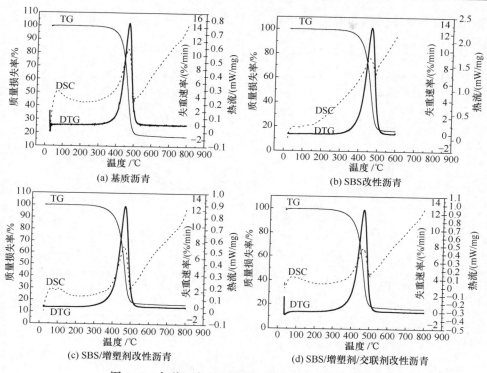

(a) 基质沥青　　　　　　　　(b) SBS改性沥青

(c) SBS/增塑剂改性沥青　　　(d) SBS/增塑剂/交联剂改性沥青

图 6.25　各种沥青老化后的 TG、DTG、DSC 曲线

各种沥青老化前的 DSC 曲线对比图如图 6.26 所示[36]。DSC 曲线表明每种沥青的热动力行为可以通过吸热峰描述并且其面积可以做切线计算，如图 6.27 所示。各种沥青老化前后的峰面积计算结果见表 6.14[36]。峰面积可以用于评估分子量分布和沥青的组成。宽或较大的峰面积表明分子量的分布和组成更复杂，反之亦然。在图 6.26 中，SBS 改性沥青的曲线随温度升高愈发升高，表明分解消耗了更多的能量，这也可以通过表 6.14 中 SBS 改性沥青具有更大的吸热峰面积进一步证明。对于原 SBS 改性沥青，分散于沥青中的 SBS 颗粒通常更粗糙且尺寸较大，从而导致分解过程需要吸收更多的能量。SBS/增塑剂改性沥青的吸热峰比 SBS 改性沥青小，表明在主要的热分解过程中其消耗的能量较少。糠醛抽出油很浓(稠)且沸点较高，这在很大程度上阻止了主要质量损失过程中沥青轻组分的挥发。相比于 SBS/增塑剂改性沥青，SBS/增塑剂/交联剂改性沥青较小的峰面积是由于硫的作用。由于交联反应的作用，沥青中 SBS 的形貌从粗颗粒变为细丝状，即明显减少了 SBS 的颗粒尺寸，从而导致热分解过程消耗的能量较少。在表 6.14 中，老化沥青的峰面积比老化前减小了一点。由于老化后聚合物的降解作用，SBS 含量大大降低，而更少的残余 SBS 导致加热中更少的能量消耗。然而，各种沥青峰

面积的大小排序仍然和老化前相似，并且 SBS、糠醛提取油、硫的影响再一次被证明。

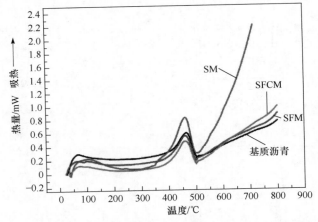

图 6.26 基质沥青、SBS 改性沥青、SBS/增塑剂改性沥青、SBS/增塑剂/交联剂
改性沥青的 DSC 曲线

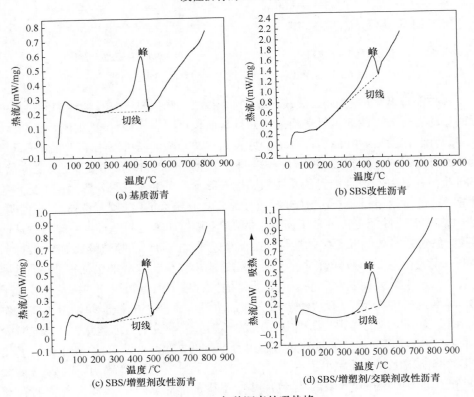

图 6.27 各种沥青的吸热峰

表 6.14　不同沥青老化前后峰面积的计算结果

沥青种类	基质沥青	SBS 改性沥青	SBS/增塑剂改性沥青	SBS/增塑剂/交联剂改性沥青
老化前	27.0	38.5	23.8	22.2
老化后	23.7	28.6	22.8	21.9

6.2　高弹性沥青

6.2.1　概述

高弹性沥青是一种特殊的 SBS 复合改性沥青，相比普通 SBS 改性沥青具有优良的高弹性恢复率性能和更好的高温性能和低温性能。目前，在旧水泥路面改造中，沥青常被采用。在旧水泥混凝土路面改造中，在旧路上的沥青路面覆盖层容易开裂，从而降低旧路荷载承载力，导致服务期缩短。这是因为有太多的旧水泥路面裂缝引起的应力集中于沥青路面的底部。因此，在旧水泥路面与沥青路面覆盖一个称为应力吸收层的路面是非常必要的，如图 6.28 所示[37]。应力吸收层可以有效分散集中在沥青路面底部的应力，并在很长一段时间内防止沥青路面开裂。在很多工程项目中，应力吸收层可以由不同的材料如塑料土工格栅、土工织物和沥青混合料制造；然而，已经发现，沥青混合料的疲劳抗性方面的变形恢复、抗裂性优于其他材料。这种沥青混合料由细骨料和高弹性沥青组成[34]。

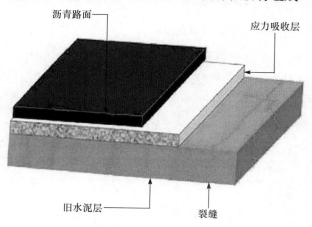

沥青路面

应力吸收层

旧水泥层

裂缝

图 6.28　应力吸收层的位置

自 1994 以来，应力吸收技术在美国得到了广泛的应用。目前，由 Koch 公司提出的应力吸收层系统是一项专利技术，并且在这个领域是最被公认的。然而，高弹性沥青和由 Koch 公司提供的打包技术是非常昂贵的，许多国家和地区无法承担，这就在很大程度上制约了它的应用。在中国，旧水泥路面的重建是一个很重要的过程，它需要在交通运输业的发展下完成。有的旧水泥路面需要覆盖沥青面层来满足日益增长的交通量。然而，许多施工单位缺少高弹性沥青，使得工程难以完成。虽然国内一些沥青厂也能生产出产品，但配方是保密的，且价格也昂贵。因此，让更多建设单位了解高弹性沥青的关键技术是很有必要的，以便在实际生产中发挥作用[37]。

本节指出了高弹性沥青配合比和性能方面的特点，并通过加入 SBS、增塑剂、交联剂等展示了一种有效地制备高弹性沥青的方法，并对各改性剂的影响进行了研究。提供的配合比及制备高弹性沥青的方法很简单。邻苯二甲酸二辛酯是一种首次用于沥青改性中很好的增塑剂。高弹性沥青的性能非常好，可以与同类产品竞争。为了进一步了解改性机理，采用了许多更有效的分析方法(包括核磁共振)来研究改性沥青的结构特点：

(1) 采用流变试验方法，通过比较主曲线，研究改性剂和老化对沥青流变性能和结构特性的影响。

(2) 采用形态学观察方法研究不同老化或改性条件下沥青的形态特征及聚合物与沥青的相容性。

(3) 傅里叶变换红外光谱和核磁共振测试等方法研究改性剂和老化对改性沥青主要官能团分布的影响。

用不同的方法得到的结果是互补的，从各个方面描述了每种沥青的结构特性。

6.2.2 高弹性沥青的制备与物理性能

高弹性沥青中每种改性剂的比例在确定沥青的物理性能方面都至关重要。在制备高弹性沥青之前，需要知道类似产品的物理性能和相应的标准。Koch 公司提出的物理性能标准见表 6.2[37]，基础沥青和高弹性沥青产品的详细物理性能见表 6.15。高弹性沥青产品由广州路翔股份有限公司提供。

表 6.15 基质沥青和高弹性沥青的物理性能

物理性能	基质沥青	高弹性沥青
软化点/℃	49.8	88.5
针入度(25℃)/0.1mm	60.0	72.9
黏度(135℃)/(Pa·s)	0.77	3.69
延度(5℃)/cm	0	56.4
柔度(5℃)/(cm/N)	0	0.87
黏韧性(25℃)/(N·m)	5.1	24.3

续表

物理性能		基质沥青	高弹性沥青
韧性(25℃)/(N·m)		0	18.3
弹性恢复率	(25℃，3min)/%	10	90
	(25℃，1h)/%	18.5	100
软化点差/℃		—	0.2
TFOT 老化后			
软化点/℃		54.3	80.2
针入度(25℃)/0.1mm		34	59
延度(5℃)/cm		0	47.2
柔度(5℃)/(cm/N)		0	0.71
黏韧性(25℃)/(N·m)		8.9	24.3
韧性(25℃)/(N·m)		0	18.7
弹性恢复率	(25℃，3min)/%	7	80
	(25℃，1h)/%	28	100

注：基质沥青采用福州 70#。

    Koch 公司建议的高弹性沥青标准仅显示物理性能的一些基本要求。从表 6.2 中可以看出，要求侧重于高温性能、低温性能和弹性恢复，这表明高弹性沥青在这些物理性能上应更为主导。实际上，中国制造的大多数高弹性沥青可以达到标准。

    基质沥青和高弹性沥青的物理性能列于表 6.15。与基质沥青相比，高弹性沥青在老化前后具有极佳的高温性能和低温性能，如软化点、延展性和柔韧性。此外，高弹性沥青具有更好的保持应力和抗变形能力，如韧性和黏韧性。通常韧性和黏韧性是高弹性沥青应用中要考虑的主要性能。韧性表示道路石材基质的保持应力，黏韧性表现出抗变形能力，黏韧性是韧性的主要成分。弹性恢复也是高弹性沥青的主要特征，可以看出，老化前 3min 或老化后 5min 的弹性恢复率非常高，1h 弹性恢复率达到 100%，这意味着高弹性沥青在交通负载释放后具有良好的变形恢复能力。储存稳定性试验结果表明，高弹性沥青具有良好的储存稳定性。与基质沥青相比，高弹性沥青的物理性能改善表明，基质沥青的改进主要取决于添加 SBS，通过评估，SBS 仍然是主要的改性剂。

    在本研究中，选择了改性剂，包括 SBS、增塑剂和交联剂来制备高弹性沥青。为了研究每种改性剂的影响，制备了 SBS 改性(SM)沥青，SBS/交联剂改性(SCM)沥青，SBS/增塑剂改性(SPM)沥青和 SBS/增塑剂/交联剂改性(SPCM)沥青，每种沥青的比例和相应的物理性能如图 6.29 所示[37]。可以看出，与沥青相比，SBS 改性沥青的物理性能大大提高。由于 SBS 的硬端聚苯乙烯片段和软端丁二烯结构域的结构特征，SBS 改性沥青具有更好的高温性能和低温性能，如老化前后软化点和低温延展性及柔韧性增加。由于在沥青中形成连续的聚合物网络，因此 SBS 改性沥青变得更有弹性，抗变形能力也大大提高，如弹性恢复率、韧性和柔韧性。然而，SBS 改性沥青非常不稳定，储存稳定性试验的软化点差为 49.2℃。由于沥青和 SBS 分子量的差异，SBS 在高温下储存时很容易从沥青中分离出来并漂浮在沥青的顶部。因此，需要通过添加交联剂进一步进行改性，并且图 6.29 显示了 SBS/交联剂改性沥青的物理性质。储存稳定性试验后，SBS/交联剂改性沥青的软化点差异仅为 1.1℃，显示出聚合物和沥青良好的相容性，这主要归因于 SBS 与交联剂的反应。同时，SBS 颗粒尺寸随着交联反应而减小，SBS/交联剂改性沥青变软，弹性恢复率增加，与 SBS 改性沥青相比，3min 弹性恢复率、韧性和黏韧性降低。此外，由于沥青中交联聚合物网络的形成，SBS/交联剂改性沥青的软化点和黏度略有增加。然而，延展性和黏韧性降低，因为通过形成新的化学键，聚合物分子中存在更多的限制。老化后，与 SBS 改性沥青相比，SBS/交联剂改性沥青的较高软化点显示交联聚合物老化后不会完全降解，而且老化后沥青硬组分的增加使得沥青变得坚韧，导致黏韧性和韧性、弹性恢复提高。

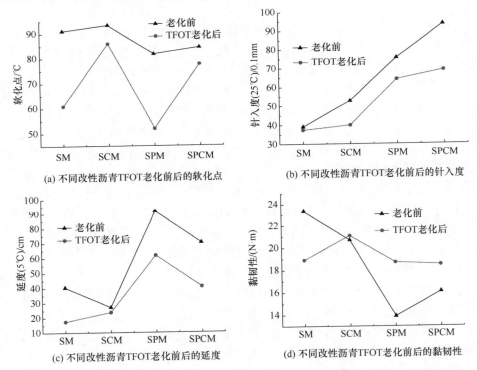

(a) 不同改性沥青TFOT老化前后的软化点

(b) 不同改性沥青TFOT老化前后的针入度

(c) 不同改性沥青TFOT老化前后的延度

(d) 不同改性沥青TFOT老化前后的黏韧性

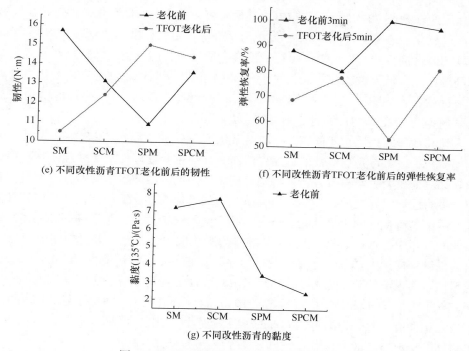

图 6.29　不同改性沥青老化前后的物理性能

SM. SBS 改性沥青(6%SBS1301)；SCM. SBS/交联剂改性沥青(6%SBS1301、0.2%交联剂)；SPM. SBS/增塑剂改性
沥青(6%SBS1301、4%增塑剂)；SPCM. SBS/增塑剂/交联剂改性沥青(6%SBS1301、4%增塑剂、0.2%交联剂)

　　SBS/增塑剂改性沥青的物理性能如图 6.29 所示[37]。可以看出，与 SBS 改性
沥青和 SBS/交联剂改性沥青相比，添加增塑剂可以提高延展性、柔韧性、弹性恢
复率。由于 SBS 通过添加增塑剂而充分溶胀，所以 SBS 颗粒变得更有弹性。同
时，增塑剂的添加降低了沥青的密度，使沥青更加柔软，因此降低了软化点、韧
性和黏韧性，使得高温性能、抗变形性能降低。老化后，软化点和弹性恢复率均
低于 SBS 改性沥青、SBS/交联剂改性沥青。虽然沥青质或胶质等沥青硬组分在老
化后增加，但聚合物的损失仍然在改变的物理性能上起主要作用，而且老化后的
聚合物损失使得沥青更软，如较差的软化点和弹性恢复率。然而，SBS/增塑剂改
性沥青的强度高于其他沥青，这是因为 SBS 膨胀充分变得更有弹性，并且在韧性
测试中沥青丝可以拉伸得更长，这导致韧性增加。然而，SBS/增塑剂改性沥青的
储存稳定性仍然很差，顶部和底部的软化点差为 48.7℃。
　　SBS/增塑剂/交联剂改性沥青的物理性能如图 6.29 所示[37]。与 SBS/增塑剂改
性沥青和 SBS/交联剂改性沥青相比，SBS/增塑剂/交联剂改性沥青具有更好的储
存稳定性和弹性恢复性。老化前后的软化点、延展性和柔韧性、韧性和黏韧性等
主要物理性质是合理的。考虑到高弹性沥青的物理性能改善，高弹性沥青的合理

针入度应在 80~90(0.1mm)范围内(由其他研究人员研究)。储存稳定性试验后所有样品的软化点差异不高于 2.5℃，显示出良好的稳定性。虽然老化后 SBS/增塑剂/交联剂改性沥青的物理性能不可避免地会有所损失，但老化的沥青仍然具有良好的高温性能、低温性能和弹性。对于 SBS/增塑剂/交联剂改性沥青，老化后合理的渗透性、延展性、柔韧性和韧性表现出这一比例(6%SBS1301，4%增塑剂、0.2%交联剂)对于制备高弹性沥青是最佳的、合理的。

与其他研究相比，有必要进一步突出高弹性沥青的优势。在 SBS 改性沥青的其他研究中，重点是稳定性的提高；然而，其他主要物理性质如弹性恢复和韧性及黏韧性的研究根本没有进行，特别是使用增塑剂，因此报道的沥青不可能用于应力吸收层。除此之外，与之前研究中制造的其他改性沥青相比，高弹性沥青老化前后都具有良好的物理性能。还有一些主要的物理性质，包括韧性和黏韧性，以前的工作中的弹性恢复，这些性能在应力吸收层中起着至关重要的作用。此外，以前也没有使用增塑剂。老化前后高弹性沥青的黏韧性和韧性大于 10N·m，远远超过以前报道的苯乙烯-丁二烯橡胶(SBR)改性沥青。与报道的 SBS 改性沥青相比，高弹性沥青的较高软化点(老化前 80℃和老化后 70℃)显示出更好的高温性能和耐老化性能。此外，高弹性沥青的弹性恢复性(老化前 97%，老化后 80%)表现出优良的变形恢复能力。

6.2.3 流变性能

1. 温度扫描

为了研究添加改性剂对 SBS 改性沥青流变性能的影响，采用不同流变测试模式对最佳配合比下的 SBS 复合改性沥青进行了测试。测试样品是 SBS 改性沥青、SBS/交联剂改性沥青、SBS/增塑剂改性沥青和 SBS/增塑剂/交联剂改性沥青。聚合物改性沥青在高温范围的流变行为如图 6.30(a)和(b)所示[37]。从图 6.30(a)中可以看出，随着温度的升高，在 72.4℃之后，SBS/增塑剂改性沥青的 G^* 越来越低。由于增塑剂的进一步溶胀，SBS 颗粒变软，在制备时容易被剪切，因此 SBS/增塑剂改性沥青中的 SBS 粒径小于 SBS 改性沥青，这将导致一定程度上高温的 G^* 较低。通过硫化反应，SBS 分子通过聚硫键交联，使 SBS 粒子从不规则形状转变为丝状体，而这些丝状聚合物进一步缠结，形成致密的聚合物网络。因此，对硫化沥青的弹性行为有一定程度的提高，这也通过 SBS/增塑剂/交联剂改性沥青在 72.4℃后的 G^* 高于 SBS/增塑剂改性沥青证明了。对于 SBS/交联剂改性沥青，在没有增塑剂溶胀的条件下形成一个更具弹性的聚合物网络，导致比其配方具有更高的 G^*。图 6.30(b)相位角曲线显示，随着温度的升高，在 100℃左右有最小值，这表明在沥青中有一个连续的聚合物网络。样品的相位角值各不同,这取决于聚合物特性和沥青组成。相位角曲线上较低的值表示聚合物分子的相互作用更多。由于增塑剂的进一步溶胀,SBS 颗粒在沥青中的分散变得松散,且聚合物分子相互作用减弱,正如对比于 SBS 改性沥青的相位角最小值。然而,对于交联聚合物改性沥青,聚合物分子中存在更多的相互作用,因为大多数分子以多硫键连接在一起,因此在相位角曲线上会有一个更明显的极小值。随温度升高,SBS/交联剂改性沥青和 SBS/增塑剂/交联剂改性沥青的相位角曲线的转折更大表明了结构特性。由于溶胀效应,SBS/增塑剂/交联剂改性沥青相对具有更小的转折和较高的值。

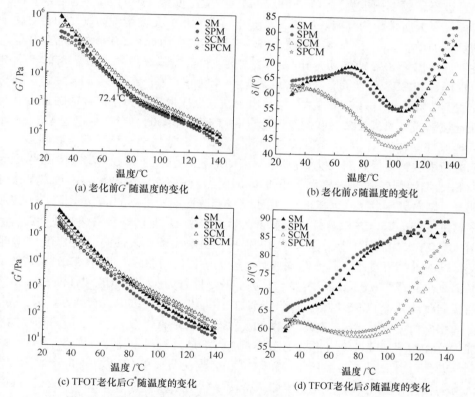

(a) 老化前 G^* 随温度的变化　　　(b) 老化前 δ 随温度的变化

(c) TFOT 老化后 G^* 随温度的变化　　　(d) TFOT 老化后 δ 随温度的变化

图 6.30　不同改性沥青老化前后的流变行为(10rad/s,30~140℃)

SM. SBS 改性沥青(6%SBS1301);SCM. SBS/交联剂改性沥青(6%SBS1301、0.2%交联剂);SPM. SBS/增塑剂改性沥青(6%SBS1301、4%增塑剂);SPCM. SBS/增塑剂/交联剂改性沥青(6%SBS1301、4%增塑剂、0.2%交联剂)

TFOT 老化后的流变特性如图 6.30(c)和(d)所示[37]。在图 6.30(c)中,随着温度的升高,SBS/交联剂改性沥青具有最高的 G^*,SBS/增塑剂/交联剂改性沥青第二,这意味着在沥青中仍然有部分交联的聚合物网络存在。由于增塑剂的稀释,老化后的 SBS/增塑剂改性沥青仍具有最低的 G^*。所有沥青的相位角曲线如图 6.30(d)

所示。结果表明，老化前曲线的特征突出的部分和最小值完全消失了，说明交联聚合物网络被严重破坏了。然而，SBS/交联剂改性沥青和 SBS/增塑剂/交联剂改性沥青的相位角曲线仍比其余样品低得多，这表明老化后交联的聚合物网络并未完全降解。SBS/增塑剂改性沥青和 SBS 改性沥青上升的相位角曲线表明老化后聚合物的降解，并且 SBS/增塑剂改性沥青具有更好的黏性行为。

2. 频率扫描

为了了解聚合物改性沥青在高温下的流变行为对频率的依赖性，本书对每种沥青进行了频率扫描测试(0.1~100rad/s)。试验温度为 60℃，因为这通常是沥青路面在夏天所承受的高温。从图 6.31(a)中可以看出，交联聚合物改性沥青对动态剪切更加敏感。在 2.51rad/s 之前，SBS/交联剂改性沥青和 SBS/增塑剂/交联剂改性沥青相比于 SBS 改性沥青和 SBS/增塑剂改性沥青具有更高的 G^*。SBS/交联剂改性沥青和 SBS 改性沥青在 2.51rad/s 有一个转移频率。在 2.51rad/s 之前，SBS/交联剂改性沥青具有较高的 G^*，这是由于交联反应形成的弹性聚合物网络；然而，随着频率的增加，SBS/交联剂改性沥青的 G^* 值迅速降低，当频率超过 2.51rad/s，SBS 改性沥青的 G^* 高于 SBS/交联剂改性沥青，这意味着交联的聚合物网络对动态剪切很敏感，提高的 G^* 随着频率的增加迅速减小。对于 SBS/增塑剂改性沥青和 SBS/增塑剂/交联剂改性沥青也可以得出同样的结论。相比于 SBS/增塑剂改性沥青，随着频率的增大，SBS/增塑剂/交联剂改性沥青提高的 G^* 迅速降低，当频率超过 9.85rad/s，SBS/增塑剂/交联剂改性沥青的 G^* 低于 SBS/增塑剂改性沥青。图 6.31(b)中，由于弹性聚合物网络的形成，SBS/交联剂改性沥青和 SBS/增塑剂/交联剂改性沥青在整个频率范围内具有较低的相位角曲线，并且 SBS/增塑剂/交联剂改性沥青在 0.631rad/s 后显示出更多的黏性行为。对于 SBS 改性沥青和 SBS/增塑剂改性沥青，SBS/增塑剂改性沥青在 10rad/s 之前更多的具有弹性行为，从较低的相位角可以看出，这是因为溶胀的 SBS 变得更有弹性。然而，随着频率的增加，SBS/增塑剂改性沥青抵抗动态剪切能力不足，表现出黏性行为。

老化后，如图 6.31(c)所示，SBS/交联剂改性沥青和 SBS/增塑剂/交联剂改性沥青的弹性行为在一定程度上增加了，转移频率分别变为 3.95rad/s 和 24.9rad/s，都比老化前高。动态剪切的敏感性下降可以归因于两个因素：一方面，沥青质或胶质等沥青硬组分增加；另一方面，交联聚合物网络老化后被严重破坏，并且不再有敏感性出现。在图 6.31(d)中，SBS/交联剂改性沥青和 SBS/增塑剂/交联剂改性沥青较低的相位角曲线显示出的弹性行为表明，交联的聚合物网络老化后并没有完全降解。相较于 SBS 改性沥青和 SBS/交联剂改性沥青，SBS/增塑剂改性沥青和 SBS/增塑剂/交联剂改性沥青分别都升高的相位角曲线分别显示它们具有更多的黏性行为，这可以归因于增塑剂的溶胀。

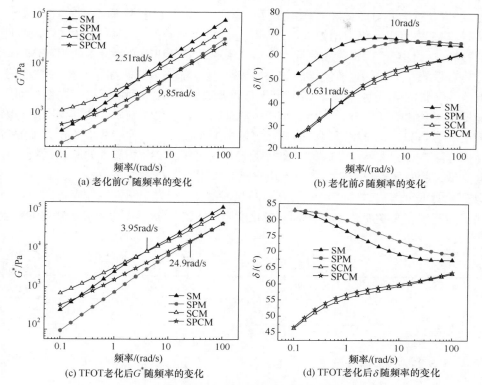

图 6.31 SBS 复合性沥青老化前后的频率扫描(0.1~100rad/s，60℃)

SM. SBS 改性沥青(6%SBS1301)；SCM. SBS/交联剂改性沥青(6%SBS1301、0.2%交联剂)；SPM. SBS/增塑剂改性沥青(6%SBS1301、4%增塑剂)；SPCM. SBS/增塑剂/交联剂改性沥青(6%SBS1301、4%增塑剂、0.2%交联剂)

为了了解沥青路面在正常工作温度范围内的黏弹性行为对温度的依赖性，对每种沥青在五个不同的温度(20℃、30℃、40℃、50℃、60℃)下，参考温度 40℃，进行频率扫描测试。根据时间-温度叠加原理，通过复合剪切模量主曲线分别计算位移因子。先前已由其他研究者报道，沥青的位移因子的温度依赖性可能符合 Arrhenius 方程。在本书研究的温度范围内，所有研究样本的位移因子的温度依赖性可由 Arrhenius 方程式(6.9)十分恰当地进行描述[37]。

$$\alpha(T)_0 = \exp\left[\frac{E_a}{R}\left(\frac{1}{T} - \frac{1}{T_0}\right)\right] \tag{6.9}$$

式中，$\alpha(T)_0$ 为相对于参考温度的位移因子；E_a 为活化能；$R=8.314\mathrm{J/(mol \cdot K)}$；$T$ 为温度，K；T_0 为参考温度。

虽然研究的材料数量有限，不能得出一般性的结论，但这些样品老化后出现的差异是显著的，每个样品的 E_a 值见表 6.16，这表明了沥青与聚合物分子的作用力。沥青与聚合物分子的相互作用是强还是弱,在很大程度上可以用 E_a 值来描述。从表 6.16 中可以看出,增塑剂的添加明显降低了沥青的 E_a 值。SBS/增塑剂改性沥青的 E_a 值小于 SBS 改性沥青。增塑剂稀释后沥青和聚合物分子的相互作用降低是合理的。交联剂也有同样的效果,SBS/增塑剂/交联剂改性沥青和 SBS/交联剂改性沥青的 E_a 分别低于 SBS/增塑剂改性沥青和 SBS 改性沥青。交联剂的加入降低了聚合物与沥青分子的相互作用,这是因为通过化学交联,使沥青中聚合物粒子的形态和分布发生了很大的变化。发生交联反应后,大多数聚合物分子的多硫键连接在一起,沥青中粗糙的 SBS 颗粒变得光滑,SBS 和沥青的摩擦系数大幅度降低,所以沥青与聚合物分子不再有相互作用,从而导致 E_a 减少。老化后,所有沥青的 E_a 值相应增加,沥青混合料的强度增加,沥青分子间的相互作用变得明显。增塑剂和交联剂对 E_a 的影响同老化前相似,因此沥青中 E_a 值大小序列不发生变化。

表 6.16   SBS 复合改性沥青的 E_a 值

改性沥青种类	E_a/(kJ/mol)	
	老化前	老化后
SBS 改性沥青	177.6	178.1
SBS/增塑剂改性沥青	156.5	162.2
SBS/交联剂改性沥青	170.9	172.8
SBS/增塑剂/交联剂改性沥青	154.8	161.1

3. 重复蠕变

最近,高性能路用沥青的有效性规范参数 $G^*/\sin\delta$ 受到质疑,Hu 等提出用动态蠕变测试研究沥青的高温抗车辙性能。这个问题也在美国 NCHRP459 报告中被测试。重复蠕变试验被建议作为估计沥青抗永久变形积累的一个更好的方法。蠕变劲度模量的黏性成分被发现是评价永久应变积累的一个很好的指标,并且被认定为一个更好的参数。对所有的沥青进行了重复蠕变恢复测试。重复蠕变恢复试验能更好地模拟现场条件,因为它适用于短时应力加载,而让材料在较长持续时间内恢复,并重复多次。这在某种程度上模拟了车辆通过路面的过程。测试包括100 个周期的加载,压力为 30Pa,加载 1s,恢复 9s,这些参数的测试是基于 NCHRP的研究建议。在建议基础上,用重复蠕变恢复测试的第 50 个和第 51 个周期的时间和应变数据与四个元素的 Burgers 模型进行拟合,如式(6.10)所示。

$$\gamma(t) = \frac{\tau_0}{G_0} + \frac{\tau_0}{G_1}\left(1 - e^{-tG_1/\eta_1}\right) + \frac{\tau_0 t}{\eta_0} \tag{6.10}$$

式中，$\gamma(t)$ 为剪切应变；τ_0 为恒定的剪切应变；G_0 为 Maxwell 模型刚度常数；G_1 为 Kelvin 模型刚度常数；η_1 为 Kelvin 模型阻尼常数；t 为加载时间；η_0 为 Maxwell 模型阻尼常数。

方程式(6.11)表示蠕变柔量 $J(t)$，包括弹性组分(J_e)、延迟弹性组分(J_{de})、黏性组分(J_v)。

$$J(t) = \frac{1}{G_0} + \frac{1}{G_1}\left(1 - e^{-tG_1/\eta_1}\right) + \frac{t}{\eta_0} = J_e(t) + J_{de}(t) + J_v(t) \tag{6.11}$$

黏性成分与 η_0 成反比，与应力和加载时间成正比。基于这种分离的蠕变响应，柔度可以用来作为对沥青抗车辙性能贡献的指标。若不使用柔度 $J_v(t)$，其单位为 1/Pa，而又要与 SHRP 引入的刚度概念兼容，可以使用柔度的倒数 G_v。G_v 的定义是蠕变劲度模量的黏性成分，如式(6.12)所示。

$$G_v(t) = \frac{1}{J_v(t)} = \frac{\eta_0}{t} \tag{6.12}$$

蠕变劲度模量的黏性成分 $G_v(t)$，被认为是永久应变积累的一个很好的指标，并被作为一个更好的规格参数。用 $G_v(t)$ 评价沥青的抗车辙性能。较高的黏性刚度表明沥青抗永久变形性能更好。

每种沥青的 G_v 值见表 6.17。老化前，SBS 改性沥青似乎比其余沥青更坚韧，拥有最高的 G_v，这意味着 SBS 改性沥青在高温下抗变形能力更好。通过硫化，SBS 改性沥青抗车辙性能下降，从 SBS/交联剂改性沥青的 G_v 可以看出，交联聚合物网络对动态剪切敏感，在反复剪切下破坏。在增塑剂被稀释之后，相比于 SBS 改性沥青，SBS/增塑剂改性沥青和 SBS/增塑剂/交联剂改性沥青 G_v 明显下降。SBS/增塑剂/交联剂改性沥青的 G_v 比 SBS/增塑剂改性沥青高一点，这是由于沥青中弹性聚合物网络的存在。老化后，沥青硬成分如沥青质和胶质增加，从而提高了抗车辙能力，表现为较老化前有更高的 G_v。老化沥青的 G_v 值的序列仍然取决于增塑剂和交联剂的作用，SBS 改性沥青拥有最高的 G_v，而 SBS/交联剂改性沥青次之。SBS/增塑剂改性沥青和 SBS/增塑剂/交联剂改性沥青的 G_v 较低，两种沥青 G_v 的差异可以忽略不计。

表 6.17　SBS 复合改性沥青老化前后的 G_v 值

改性沥青种类	G_v/Pa	
	老化前	老化后
SBS 改性沥青	6593.4	8928.9
SBS/增塑剂改性沥青	2103.8	3610.0
SBS/交联剂改性沥青	5084.7	6157.1
SBS/增塑剂/交联剂改性沥青	2253.9	3604.0

4. 高温蠕变测试

沥青的典型蠕变曲线如图 6.32 所示。可以看出,在施加一段持续的荷载之后,在 100s 之内会出现一个瞬时的弹性变形。沥青的黏弹性变形(应变)随时间不断增加,而应变在 100s 左右达到最大值。卸除加载后,弹性和可恢复变形接连表现出来,而 400s 剩下的是永久变形。基质沥青、SBS 改性沥青、SBS/增塑剂改性和 SBS/增塑剂/交联剂改性沥青的蠕变曲线如图 6.33(a)所示;可以看出,在荷载卸除后,相比于基质沥青,SBS 改性沥青的可恢复变形明显升高,这表明弹性恢复提升了,这可以归因于 SBS 弹性特性。在最初 100s 内,相比于 SBS 改性沥青,SBS/增塑剂改性沥青和 SBS/增塑剂/交联剂改性沥青的变形明显增大,这显示加了增塑剂的沥青在荷载作用下变软且易变形,这可以归因于增塑剂的稀释和 SBS 的进一步溶胀。此外,SBS/增塑剂/交联剂改性沥青相比于 SBS/增塑剂改性沥青在后续 400s 内较小的永久变形表明弹性恢复提升。由于交联反应,在 SBS/增塑剂/交联剂改性沥青中形成了致密的聚合物网络。老化后,沥青组成的改变使沥青变得坚韧且沥青中残留的聚合物或塑化剂仍使改性沥青更具柔性。从图 6.33(b)中可以看出,SBS 改性沥青在加载卸除前后具有较高的应变和永久应变。SBS/增塑剂改性沥青和 SBS/增塑剂/交联剂改性沥青在整个过程中具有较高的应变再次证实增塑剂的作用,以及未来低应变相比,SBS/增塑剂/交联剂改性沥青相比于 SBS/增塑剂改性沥青较小的应变表明交联 SBS 老化后并未完全降解。

蠕变试验中常用蠕变劲度评定沥青的抗剪切蠕变性能,可通过式(6.13)计算。蠕变劲度越大,则沥青的抗剪切蠕变性能越好。

$$蠕变劲度 = \sigma / 应变 \tag{6.13}$$

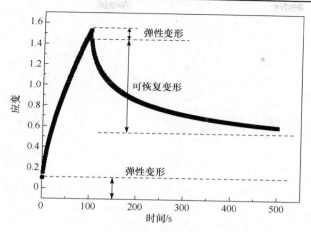

图 6.32　沥青蠕变变形组成

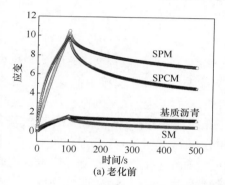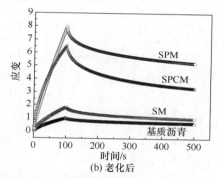

图 6.33　20℃下基质沥青和改性沥青老化前后的蠕变曲线

　　在图 6.34(a)中，可以看出 SBS 改性沥青蠕变劲度较高，表明基质沥青的抗剪切蠕变性能由 SBS 改性大大提高。增塑剂的稀释降低了 SBS 改性沥青的抗剪切蠕变性能，可以通过 SBS/增塑剂改性沥青和 SBS/增塑剂/交联剂改性沥青较低的曲线看出。此外，SBS/增塑剂改性沥青相比于 SBS/增塑剂/交联剂改性沥青较高的曲线，表明溶胀 SBS 通过交联反应进一步变软。老化后，如图 6.34(b)所示，基质沥青较高的曲线表明沥青组成的改变使沥青变得坚韧。SBS 改性沥青较低的曲线表明老化后沥青中残留的 SBS 仍使 SBS 改性沥青具有柔性。

　　由于增塑剂的影响，SBS/增塑剂改性沥青和 SBS/增塑剂/交联剂改性沥青的曲线比 SBS 改性沥青低得多。SBS/增塑剂改性沥青较低的蠕变刚度可以归因于老化过程中发生的更严重的聚合物降解，而使沥青变软。

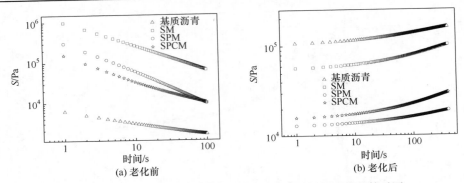

图 6.34 老化前后在 20℃下蠕变劲度 S 随加载时间变化的等时图

SM. SBS 改性沥青(6%SBS1301);SPM. SBS/增塑剂改性沥青(6%SBS1301、4%增塑剂);SPCM. SBS/增塑剂/交联剂改性沥青(6%SBS1301、4%增塑剂、0.2%交联剂)

6.2.4 结构分析

1. 形貌分析

采用光学显微镜研究聚合物改性沥青老化前后的形貌以表征沥青基体中聚合物的分布与细度。在样品制备过程中,沥青中的 SBS 颗粒由高速剪切机在 4500r/min(1h)下完全剪切并且剪切力是很大的,然后用更高速的机械搅拌器搅拌 2h。整个制备是在 180℃高温下进行的。这样的制备工艺,较大的聚合物颗粒会被剪切成更小的颗粒并分散在沥青中,而相分布是均匀的。在工程实践中,沥青中的 SBS 含量通常为 4%和 5%,当 SBS 含量增加至 6%,在沥青基体中聚合物的分布变得非常密集并且沥青中的聚合物相变得连续。对于 SBS 改性沥青,如图 6.35(a)所示,SBS 粗颗粒组成的致密、连续的聚合物网络分散在沥青基体中。聚合物颗粒的清晰轮廓表明 SBS 与沥青相容性差。SBS/交联剂改性沥青的形貌如图 6.35(b)所示,显然,交联剂的加入在很大程度上改变了聚合物颗粒的形貌,SBS 颗粒紧密地交联在一起,形成一个连续围绕整个沥青基体的聚合物网络。聚合物网络是如此密集,聚合物颗粒的间隙似乎非常小。SBS/增塑剂改性沥青的形貌如图 6.35(c)所示。可以看出,溶胀的聚合物颗粒在沥青中被剪切成更小的颗粒。颗粒尺寸减小,轮廓变模糊,由 SBS 颗粒组成的连续聚合物网络在沥青基体周围分布着。SBS/增塑剂/交联剂改性沥青的形貌如图 6.35(d)所示[37]。显然,与 SBS/增塑剂改性沥青相比,其形貌有很大的变化。SBS 颗粒变为丝状聚合物网络,而这种松散的聚合物网络分布在沥青中的某些位置。与 SBS/交联剂改性沥青相比,聚合物粒子的交联密度在很大程度上下降,聚合物的形态也变得不同,丝状聚合物表明 SBS 颗粒充分膨胀。

(a) SBS改性沥青　　　　　　　　　(b) SBS/交联剂改性沥青

(c) SBS/增塑剂改性沥青　　　　　　(d) SBS/增塑剂/交联剂改性沥青

图 6.35　SBS 复合改性沥青 400 倍放大下的形貌(光学显微镜)

TFOT 老化后，SBS 复合改性沥青的形貌如图 6.36(a)所示[37]。由于聚合物的降解，SBS 的粒径明显减小，微小的 SBS 颗粒从而能均匀分布。对于 SBS/增塑剂改性沥青，聚合物降解的效果更为明显，如图 6.36(b)所示，有极微小颗粒分散在沥青中并且大多数 SBS 颗粒分解并溶解在沥青中。对于 SBS/交联剂改性沥青，从图 6.36(c)可以看出，沥青中大部分区域是空白的，只有少数的聚合物纤维分散在沥青中，如图 6.36(d)所示，这意味着在沥青老化后大多数聚合物的分解和溶解于沥青中，聚合物网络遭到严重破坏。SBS/增塑剂/交联剂改性沥青老化后的形貌如图 6.36(e)和(f)所示[37]，可以看出，其形貌与老化后的 SBS/交联剂改性沥青相似，这再次表明沥青老化的效应。图 6.36(e)所示的空白区域表明许多交联聚合物在老化后被溶解在沥青中。在图 6.36(f)中，分散在沥青中的丝状聚合物表明交联的聚合物网络对老化十分敏感，在老化后受到严重损坏。

(a) SBS改性沥青　　　　　　　　　(b) SBS/增塑剂改性沥青

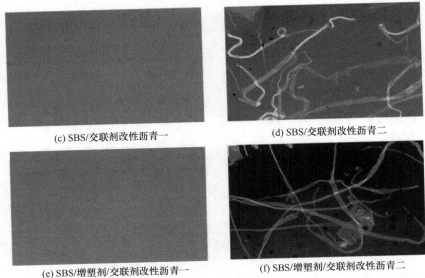

(c) SBS/交联剂改性沥青一   (d) SBS/交联剂改性沥青二

(e) SBS/增塑剂/交联剂改性沥青一   (f) SBS/增塑剂/交联剂改性沥青二

图 6.36   SBS 复合改性沥青 TFOT 老化后 400 倍放大下的形貌(光学显微镜)

2. 红外光谱分析

基质沥青的红外光谱图如图 6.37(a)所示[37]。2850~2960cm^{-1} 区域内的强峰是典型的脂肪族链上的 C—H 的伸缩振动。在 1605.3cm^{-1} 处的峰为芳烃上 C=C 的伸缩振动,CH$_2$ 和 CH$_3$ 上的 C—H 的不对称变形以及 CH$_3$ 振动中 C—H 的对称变形可分别在 1454.1cm^{-1} 和 1375.2cm^{-1} 处观察到。在 1219.3cm^{-1} 处峰值对应(CH$_3$)$_3$C—R 的框架振动。在 1030.2cm^{-1} 处峰值是由于 S=O 的伸缩振动,667.2~871.2cm^{-1} 区域内的小峰是苯环上典型的 C—H 振动。

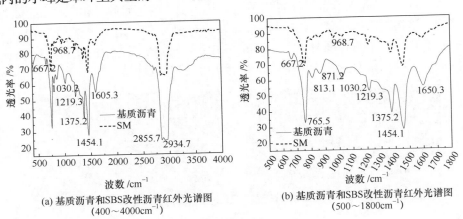

(a) 基质沥青和SBS改性沥青红外光谱图
(400~4000cm^{-1})

(b) 基质沥青和SBS改性沥青红外光谱图
(500~1800cm^{-1})

图 6.37   各种沥青的红外光谱图

　　SBS 改性沥青的红外光谱也在图 6.37(a)中。与基质沥青相比,SBS 的加入带来了一个新的高峰,位于 968.7cm^{-1} 处,对应于 SBS 分子链丁二烯双键上的 C—H 的弯曲振动。SBS 改性沥青和 SBS/增塑剂改性沥青的红外光谱图如图 6.38(a)所示。与 SBS 改性沥青相比,一个新的高峰出现在 1731.4cm^{-1} 处,对应 C=O 的伸缩振动,这可以归因于增塑剂分子的结构特征。因此,增塑剂和沥青分子没有发生明显的化学反应。SBS/交联剂改性沥青和 SBS/增塑剂/交联剂改性沥青的红外光谱图如图 6.38(b)和(c)所示,与 SBS 改性沥青和 SBS/增塑剂改性沥青相比没有新的高峰出现。在本研究中,由于老化前后各种沥青的光谱非常相似,老化后没有出现新的峰,因此老化后的光谱也可以用老化前的光谱图来说明。对于 SBS 沥青,丁二烯键含量(围绕 968.7cm^{-1})对研究沥青老化前后的结构特点有很大帮助。通过式(6.14)计算的结构参数 $I_{CH=CH}$,可以评估进一步改性或老化导致的 SBS 聚合物的劣化[37]。

$$I_{CH=CH} = \frac{968.7cm^{-1}周围的乙烯带面积}{2000\sim600cm^{-1}的光谱带面积} \tag{6.14}$$

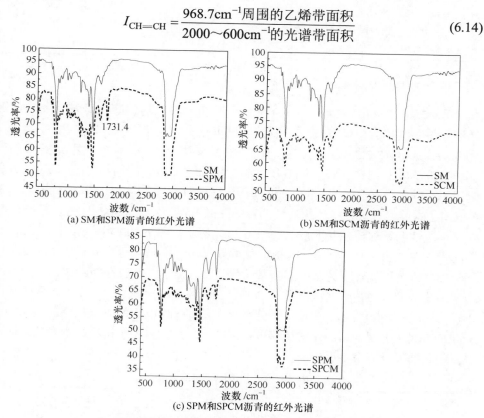

(a) SM和ISPM沥青的红外光谱

(b) SM和SCM沥青的红外光谱

(c) SPM和SPCM沥青的红外光谱

图 6.38　不同 SBS 复合改性沥青的红外光谱图(400~4000cm^{-1})

SM. SBS 改性沥青(6%SBS1301);SCM. SBS/交联剂改性沥青(6%SBS1301、0.2%交联剂);SPM. SBS/增塑剂改性沥青(6%SBS1301、4%增塑剂);SPCM. SBS/增塑剂/交联剂改性沥青(6%SBS1301、4%增塑剂、0.2%交联剂)

每种沥青老化前后的计算结果见表 6.18，可以看出，老化前 SBS/交联剂改性沥青的 $I_{CH=CH}$ 低于 SBS 改性沥青，表明交联剂与 SBS 分子链的共轭碳键相互作用，因此 C—H 键相应的弯曲振动下降。SBS/增塑剂改性沥青 $I_{CH=CH}$ 高于 SBS 改性沥青，这与增塑剂分子芳香环的 C—H 变形振动有关，表现为在 968.7cm^{-1} 处具有一个低的吸收峰，因此这两种 C—H 振动的重叠增加了峰面积。交联剂对该峰的影响表现在 SBS/增塑剂/交联剂改性沥青的 $I_{CH=CH}$ 较低。老化后，每种沥青的 $I_{CH=CH}$ 都低于老化前。这是由于 SBS 降解，丁二烯含量下降。交联剂和增塑剂对 $I_{CH=CH}$ 的影响仍然与老化前的很相似，因此不同沥青间 $I_{CH=CH}$ 的序列与老化前类似。

表 6.18 老化前后 $I_{CH=CH}$ 的变化

改性沥青种类	老化前	老化后
SBS 改性沥青	0.090	0.067
SBS/交联剂改性沥青	0.065	0.051
SBS/增塑剂改性沥青	0.100	0.081
SBS/增塑剂/交联剂改性沥青	0.092	0.075

3. 核磁共振分析

芳香环质子分布，$H_{ar}(\delta=(6\sim9)\times10^{-6})$，还有脂肪烃质子。基质沥青和 SBS 改性沥青核磁共振数据见表 6.19。脂族区域可划分为三个部分：$H_\alpha(\delta=(2.0\sim4.0)\times10^{-6})$，$H_\beta(\delta=(1.0\sim2.0)\times10^{-6})$，$H_\gamma(\delta=(0.5\sim1.0)\times10^{-6})$。对应的峰如图 6.39(a)所示。在转换范围 $(4.8\sim5.8)\times10^{-6}$ 和 $(1.9\sim2.1)\times10^{-6}$，SBS 改性沥青相比于基质沥青显示了一对新的双峰，如图 6.39(b)和(c)所示，这可以归因于烯烃氢和乙烯上乙基氢的转移。这些峰也可以在其他改性沥青的核磁共振中发现。SBS 改性沥青和 SBS/增塑剂改性沥青的核磁共振谱图如图 6.40(a)所示。图 6.40(b)中，相比于 SBS 改性沥青，在 3.61×10^{-6} 和 4.19×10^{-6} 处的新峰可分别归因于次甲基转变为酯基的化学位移以及甲烷转变为苯甲酸酯基的化学位移。与 SBS 改性沥青相比，在 SBS/增塑剂改性沥青的核磁共振谱图的 7.43×10^{-6} 和 7.61×10^{-6} 处可以发现两个新的小峰，如图 6.40(c)所示，这是由于芳香氢在苯环基影响下的化学位移。因为在图 6.40(b)和(c)中出现的新的化学位移也可以在增塑剂的分子结构特征中发现，因此增塑剂和沥青没有发生反应。

表 6.19 核磁共振谱图中氢质子的分布

参数	化学位移/($\times10^{-6}$)	质子类型
H_{ar}	6.0~9.0	芳香族氢
H_{akll}	4.8~5.8	烯烃氢
H_α	2.0~4.0	芳香环 α 碳原子上的脂肪族氢

参数	化学位移/($\times 10^{-6}$)	质子类型
H_{alk2}	1.9~2.1	烯烃 CH_2 上的氢
H_β	1.0~2.0	芳香环 β 碳原子上和 β 碳原子以外的 CH_2、CH 上的脂肪族氢
H_γ	0.5~1.0	芳香环上 γ 碳原子上和 γ 碳原子以外的 CH_3 上的脂肪族氢

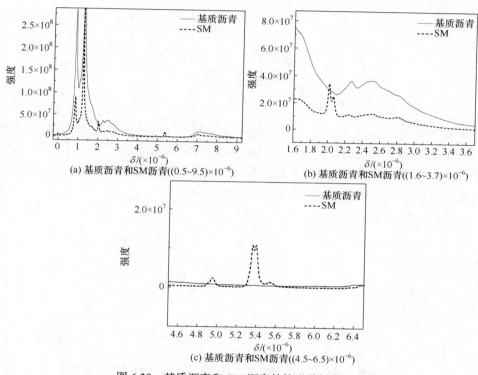

(a) 基质沥青和SM沥青(($0.5{\sim}9.5)\times 10^{-6}$)

(b) 基质沥青和SM沥青(($1.6{\sim}3.7)\times 10^{-6}$)

(c) 基质沥青和SM沥青(($4.5{\sim}6.5)\times 10^{-6}$)

图 6.39 基质沥青和 SM 沥青的核磁共振谱图

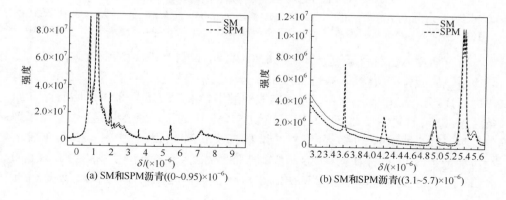

(a) SM和SPM沥青(($0{\sim}0.95)\times 10^{-6}$)

(b) SM和SPM沥青(($3.1{\sim}5.7)\times 10^{-6}$)

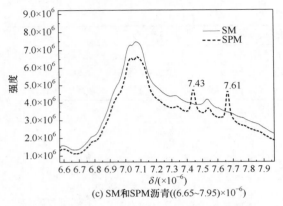

(c) SM和SPM沥青((6.65~7.95)×10^{-6})

图 6.40　SM 和 SPM 沥青的核磁共振谱图

　　SBS/交联剂改性沥青和 SBS/增塑剂/交联剂改性沥青的核磁共振谱图如图 6.41(a)和(b)所示，并且相比于 SBS 改性沥青和 SBS/增塑剂改性沥青，没有新的高峰出现。因为每种沥青老化后的核磁共振谱图都与老化前的类似，所以老化后沥青的核磁共振谱图可以由老化前的来说明。

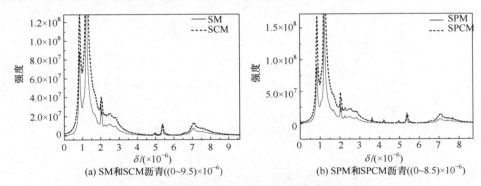

(a) SM和SCM沥青((0~9.5)×10^{-6})　　　　(b) SPM和SPCM沥青((0~8.5)×10^{-6})

图 6.41　不同 SBS 复合改性沥青的核磁共振谱图

SM. SBS 改性沥青(6%SBS1301)；SPM. SBS/增塑剂改性沥青(6%SBS1301、4%增塑剂)；SCM. SBS/交联剂改性沥青(6%SBS1301、0.2%交联剂)；SPCM. SBS/增塑剂/交联剂改性沥青(6%SBS1301、4%增塑剂、0.2%交联剂)

　　所有沥青老化前后氢的分布见表 6.20[37]。可以看出，改性沥青的 H_{ar}、H_{α}、H_{β} 相比于基质沥青有所增加。这是因为 SBS 分子链中有较多带有 C_{α} 和 C_{β} 的苯乙烯。然而，SBS 分子链中苯乙烯和丁二烯链段纠缠中 C_{γ} 的缺乏也降低了基质沥青中 H_{γ} 的含量。H_{alk} 含量的增加可以归因于在 SBS 分子中的丁二烯链纠缠。由于增塑剂的稀释，SBS/增塑剂改性沥青和 SBS/增塑剂/交联剂改性沥青中 H_{alk} 和 H_{α} 的含量相应地低于 SBS 改性沥青和 SBS/增塑剂改性沥青。交联剂的使用减少了 H_{alk} 的含量，从 SBS/交联剂改性沥青和 SBS/增塑剂/交联剂改性沥青分别与 SBS 改性沥青和 SBS/增塑剂改性沥青的对比可以看出。老化后所有沥青的 H_{ar} 含量都比老化前低，这表明芳香缩合且较低的 H_{γ} 的含量脂环族系统增加和短脂肪族直链存在的明显证据。而且，所有沥青 H_{alk} 含量的降低表明丁二烯易受老化。

表 6.20　老化前后氢质子的分布

样品	H_{ar}	H_{alk1}	H_{alk2}	H_{alk}	H_{α}	H_{β}	H_{γ}
基质沥青	7.0	0.3	2.6	2.9	15.6	52.6	21.6
SM	8.0	1.8	4.4	6.2	16.3	54.9	16.6
SCM	7.8	1.6	4.0	5.6	16.4	54.4	16.5
SPM	7.6	1.8	4.3	6.1	15.4	55.4	17.3
SPCM	7.6	1.5	3.9	5.4	15.8	55.5	17.0
TFOT 老化后							
基质沥青	6.7	0.3	2.6	2.9	15.2	52.6	21.1
SM	7.9	1.8	4.3	6.1	16.4	55.0	16.3
SCM	7.7	1.6	3.9	5.7	16.1	55.3	16.1
SPM	7.5	1.6	4.0	5.8	16.0	54.6	16.5
SPCM	7.4	1.4	3.8	5.2	15.4	55.5	16.3

4. 热分析

改性沥青的热稳定性是沥青混合料结构特征分析中考虑的重要特性。在本研究中，通过热重分析法在三种加热速率 5℃/min、10℃/min、15℃/min 下研究老化前后基质沥青、SBS 改性沥青、SBS/增塑剂改性沥青和 SBS/增塑剂/交联剂改性沥青的热行为。对于每种沥青，在三种加热速率下的热行为与 10℃/min 相似，并且老化前后的 TG、DTG 性质见表 6.21[36]。从表 6.21 中可以看出，添加 SBS 可以在一定程度上提高基质沥青的热稳定性，这在老化前显著提高了 T_0。由于 SBS 对轻质沥青组分如饱和物和芳烃的吸收，较少的沥青组分在初始质量损失过程中分解挥发，因此 SBS 改性沥青稳定。与基质沥青相比，T_0 的外质量损失可归因于 SBS 的部分分解。增塑剂的使用不会明显影响 SBS 改性沥青的热稳定性，如 SBS/增塑剂改性沥青的 T_0 和 T_{max}，残留含量也增加。添加交联剂后，SBS/增塑剂改性沥青的热稳定性显著下降，如 SBS/增塑剂/交联剂改性沥青的 T_0 和 T_{max}。由于硫化，沥青中的聚合物形态发生很大变化，SBS 粒径下降；因此，聚合物的初始质量损失率在一定程度上增加，残留量减少。老化后，基质沥青 T_0 和 T_{max} 的提高显示出改善的热稳定性，这是由于沥青质和树脂等硬沥青组合物的增加。然而，对于每种 SBS 改性沥青，比老化之前的较低的 T_0 和 T_{max} 显示热稳定性下降，这可归因于聚合物降解。SBS 改性沥青与 SBS/增塑剂改性沥青相比，T_0 和 T_{max} 越高，表明增塑剂进一步溶胀的 SBS 在老化后更容易老化，严重降解，SBS/增塑剂改性沥青残留少。与 SBS/增塑剂改性沥青相比，SBS/增塑剂/交联剂改性沥青的 T_0 和 T_{max} 越高，表明老化后沥青中仍存在残留聚合物网络，有助于改善热稳定性，降低了 SBS/增塑剂改性沥青的老化敏感性。

表 6.21　基质沥青和改性沥青老化前后的 TG、DTG 性质(10℃/min)

性质	基质沥青	SM	SPM	SPCM
T_0/℃	417.7	424.6	424.0	417.8
T_{max}/℃	458.6	458.6	458.6	453.7
在 T_0 时的质量损失率/%	13.3	17.9	18.6	19.1
残余/%	15.3	9.5	14.6	1.9
老化后				
T_0/℃	422.9	416.2	411.9	414.7
T_{max}/℃	459.5	458.5	457.3	457.6
在 T_0 时的质量损失率/%	18.3	15.6	16.1	16.6
残余/%	14.2	12.9	10.8	14.3

注：T_0 表示质量损失的起始温度；T_{max} 表示 DTG_{max} 的温度；残余表示 800℃ 的残留物。

为了进一步研究每种沥青的结构特征和热行为，有必要研究 TG、DTG、DSC 曲线。在老化之前，每种沥青在 10℃/min 下的 TG 和 DTG 曲线如图 6.42 所示。TG 曲线显示，所有沥青经历 227~500℃ 的主要质量损失阶段，质量损失主要是由于轻质沥青组分如饱和物和芳族化合物的挥发以及 SBS 和硬质沥青的分解组合物，如 TG 和 DTG 曲线中所证明的。在本研究中，通过研究动力学特征进一步

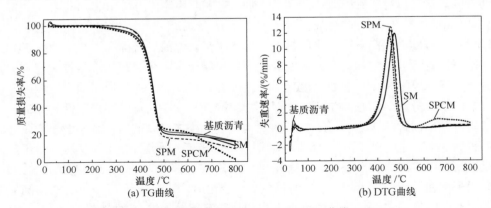

图 6.42　基质沥青和改性沥青的 TG 和 DTG 曲线(10℃/min)

SM. SBS 改性沥青(6%SBS1301)；SPM. SBS/增塑剂改性沥青(6%SBS1301、4%增塑剂)；SPCM. SBS/增塑剂/交联剂改性沥青(6%SBS1301、4%增塑剂、0.2%交联剂)

描述了该过程中所采用的分解反应。这里对三种加热速率 5℃/min、10℃/min、15℃/min 进行研究。对于每种沥青，三种加热速率下的热行为是相似的，并且存在最大分解温度；老化之前和之后的 DTG 曲线的评估通过应用方程式(6.15)进行。

$$\ln(\varphi / T_{\max}^2) = E_a / RT_{\max} + C \tag{6.15}$$

式中，φ 为加热速度，℃/min；$T_{\max}$ 为最大分解温度，℃；E_a 为活化能，kJ/mol。

计算结果见表 6.22。活化能 E_a 越高，在质量损失过程中消耗的能量越多。500℃后，TG 和 DTG 曲线随温度升高开始变平，质量损失主要是由于硬沥青组分或 SBS 的腐朽残留物的进一步挥发和残留物的逐渐碳化引起的。

表 6.22　沥青老化前后的 E_a

沥青种类	E_a/(kJ/mol)	
	老化前	老化后
基质沥青	178.2	201.7
SBS 改性沥青	104.1	199.7
SBS/增塑剂改性沥青	173.9	173.4
SBS/增塑剂/交联剂改性沥青	121.1	203.2

老化前所有沥青的 DSC 曲线如图 6.43 所示。DSC 曲线显示，每种沥青的热机械行为可以由两个主要吸热峰 1 和 2 描述，并且更显著的峰 1 确认了每种沥青 227~500℃为主质量损失阶段。每个吸热峰的面积可以通过切线计算，如图 6.44 所示，老化前和老化后所有沥青的峰面积计算结果见表 6.23[36]。通过比较吸热峰的面积，可以进一步评估分子量或沥青组分的分布。吸热峰或峰面积越大，分子量或成分分布越复杂；同样也可以得出相反的结论。

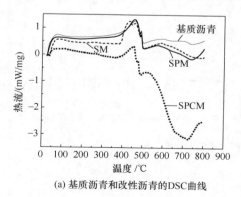

(a) 基质沥青和改性沥青的DSC曲线　　　　　　(b) 基质沥青和SBS改性沥青的DSC曲线

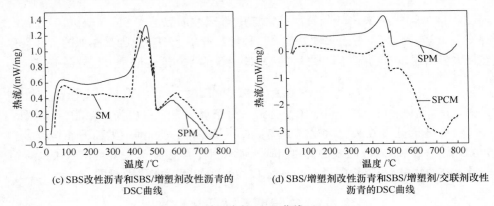

(c) SBS改性沥青和ISBS/增塑剂改性沥青的　　　(d) SBS/增塑剂改性沥青和ISBS/增塑剂/交联剂改性
　　DSC曲线　　　　　　　　　　　　　　　　　　　沥青的DSC曲线

图 6.43　　各种沥青的 DSC 曲线(10℃/min)

SM. SBS 改性沥青(6%SBS1301)；SPM. SBS/增塑剂改性沥青(6%SBS1301、4%增塑剂)；SCM. SBS/交联剂改性沥
青(6%SBS1301、0.2%交联剂)；SPCM. SBS/增塑剂/交联剂改性沥青(6%SBS1301、4%增塑剂、0.2%交联剂)

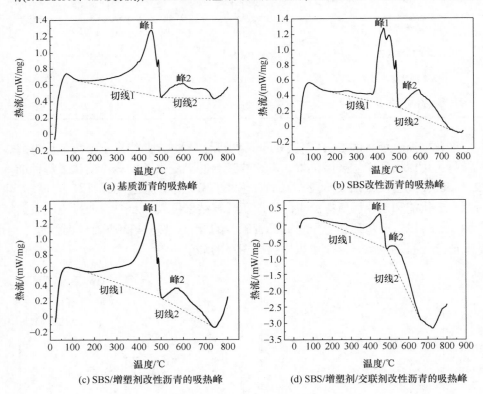

(a) 基质沥青的吸热峰　　　　　　　　　　　(b) SBS改性沥青的吸热峰

(c) SBS/增塑剂改性沥青的吸热峰　　　　　　(d) SBS/增塑剂/交联剂改性沥青的吸热峰

图 6.44　　不同改性沥青的吸热峰(10℃/min)

表 6.23　各种沥青的峰面积计算结果(10℃/min)

沥青种类	老化前		老化后	
	峰 1	峰 2	峰 1	峰 2
基质沥青	87.9	26.4	99.3	15.8
SM	87.3	40.8	125.2	39.3
SPC	111.8	32.3	80.4	20.1
SPCM	112.3	69.8	86.4	42.4

在图 6.43(b)中, 由于 SBS 的吸收, SBS 改性沥青相对于基质沥青的下部曲线几乎在整个温度范围内都表示较少的吸热, 这意味着较少的沥青组分分解或进一步挥发。在表 6.22 和表 6.23 中, SBS 改性沥青相对于老化前的基质沥青下降的 E_a 和峰面积也显示在第一次质量损失过程中 SBS 改性沥青的能量消耗较少[36]。与基质沥青相比, 较大的峰 2 面积归因于残余 SBS 随着温度升高的影响。在图 6.43(c)中, SBS/增塑剂改性沥青与 500℃以下的 SBS 改性沥青相比较高的 DSC 曲线表明, 在第一次质量损失中, 能量消耗更多, 材料挥发更多。这是因为增塑剂增加了轻组分的含量。此外, 与 SBS 改性沥青相比, SBS/增塑剂改性沥青的平滑和宽广的吸热峰值表明, 轻组分的挥发降低了 SBS 降解的影响。在表 6.22 中, 老化前 SBS/增塑剂改性沥青的较高 E_a 表明, 第一次质量损失中能量消耗较多, 表 6.23 中较大的峰 1 表明 SBS/增塑剂改性沥青分子量分布较为复杂。在图 6.43(c)中, 500℃后的 SBS/增塑剂改性的较低的 DSC 曲线表示随着温度的升高而降低了能量消耗, 这也由表 6.23 中较小的峰 2 区域证实。在图 6.43(d)中, 与 SBS/增塑剂改性沥青相比, SBS/增塑剂/交联剂改性沥青的较低 DSC 曲线表明, 随着温度的升高, 吸收能量较小。如前所述, SBS 颗粒通过交联反应变成丝状, 并且丝状 SBS 可在沥青中更充分地膨胀, 导致对轻组分的进一步吸收, 因此, 从开始就有较少的能量吸收或组分挥发。在表 6.22 中, 与 SBS/增塑剂改性沥青相比, SBS/增塑剂/交联剂改性沥青的较低 E_a 表明第一次质量损失过程很容易。在表 6.23 中, SBS/增塑剂/交联剂改性沥青的峰 1 面积与 SBS/增塑剂改性沥青相似。在图 6.43(d)中, 在 500℃后, SBS/增塑剂/交联剂改性沥青的 DSC 曲线显著下降, 表明在第二次质量损失过程中发生严重的聚合物降解, 500℃后残留聚合物较多。残余聚合物网络随着温度的升高而进一步分解, 这在老化前由表 6.23 给出的较大峰 2 面积证明。

老化后，所有沥青的 TG 和 DTG 曲线如图 6.45 所示。可以看出，老化沥青的热行为与老化前相似。主要质量损失阶段仍然分布在 227～500℃，这分别由 DTG 和 DSC 曲线的剧烈变化来说明，质量损失主要是由于老化后残留聚合物和沥青质或胶质等硬质沥青组合物的分解。500℃后，TG 和 DTG 曲线开始变得平坦，质量损失主要是由于硬质沥青组分和聚合物的腐蚀残渣进一步挥发或残留物的碳化引起的。

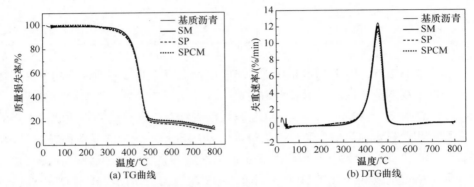

(a) TG曲线   (b) DTG曲线

图 6.45 基质沥青和各种改性沥青老化后的 TG 和 DTG 曲线(10℃/min)

所有老化沥青的 DSC 曲线如图 6.46 所示[36]。SBS/增塑剂/交联剂改性沥青的 DSC 曲线越高，在整个温度范围内表现出更多的能量吸收。在表 6.23 中，SBS 改性沥青的吸热峰 1 和峰 2 的面积大于老化后的基质沥青的面积。在图 6.46 中，由于 SBS 改性沥青和 SBS/增塑剂/交联剂改性沥青老化后残留的聚合物的影响，SBS/

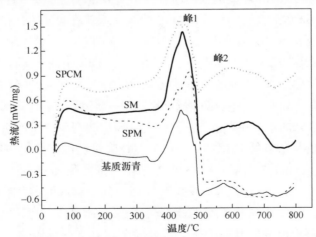

图 6.46 基质沥青和各种改性沥青老化后的 DSC 曲线(10℃/min)

SM. SBS 改性沥青(6%SBS1301)；SPM. SBS/增塑剂改性沥青(6%SBS1301、4%增塑剂)；SCM. SBS/交联剂改性沥青(6%SBS1301、0.2%交联剂)；SPCM. SBS/增塑剂/交联剂改性沥青(6%SBS1301、4%增塑剂、0.2%交联剂)

增塑剂改性沥青的 DSC 曲线低于 SBS 改性沥青和 SBS/增塑剂/交联剂改性沥青的 DSC 曲线。在表 6.23 中，与其他改性沥青相比，SBS/增塑剂改性沥青的较低峰面积表明老化后聚合物降解更严重。在表 6.23 中，与 SBS/增塑剂改性沥青相比，SBS/增塑剂/交联剂改性沥青的较高峰 2 面积仍然可归因于残余聚合物网络的影响。

在表 6.22 中，由于老化后的沥青组成变化，基质沥青、SBS 改性沥青、SBS/增塑剂/交联剂改性沥青的 E_a 相似，且比老化前有所增加。由于残留聚合物网络的影响，SBS/增塑剂/交联剂改性沥青具有较高的 E_a。SBS/增塑剂改性沥青的 E_a 低于其他沥青，表明老化后膨胀的 SBS 降解更为严重。因此，加入增塑剂会降低 SBS 改性沥青的耐老化性能，交联剂改善了 SBS/增塑剂改性沥青的老化敏感性。

6.3　本 章 小 结

本章试验研究显示，高黏沥青(6%SBS、4%增塑剂、0.2%交联剂)可以通过在高温下剪切基质沥青和加入其中的 SBS、增塑剂和交联剂制得。SBS 是主要的改性剂并基本上决定了高黏沥青的性能。增塑剂和交联剂在高黏沥青的制备中非常重要。增塑剂改善了 SBS 改性沥青的工作性能和低温性能，而交联剂进一步改善了 SBS 改性沥青的稳定性和抗老化性。

使用不同的流变学试验来研究改性沥青老化前后的结构特征。增塑剂降低了 SBS 改性沥青的抗车辙性能且明显促进了 SBS 在老化中的进一步降解。交联剂通过改变聚合物形态降低了改性沥青的老化敏感性，这在一定程度上取决于 SBS 的溶胀程度。老化严重破坏了沥青中的聚合物并增加了沥青分子间的相互作用。

形貌观察进一步证实了交联剂、增塑剂和老化对 SBS 在沥青中的形状和分布的影响。通过交联的反应，在沥青中形成了交联聚合物网络。增塑剂进一步促进 SBS 在沥青中的溶胀，从而得到更好的交联结果。老化会严重破坏聚合物相，但老化后沥青中仍然有残留的聚合物。

通过弯曲蠕变试验研究了糠醛抽出油和硫对沥青低温流变性能的影响。蠕变试验表明 SBS 改性沥青的柔性通过糠醛抽出油的溶胀提高了；然而，硫化降低了柔性，这是由于聚合物分子间起限制作用的硫键。糠醛抽出油和硫都提高了老化后 SBS 改性沥青的黏性行为，而溶胀和交联后的聚合物都对老化具有敏感性。元素和核磁共振分析表明基质沥青和糠醛抽出油有相似的组成，这也通过红外光谱进一步证明了。在红外光谱中丁二烯基团含量的改变表明改性剂和老化对改性沥青结构的影响。

每种沥青的热力学行为通过热分析中的 TG、DSC、DTG 曲线来表现。在主要质量损失过程中，热含量的改变证明了改性剂和老化对沥青结构特性的影响。这在一定程度上和红外光谱的结果相符合。

　　高弹性沥青可以通过在基质沥青中掺入 SBS、增塑剂、交联剂，并在高温下剪切制得。SBS 是主要的改性剂并决定了高弹性沥青的物理性能。增塑剂和交联剂是附加的改性剂。增塑剂有助于进一步提高材料弹性和低温性能。交联剂对于保持良好稳定性是必需的。采用不同流变测试方法研究了附加改性剂对 SBS 改性沥青结构和流变性能的影响。增塑剂降低了 SBS 改性沥青的高温性能以及聚合物与沥青分子间的相互作用。交联剂导致沥青中聚合物网络的形成，提高了 SBS 改性沥青对动态剪切的敏感性。老化破坏了沥青中的聚合物网络，增加了沥青分子间的相互作用。形貌观察进一步证实了改性剂和老化的作用。沥青中交联聚合物网络是通过硫化形成的。增塑剂促使 SBS 在沥青中进一步溶胀，并降低了聚合物网络在沥青中的密度。老化对沥青中的聚合物有破坏作用。红外光谱和核磁共振谱图分析显示不同的特征峰显现了改性沥青老化前和老化后的结构特性。结果进一步证实在硫化过程中聚合物分子丁二烯的消耗，以及沥青老化时聚合物分子结构的破坏，这也支持了其他测试观察的结果[36]。

第 7 章　橡胶复合改性沥青

7.1　胶粉改性沥青

在沥青改性剂中，胶粉在道路路面中应用最广泛。胶粉改性沥青的研究和应用可追溯到数十年前的美国、加拿大等国家。过去的研究和应用表明，胶粉改性沥青具有许多良好的特性。例如，较高的黏度、较高的软化点和更好的回弹性，改善了抗车辙性能，提高了表面抗磨性，降低了疲劳和反射裂纹，降低了温度敏感性，改善了耐久性，降低了路面维护成本，并且使用废弃物等可节约能源和自然资源。

胶粉是第二种用于改性沥青的聚合物，第一种聚合物是 SBS。我国胶粉改性沥青的研究和应用始于 20 世纪 80 年代。近年来，随着汽车工业的飞速发展，废旧轮胎的产量呈现快速增长态势。据统计，2004 年新轮胎产量为 2.39 亿 t，废旧轮胎量达 1.12 亿 t 以上。2006 年中国轮胎生产高达 2.8 亿 t，居世界第一位。同年，废旧轮胎也达 1.4 亿 t。在这个背景下，胶粉改性沥青在我国道路工程中的研究与应用越来越受到重视。使用这种材料减少了对部分新原材料的需求，并改善了沥青路面的性能和寿命周期，因此使用胶粉改性沥青是解决环境问题的正确方案[38]。

许多研究人员对胶粉改性沥青进行了大量研究。发现胶粉改性沥青的改进取决于许多因素，如粒度、胶粉的表面特性、复合条件、胶粉的脱硫方式、基质沥青的化学物理性质，以及其来源和微观结构。研究人员开发了一个描述 $G^*/\sin\delta$ 值和失效温度值变化的经验模型。也有研究人员通过使用方差分析方法评估了不同胶粉含量、不同粒度或不同类型改性沥青的性能[38-40]。

本章分别通过加入胶粉、SBS 和硫磺来制备胶粉改性沥青，得到胶粉/SBS 复合改性沥青和胶粉/SBS/硫磺复合改性沥青，以改善韧性和胶粉改性沥青的储存稳定性。在老化前后研究了基质沥青、胶粉改性沥青、胶粉/SBS 复合改性沥青和胶粉/SBS/硫磺复合改性沥青的物理性能。采用流变测试、形态观察、傅里叶变换红外光谱、^{1}H 核磁共振、热分析等多种研究方法研究老化前后各种沥青的结构特征和改性机理。

7.1.1 原材料及制备工艺

1. 试验方案

本章采用胶粉作为改性剂，SBS 作为次要改性剂，硫磺作为助剂。试验的第一部分是选择目数不同的胶粉分别制备单一胶粉改性沥青，胶粉的掺量全部定为15%(质量分数)，通过性能测试得出性能最优的胶粉目数；试验第二部分是在第一部分选择最优胶粉目数的基础上进行复合改性沥青的研究，首先加入 SBS 进行胶粉与 SBS 复合改性沥青的研究，再在此基础上加入硫磺(500 目)进行进一步胶粉、SBS 和硫磺的复合改性研究。具体组合和用量情况见表 7.1[38]。

表 7.1 试验组合和改性剂用量(按基质沥青质量计)

材料	改性剂用量
福州 70#/%	0
福州 70#+胶粉(20 目、40 目、60 目和 80 目) /%	15
福州 70#+胶粉(最佳目数)+SBS/%	15+3
福州 70#+胶粉(最佳目数)+SBS +硫磺/%	15+3+0.2

2. 制备工艺

本书橡胶改性沥青的制备步骤如下：

(1) 将试验所需质量的福州 70#基质沥青放入烘箱里 145℃加热备用，待基质沥青完全熔融后开始改性沥青的制作。

(2) 将高速剪切机转速保持在低速率(本书采用 400r/min)情况下，将事先称量好的一定剂量的改性剂慢慢加入基质沥青中。

(3) 改性剂全部加入基质沥青中后，将剪切机速率调至 4500r/min 持续剪切1h，该过程沥青控温在 180～185℃。

(4) 高速剪切 1h 后，为确保胶粉在沥青中充分溶胀，将剪切过的胶粉改性沥青使用高速搅拌器继续搅拌 1h，该过程仍控温 180～185℃。

(5) 搅拌完毕后的胶粉改性沥青即可倒入模具中，进行相关性能试验。

7.1.2 物理性能

本章重点研究了不同目数的胶粉加入基质沥青中，对基质沥青常规指标的影响。其中，选用的常规评价指标为针入度、软化点、延度和弹性恢复率，针对改性沥青的新指标采用黏韧性和韧性以及 60℃动力黏度，沥青的抗老化指标采用软化点变化和残留针入度比。各指标随胶粉目数的变化情况如图 7.1 所示[38]。

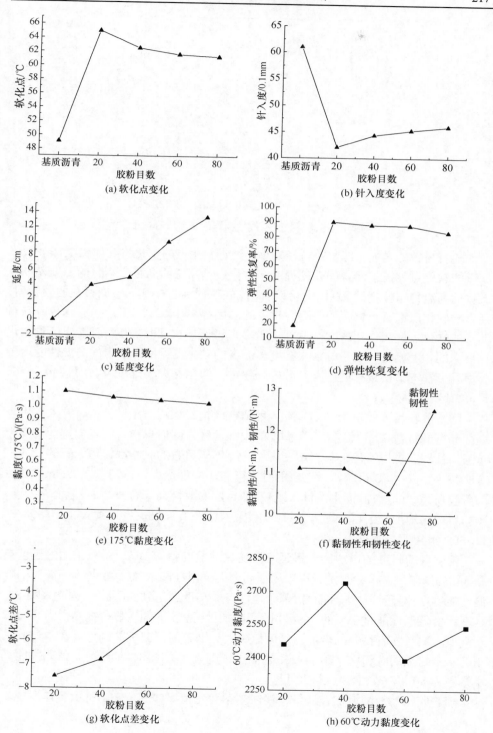

(a) 软化点变化

(b) 针入度变化

(c) 延度变化

(d) 弹性恢复变化

(e) 175℃黏度变化

(f) 黏韧性和韧性变化

(g) 软化点差变化

(h) 60℃动力黏度变化

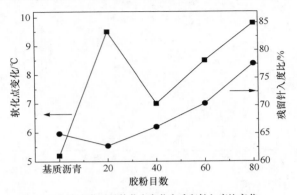

(i) 短期老化后的软化点变化和残留针入度比变化

图 7.1　不同目数胶粉改性沥青的主要物理性能

随着目数的增加，即胶粉粒径减小，沥青软化点的变化情况如图 7.1(a)所示。沥青的软化点表征了沥青的软硬程度，软化点越高说明沥青变软时的温度越高，沥青的高温稳定性越好。从图上可以看出，在基质沥青中加入不同目数的胶粉后，沥青的软化点都有大幅度的提高，提高的温度都在 10℃以上，其中 20 目胶粉对沥青的软化点提高作用最大，达到 15.9℃，40 目、60 目和 80 目胶粉对沥青软化点提高的程度相近。胶粉的加入提高了沥青的软化点，使得沥青的高温性能得到了提升，在本节所选择的四种目数的胶粉中，软化点大小排序为 20 目>40 目>60目>80 目。

随着胶粉目数的增加，沥青针入度值变化情况如图 7.1(b)所示。针入度用来表征沥青的抗剪切能力，是沥青稠度的表征。针入度值越小，沥青的抗剪切能力越强。从图上可以看出，与基质沥青相比，不同目数的胶粉都使得沥青的针入度有所减小，其中 20 目胶粉对沥青的针入度减小程度最大，达到了 1.89mm，之后随着胶粉目数的增加，沥青的针入度较 20 目胶粉改性沥青有所增加，但增速缓慢，胶粉目数每增加 20 目，沥青的针入度增加 0.1～0.2mm。针入度大小排序为 80目>60 目>40 目>20 目。

随着胶粉目数的增加，沥青延度值变化情况如图 7.1(c)所示。采用的延度是在 5℃的试验条件下测得的，用来表征沥青的低温性能。5℃延度越大，沥青的低温性能越好。对于湿热地区而言，部分地区冬季温度会达到 5℃以下，因此采用 5℃延度评价低温性能是必要的。从图上可以看出，胶粉的加入显著提高了沥青 5℃延度值，而且随着目数的增加，延度值越大，沥青的低温性能越好。在本试验采用的 4 个目数的胶粉中，80 目胶粉的低温延度最大，低温性能最好。低温性能大小排序为 80 目>60 目>40 目>20 目。

随着胶粉目数的增加，沥青弹性恢复率变化情况如图 7.1(d)所示。弹性恢复率表征了沥青在受到外力后恢复到原状态的能力，该值越大，沥青的弹性恢复能力越好，路面在车辆荷载作用下产生变形后的恢复能力越强。因此，对于沥青而言，该指标值越大越好。从图上可以看出，胶粉的加入显著提高了沥青的弹性恢复率，使得沥青的弹性恢复率从最初的 18.5%提高到 80%以上。在本节采用的四种胶粉目数中，20 目胶粉改性沥青的弹性恢复率最大，达到 89%，之后随着目数的增加，弹性恢复能力有所减小，但减小幅度不大。四种目数的胶粉改性沥青弹性恢复能力大小排序为：20 目>40 目>60 目>80 目。

随着胶粉目数的增加，沥青 175℃黏度变化情况如图 7.1(e)所示。在本节采用的四种目数的胶粉中，随着目数的增加，沥青 175℃黏度值呈现先增加后减小的变化趋势。黏度的最小值出现在 20 目胶粉改性沥青处，为 0.75Pa·s，最大值即拐点值出现在 60 目胶粉处，但 40 目、80 目胶粉改性沥青的 175℃黏度值与 60 目胶粉黏度值相近，都为 1.0Pa·s 左右。黏度大小排序为 60 目>40 目>80 目>20 目。

随着胶粉目数的增加，沥青黏韧性和韧性的变化情况如图 7.1(f)所示。由图可以看出，随着胶粉目数的增加，沥青的黏韧性和韧性变化不明显，尤其是韧性的变化幅度很小。在本书采用的四种胶粉改性沥青中，黏韧性的波动范围在 10.5～12.5N·m，最大值和最小值之差仅有 2N·m，韧性的变化范围在 2.3～2.5N·m，最大值和最小值之间仅差 0.2N·m。因此，胶粉的加入显著增加了沥青的黏韧性和韧性值，但目数对于沥青黏韧性和韧性的影响不大。

随着胶粉目数的增加，沥青离析软化点差的变化情况如图 7.1(g)所示。沥青的离析试验用来表征沥青的储存稳定性，试验采用软化点差这一技术指标来评价改性沥青的储存稳定性。与其他类型的改性沥青相比，橡胶改性沥青静置一段时间，经离析试验以后，胶粉会沉到试管的底部，因此采用上下软化点差评价离析程度时，软化点为负值。从图中可以看出，随着胶粉目数的增加，改性沥青的软化点逐渐增加，不同目数胶粉改性沥青的软化点差的绝对值的大小排序为：20 目>40 目>60 目>80 目。因此本书采用四种目数胶粉改性沥青，80 目胶粉改性沥青储存稳定性最好，60 目次之，20 目再次之，40 目最差。

随着胶粉目数的增加，沥青 60℃动力黏度变化情况如图 7.1(h)所示。由图可以看出，随着胶粉目数的增加，沥青的 60℃动力黏度有增有减，没有明显的变化趋势，这与该项试验测试的稳定性也是有关系的，从本书的试验数据可以看出，不同目数胶粉改性沥青的 60℃动力黏度大小排序为 40 目>80 目>20 目>60 目。同时，不同目数胶粉的 60℃动力黏度相差不大，胶粉的加入显著增加了基质沥青的 60℃动力黏度，这对于路面在高温使用阶段的性能是有利的。

随着胶粉目数的增加，沥青软化点变化和残留针入度比的变化情况如图 7.1(i)所示。采用软化点变化和残留针入度比共同评价胶粉改性沥青的抗老化能力，从图中可以看出，随着胶粉目数的增加，改性沥青软化点变化逐渐增加，即抗老化能力逐渐减弱；但采用残留针入度比来评价抗老化能力时，随着胶粉目数的增加，残留针入度比越来越大，沥青的抗老化能力越来越强。综上所述，本试验采用的胶粉目数中居于中间目数的 40 目和 60 目胶粉改性沥青的抗老化能力优于 20 目和 80 目。

7.1.3　流变性能

1. 温度扫描

基质沥青和胶粉改性沥青 G^* 和 δ 随温度变化情况如图 7.2 所示[38]。

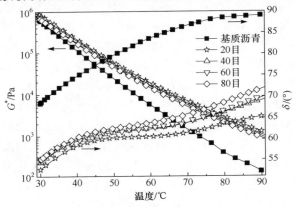

图 7.2　不同目数胶粉改性沥青 G^* 和 δ 随温度的变化

从图 7.2 可以看出，基质沥青加入胶粉后，沥青的复数剪切模量明显升高，相位角显著降低，即胶粉的加入提高了沥青的弹性行为特征。不同目数的胶粉改性沥青复数剪切模量和相位角随温度的变化程度是不同的。

总体看来，复数剪切模量增加的大小排序依次为：20 目>40 目>60 目>80 目，相位角的降低大小排序为：20 目>40 目≈60 目>80 目。两项指标都反映了 20 目沥青具有较好的高温抗变形能力，80 目胶粉改性沥青抗变形能力最差。

基质沥青和不同目数胶粉改性沥青车辙因子随温度变化情况，如图 7.3 所示[38]。

从图 7.3 可以看出，基质沥青和四种目数的胶粉改性沥青的 $G^*/\sin\delta$ 随着温度的升高而降低，其中基质沥青的 $G^*/\sin\delta$ 下降最快，即随着温度的升高基质沥青抗车辙能力损失最快。

同时可以看到，不同目数的胶粉改性沥青较基质沥青的车辙因子都有较大的提高，即胶粉的加入显著提高了沥青的高温抗车辙能力。四种目数胶粉改性沥青的抗车辙能力大小排序为 20 目>40 目>60 目>80 目，即 20 目胶粉改性沥青具有最好的高温性能，这主要是在试验温度区间内 20 目胶粉改性沥青具有最大的复数剪切模量 G^* 以及最小的相位角 δ 的缘故。

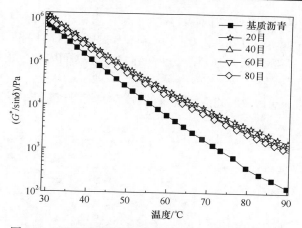

图 7.3　不同目数胶粉改性沥青 $G^*/\sin\delta$ 随温度的变化

2. 频率扫描

基质沥青和不同目数胶粉改性沥青的频率扫描试验测得复数剪切模量 G^* 和相位角 δ 的变化情况如图 7.4 所示[38]。

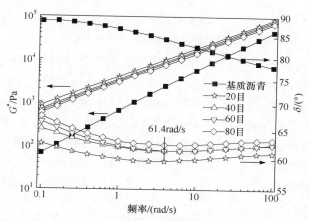

图 7.4　不同目数胶粉改性沥青 G^* 和 δ 随频率的变化

从图 7.4 可以看出，胶粉的加入显著提高了沥青在不同频率下的复数剪切模量，同时显著降低了沥青在不同频率作用下的相位角，使得沥青抵抗变形的能力以及弹性恢复能力都得到显著的提高。随着频率的增加(0.1~100rad/s)，基质沥青和四种目数的胶粉改性沥青 G^* 逐渐增加，相位角 δ 先减小后增加，而且 G^* 的变动范围比较大，在 68.2~87700Pa；胶粉改性沥青 δ 变动范围较小，在 59.6°~66.6°，这个变动范围比基质沥青 δ 值 78.8°~88.8°小了 20°以上，因此胶粉加入显著提高了沥青中的弹性成分，使得沥青弹性恢复能力显著提高。

　　本章采用的四种胶粉改性沥青，G^*大小排序为：20 目>40 目>60 目>80 目，δ大小排位以 61.4rad/s 为分界，在 0.1～61.4rad/s 的频率区间内相位角大小排序为：20 目<40 目<60 目<80 目，在 61.4～100rad/s 的频率区间内相位角大小排序为：20 目<40 目≈60 目<80 目。

　　基质沥青和不同目数胶粉改性沥青的频率扫描试验测得车辙因子的变化情况如图 7.5 所示[38]。

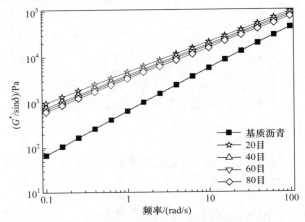

图 7.5　不同目数橡胶改性沥青 G^*/sinδ 随频率的变化

　　由图 7.5 可以看出，基质沥青和四种目数胶粉改性沥青的车辙因子随着频率的增加而增加，即频率越高，沥青抵抗车辙的能力越强。四种目数的胶粉改性沥青都比基质沥青有更大的车辙因子值，即胶粉的加入显著提高了沥青的高温抗车辙能力。不同目数改性沥青的高温抗车辙能力大小排序为：20 目>40 目>60 目>80 目。

　　以不同温度和频率反映的改性沥青流变学指标性能状况来看，胶粉的加入显著改善了沥青的性能。不同目数胶粉改性沥青的性能有所差异，其中 20 目胶粉的高温性能是最好的，80 目是最差的，40 目和 60 目改性沥青的流变性能居中，而且两者性能最为接近。

7.2　胶粉与 SBS 复合改性沥青

7.2.1　原材料及制备工艺

1. 基质沥青

　　福州 70#沥青来自于中国福州石油沥青。不同目数(20 目、40 目、60 目、80 目)的胶粉来自北京泛海华腾科技有限公司，主要胶粉(60 目)的重要物理性质和化学成分见表 7.2[41]。

表 7.2 胶粉的物理性质和化学成分

项目	指标	数值
物理性质	密度/(g/cm³)	1.2
	含水率/%	0.5
	断裂强度/MPa	10.0
	断裂伸长率/%	400.0
化学成分	灰分质量分数/%	3.6
	丙酮提取物质量分数/%	11.5
	炭黑质量分数/%	28.4
	橡胶烃质量分数/%	56.6

SBS1301 是线型聚合物, 含有 30%的苯乙烯, 平均摩尔质量为 110000g/mol。超细硫磺粉(500 目)是新泰市汶河化工厂生产的商业产品(工业级)。

2. 制备工艺

改性沥青采用高剪切混合器(由上海启双机电有限公司制造)制备。首先, 将沥青(300g)置于铁容器中加热至其成为液态, 然后在 180℃左右, 加入 SBS 和胶粉。剪切 1h, 然后加入改性剂, 加热至约 180℃, 以 4500r/min 的剪切速率剪切 1h, 随后, 在 180℃的温度下用机械搅拌器搅拌 2h, 以确保改性剂充分溶胀在沥青中。

7.2.2 物理性能

为了进一步提高胶粉改性沥青的韧性和储存稳定性, 本节选择通过加质量分数 3%的 SBS1301、质量分数 0.2%的硫磺和质量分数 15%的 60 目的胶粉进行复合改性。为了研究各改性剂的影响, 测试了相应的胶粉/SBS 改性沥青、胶粉/SBS/硫磺改性沥青、SBS 改性沥青的物理性能, 结果如图 7.6 所示[41]。

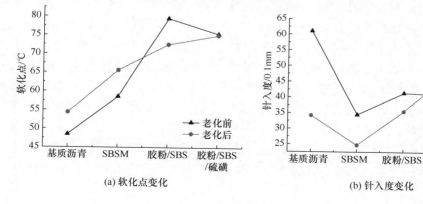

(a) 软化点变化　　　　　(b) 针入度变化

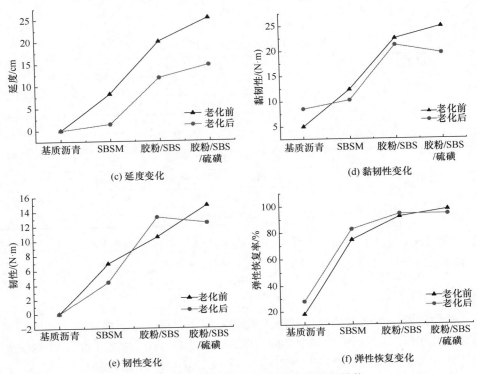

图 7.6　短期老化前后胶粉改性沥青的物理性能

SBSM. SBS 改性沥青(3%SBS1301)；胶粉/SBS 改性沥青(15%、60 目胶粉，3%SBS1301)；胶粉/SBS/硫磺改性沥青
(15%、60 目胶粉，3%SBS1301，0.2%硫磺)

　　SBS 的加入提高了基质沥青的高温性能、低温性能、黏韧性和韧性。与 SBS 改性沥青和胶粉改性沥青对比，胶粉/SBS 改性沥青具有更好的高温性能、低温性能，如软化点和老化前后的延性增加，而且黏韧性、韧性和弹性恢复率也大大提高。SBS 的加入明显改善了胶粉改性沥青的高温性能、低温性能、抗变形能力和弹性恢复性能。与胶粉相比，SBS 更具活性，可剪切成细小颗粒，均匀分散于沥青中。在胶粉/SBS 改性沥青基体中，由于 SBS 具有更好的弹性和韧性，溶胀的 SBS 和胶粉颗粒交错在一起，形成一个密集的聚合物网络。与胶粉改性沥青相比，胶粉/SBS 改性软化点和延性的增加主要取决于 SBS 的结构特点，如硬质聚苯乙烯段和软丁二烯段。交织的 SBS 的强化阶段使沥青变坚韧，从而导致韧性的提高。然而，储存稳定性试验表明，胶粉/SBS 改性沥青仍然是不稳定的，更多的胶粉颗粒沉积在底部。

　　通过加质量分数为 0.2%的硫磺进一步改性得到胶粉/SBS/硫磺改性沥青。胶粉/SBS/硫磺改性沥青具有良好的物理性能，包括稳定性、延展性、弹性恢复率，黏韧性和强度也有明显改善，但软化点降低一点。这是因为 SBS 和一些胶粉分子都含有活性丁二烯结构，硫分子和丁二烯结构会发生交联反应。聚合物分子通过多硫键连接在一起，形成了一个连续的聚合物网络，聚合物网络更加密集，聚合物分子间的相互作用进一步增强，从而提高了材料的抗变形能力和弹性恢复能力。同时，某些硫化胶粉颗粒尺寸减小，导致软化点降低。胶粉通过硫化被分解为更小的颗粒，细小颗粒得以充分溶胀于沥青中，使沥青变得更加柔韧，表现为沥青延性增加。

老化后的胶粉/SBS 改性沥青的物理性能下降，表现为软化点、延度、弹性恢复率和韧性的大部分下降。这是因为某些 SBS 和胶粉颗粒老化后在沥青中降解，两种聚合物的分解作用使沥青变脆，导致物理性能的丧失。对于胶粉/SBS/硫磺改性沥青，其老化后的物理性能包括弹性恢复率、延度、黏韧性和韧性，由于聚合物的降解和聚合物网络的破坏，也会下降。然而软化点变化不大，这是因为经过硫化之后沥青中没有更多较大的胶粉颗粒存在。胶粉/SBS 改性沥青和胶粉/SBS/硫磺改性沥青的高温性能在一定程度上取决于胶粉颗粒大小。因为沥青硫化后不再有大颗粒胶粉降解，所以老化后的软化点不会有显著变化。考虑到对老化前后的物理性能的进一步改性，添加质量分数为 3%的 SBS 和 0.2%的硫磺是非常有必要的。

7.2.3　流变性能

1. 温度扫描

为了了解 SBS、硫磺对不同温度下胶粉改性沥青的流变行为的影响，测试了 60 目的胶粉改性沥青，胶粉/SBS 改性沥青和胶粉/SBS/硫磺改性沥青 30～140℃ 的老化前后的流变行为，结果如图 7.7 所示[38]。图 7.7(a)中，在几乎整个温度范围内，相比于胶粉改性沥青，胶粉/SBS 改性沥青和胶粉/SBS/硫磺改性沥青具有较高的复合剪切模量和较低的相位角，这意味着 SBS 的加入进一步改善了胶粉改性沥青的高温性能。胶粉/SBS/硫磺改性沥青的 G^* 低于胶粉/SBS 改性沥青。硫化聚合物网络的形成，使聚合物粒子的尺寸减小，从而使胶粉/SBS/硫磺改性沥青变柔并且抗车辙性能下降。短期老化后，如图 7.7(b)所示，胶粉改性沥青和胶粉/SBS 改性沥青的流变性在几乎整个温度范围内是相似的，胶粉/SBS/硫磺改性沥青具有更好的抗车辙性能，表现出了较高的 G^* 和较低的相位角曲线。沥青对温度的敏感性较低，说明交联聚合物网络老化后没有完全降解。

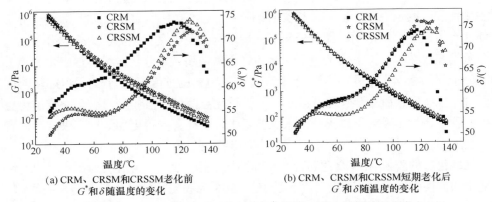

(a) CRM、CRSM和CRSSM老化前
G^*和δ随温度的变化

(b) CRM、CRSM和CRSSM短期老化后
G^*和δ随温度的变化

图 7.7　CRM、CRSM 和 CRSSM 老化前后 G^* 和 δ 随温度的变化

CRM. 胶粉改性沥青(15%、60 目胶粉); CRSM. 胶粉/SBS 改性沥青(15%、60 目胶粉, 3%SBS1301); CRSSM. 胶粉/SBS/硫磺改性沥青(15%、60 目胶粉, 3%SBS1301, 0.2%硫磺)

　　沥青在低温−20～30℃老化前后的流变行为如图 7.8 所示[38]。从图 7.8(a)中可以看出,在整个温度范围内胶粉/SBS 改性沥青拥有较低的 G^*,并且温度低于 7.34℃时,有更大的相位角,表明胶粉/SBS 改性沥青具有更多的黏性行为并且在低温范围内更具柔性。随着温度的增加,相位角减小,当温度刚刚超过 7.34℃时,沥青的相位角低于其余二者,这意味着随着温度的升高,胶粉/SBS 改性沥青表现出更多的弹性行为。胶粉改性沥青在整个温度范围内拥有更高的 G^* 和更小的 δ,表明胶粉改性沥青更不具柔性,更容易在较低温度时开裂。对于胶粉/SBS/硫磺改性沥青,它的低温柔度并不优于胶粉/SBS 改性沥青,通过它在大部分温度范围内具有较高的 G^* 和较低的 δ 可以看出。在这里,硫对胶粉/SBS 改性沥青的低温柔性的影响并不符合延度测试结果。这是因为传统的延度测试不能提供改性沥青在较低温度范围内其流变性能的完整信息描述。这可能是在处理更复杂的聚合物改性沥青流变时的一个限制因素。事实上,经过硫化的聚合物改性沥青的黏性行为通常可以通过在较

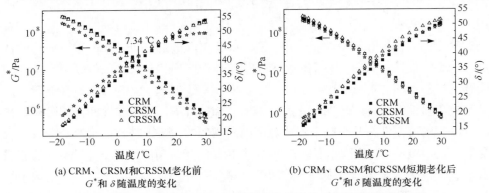

(a) CRM、CRSM和CRSSM老化前
G^*和 δ 随温度的变化

(b) CRM、CRSM和CRSSM短期老化后
G^*和δ随温度的变化

图 7.8　CRM、CRSM 和 CRSSM 短期老化前后的 G^*和 δ 随温度的变化

高温度范围或老化后的流变试验来证明。

短期老化后，如图 7.8(b)所示，在几乎整个温度范围内，胶粉改性沥青有更高的 G^* 和更低的 δ，它表明沥青变硬而不具柔性并且低温抗裂性很差。相比于胶粉/SBS 改性沥青，胶粉/SBS/硫磺改性沥青随着温度升高，具有更大的 δ，这表明其比胶粉/SBS 改性沥青具有更多的黏性行为。由于硫化聚合物改性沥青对老化的敏感性，沥青中的部分交联网络聚合物在老化后被破坏了。

2. 频率扫描

为了了解聚合物改性沥青高温下流变行为对频率的依赖性，对每种沥青进行了频率扫描试验(0.1～100rad/s)。试验温度为 60℃，因为这是沥青路面夏季通常承受的高温。胶粉改性沥青、胶粉/SBS 改性沥青和胶粉/SBS/硫磺改性沥青在 60℃下，频率从 0.1～100rad/s 的流变行为如图 7.9 所示[38]。胶粉/SBS 改性沥青有较好的抗车辙能力，通过其在整个频率范围内有更高的 G^* 可以看出。胶粉/SBS/硫磺改性沥青的 G^* 值在整个频率范围内低于胶粉/SBS 改性沥青但高于胶粉改性沥青。随着频率的增加，胶粉改性沥青和胶粉/SBS/硫磺改性二者的 G^* 差异减小，当频率超过 15.8rad/s 时，两者的差异便难以区分了。与胶粉改性沥青相比，胶粉/SBS 改性和胶粉/SBS/硫磺改性沥青在整个频率范围具有较小的相位角。从 0.1～2.51rad/s，相比于胶粉/SBS/硫磺改性沥青，胶粉/SBS 改性沥青的相位角更大，但随着频率的升高，两者相位角差异减小。当频率超过 2.51rad/s 时，胶粉/SBS/硫磺改性沥青显示出黏性行为，通过这时拥有较高的 δ 可以看出。相比于其他样品，胶粉/SBS/硫磺改性沥青的 G^* 和 δ 的增量随频率的增加而减小，这表明交联的聚合物网络对动态剪切是敏感的。

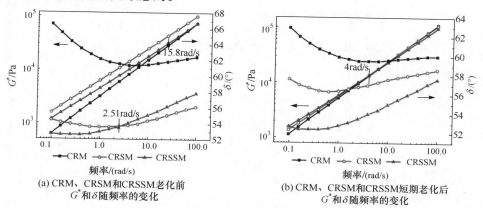

(a) CRM、CRSM和CRSSM老化前
G^* 和 δ 随频率的变化

(b) CRM、CRSM和CRSSM短期老化后
G^* 和 δ 随频率的变化

图 7.9　CRM、CRSM 和 CRSSM 老化前后 G^* 和 δ 随频率的变化

短期老化后，如图 7.9(b)所示，胶粉/SBS/硫磺改性沥青在 0.1～4rad/s 具有较高的 G^*。随着频率的增加，胶粉/SBS/硫磺改性的 G^* 值的增量相对于其他沥青不

断减小。当频率超过 4rad/s 时，胶粉/SBS/硫磺改性沥青的 G^* 低于其他沥青，这再一次表明交联的聚合物网络对动态剪切具有敏感性。相比于胶粉改性沥青，胶粉/SBS 改性沥青在 4rad/s 以前具有更高的 G^*。在整个频率范围内，胶粉改性沥青的相位角曲线更高，胶粉/SBS 改性沥青的相位角曲线次之，胶粉/SBS/硫磺改性沥青的相位角曲线最低。处于中间的胶粉/SBS 改性沥青的相位角曲线表明 SBS 的加入改进了温度敏感性。最低的胶粉/SBS/硫磺改性沥青相位角曲线表明老化后的沥青中仍然存在交联的聚合物网络结构。

　　了解沥青路面在正常工作温度范围内的黏弹性行为的温度依赖性，对每种沥青在五种不同的温度——20℃、30℃、40℃、50℃、60℃下进行频率扫描试验，参照温度为 40℃，根据时间-温度叠加原理，分别计算复合剪切模量主曲线的位移因子。为了说明在不同温度下各种沥青匹配的主曲线，胶粉/SBS 改性沥青老化前后拟合曲线如图 7.10 和图 7.11 所示。沥青位移因子的温度依赖性可能符合 Arrhenius 方程。在这项工作所研究的温度范围内，所有研究样品的转移因子的温度依赖性可用 Arrhenius 方程很好地进行描述。

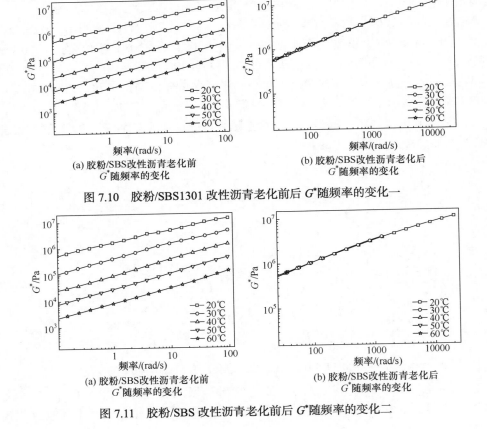

(a) 胶粉/SBS改性沥青老化前
G^* 随频率的变化

(b) 胶粉/SBS改性沥青老化后
G^* 随频率的变化

图 7.10　胶粉/SBS1301 改性沥青老化前后 G^* 随频率的变化一

(a) 胶粉/SBS改性沥青老化前
G^* 随频率的变化

(b) 胶粉/SBS改性沥青老化后
G^* 随频率的变化

图 7.11　胶粉/SBS 改性沥青老化前后 G^* 随频率的变化二

$$\alpha\left(T\right)_0 = \exp\left[\frac{E_a}{R}\left(\frac{1}{T}-\frac{1}{T_0}\right)\right] \tag{7.1}$$

式中，$\alpha(T)_0$ 为相对于参考温度的位移因子；E_a 为活化能；$R = 8.314\text{J/(mol·K)}$；$T$ 为热力学温度，K；T_0 为参考温度。

　　虽然研究的材料数量有限，无法得出一般性结论，但这些样品老化时出现的差异是显著的。每个样品的位移因子如图 7.12 所示，每个样品的 E_a 值见表 7.3，从表中可以看出，沥青和聚合物分子的作用力。沥青或聚合物分子的相互作用力无论是强还是弱，在很大程度上取决于 E_a 值[38]。

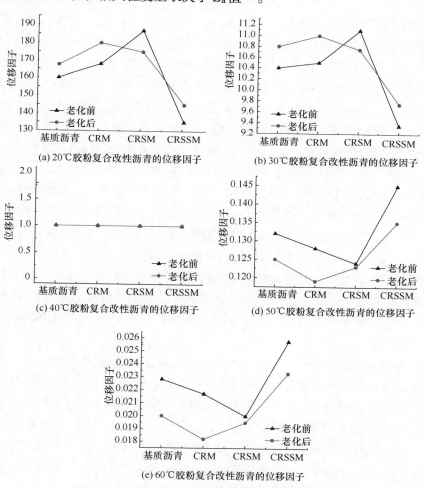

(a) 20℃胶粉复合改性沥青的位移因子

(b) 30℃胶粉复合改性沥青的位移因子

(c) 40℃胶粉复合改性沥青的位移因子

(d) 50℃胶粉复合改性沥青的位移因子

(e) 60℃胶粉复合改性沥青的位移因子

图 7.12　不同温度下胶粉复合改性沥青的位移因子

表 7.3　胶粉复合改性沥青老化前后的 E_a 值

沥青种类	E_a/(kJ/mol)	
	老化前	短期老化
基质沥青	179.6	183.1
胶粉改性沥青	181.5	186.4
胶粉/SBS 改性沥青	185.3	184.4
胶粉/SBS/硫磺改性沥青	168.5	176.9

与基质沥青相比，胶粉改性沥青的 E_a 值增加了 1.9kJ/mol，这意味着胶粉的加入增强了沥青分子间的相互作用。此外，在胶粉颗粒溶胀于沥青的过程中，沥青软组分如芳烃和饱和分被部分吸收，这加强了沥青硬组分如沥青质和胶质的相互作用。此外，胶粉颗粒粗糙的表面进一步增加与沥青分子的摩擦，因此大量胶粉颗粒的加入大大改变了沥青基体中原有的体系力，导致 E_a 值增加。与胶粉改性沥青相比，胶粉 SBS 改性沥青的 E_a 值进一步增加了 3.8kJ/mol。SBS 的加入促进了沥青基体中密集聚合物网络的形成，沥青分子与聚合物颗粒的相互作用进一步加强。此外，由于 SBS 在沥青中的相继溶胀，沥青组分进一步改变，导致沥青分子的相互作用进一步增强，通过 E_a 值的增加可以看出。然而，胶粉/SBS/硫磺改性沥青的 E_a 值相比其他样品下降了很多，这意味着聚合物颗粒与沥青分子的相互作用下降。这与硫化过程中聚合物分子间的交联反应有关，聚合物颗粒的形态和尺寸发生了很大的变化，较大的胶粉颗粒被分解成更小的颗粒，原始颗粒的粗糙表面硫化后变得光滑。同时，SBS 颗粒变得细小并呈丝状，从而进一步降低了聚合物与沥青分子之间的相互作用。由于硫化过程中胶粉和 SBS 的形态和结构发生了变化，聚合物与沥青分子的相互作用力降低了很多，表现为具有更低的 E_a 值。

短期老化后，除了胶粉/SBS 改性沥青，所有沥青的 E_a 值都增加了，这是因为沥青硬组分如沥青质和胶质老化后增加了，所以沥青分子间的相互作用增加了。对于胶粉/SBS 改性沥青，聚合物降解在老化中起主要作用，SBS 和较大的胶粉颗粒的降解很大程度上降低了聚合物与沥青分子之间的相互作用，因此 E_a 值老化后降低。对于胶粉/SBS/硫磺改性沥青，老化后 E_a 值的增加，表明沥青组分的变化起主导作用。由于沥青经过硫化后不再存在较大的聚合物颗粒，因而相应地老化对聚合物和沥青的相互作用没有很大影响。

7.2.4 结构分析

1. 形貌分析

胶粉改性沥青、胶粉/SBS改性沥青和胶粉/SBS/硫磺改性沥青的形貌如图7.13所示[41]。对于胶粉改性沥青,如图7.13(a)所示,可以看出,在沥青基体中分散了大量的胶粉颗粒,且其外轮廓非常粗糙,尺寸较大,说明胶粉颗粒与沥青的相容性很差。对于胶粉/SBS改性沥青,从图7.13(b)可以看出,白色SBS颗粒分散在胶粉颗粒周围,并且胶粉颗粒的轮廓仍然是粗糙的。SBS和胶粉颗粒组成的连续相分散在沥青基体中。SBS的出现在很大程度上改变了胶粉改性沥青的受力体系。胶粉/SBS/硫磺改性沥青的形貌如图7.13(c)所示。显然,胶粉颗粒在一定程度上开始变得透明,胶粉颗粒的轮廓变得不明显,这表明大部分胶粉颗粒在沥青中溶解,且胶粉和沥青的相容性大大提高。

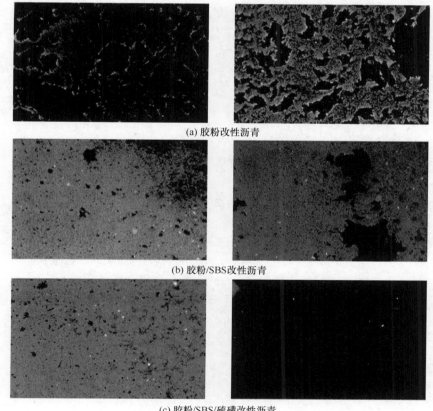

(a) 胶粉改性沥青

(b) 胶粉/SBS改性沥青

(c) 胶粉/SBS/硫磺改性沥青

图 7.13 胶粉改性沥青、胶粉/SBS改性沥青和胶粉/SBS/硫磺改性沥青
在400倍放大下老化前的形貌

老化后，如图 7.14(a)所示[41]，胶粉颗粒相比老化前变得更小，表明老化过程促使胶粉的分解，并改善了胶粉颗粒和沥青的相容性。对于胶粉/SBS 改性沥青，如图 7.14(b)所示，沥青基体中的一些部分仍分散有残留的胶粉和 SBS 颗粒，胶粉颗粒尺寸和数量都较老化前下降。胶粉/SBS/硫磺改性沥青的形貌如图 7.14(c)所示，可以看出，聚合物降解更加严重，大部分胶粉颗粒完全溶解于沥青中，并且几乎没有残余的胶粉颗粒分散在沥青中。

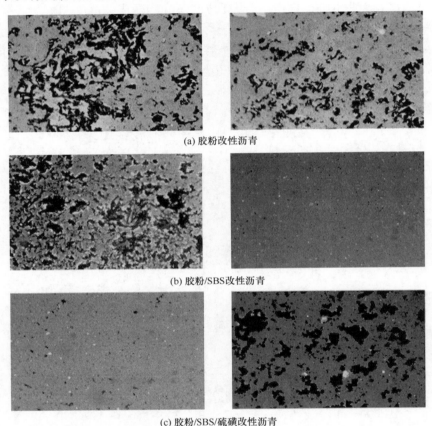

(a) 胶粉改性沥青

(b) 胶粉/SBS改性沥青

(c) 胶粉/SBS/硫磺改性沥青

图 7.14　胶粉改性沥青、胶粉/SBS 改性沥青和胶粉/SBS/硫磺改性沥青
在 400 倍放大下老化后的形貌

2. 红外光谱分析

对基质沥青、胶粉改性沥青、胶粉/SBS 改性沥青和胶粉/SBS/硫磺改性沥青进行红外光谱分析，结果如图 7.15 所示[41]。

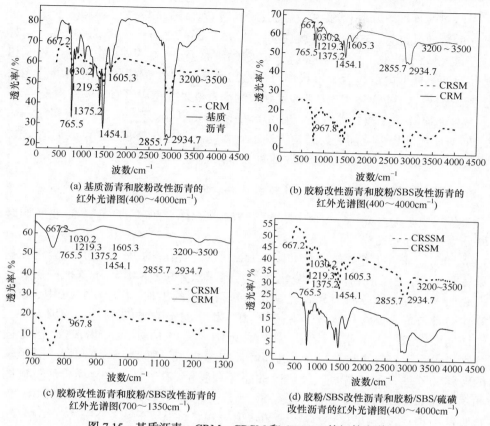

(a) 基质沥青和胶粉改性沥青的
红外光谱图(400～4000cm⁻¹)

(b) 胶粉改性沥青和胶粉/SBS改性沥青的
红外光谱图(400～4000cm⁻¹)

(c) 胶粉改性沥青和胶粉/SBS改性沥青的
红外光谱图(700～1350cm⁻¹)

(d) 胶粉/SBS改性沥青和胶粉/SBS/硫磺
改性沥青的红外光谱图(400～4000cm⁻¹)

图 7.15　基质沥青、CRM、CRSM 和 CRSSM 的红外光谱图

　　基质沥青和胶粉改性沥青的红外光谱图如图 7.15(a)所示。在 3200～3500cm⁻¹ 区域内的强和弱峰区域是沥青分子中的 N—H 和 O—H 键伸缩振动。2850～2960cm⁻¹ 区域内的强峰是典型的脂肪链上 C—H 键伸缩振动。在 1605.3cm⁻¹ 处的峰值是由芳香族中的 C═C 键伸缩振动引起的。亚甲基 CH₂ 以及甲基 CH₃ 中 C—H 键的非对称变形和甲基 CH₃ 振动中 C—H 的对称变形观察可分别从峰 1454.1cm⁻¹ 和 1375.2cm⁻¹ 处看出。1219.3cm⁻¹ 处的峰对应于 (CH₃)₃C—R 的框架振动。在 1030.2cm⁻¹ 处的峰是 S═O 键的伸缩振动。在 667.2～871.2cm⁻¹ 区域内的小峰是典型的苯环 C—H 键振动。与基质沥青相比，胶粉改性沥青的红外光谱中没有新的峰出现。虽然胶粉颗粒由大量硫化的 SBS 和 SBR 组成，但是通过红外光谱测试没有发现新的峰，这意味着在硫化的 SBS 和 SBR 分子链中活性官能团已经被消耗了，从而使胶粉颗粒显得更具惰性。因为每种沥青老化后的红外光谱图都与老化前十分相似，所以老化沥青红外光谱图也可通过老化前的谱图说明。

胶粉改性沥青和胶粉/SBS 改性沥青的红外光谱图如图 7.15(b)和(c)所示。相比于胶粉改性沥青，胶粉/SBS 改性沥青在 967.8cm^{-1} 处有一个新的峰出现，它对应于 SBS 分子链中丁二烯双键的 C—H 键的弯曲振动。在图 7.15(d)中，胶粉/SBS 改性沥青各吸收峰的位置和形状都与胶粉/SBS/硫磺改性沥青非常相似，并且相比于胶粉/SBS 改性沥青，胶粉/SBS/硫磺改性沥青红外光谱中没有新的峰出现。

对于胶粉/SBS 改性沥青和胶粉/SBS/硫磺改性沥青，丁二烯键含量(967.8cm^{-1} 附近)对研究沥青老化前后的结构特性很有帮助。通过计算参数，可以评估 SBS 共聚物由于进一步的改性或老化而导致的劣化。

3. 胶粉/SBS 复合改性沥青 ^{1}H 核磁共振分析

芳族质子 $H_{ar}(\delta = (6\sim9)\times10^{-6})$ 和脂肪族质子 H_{sat} 的分布见表 7.4，脂肪族区域分为三部分：$H_{\alpha}(\delta = (2.1\sim4.0)\times10^{-6})$、$H_{\beta}(\delta =(1.0\sim1.6)\times10^{-6})$ 和 $H_{\gamma}(\delta = (0\sim1.0)\times10^{-6})$。基质沥青的氢谱图如图 7.16(a)所示，相应的 ^{1}H 核磁共振分析数据见表 7.4[41]。由于胶粉由大量硫化的丁二烯苯乙烯橡胶和原料丁基橡胶组成，因此加入沥青中的胶粉引起烯烃氢和新的脂族氢的出现。在图 7.16(b)中，胶粉改性沥青与基质沥青相比，具有 1.68×10^{-6} 和 2.04×10^{-6} 的新峰，这归因于丁二烯结构碳碳双键上的脂肪族氢。在转移范围$(4.8\sim5.8)\times10^{-6}$，胶粉改性沥青还分别显示有 5.1×10^{-6} 和 5.3×10^{-6} 的新峰，如图 7.16(c)所示，这可归因于烯烃氢的转移和乙基上的乙基氢。胶粉改性沥青和胶粉/SBS 复合改性沥青的氢谱图如图 7.16(d)和(e)所示。如图 7.16(e)所示，与胶粉改性沥青相比，胶粉/SBS 复合改性沥青在5.4×10^{-6}处没有明显的峰值出现,这归因于SBS 分子链的烯烃氢。在图 7.16(f)中，胶粉/SBS/硫磺复合改性沥青的 ^{1}H 核磁共振与胶粉/SBS 复合改性沥青相似，硫化没有出现新的峰。

表 7.4　^{1}H 核磁共振谱中的分配

参数	化学位移/($\times10^{-6}$)	质子类型
H_{ar}	6.0~9.0	芳香族氢
H_{alk2}	4.8~5.8	烯烃氢
H_{α}	2.1~4.0	芳环上 C_{α} 的脂肪族氢
H_{alk1}	1.6~2.1	对亚烷基上的 CH_2
H_{β}	1.0~1.6	芳环上，C_{β} 的脂肪族氢和 C_{β} 外的 CH_2、CH
H_{γ}	0~1.0	芳环上，C_{γ} 的脂肪族氢和 C_{γ} 外的 CH_3

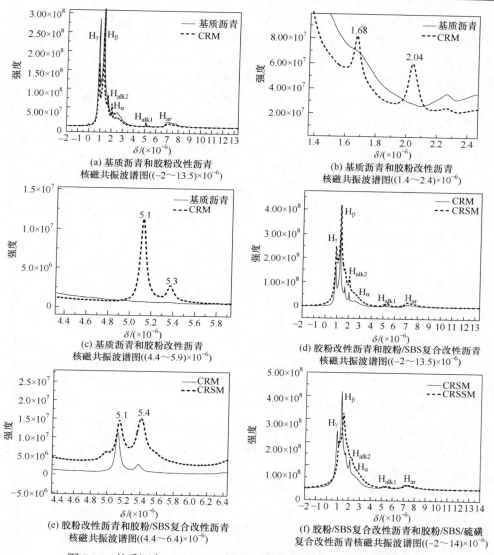

图 7.16　基质沥青、CRM、CRSM 和 CRSSM 的 ^{1}H 核磁共振波谱图

由于老化后每种沥青的 ^{1}H 核磁共振波谱图与老化前相似，因此老化后的 ^{1}H 核磁共振波谱图也可以在老化前进行说明。老化前后的所有沥青的氢分布见表 7.5。可以看出，与基质沥青相比，改性沥青的 H_{ar}、H_β、H_γ 下降，这是因为轻质沥青组分如芳族化合物并且大量的 H_{ar}、H_β、H_γ 的饱和物被胶粉颗粒吸收。由于胶粉残余丁二烯结构，H_{alk} 包括 H_{alk1} 和 H_{alk2} 的含量与基质沥青相比有所增加。与胶粉改性沥青相比，胶粉/SBS 复合改性沥青的 H_β、H_γ 和 H_{ar} 含量下降，表明 SBS 对

轻质沥青组分的进一步吸收。由于 SBS 分子链中碳碳双键的出现,与沥青相比,胶粉/SBS 复合改性沥青的 H_α 含量增加。与胶粉/SBS 复合改性沥青相比,胶粉/SBS/硫磺复合改性沥青的 H_β、H_γ 含量进一步下降,这可归因于硫化的结果。通过硫化,SBS 颗粒变小,在沥青中充分膨胀,因此轻质沥青组分进一步吸收,导致较低的 H_β、H_γ 含量。同时,通过硫化得到的 SBS 或胶粉颗粒尺寸下降导致 H_{alk2} 和 H_α 的含量增加,这是因为沥青中的聚合物浓度进一步膨胀和分散。

表 7.5 老化前后沥青 ^1H 分布

沥青种类	H_{ar}	H_{alk1}	H_{alk2}	H_{alk}	H_α	H_β	H_γ
基质沥青	0.069	0.0031	0.091	0.0094	0.14	0.44	0.22
胶粉改性沥青	0.066	0.012	0.13	0.14	0.14	0.42	0.21
胶粉/SBS 复合改性沥青	0.065	0.02	0.15	0.17	0.17	0.37	0.19
胶粉/SBS/硫磺复合改性沥青	0.062	0.02	0.19	0.21	0.25	0.30	0.11
老化后							
基质沥青	0.067	0.003	0.097	0.10	0.14	0.44	0.23
胶粉改性沥青	0.071	0.017	0.15	0.167	0.17	0.38	0.18
胶粉/SBS 复合改性沥青	0.065	0.019	0.14	0.159	0.17	0.38	0.18
胶粉/SBS/硫磺复合改性沥青	0.067	0.019	0.15	0.169	0.16	0.38	0.19

注: 胶粉改性沥青(1%、60 目胶粉); 胶粉/SBS 改性沥青(15%、60 目胶粉, 3%SBS1301); 胶粉/SBS/硫磺改性沥青(15%、60 目胶粉, 3%SBS1301, 0.2%硫磺)。$H_{alk} = H_{alk1} + H_{alk2}$。

薄膜烘箱老化后,胶粉粒径降低,增加了沥青中的聚合物浓度,导致 H_{alk} 和 H_α 含量增加。同时,由于较小胶粉颗粒的进一步吸收,H_β 和 H_γ 含量下降。通过老化将胶粉分解成较小的颗粒,聚合物浓度增加,轻质沥青组分进一步吸收。对于胶粉/SBS 复合改性沥青,H_{alk} 的含量下降显示 SBS 的丁二烯链老化而退化。对于胶粉/SBS/硫磺复合改性沥青,H_β、H_γ、H_{ar} 含量增加,H_α 含量下降,这意味着大量硫化的 SBS 分子结构被老化破坏。SBS 的长链分子通过老化分解成具有更多 H_β、H_γ、H_{ar} 的短链结构,因此与 SBS 相比,硫化的 SBS 更易于老化。对于胶粉/SBS 复合改性沥青和胶粉/SBS/硫磺复合改性沥青,可以看出,老化前后氢气的分布主要取决于 SBS 的作用。

7.2.5 热分析

改性沥青的热稳定性是沥青混合料结构特征分析中考虑的重要性质。本章通过热分析,在三个加热速率(5℃/min、10℃/min、15℃/min)下研究了基质沥青、胶粉改性沥青、胶粉/SBS 复合改性沥青和胶粉/SBS/硫磺复合改性沥青在老化前后的热行为。对于每种沥青，三种加热速率下的热行为相似，因此以 10℃/min 为例进行说明。

老化前，每个沥青在 10℃/min 下的 TG、DSC、DTG 曲线如图 7.17 所示[41]。如 TG 曲线显示，所有沥青经历了主要的质量损失阶段(500～750℃)，质量损失主要是由于轻质沥青组分如饱和烃和芳族化合物的挥发以及聚合物和大型沥青分子的分解。如 DTG 和 DSC 曲线中所证明，这是主要的质量损失阶段。在本研究中，通过研究动力学特征进一步描述了该过程中所采用的分解反应。在本研究中，进行了三个加热速率 5℃/min、10℃/min、15℃/min 的试验研究。对于每种沥青，三种加热速率下的热行为是相似的，并且存在最大分解温度。通过应用方程式(7.2)来进行老化前后每种沥青的 DTG 曲线的评估，计算结果见表 7.6。

$$\ln\left(\phi/T_{\mathrm{m}}^2\right) = E_{\mathrm{a}}/RT_{\mathrm{m}} + C \tag{7.2}$$

式中，ϕ 为加热速度，℃/min；T_{m} 为最大分解温度，℃；E_{a} 为活化能，kJ/mol。

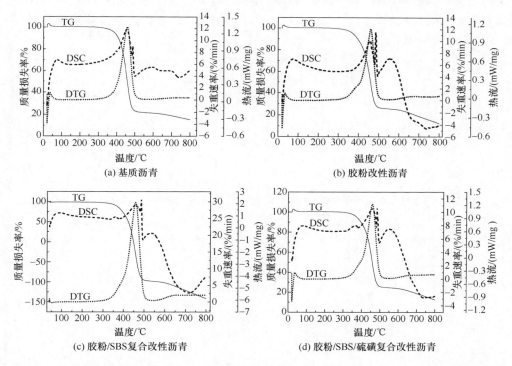

(a) 基质沥青　　　　　　　　　　(b) 胶粉改性沥青

(c) 胶粉/SBS复合改性沥青　　　　(d) 胶粉/SBS/硫磺复合改性沥青

图 7.17　老化前基质沥青、CRM、CRSM 和 CRSSM 沥青在 10℃/min 下的 TG/DSC/DTG 曲线
CRM. 胶粉改性沥青(15%、60 目胶粉)；CRSM、胶粉/SBS 改性沥青(15%、60 目胶粉，3%SBS1301)；CRSSM.
胶粉/SBS/硫磺改性沥青(15%、60 目胶粉，3%SBS1301，0.2%硫磺)

表 7.6　沥青老化前后的 E_a 值

沥青种类	E_a/(kJ/mol)	
	老化前	老化后
基质沥青	178.7	236.6
胶粉改性沥青	147.0	236.2
胶粉/SBS复合改性沥青	321.5	220.7
胶粉/SBS/硫磺复合改性沥青	199.8	175.3

注：胶粉改性沥青(15%、60目胶粉)；胶粉/SBS改性沥青(15%、60目胶粉，3%SBS1301)；胶粉/SBS/硫磺改性沥青(15%、60目胶粉，3%SBS1301，0.2%硫磺)。

　　随着活化能 E_a 变得更高，分解过程变得更加困难，沥青将变得更加稳定。750℃后，TG 和 DTG 曲线随着温度的升高开始变平，造成质量损失的主要原因是沥青质或聚合物残留物的进一步挥发和残留物逐渐碳化。

　　DSC 曲线显示，每种沥青的热机械行为可以由两个主要吸热峰 1 和吸热峰 2 描述，每个吸热峰的面积可以通过切线计算，如图 7.18 所示，老化前后的所有沥青的峰面积计算结果见表 7.7。通过比较吸热峰的面积，可以进一步评估改性沥青的分子质量分布和组分。

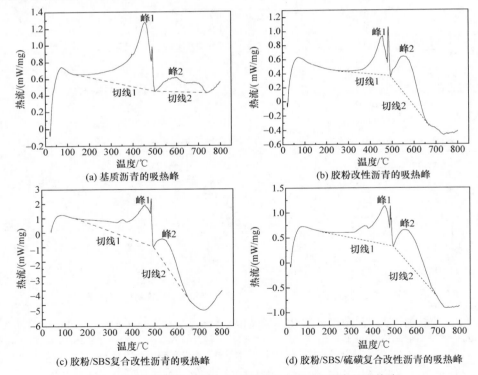

(a) 基质沥青的吸热峰　　　　　　(b) 胶粉改性沥青的吸热峰

(c) 胶粉/SBS复合改性沥青的吸热峰　　　(d) 胶粉/SBS/硫磺复合改性沥青的吸热峰

图 7.18　基质沥青、CRM、CRSM 和 CRSSM 沥青的吸热峰

表 7.7　沥青吸热峰面积计算结果(10℃/min)

沥青种类	老化前		老化后	
	峰值 1	峰值 2	峰值 1	峰值 2
基质沥青	72.4	71.5	71.5	16.2
胶粉改性沥青	33.7	102.8	102.8	46.1
胶粉/SBS 复合改性沥青	163.9	77.9	77.9	54.3
胶粉/SBS/硫磺复合改性沥青	41.4	73.3	73.3	27.9

注：胶粉改性沥青(15%、60 目胶粉)；胶粉/SBS 改性沥青(15%、60 目胶粉，3%SBS1301)；胶粉/SBS/硫磺改性沥青(15%、60 目胶粉，3%SBS1301，0.2%硫磺)。

　　老化前所有沥青的 DSC 曲线如图 7.19 所示[41]。在图 7.19(b)中，与基质沥青相比，胶粉改性沥青的下曲线在第一个过程中表现出较少的热吸收，这也可以通过表 7.7 所示的较小的峰 1 区域来证明。如表 7.6 中的 E_a 所示，较少的沥青组分或由于材料挥发或由于胶粉的吸收和胶粉的惯性而分解，因此较少的热被吸收，并且该过程的能量壁垒较低，这意味着热稳定性低于基质沥青。在第二阶段，与基质沥青相比，峰值变窄和突出，由于胶粉分解的主要作用，并且随着温度的升高，胶粉的分解变得更加明显。为了研究胶粉改性沥青的热性能，胶粉(60 目)的 TG、DSC、DTG 曲线也显示在图 7.20(a)中，可以看出，胶粉的质量损失过程如 DTG 曲线所示可以分为两个阶段，在 750℃之前，随温度升高，胶粉的质量损失增加，质量损失率达到最大值。然而，相应的吸热峰不明显，这意味着第一阶段的挥发成分不复杂，这些成分的分子量分布比较集中。750℃后，平坦的 DTG 曲线显示，第二阶段质量损失明显，DSC 曲线非常宽的吸热峰显示分子量分布不集中，挥发成分各异，如 TG 曲线所示，这是主要的质量损失过程。因此，表 7.7 中胶粉改性沥青吸热峰 2 面积大于基质沥青的面积，表明胶粉改性沥青的热行为主要受胶粉的影响。

　　为了研究 SBS 对胶粉/SBS 复合改性沥青热性能的影响，图 7.20(b)显示了 SBS 的 TG、DSC、DTG 曲线。如 TG 和 DTG 曲线的剧烈变化，可以看出，SBS 非常容易分解，并随着温度的升高而迅速分解。主要质量损失过程从 625℃分布到 760℃。DSC 曲线显示了该过程中的尖锐吸热峰，这意味着 SBS 的成分是纯的，分子量分布更集中。在图 7.19(c)和表 7.7 中，与胶粉改性沥青相比，胶粉/SBS 复合改性沥青具有较高的 DSC 曲线和较大的吸热峰 1，在第一个质量损失过程中表明更多的能量吸收。SBS 加热的敏感性，使得胶粉/SBS 复合改性沥青随着温度的升高而吸收更多的热量。表 7.6 中胶粉/SBS 复合改性沥青较大的 E_a 也表明第一次质量损失过程更难发生，因此改善了胶粉/SBS 复合改性沥青在该过程中的热稳定性。在图 7.19(c)中，胶粉/SBS 复合改性沥青的 DSC 曲线在 773℃后显著下降，表明 SBS 的分解主导了胶粉/SBS 复合改性沥青的热性能,与表 7.7 中的胶粉改性沥青相比,峰值 2 的面积较小显示这是第二次质量损失过程。

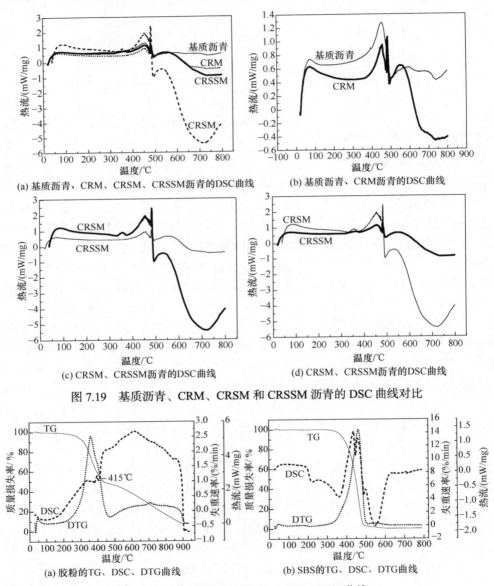

(a) 基质沥青、CRM、CRSM、CRSSM沥青的DSC曲线　　　(b) 基质沥青、CRM沥青的DSC曲线

(c) CRSM、CRSSM沥青的DSC曲线　　　　　　(d) CRSM、CRSSM沥青的DSC曲线

图 7.19　基质沥青、CRM、CRSM 和 CRSSM 沥青的 DSC 曲线对比

(a) 胶粉的TG、DSC、DTG曲线　　　　　　(b) SBS的TG、DSC、DTG曲线

图 7.20　胶粉和 SBS 的 TG、DSC、DTG 曲线

在图 7.19(d)中,与胶粉/SBS 复合改性沥青相比,胶粉/SBS/硫磺复合改性沥青的 DSC 曲线变得更加平坦,两个阶段的峰面积也小于表 7.7 中胶粉/SBS 复合

改性沥青的峰面积,这意味着胶粉/SBS/硫磺复合改性沥青对热能的敏感性在两个质量流失过程中分解增加并且没有更多的能量吸收。由于硫化改变了沥青中聚合物的形态,降低了沥青中聚合物的粒径,因此聚合物分解变得适中,导致较低的能量吸收。此外,表 7.6 所示的较低的 E_a 也表明,胶粉/SBS/硫磺复合改性沥青的主要质量损失容易发生,热稳定性下降。

老化后,每种沥青的 TG、DSC、DTG 曲线如图 7.21 所示[41],可以看出老化后的沥青的热行为与老化前相似。分别由 DTG 和 DSC 曲线表明,主要质量损失阶段的温度范围仍在 500~750℃,质量损失主要归因于残余聚合物的分解和沥青组分的增加,如沥青质或老化后的胶质。750℃后,随着温度的升高,TG、DTG 和 DSC 曲线开始变得平坦,该过程中的质量损失主要是由于沥青质或聚合物的残余进一步挥发或碳化。DSC 曲线显示,每种沥青的热行为仍然可以通过图 7.22 所示的两个主要吸热峰来描述,并且计算的峰面积见表 7.7。

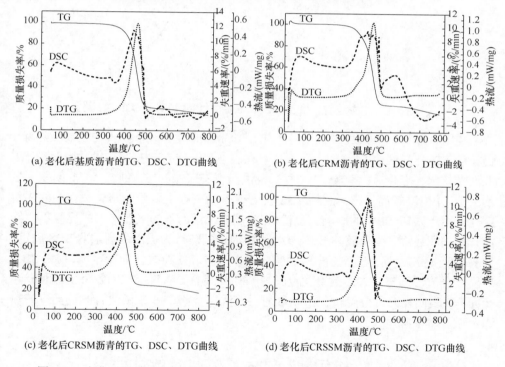

(a) 老化后基质沥青的TG、DSC、DTG曲线

(b) 老化后CRM沥青的TG、DSC、DTG曲线

(c) 老化后CRSM沥青的TG、DSC、DTG曲线

(d) 老化后CRSSM沥青的TG、DSC、DTG曲线

图 7.21　老化后基质沥青、CRM、CRSM 和 CRSSM 沥青的 TG、DSC、DTG 曲线

在图 7.22 中,在大多数温度范围内胶粉改性沥青的曲线高于胶粉/SBS/硫磺复合改性沥青的曲线,胶粉改性沥青的吸热峰 1 变得更宽,这意味着第一个质量损失阶段的胶粉改性沥青的分解变得复杂,见表 7.7,由于大多数胶粉颗粒在老化

后分解成具有各种尺寸的较小颗粒，因此胶粉的分子量分布变得非常不均匀，导致与老化的基质沥青相比有较大的吸热峰 1 区域，意味着第一次质量损失中的热稳定性仍然有所增加，尽管在表 7.6 中胶粉改性沥青的 E_a 几乎等于老化基质沥青的 E_a。而且由于剩余胶粉颗粒的影响，胶粉改性沥青的吸热峰 2 面积还高于老化基质沥青。

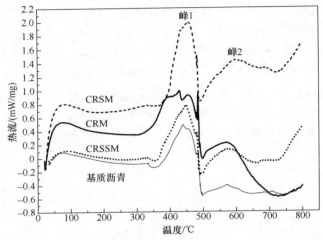

图 7.22　基质沥青、CRM、CRSM 和 CRSSM 沥青的 DSC 曲线

　　在图 7.22 中，与胶粉改性沥青相比，胶粉/SBS 复合改性沥青的主要吸热峰 1 仍显示出老化后残余 SBS 的主要作用。在表 7.6 和表 7.7 中，与胶粉/SBS 复合改性沥青相比，老化后的胶粉/SBS 复合改性沥青有较低的 E_a 和吸热峰 1 面积，显示由于 SBS 降解而下降，胶粉/SBS 复合改性沥青在主要质量损失过程中的热稳定性。由于残留 SBS 的影响，胶粉/SBS 复合改性沥青的吸热峰面积比胶粉改性沥青的面积还大，因此胶粉/SBS 复合改性沥青的热行为仍然由剩余的 SBS 确定。如表 7.6 和表 7.7 所示，与胶粉/SBS 复合改性沥青和胶粉改性沥青相比，胶粉/SBS/硫磺复合改性沥青在大多数温度范围内具有较低的 DSC 曲线、较小的 E_a 和吸热峰面积，表明在两种分解过程中能量消耗较低，胶粉/SBS/硫磺复合改性沥青的热稳定性显著下降[41]。

7.3　胶粉与低密度聚乙烯复合改性沥青

　　通过添加胶粉和废塑料(包括废聚丙烯、低密度聚乙烯、线型低密度聚乙烯)制备了胶粉/废塑料复合改性沥青。对每种改性沥青的物理性能进行了研究和比较，确认线型低密度聚乙烯为提高高温性能的正确改性剂。同时，将邻苯二甲酸二辛酯作为增塑剂进一步用于改善低温性能。根据胶粉/线型低密度聚乙烯/邻苯二甲酸二辛酯改性沥青的最佳比例，采用流变试验研究了改性沥青的高温性能、低温性能和结构特征。傅里叶变换红外光谱法用于研究每种改性剂的改性机理。使用形态观察来研究改性剂和老化对沥青形态特征的影响。采用热分析法对每种改性沥青的热力学特性和组成进行了研究。

7.3.1　原材料及制备工艺

1. 原材料

基质沥青为福州 70#，低密度聚乙烯为沙特阿拉伯生产的产品。

2. 低密度聚乙烯改性沥青的制作工艺

将基质沥青加热至 160～165℃完全熔融，加入一定量的 4%低密度聚乙烯，用电动搅拌器搅拌 2h，高速剪切 1h(剪切速度为 4500r/min)，整个过程恒温 160～165℃后得到所需的改性沥青。

此工艺条件下老化前后沥青物理性能对比如图 7.23 所示[42]。

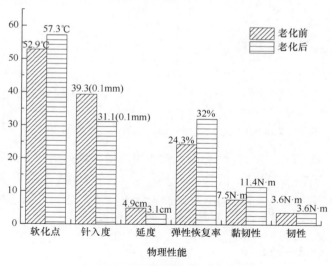

图 7.23　老化前后沥青的物理性能

可以看出采用此工艺后沥青的延度、弹性恢复率、柔度有所改善，所以采用低温下先溶胀后高速剪切能够在一定程度上促进低密度聚乙烯在沥青中的分散，从而对沥青的低温性能和弹性略有改善，以下塑料改性沥青的制作均采用此工艺。

3. 低密度聚乙烯含量对沥青物理性能的影响

不同低密度聚乙烯(LDPE)含量(质量分数)对沥青各性能的影响对比如图 7.24 所示[42]。

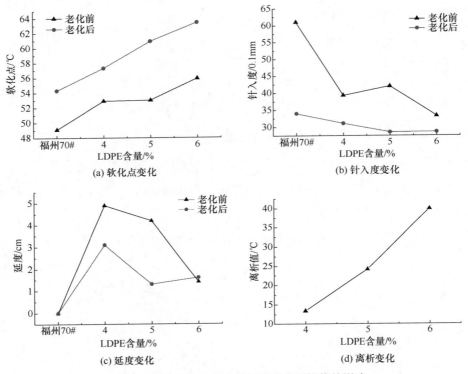

图 7.24　低密度聚乙烯含量对沥青主要性能的影响

从图 7.24 中可以看出,随沥青中低密度聚乙烯含量的增加,老化前后高温性能逐渐增加,沥青逐渐变硬,低温性能下降。沥青的弹性、黏韧性和韧性随低密度聚乙烯含量的增加,其变化均不明显。随低密度聚乙烯含量的增加,离析现象逐渐明显。

4. 改性剂和助剂的选择

为了进一步改善胶粉的高温性能,本节采用不同类型的塑料分别与 80 目胶粉进行复合改性,胶粉的含量(质量分数)为 13%。

7.3.2　物理性能

13%的胶粉改性沥青与不同类型塑料复合改性沥青性能如图 7.25 所示[42]。

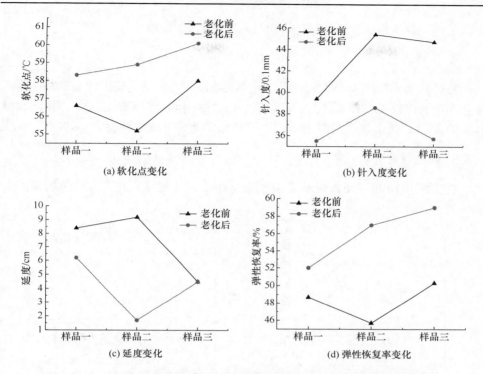

图 7.25　13%的胶粉改性沥青与不同类型塑料复合改性沥青的主要物理性能

样品一. 福州 70#+13%、80 目胶粉；样品二. 福州 70#+13%、80 目胶粉+2%低密度聚乙烯（FN802）；样品三. 福州 70#+13%、80 目胶粉+2%低密度聚乙烯（2410T）

从图 7.25 中可以看出，与 13%的 80 目胶粉改性沥青相比，低密度聚乙烯的添加能够进一步改善老化前后的高温性能，对沥青的其他主要性能并没有明显改善。

7.4　胶粉与线型低密度聚乙烯复合改性沥青

胶粉目数不同，即粒径有所差异，加入到基质沥青中，对沥青指标的影响程度不同，为找出性能最佳的胶粉目数，本节对 20 目、40 目、60 目和 80 目的胶粉进行胶粉改性沥青的试验性能研究，性能试验主要包括常规试验和动态剪切流变试验两个部分。

7.4.1　原材料及制备工艺

1. 线型低密度聚乙烯

用废旧线型低密度聚乙烯塑料对沥青进行改性，所用废旧线型低密度聚乙烯外观坚硬，呈米粒状，样品制作过程与低密度聚乙烯相同。

2. 制作工艺

将基质沥青加热至 180~190℃完全熔融，加入一定量的废旧线型低密度聚乙烯，用电动搅拌器搅拌 1h 后，高速剪切 1h(剪切速度为 4500r/min)，再用电动搅拌器搅拌 2h，整个过程恒温 180~190℃后得到所需的改性沥青。

3. 物理性能

在沥青中添加不同含量的废旧线型低密度聚乙烯(LLDPE)，所得沥青的主要性能如图 7.26 所示[42]。

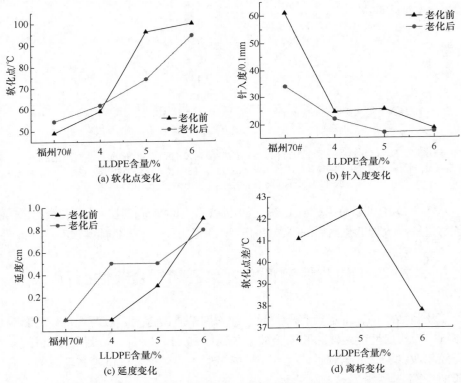

图 7.26   废旧线型低密度聚乙烯含量(质量分数)对沥青主要性能的影响

可以看出，随废旧线型低密度聚乙烯含量的增加，对提高基质沥青高温性能更加明显，但低温性能均比较差，且都存在明显的离析现象，表明废旧线型低密度聚乙烯与沥青的相容性很差。改性后样品的韧性和弹性恢复性能均较差。

4. 不同类型低密度聚乙烯改性沥青主要性能比较

综合前面的结论可以看出，塑料对沥青的改性效果主要体现在对高温性能的改善，改性效果比较如图 7.27 所示[6]。

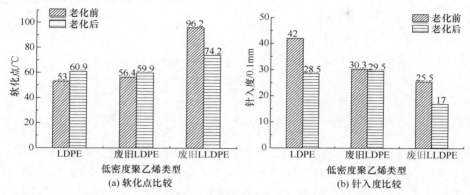

图 7.27　不同类型低密度聚乙烯改性沥青主要性能比较

可以看出，废旧低密度聚乙烯和废旧线型低密度聚乙烯改性沥青相比，废旧线型低密度聚乙烯具有更高的软化点和更低的针入度，表明废旧线型低密度聚乙烯对沥青高温性能的改善更加明显。这是由于线型低密度聚乙烯是线型分子，分子链中支链较少，其分子量更集中。

7.4.2　物理性能

为了研究废旧线型低密度聚乙烯对复合改性沥青的影响，掺加两种含量不同的线型低密度聚乙烯与13%的胶粉进行复合改性，短期老化前后主要物理性能如图7.28所示[6]。

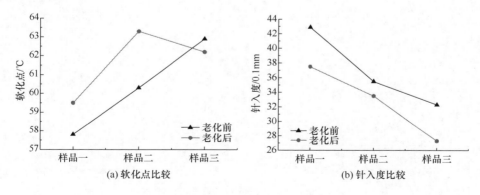

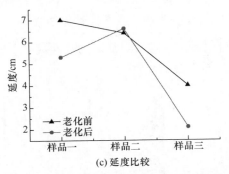

(c) 延度比较

图 7.28　废旧线型低密度聚乙烯含量(质量分数)对沥青主要性能的影响

样品一. 13%、80 目胶粉, LDPE 2%；样品二. 13%、80 目胶粉, 2%废旧线型低密度聚乙烯；样品三. 13%、80 目胶粉, 4%废旧线型低密度聚乙烯

　　从图 7.28 中可以看出, 线型低密度聚乙烯对沥青高温性能的改善更加明显, 但沥青的低温性能均差, 其他性能差别不大, 基本上都在试验的误差范围内。线型低密度聚乙烯合适的含量为 2%, 过多地添加(4%)使得沥青的离析非常明显, 而且低温性能和弹性恢复明显变差。

　　为了进一步研究胶粉目数的影响, 在废旧线型低密度聚乙烯含量为 2%的条件下, 采用不同目数的胶粉进行复合测试, 短期老化前后主要性能如图 7.29 所示。

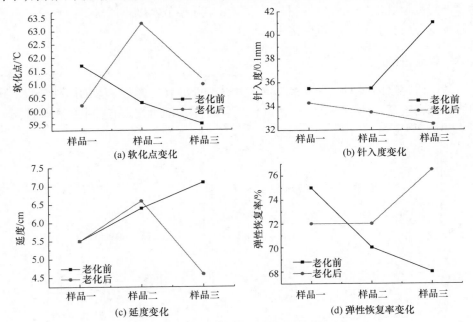

图 7.29　胶粉的目数对沥青性能的影响

样品一. 13%、40 目胶粉, LDPE 2%；样品二. 13%、60 目胶粉, 2%废旧线型低密度聚乙烯；样品三. 13%、80 目胶粉, 2%废旧线型低密度聚乙烯

从图7.29可以看出，胶粉的目数越大对沥青的弹性恢复和高温性能的改善越明显，但降低了沥青的低温性能，离析也更加明显，老化后高温性能的损失较明显，胶粉颗粒的降解起主导作用。

为了改善沥青老化前后的低温性能，在胶粉与废旧线型低密度聚乙烯改性的基础上，添加少量的芳烃油或邻苯二甲酸二辛酯来进一步改善沥青的低温性能，性能测试如图7.30所示。

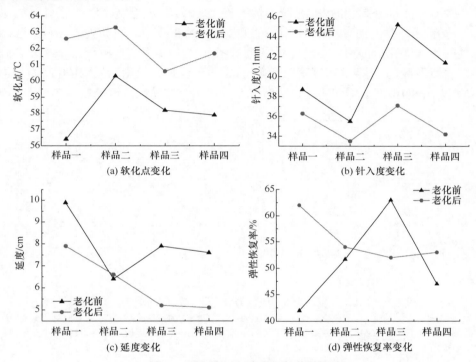

图 7.30　增塑剂对沥青主要性能的影响

样品一.13%、80目胶粉；样品二.13%、80目胶粉，2%废旧线型低密度聚乙烯；样品三.13%、80目胶粉，2%废旧线型低密度聚乙烯，邻苯二甲酸二辛酯0.5%；样品四.13%、80目胶粉，2%废旧线型低密度聚乙烯，0.5%糠醛抽出油

本组试验的目的在于在最佳配方的基础上(13%、80目胶粉，2%线型低密度聚乙烯)通过添加少量增塑剂(邻苯二甲酸二辛酯、糠醛抽出油)来进一步改善沥青的低温性能。试验结果表明，邻苯二甲酸二辛酯的添加对低温性能的改善更加明显，对高温性能的影响不大，而且对沥青弹性恢复的改善更加明显，所以确定为合适的增塑剂(含量为0.5%)[42]。

7.4.3　流变性能

由于胶粉/废旧线型低密度聚乙烯/邻苯二甲酸二辛酯改性沥青的高低温性能

均较好，因此在其配方下对对应的各样品进行流变性能测试[42]。

1. 高温扫描

从图7.31(a)可以看出，增加的复合剪切模量在整个温度范围内胶粉/线型低密度聚乙烯改性沥青的高于其他样品，表明线型低密度聚乙烯的添加改善了沥青的高温性能，但是更高的相位角表现出聚乙烯的添加增加了沥青的黏性行为，这主要是由于部分弹性的SBS被聚乙烯所替代。胶粉/线型低密度聚乙烯/邻苯二甲酸二辛酯复合改性沥青在整个温度范围内升高的相位角表明沥青的一种更强的黏性行为。老化后如图7.31(b)胶粉/线型低密度聚乙烯/邻苯二甲酸二辛酯复合改性沥青以及胶粉/线型低密度聚乙烯复合改性沥青在整个温度范围内升高的相位角所示，表明由聚乙烯和邻苯二甲酸二辛酯所引起的黏性行为仍然存在。

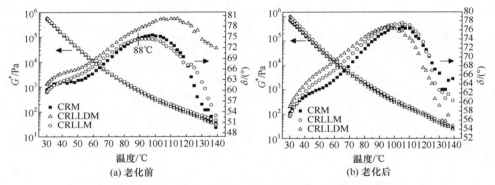

(a) 老化前   (b) 老化后

图 7.31   CRM、CRLLM 和 CRLLDM 老化前后 G^* 和 δ 随温度的变化

CRM. 胶粉改性沥青(13%、80 目胶粉)；CRLLM. 胶粉/线型低密度聚乙烯改性沥青(13%、80 目胶粉，2%废旧线型低密度聚乙烯)；CRLLDM. 胶粉/线型低密度聚乙烯/邻苯二甲酸二辛酯改性沥青(13%、80 目胶粉，2%废旧线型低密度聚乙烯，0.5%邻苯二甲酸二辛酯)

2. 低温扫描

在低温条件下的流变行为如图7.32所示[42]。老化前如图7.32(a)所示，胶粉/线型低密度聚乙烯/邻苯二甲酸二辛酯改性沥青降低的 G^* 和较高的相位角表明一种黏性行为，邻苯二甲酸二辛酯的添加增加了沥青的低温抗裂性，改善了沥青的低温性能。相比胶粉改性沥青，胶粉/线型低密度聚乙烯改性沥青具有较高的 G^* 和较低的相位角，表明低密度聚乙烯的添加增加了沥青的高温性能。短期老化后如图7.32(b)所示，胶粉/线型低密度聚乙烯/邻苯二甲酸二辛酯改性沥青和胶粉改性沥青在复合剪切模量上的差异较小，但随温度的增加，较高的相位角表明一种更明显的黏性行为，表明沥青的低温性能得到改善。

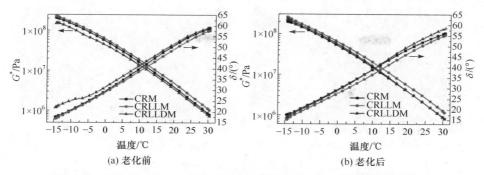

图 7.32　CRM、CRLLM 和 CRLLDM 老化前后 G^* 和 δ 随温度的等时图

CRM. 胶粉改性沥青(13%、80 目胶粉)；CRLLM. 胶粉/线型低密度聚乙烯改性沥青(13%、80 目胶粉，2%废旧线型低密度聚乙烯)；CRLLDM. 胶粉/线型低密度聚乙烯/邻苯二甲酸二辛酯改性沥青(13%、80 目胶粉，2%废旧线型低密度聚乙烯，0.5%邻苯二甲酸二辛酯)

7.4.4　结构分析

1. 形貌分析

采用光学显微镜对沥青进行观察，放大倍数为400倍，对胶粉/废旧线型低密度聚乙烯/邻苯二甲酸二辛酯改性沥青的配方条件下对应的各样品胶粉改性沥青，以及胶粉/废旧线型低密度聚乙烯改性沥青进行形貌分析，老化前后各样品的形貌如图7.33所示[42]。

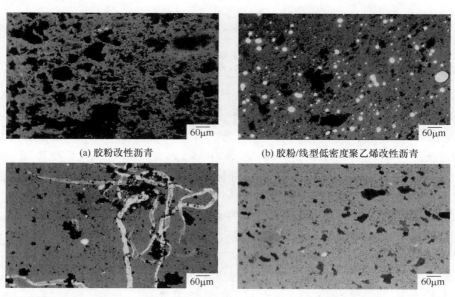

(a) 胶粉改性沥青　　　　　　　　　(b) 胶粉/线型低密度聚乙烯改性沥青

(c) 胶粉/线型低密度聚乙烯/邻苯二甲酸二辛酯改性沥青　　　(d) 胶粉改性沥青老化后

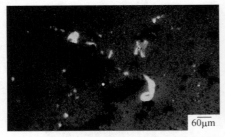
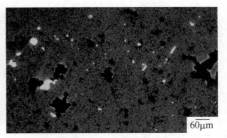

60μm   60μm

(e) 胶粉/线型低密度聚乙烯改性沥青老化后   (f) 胶粉/线型低密度聚乙烯/酯改性沥青老化后

图 7.33   胶粉复合改性沥青形貌对比

如图7.33(a)所示，大量的胶粉颗粒分散在沥青中，表明胶粉和沥青的相容性很差。胶粉/线型低密度聚乙烯改性沥青的形貌如图7.33(b)所示，由于聚乙烯的添加，沥青中出现了大量的亮黄色颗粒，由于聚乙烯和沥青的界面非常明显，表明聚乙烯和沥青的相容性很差。胶粉/线型低密度聚乙烯/邻苯二甲酸二辛酯改性沥青的形貌如图7.33(c)所示，可以看出沥青中的聚乙烯从细丝状变为颗粒状，表明聚乙烯和沥青间的相容性得到改善，细丝状的聚乙烯和胶粉颗粒相互交织在一起。短期老化后各样品的形貌如图7.33(d)～(f)所示，可以看出胶粉和聚乙烯颗粒的尺寸明显变小，数量变少，表明聚合物发生降解并溶解在沥青中，聚合物和沥青间的相容性得到明显改善。

2. 红外光谱分析

对胶粉/废旧线型低密度聚乙烯/邻苯二甲酸二辛酯改性沥青的配方条件下对应的各样品胶粉改性沥青，以及胶粉/废旧线型低密度聚乙烯改性沥青进行红外光谱分析。

基质沥青、胶粉改性沥青、胶粉的红外光谱图如图 7.34 所示[42]。基质沥青2851～2915cm^{-1} 处的吸收峰是脂肪链中 C—H 的收缩振动。在 1636cm^{-1} 处的峰是芳环中 C=C 的伸缩振动。1451.1cm^{-1} 和 1375.2cm^{-1} 处分别是亚甲基 CH$_2$ 和甲基CH$_3$ 以及次甲基上 C—H 的对称振动。1219.3cm^{-1} 处是(CH$_3$)$_3$C—R 的框架振动，1030cm^{-1} 处的吸收峰是 S=O 键的伸缩振动。在 671.2～871.2cm^{-1} 处是苯环上碳氢键 C—H 的摆动。对于胶粉在 3456cm^{-1} 处宽的吸收峰是羟基的伸缩振动，在2917.4cm^{-1} 和 2849.3cm^{-1} 处是亚甲基的振动吸收，1636.9cm^{-1} 是苯环上 C=C 键的框架振动，1449.5cm^{-1} 是亚甲基的伸缩振动以及甲基的不对称伸缩振动。苯环上 438.7～1087.8cm^{-1} 处是苯环上 C—H 键的振动。对于胶粉改性沥青的主要吸收峰和基质沥青一样，并没有新的吸收峰出现。只是由于胶粉对于沥青的吸收，胶粉改性沥青的红外光谱的吸收峰较基质沥青低很多。

邻苯二甲酸二辛酯的红外光谱图如图 7.35 所示，2853cm^{-1} 和 2915cm^{-1} 处是酯基上脂肪链上碳氢链的伸缩振动，1732.8cm⁻¹ 处是羰基的伸缩振动，1538cm⁻¹ 处是 C=C 上的伸缩振动，1456.8cm⁻¹ 处是亚甲基上碳氢键的不对称振动，1276.2cm⁻¹ 和 1122.7cm⁻¹ 处是 C—O 的伸缩振动，在 1073cm⁻¹ 处以及 653.4～743.1cm⁻¹ 处是苯环碳氢键的弯曲振动。

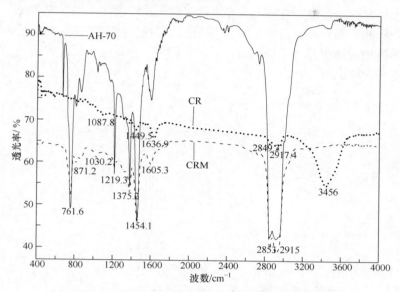

图 7.34　胶粉、基质沥青、胶粉改性沥青的红外光谱图

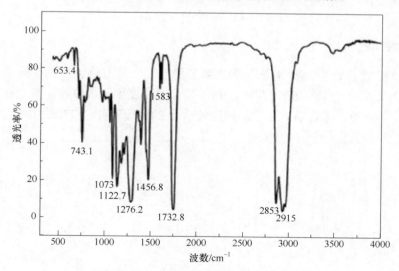

图 7.35　邻苯二甲酸二辛酯的红外光谱图

线型低密度聚乙烯、胶粉/线型低密度聚乙烯、胶粉/线型低密度聚乙烯/邻苯

二甲酸二辛酯的红外光谱图如图7.36所示，在3445cm^{-1}处宽的吸收峰是羟基的伸缩振动，2915cm^{-1}处是亚甲基碳氢键的不对称伸缩振动，2853cm^{-1}处是甲基的对称伸缩振动，1628.4cm^{-1}处是碳碳双键的框架振动，1407.7cm^{-1}处是亚甲基的伸缩振动以及甲基的不对称振动，712.1cm^{-1}处是苯环上碳氢键的振动。在胶粉/线型低密度聚乙烯改性沥青中，线型低密度聚乙烯的添加没有产生新的吸收峰，线型低密度聚乙烯的大部分峰被沥青所覆盖，这表明胶粉、线型低密度聚乙烯和邻苯二甲酸二辛酯的改性仍然属于物理改性。老化后每一种改性沥青的光谱与老化前相似，没有新的峰出现。

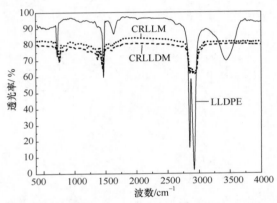

图 7.36　线型低密度聚乙烯、胶粉/线型低密度聚乙烯、胶粉/线型低密度聚乙烯/邻苯二甲酸二辛酯改性沥青的红外光谱图

3. 热分析

对胶粉/废旧线型低密度聚乙烯/邻苯二甲酸二辛酯改性沥青的配方条件下对应的各样品胶粉改性沥青，以及胶粉/废旧线型低密度聚乙烯改性沥青老化前后的样品进行热分析，老化前后各样品的热分析图如图7.37和图7.38所示[42]。

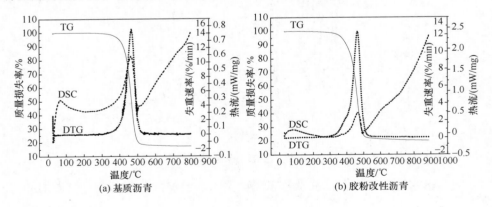

(a) 基质沥青　　　　　　　　　　　　(b) 胶粉改性沥青

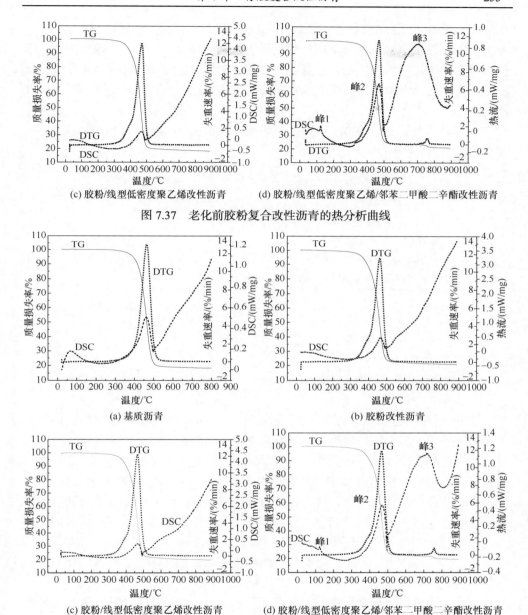

(c) 胶粉/线型低密度聚乙烯改性沥青　　(d) 胶粉/线型低密度聚乙烯/邻苯二甲酸二辛酯改性沥青

图 7.37　老化前胶粉复合改性沥青的热分析曲线

(a) 基质沥青

(b) 胶粉改性沥青

(c) 胶粉/线型低密度聚乙烯改性沥青　　(d) 胶粉/线型低密度聚乙烯/邻苯二甲酸二辛酯改性沥青

图 7.38　老化后胶粉复合改性沥青的热分析曲线

　　每一种样品老化前后的 TG、DSC、DTG 曲线如图 7.37 和图 7.38 所示，TG
曲线表明所有的样品在 350～550℃经历主要的质量损失过程，质量损失主要是
由于沥青中轻组分的挥发和聚合物的分解，主要的质量损失过程同样可以被
DTG 和 DSC 曲线的变化所证实。胶粉/线型低密度聚乙烯改性沥青的热分析曲线

如图 7.37(c)和图 7.38(c)所示，可以看出聚乙烯热分析曲线上的吸热峰没有显示，在图中被邻苯二甲酸二辛酯溶胀的聚乙烯更加吸收能量，导致特征峰的出现。老化后低密度聚乙烯的特征峰仍然存在于胶粉/线型低密度聚乙烯/邻苯二甲酸二辛酯的复合改性沥青中，表明线型低密度聚乙烯仍然存在而且在其热力学行为中发挥主导作用。

将热分析曲线上的热力学参数包括起始失重温度 T_0、最大失重速率温度 T_{DTG}、剩余物的质量(残余含量)列于表 7.8[42]。

表 7.8 胶粉复合改性沥青的热力学参数

沥青种类	T_0/℃	T_{DTG}/℃	残余含量(800℃)/%
基质沥青	423.3	464.5	17.2
胶粉改性沥青	414.7	464.0	20.4
胶粉/线型低密度聚乙烯改性沥青	419.3	465.6	18.6
胶粉/线型低密度聚乙烯/邻苯二甲酸二辛酯改性沥青	417.1	464.5	21.3
老化后			
基质沥青	429.1	466.8	18.2
胶粉改性沥青	405.3	462.7	21.2
胶粉/线型低密度聚乙烯改性沥青	408.9	465.1	19.8
胶粉/线型低密度聚乙烯/邻苯二甲酸二辛酯改性沥青	404.8	464.4	19.9

在表 7.8 中，与基质沥青相比，胶粉改性沥青的 T_0 和 T_{DTG} 显示出胶粉对热氧老化的易感性。随温度的增加，一些胶粉颗粒开始降解。对于胶粉和聚乙烯对部分胶粉颗粒的替代降低了感温性，这主要是由于线型低密度聚乙烯有更高的分子量和密度。对于胶粉/线型低密度聚乙烯改性沥青，聚乙烯更高的 T_0 和 T_{DTG} 对部分胶粉的替换降低了感温性，这主要是由于线型低密度聚乙烯的浓缩的分子量和更高的密度。邻苯二甲酸二辛酯的添加降低了老化的易感性。随温度的增加，邻苯二甲酸二辛酯作为一种轻组分被蒸发。老化后由于聚合物的降解，改性沥青 T_0 和 T_{DTG} 下降，老化前 T_0 和 T_{DTG} 类似的结果表明改性剂在热力学行为上有相同的一种影响。

胶粉和聚乙烯的热分析曲线如图 7.39 所示[42]，主要的质量损失温度范围是 325~476℃。325℃后胶粉主要的质量损失随温度的增加逐渐增大至最大。325℃后较宽的吸热峰表明胶粉的分子量并不集中，并且挥发的组分多样化。

与基质沥青相比，胶粉改性沥青相似的一种性质表明了改性剂在热力学行为上相同的影响。随温度的增加，部分胶粉颗粒发生降解。对于胶粉/线型低密度聚乙烯改性沥青 2%的胶粉的替代降低了对温度的易感性。老化后改性沥青更低的

T_0 和 T_{DTG} 表明邻苯二甲酸二辛酯的添加再次降低了沥青对温度的易感性,在样品中, T_0 和 T_{DTG} 的顺序表明了每种改性剂对热力学行为的影响。

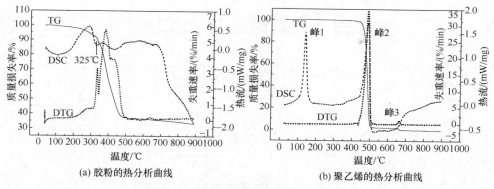

(a) 胶粉的热分析曲线   (b) 聚乙烯的热分析曲线

图 7.39 胶粉和聚乙烯的热分析曲线

7.5 本 章 小 结

本章试验研究显示,胶粉改性沥青物理性能的提高,主要是通过加入 SBS 和适度硫化,改进了胶粉/SBS 复合改性沥青的稳定性和灵活性。流变试验证明了 SBS 和硫化在一定程度上对胶粉改性沥青物理性能的影响,并指出了老化前后胶粉改性沥青的结构特征。形态学观察表明,加入 SBS 后,沥青中形成交联的聚合物网络,硫化或老化后聚合物与沥青的相容性大大提高。傅里叶变换红外光谱和 ^1H 核磁共振分析获得了改性沥青老化前后主要官能团的特征和分布,并通过形态学观察得到了一定程度的结论。

热分析显示,胶粉改性沥青和胶粉/SBS 复合改性沥青的热行为相应地由胶粉和 SBS 主导。胶粉改性沥青、胶粉/SBS 复合改性沥青和胶粉/SBS/硫磺复合改性沥青的热稳定性主要取决于老化前后聚合物的分布和形态,硫化大大降低了沥青的热稳定性。物理性能和流变性能测试表明,线型低密度聚乙烯在改善胶粉改性沥青的高温性能方面处于主要地位,邻苯二甲酸二辛酯更进一步提高了胶粉/线型低密度聚乙烯沥青的低温性能;线型低密度聚乙烯和邻苯二甲酸二辛酯均在一定程度上提高了胶粉改性沥青的黏性。

形态学观察表明,在沥青中形成的胶粉和低密度聚乙烯交联的聚合物网络和邻苯二甲酸二辛酯促使聚合物在沥青中进一步膨胀。傅里叶变换红外光谱分析显示线型低密度聚乙烯和邻苯二甲酸二辛酯在沥青中的作用仍属于物理改性。热分析表明,胶粉和线型低密度聚乙烯大大降低了沥青的热敏性,而邻苯二甲酸二辛酯则提高了沥青的热敏性。

第 8 章　多聚磷酸复合改性沥青

8.1　多聚磷酸改性沥青

沥青的抗老化性是影响道路使用寿命的关键因素。近年来，对沥青老化动力学进行了大量研究，取得了大量成果。Qi 建立了连续加热和氧化老化过程中沥青中四组分连续氧化的动力学模型[43]。Wright 通过红外技术研究了沥青的氧化动力学[44]。Shui 利用核磁共振和红外光谱研究了沥青的老化过程[45]，Petersen 则通过60℃黏度的变化对其进行研究[46]。许多研究人员指出沥青的软化点主要受沥青质量的影响。随着老化时间的增加，沥青质含量增加，软化点也增加。基于软化点与沥青质含量的关系，Ding 等提出了一阶基质沥青老化动力学模型并得到了相应的动力学参数[47]。

1972 年，Tosco 公司首先将多聚磷酸作为一种沥青改性剂。多聚磷酸已经被用于改善沥青性能。多聚磷酸可以改善沥青的高温性能和流变性能。关于多聚磷酸改性沥青已经进行了许多研究工作，然而，相应的刊物几乎没有报道过与多聚磷酸改性沥青的抗老化性能和老化动力学相关的研究[48-50]。

本章研究多聚磷酸改性沥青的老化动力学，通过测定软化点来确定其老化动力学模型。沥青的老化通过在不同温度、不同时间使用薄膜烘箱试验进行模拟。通过比较基质沥青与改性沥青的动力学参数差异，评价了多聚磷酸改性沥青的耐老化性能。

8.1.1　原材料及制备工艺

多聚磷酸改性基质沥青的制备步骤如下：将基质沥青加热至 180℃完全熔融，加入一定量的多聚磷酸，用电动搅拌机搅拌 2h，得到所需的改性沥青。

8.1.2　物理性能和组分的变化

为了研究多聚磷酸对沥青性能和组成的影响，在基质沥青(SK90)中添加 1%的多聚磷酸并对改性前后的沥青进行物理性能和组分的分析，结果见表 8.1 和表 8.2[51]。

表 8.1　多聚磷酸对基质沥青物理性能的影响

样品	软化点/℃	针入度(25℃)/0.1mm	黏度(135℃)/(Pa·s)	延度(15℃)/cm
SK90	47.4	64	500	>150
多聚磷酸改性沥青	53.3	58	895	30

表 8.2　多聚磷酸对基质沥青组分含量(质量分数)的影响

样品	饱和分/%	芳香分/%	胶质/%	沥青质/%
SK90	16.3	49.19	24.55	9.96
多聚磷酸改性沥青	16.1	46.08	25.30	12.52

从表 8.1 可以看出，随多聚磷酸的加入，沥青的软化点、黏度明显升高，针入度相应降低，高温性能明显改善。沥青组分分析的结果见表 8.2，可以看出，添加 1%的多聚磷酸后沥青中的硬组分如沥青质的含量明显升高，而软组分如芳香分的含量明显下降，多聚磷酸的加入使得沥青凝胶化，从而改善了沥青的高温性能。

8.1.3　流变性能

1. 温度扫描

对于多聚磷酸改性前后的基质沥青，随老化程度的增加，沥青组分的变化成为沥青内部结构变化的主要方面，并对沥青的流变性能的变化发挥主导作用，为了研究两者之间的关系，对老化前后的各样品进行温度扫描测试，测试流变曲线分别如图 8.1 和图 8.2 所示[51]。

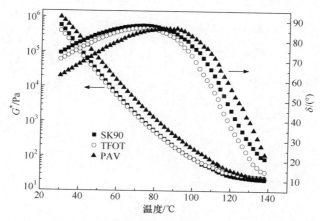

图 8.1　老化对基质沥青流变性能的影响(温度扫描)

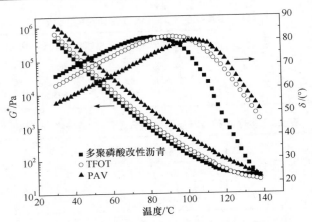

图 8.2　老化对多聚磷酸改性沥青流变性能的影响(温度扫描)

从图 8.1 和图 8.2 可以看出，随老化程度的增加，复合剪切模量明显升高，相位角明显降低，沥青的高温性能得到明显改善，特别是在长期热氧老化后。这主要是由于随老化程度的增加，沥青中硬组分的含量增加而软组分的含量下降，由于沥青中硬组分含量的增加而增强了沥青的弹性，改善了高温性能。

在美国 SHRP 中通常采用车辙因子 $G^*/\sin\delta$ 来评价沥青的高温抗车辙能力，车辙因子越高，沥青的高温抗车辙性能越好。对于基质及其老化后的产物非常适用于通过车辙因子来评价其高温抗车辙性能。沥青老化前后的车辙因子对比如图 8.3 所示[51]。与基质沥青相比，多聚磷酸改性沥青在短期和长期热氧老化前后，整个温度范围内都具有更高的车辙因子，表明其高温抗车辙性能更好。这是由于多聚磷酸改性后的沥青凝胶化程度更高，在相同老化程度的影响下，具有更高的硬组分含量，因此其弹性行为表现得更加明显。

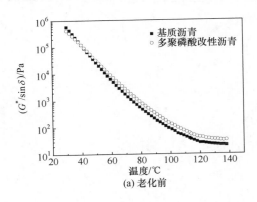

(a) 老化前

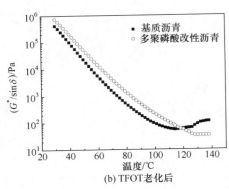

(b) TFOT老化后

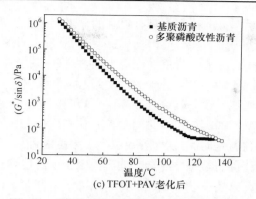

(c) TFOT+PAV老化后

图 8.3　老化前后车辙因子对比图(温度扫描)

2. 频率扫描

为了解沥青材料在不同加载频率下的高温抗车辙性能，对沥青进行频率扫描测试，频率范围为 0.01～100rad/s。由于夏季路面的最高温度为 60℃，在该温度下进行频率扫描测试能够更好地反映沥青的高温性能受加载频率的影响。该温度下车辙因子对比如图 8.4 所示[51]。可以看出在老化前后各个阶段，经过多聚磷酸改

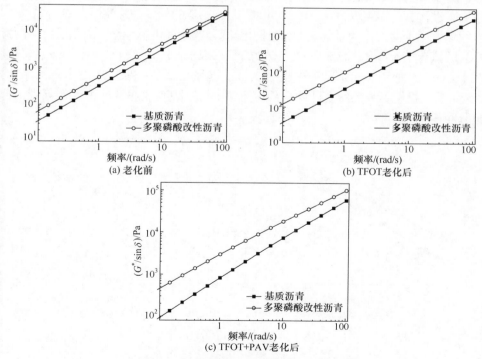

(a) 老化前

(b) TFOT老化后

(c) TFOT+PAV老化后

图 8.4　老化前后车辙因子对比图(频率扫描)

性的沥青在整个频率扫描的范围内具有更高的车辙因子，高温抗车辙性能明显高于基质沥青，这是由于多聚磷酸使得沥青进一步凝胶化，增强了沥青的弹性。

通常沥青在不同温度下的流变性能可以通过时间-温度等效原理进行拟合，所谓时间-温度等效原理，是基于高分子的运动对时间和温度都有一定依赖性的特点建立的。对于任何松弛过程，既可以在高温下短时间完成，也可以在低温下长时间完成，因此升高温度和延长观察时间是具有相同效果的，降低温度和缩短观察时间也是等效的，这就是时间-温度等效原理。根据时间-温度等效原理，对于沥青，在不同温度下获得的黏弹性数据，如车辙因子，可以通过沿着时间轴平移的方法叠合在一起，形成某一参考温度下的车辙因子主曲线，即将一系列温度 T 条件下、短时间试验测定的车辙因子-时间曲线，折算成参考温度下的车辙因子后，沿纵坐标上下移动得到的曲线。需要移动的量称为位移因子，根据时间-温度等效原理，平移因子 $\alpha_T(T)$ 定义为

$$\lg \alpha_T(T) = \lg f_r - \lg f_0, \quad 即 \quad \alpha_T(T) = \frac{f_r}{f_0} \tag{8.1}$$

式中，f_r 为平移频率，Hz；$\alpha_T(T)$ 为平移因子，表征沥青的黏弹性能对温度的依赖性。

为了解在通常路面使用的温度范围内，不同加载频率下，沥青材料的抗车辙性能，进行其他温度(25℃、30℃、40℃、50℃)下的频率扫描测试，然后以 25℃下的车辙因子曲线作为基线，根据时间-温度等效原理进行拟合，老化前后各沥青样品的拟合主曲线如图 8.5 所示。拟合的平移因子 $\alpha_T(T)$ 见表 8.3，将 $-\ln \alpha_T(T)$ 分别对 $1/T$ 作图，如图 8.6 所示，根据 Arrhenius 方程 $\ln \alpha_T(T) = -E_a/RT + K$ 用 $\ln \alpha_T(T)$ 对 $1/T$ 作图，根据直线的斜率计算出活化能 E_a，根据活化能的大小来判断沥青内部组分间相互作用的大小，计算结果见表 8.4[51]。

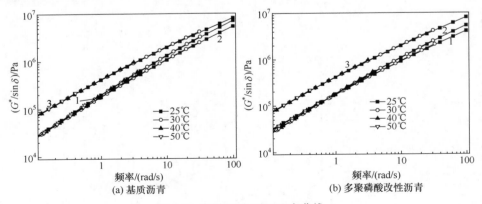

图 8.5　车辙因子 $G^*/\sin\delta$ 主曲线
1. 老化前；2. TFOT 老化后；3. TFOT+PAV 老化后

表 8.3　不同温度及老化方式下的平移因子

样品	25℃	30℃	40℃	50℃
SK90	1	0.318	0.0356	0.00557
TFOT	1	0.310	0.0370	0.00537
PAV	1	0.310	0.0315	0.00406
多聚磷酸改性沥青	1	0.329	0.0360	0.0054
TFOT	1	0.318	0.0365	0.0049
PAV	1	0.305	0.0320	0.004

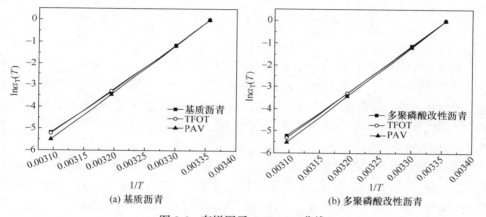

(a) 基质沥青　　　　　　　(b) 多聚磷酸改性沥青

图 8.6　车辙因子 Arrhenius 曲线

表 8.4　不同老化程度下的活化能

沥青种类	E_a/(kJ/mol)		
	老化前	TFOT 老化后	PAV 老化后
SK90	166.68	167.09	176.73
多聚磷酸改性沥青	167.96	170.24	178.98

　　从表 8.4 可以看出，随老化程度的增加，两个样品的活化能逐渐增加，表明由于沥青质含量的增加增强了沥青内部组分间的相互作用。与基质沥青相比，多聚磷酸改性沥青在老化前后各个阶段具有更高的活化能，主要是由于多聚磷酸的凝胶化效应使沥青中硬组分的含量进一步增加，沥青组分间的相互作用更强，对温度的敏感性降低。

3. 蠕变试验

　　从表 8.5 可以看出，随老化程度的增加，所有样品的 G_v 逐渐增加，沥青的高温抗车辙性能增强，主要是由于沥青中硬组分的含量增加。与基质沥青相比，多聚磷酸改性沥青在老化前后具有更高的 G_v，这主要是沥青的凝胶化使得硬组分的含量进一步增加，老化前后的沥青具有更高的弹性。

表 8.5　重复蠕变试验拟合的 G_v

沥青种类	G_v/Pa		
	老化前	TFOT	PAV
SK90	216.9	305.4	398.1
多聚磷酸改性沥青	248.5	353.3	507.4

8.2　多聚磷酸、硫磺与 SBS 复合改性沥青

SBS 改性剂是非极性高分子物质，相对密度小于 0.9，分子量大于 10 万。而石油沥青是一种复杂的混合物，含有较多的极性化合物，相对密度大于 0.9，分子量在 1000 左右。两者在结构、性质上的差异，导致改性沥青在热储存过程中发生离析现象。因此，要制备改性沥青，必须首先提高改性沥青的储存稳定性，解决聚合物与基质沥青的相容性，使之满足使用要求。

要制备相容性较好的聚合物改性沥青，可以通过在改性沥青中加入稳定剂。在稳定剂的作用下，聚合物通过化学交联在结构上形成相互缠绕的分子互穿网络结构，改变分子间的引力常数，使得与沥青的溶解度相近，增强热力学稳定性。

研究表明，硫磺能够有效地解决 SBS 改性沥青的储存稳定性，并且可以明显提高沥青的高温性能。通常认为硫磺分子通过聚硫键在聚合物分子间以及聚合物和沥青的某些组分发生交联反应，很大程度上改善了聚合物与沥青的相容性，从而改善了 SBS 改性沥青的储存稳定性。同时由于硫磺的化学交联作用，聚合物在沥青中形成了网络状结构，SBS 改性沥青的高温性能也得到明显改善[51]。

多聚磷酸能够明显改善 SBS 改性沥青的高温性能并对低温性能不会产生明显的影响，所得的 SBS/多聚磷酸改性沥青具有良好的高温性能和低温性能。国外有较多的专利涉及相关的研究，但是大多数专利中所描述的内容都非常模糊，具体细致的研究报道非常少。同时对于 SBS/多聚磷酸改性沥青热氧老化后性能的研究非常少，而热氧老化是影响聚合物改性沥青使用性能的重要因素。所以为了更好地通过多聚磷酸来改善 SBS 改性沥青的使用性能，需要系统地研究多聚磷酸对 SBS 改性沥青热氧老化后性能的影响。

8.2.1　制备工艺

将基质沥青加热至 180℃完全熔融，加入一定量的 SBS、多聚磷酸、硫磺，恒温至 180℃，高速剪切 1h(剪切速度为 4000r/min)，后用电动搅拌器搅拌 2h，得

到所需的改性沥青。

8.2.2　物理性能

为了研究多聚磷酸对 SBS、SBR 改性沥青老化前后的物理性能和储存稳定性的影响，分别采用线型结构的 SBS1301、星型结构的 SBS4303、SBR 与不同含量的多聚磷酸复配对基质沥青进行复合改性，制得 SBS1301/多聚磷酸、SBS4303/多聚磷酸、SBR/多聚磷酸改性沥青，对各样品进行短期和长期热氧老化，对老化前后的沥青进行物理性能测试，并对原样进行离析试验测试。

为了研究硫磺对 SBS、SBR 改性沥青老化前后的物理性能和储存稳定性的影响，分别采用 SBS1301、SBS4303、SBR 与不同含量的硫磺复配对基质沥青进行复合改性，制得 SBS1301/硫磺、SBS4303/硫磺、SBR/硫磺改性沥青，对各样品进行短期和长期热氧老化和物理性能的测试，并对原样进行离析试验测试。

1. 多聚磷酸对线型 SBS 改性沥青物理性能的影响

采用多聚磷酸和 SBS1301 对沥青进行复配改性，制得不同多聚磷酸含量 SBS1301/多聚磷酸改性沥青，对其进行离析试验以及短期和长期热氧老化，并对老化前后的各样品进行物理性能测试，试验结果如图 8.7 所示[51]。与表 8.1 中基质沥青的物理性能相比，SBS 改性后沥青的软化点、黏度明显升高，针入度有所下降，低温延度也明显改善，SBS1301 改性沥青具有良好的高温性能和低温性能。多聚磷酸的加入能够明显改善 SBS1301 改性沥青的高温性能，当加入 0.5%的多聚磷酸后沥青的软化点、黏度明显升高，针入度相应降低。由于 SBS 和多聚磷酸对沥青的高温性能均具有改善作用，因此两者复配使用会产生一种协同效应，对沥青高温性能的改善更加明显。随着多聚磷酸含量的增加，软化点和黏度进一步升高，沥青的高温性能进一步改善，低温延度并没有明显变化。多聚磷酸对于 SBS 改性沥青的储存稳定性并没有产生积极的影响。加入 0.5%的多聚磷酸后，离析试验后顶部软化点有所升高，表明试样顶部 SBS 的浓度增加，离析变得严重。随多聚磷酸含量的增加，顶部软化点数值基本保持恒定，表明试样顶部 SBS 的含量基本相同，即 SBS 的离析程度相同。虽然随多聚磷酸含量的增加，底部软化点逐步升高，使得顶部与底部软化点的差异逐渐减小，但这主要是由于多聚磷酸改性后沥青的软化点有所升高，并不意味着储存稳定性得到了改善。

对于聚合物改性沥青，在老化的过程中其内部结构经历了两个主要的变化：一方面，分散在沥青中的聚合物在老化作用下会发生降解，导致沥青的高温性能降低；另一方面，在老化的影响下，沥青中硬组分如沥青质、胶质的含量上升，使得沥青的高温性能有所改善。老化后沥青高温性能的变化将取决于两个方面的共同作用。经过 TFOT 老化后，对于多聚磷酸含量低于 1%的 SBS1301 改性沥青，

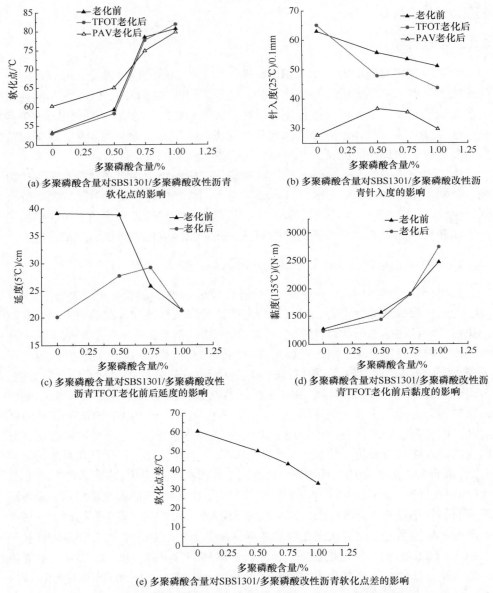

(a) 多聚磷酸含量对SBS1301/多聚磷酸改性沥青
软化点的影响

(b) 多聚磷酸含量对SBS1301/多聚磷酸改性沥
青针入度的影响

(c) 多聚磷酸含量对SBS1301/多聚磷酸改性
沥青TFOT老化前后延度的影响

(d) 多聚磷酸含量对SBS1301/多聚磷酸改性沥
青TFOT老化前后黏度的影响

(e) 多聚磷酸含量对SBS1301/多聚磷酸改性沥青软化点差的影响

图 8.7 多聚磷酸含量对 SBS1301/多聚磷酸改性沥青物理性能的影响

软化点略有下降,黏度的变化均不大。当多聚磷酸的含量较低时,沥青的凝胶化
程度不高,硬组分的含量较少,短期老化后聚合物的降解在一定程度上对沥青的
高温性能的变化发挥主导作用,高温性能略有降低。只有在多聚磷酸的含量较高
时(1%),短期老化后的沥青表现出改善的高温性能,沥青的软化点、黏度略有升

高。经过长期老化后，所有沥青样品的黏度均有所升高，针入度明显降低。对于多聚磷酸含量较低的样品(<0.75%)，软化点明显升高，表明高温性能明显改善，而对于多聚磷酸的含量大于 0.75%的样品，老化后软化点反而有所降低，沥青的高温性能有所下降。对于多聚磷酸含量较低的改性沥青，在长期老化的过程中，沥青组分变化的主导作用使得沥青的高温性能明显改善，而对于多聚磷酸含量较高的 SBS 改性沥青，沥青的凝胶化程度较高使得在相同老化程度下，聚合物的降解显得更加明显，高温性能反而有所下降[51]。

2. 多聚磷酸对星型 SBS 改性沥青物理性能的影响

不同多聚磷酸含量的 SBS4303/多聚磷酸改性沥青热氧老化前后物理性能如图 8.8 所示[51]。与 SBS1301 相比，SBS4303 是星型结构，具有更高的分子量，对沥青高温性能的改善更加明显。与基质沥青相比，添加 3.5%的 SBS4303 后，沥青的软化点升高至 72.6℃。多聚磷酸对于 SBS4303 改性沥青高温性能的改善更加明显，添加 0.3%的多聚磷酸后沥青软化点升高至 86.5℃，且随多聚磷酸含量的增加，沥青的黏度也逐渐升高。星型结构的 SBS4303 具有更大的分子量，与多聚磷酸复配后对沥青高温性

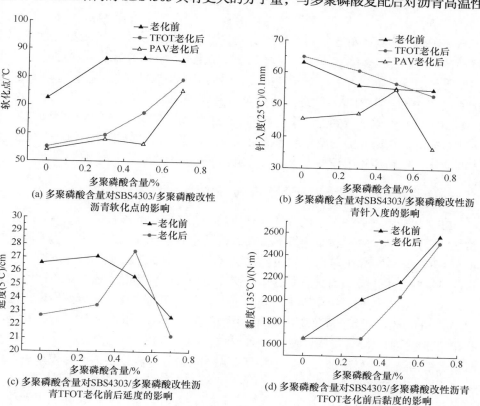

(a) 多聚磷酸含量对SBS4303/多聚磷酸改性沥青软化点的影响

(b) 多聚磷酸含量对SBS4303/多聚磷酸改性沥青针入度的影响

(c) 多聚磷酸含量对SBS4303/多聚磷酸改性沥青TFOT老化前后延度的影响

(d) 多聚磷酸含量对SBS4303/多聚磷酸改性沥青TFOT老化前后黏度的影响

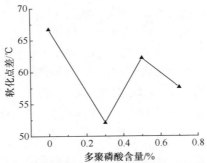

(e) 多聚磷酸含量对SBS4303/多聚磷酸改性沥青软化点差的影响

图 8.8　多聚磷酸含量对 SBS4303/多聚磷酸改性沥青物理性能的影响

能改善的协同作用更加明显，而低温延度受多聚磷酸的影响较小。从离析试验的结果可以看出，多聚磷酸对沥青的储存稳定性没有任何改善，相分离非常明显，各样品顶部软化点基本一致，表明试验后 SBS 的离析程度基本相同。虽然多聚磷酸的加入对 SBS4303 改性沥青高温性能的改善非常明显，但是由于存在严重的离析现象，因此多聚磷酸不适于与 SBS4303 改性沥青复配使用[51]。

　　短期老化后由于沥青中聚合物的降解，所有沥青样品的软化点、黏度均明显下降，但由于多聚磷酸含量的差异所造成的各个样品在软化点和黏度上的差异仍然存在，低温延度的变化不大。经过长期热氧老化后，各个沥青样品的软化点、黏度明显继续下降，针入度有所增加，表明沥青的高温性能进一步降低。长期老化的过程中沥青中的聚合物进一步降解，并明显降低了沥青的高温性能。由于 SBS4303 是一种分子量更大的聚合物，老化前后沥青中该种聚合物性能和结构的变化对沥青的高温性能的变化起着决定性作用，老化后尽管沥青的组分发生了较大的变化，但是沥青中该种聚合物的降解仍使得沥青的高温性能明显降低[51]。

　　3. 硫磺对线型 SBS 改性沥青物理性能的影响

　　SBS 与沥青在分子量上的差异，导致沥青在热储存的过程中发生离析现象。如图 8.9 所示[51]，SBS1301 改性沥青在离析试验后顶部和底部软化点的差值达到 60.5℃，表明 SBS1301 与沥青的相容性很差。硫磺能够明显改善 SBS 改性沥青的储存稳定性。由于硫磺对聚合物分子的交联作用，聚合物分子通过聚硫键形成相互交联的网络状结构，一定程度上限制了沥青分子间的位移和沥青胶体流动性，增加了 SBS 与沥青间的界面层，从而很大程度上改善了 SBS 改性沥青的高温性能和储存稳定性。随着硫磺含量的增加，聚合物分子间的交联密度会进一步增加，网络状结构进一步得到加强，对于沥青高温性能和储存稳定性的改善效果更加明显。图 8.9 中，当 0.03%的硫磺加入沥青后，沥青的软化点、黏度有所升高，针入度略有下降，表明 SBS 改性沥青的高温性能有所改善。同时 SBS 与沥青间的相容性也得到较大程度的改善，离析试验后软化点的差值降至 23.2℃。随着硫磺含量的增加，软化点和黏度进一步升高，针入度相应下降，离析试验后软化点的差值进一步减小，沥青的高温性能和相容性均得到进一步改善。当硫磺的含量增加到 0.065%时，离析试验后软化点的差值仅为 1.4℃，达到国家对于聚合物改性沥青储存稳定性的要求(<2.5℃)。

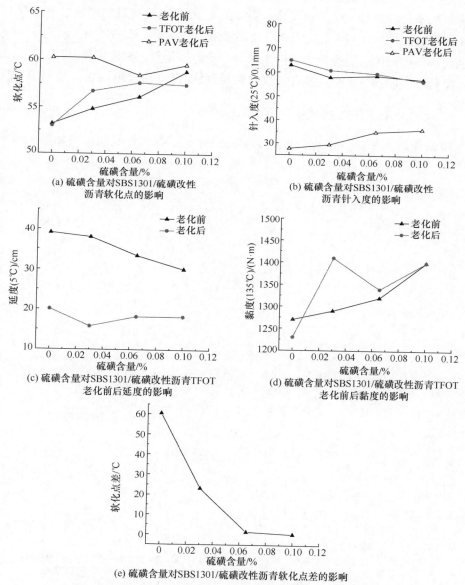

(a) 硫磺含量对SBS1301/硫磺改性
沥青软化点的影响

(b) 硫磺含量对SBS1301/硫磺改性
沥青针入度的影响

(c) 硫磺含量对SBS1301/硫磺改性沥青TFOT
老化前后延度的影响

(d) 硫磺含量对SBS1301/硫磺改性沥青TFOT
老化前后黏度的影响

(e) 硫磺含量对SBS1301/硫磺改性沥青软化点差的影响

图 8.9　硫磺含量对 SBS1301/硫磺改性沥青物理性能的影响

通常热氧老化对于聚合物改性沥青性能和结构的影响主要分为两个方面：一方面，沥青中的软组分如芳香分、饱和分在空气中氧气的作用下变为分子量和极性更大的硬组分如沥青质和胶质，一定程度上会改善沥青的高温性能；另一方面，在热氧老化的影响下，沥青中的聚合物会发生降解，使得沥青中聚合物的网络结构发生破坏，从而一定程度上降低了沥青的高温性能。老化后沥青高温性能的变化将取决于沥青组分的变化和聚合物降解的双重影响。经过短期老化后可以看出，各个沥青样品的软化点、黏度及针入度的变化并不明显，并没有显示出任何一方对沥青高温性能的主导影响。长期老化后沥青的软化点、黏度明显升高，针入度明显降低，表明沥青组分的变化对沥青高温性能有更大的影响。

4. 硫磺对星型 SBS 改性沥青物理性能的影响

硫磺含量对 SBS4303/硫磺改性沥青在老化前后物理性能的影响如图 8.10 所示[51]。

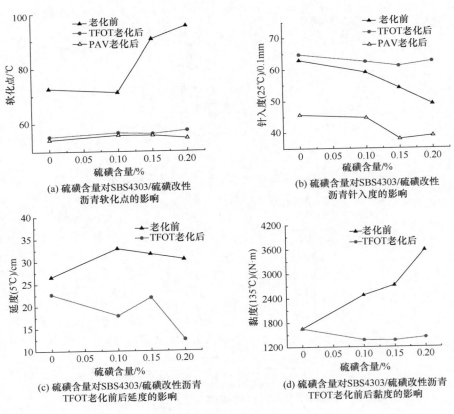

(a) 硫磺含量对SBS4303/硫磺改性
沥青软化点的影响

(b) 硫磺含量对SBS4303/硫磺改性
沥青针入度的影响

(c) 硫磺含量对SBS4303/硫磺改性沥青
TFOT老化前后延度的影响

(d) 硫磺含量对SBS4303/硫磺改性沥青
TFOT老化前后黏度的影响

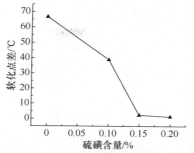

(e) 硫磺含量对SBS4303/硫磺改性沥青软化点差的影响

图 8.10　硫磺含量对 SBS4303/硫磺改性沥青物理性能的影响

　　分子量较大的 SBS4303 对于沥青高温性能的改善较 SBS1301 更加明显，有着更高的软化点和更大的黏度。但 SBS4303 是星型结构，对沥青低温延度的改善较 SBS1301 差。此外，SBS4303 与沥青的相容性很差，从离析试验的结果可以看出，顶部和底部软化点的差值达到 66.7℃，离析现象非常严重。但加入 0.1%的硫磺后，离析现象得到明显的改善，随硫磺含量的增加，离析试验后顶部和底部软化点的差值进一步减小，当硫含量达到 0.15%，软化点的差值已小于 2.5℃，达到国家对于聚合物改性沥青储存稳定性的要求，当硫含量增加到 0.2%时，软化点的差异更小，SBS 与沥青的相容性进一步得到改善。

　　经过短期老化后，由于沥青中交联的聚合物网络结构发生破坏，各样品的软化点、黏度明显下降。不同硫含量的 SBS 改性沥青在软化点和黏度上的差异减小，表明不同硫含量的 SBS 改性沥青在交联密度上的差异减小。长期老化后，由于沥青中交联的聚合物结构进一步发生降解，所有样品的软化点和黏度继续降低，高温性能明显下降，且不同硫含量的 SBS4303 改性沥青在软化点和黏度上的差异减小。

5. 多聚磷酸、硫磺对线型 SBS 改性沥青物理性能的影响

　　为了同时改善 SBS1301 改性沥青老化后的高温性能和储存稳定性，采用硫磺和多聚磷酸对 SBS1301 改性沥青进行复合改性，硫磺的含量分别为 0.03%、0.065%、0.1%，对于每种硫含量分别采用三种不同的多聚磷酸含量 0.5%、0.75%、1%，对沥青进行复合改性，所得的各沥青样品均进行短期老化，并对老化前后的样品进行物理性能的测试，试验结果如图 8.11 所示[51]。当硫含量为 0.03%时，随多聚磷酸含量的增加，软化点和黏度逐渐升高，针入度逐渐下降，沥青的高温性能得到明显的改善。离析试验的结果与图 8.7 相比，硫磺的添加明显降低了软化点的差值。短期老化后对于多聚磷酸含量为 0.5%和 0.75%的改性沥青，软化点和黏度有所下降，而对于多聚磷酸含量为 1%的改性沥青，由于多聚磷酸的含量较高，沥青的凝胶化程度较大，老化后虽然沥青中的聚合物结构发生降解，但是沥

青组分对高温性能的变化起主导影响作用。

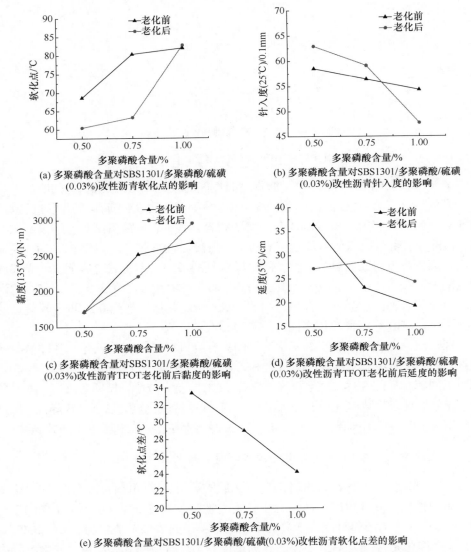

(a) 多聚磷酸含量对SBS1301/多聚磷酸/硫磺
(0.03%)改性沥青软化点的影响

(b) 多聚磷酸含量对SBS1301/多聚磷酸/硫磺
(0.03%)改性沥青针入度的影响

(c) 多聚磷酸含量对SBS1301/多聚磷酸/硫磺
(0.03%)改性沥青TFOT老化前后黏度的影响

(d) 多聚磷酸含量对SBS1301/多聚磷酸/硫磺
(0.03%)改性沥青TFOT老化前后延度的影响

(e) 多聚磷酸含量对SBS1301/多聚磷酸/硫磺(0.03%)改性沥青软化点差的影响

图 8.11　多聚磷酸含量对 SBS1301/多聚磷酸/硫磺(0.03%)改性沥青物理性能的影响

为了改善 SBS1301/多聚磷酸/硫磺改性沥青的储存稳定性，需要继续增加硫磺含量。在多聚磷酸含量均保持不变的条件下，增加硫磺的含量至 0.065%，分别制得复合改性沥青并进行短期老化和物理性能测试，结果如图 8.12 所示[51]。各项性能与图 8.11 相比，可以看出老化前各沥青样品的软化点和黏度较硫磺含量为 0.03%的样品变化不大，交联密度的增加使得沥青的高温性能略有改善。但与硫磺含量为

0.03%的各样品的离析试验结果相比，顶部软化点明显下降，表明顶部聚合物的浓度下降，顶部和底部软化点的差异明显减小，SBS 与沥青的相容性进一步改善，但所有样品离析试验后软化点的差值均大于 2.5℃，还未达到国家对于聚合物改性沥青储存稳定性的要求。短期老化后，由于沥青中聚合物发生降解，各样品的软化点和黏度均明显下降，低温延度较硫磺含量为 0.03%的各样品低，低温性能有所降低。

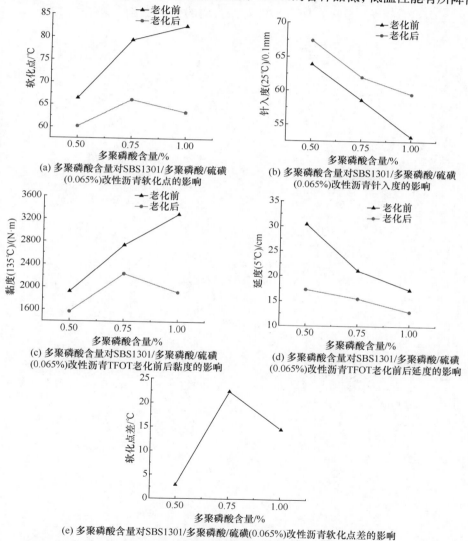

(a) 多聚磷酸含量对SBS1301/多聚磷酸/硫磺(0.065%)改性沥青软化点的影响

(b) 多聚磷酸含量对SBS1301/多聚磷酸/硫磺(0.065%)改性沥青针入度的影响

(c) 多聚磷酸含量对SBS1301/多聚磷酸/硫磺(0.065%)改性沥青TFOT老化前后黏度的影响

(d) 多聚磷酸含量对SBS1301/多聚磷酸/硫磺(0.065%)改性沥青TFOT老化前后延度的影响

(e) 多聚磷酸含量对SBS1301/多聚磷酸/硫磺(0.065%)改性沥青软化点差的影响

图 8.12　多聚磷酸含量对 SBS1301/多聚磷酸/硫磺(0.065%)改性沥青物理性能的影响

为了使沥青样品离析试验后软化点的差值小于 2.5℃，继续增加硫磺含量至 0.1%，多聚磷酸的含量保持不变，分别制得 SBS1301/多聚磷酸/硫磺复合改性沥青，并进行短期和长期热氧老化及物理性能测试，结果如图 8.13 所示[51]。与图 8.6 相比，由于交联密度进一步增加，老化前沥青的软化点、黏度有所升高，针入度相应降低，高温性能有所改善。对于多聚磷酸含量为 0.5%的 SBS1301 改性沥青，离析试验后软化点的差异小于 2.5℃，达到国家对聚合物改性沥青储存稳定性的要求。对于多聚磷酸含量为 0.75%和 1%的改性沥青，离析试验后顶部软化点较图 8.12 中对应的样品要小，表明 SBS 和沥青间的相容性进一步得到改善。

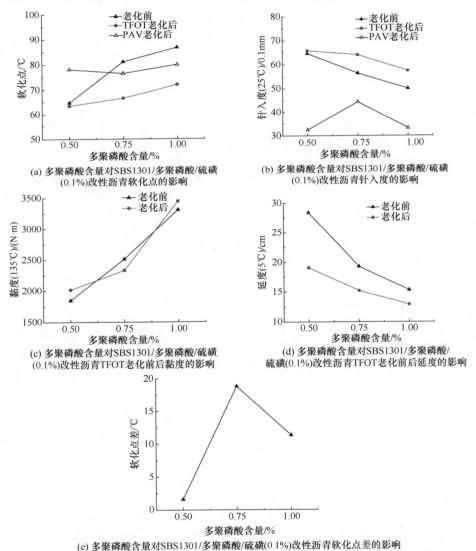

(a) 多聚磷酸含量对SBS1301/多聚磷酸/硫磺
(0.1%)改性沥青软化点的影响

(b) 多聚磷酸含量对SBS1301/多聚磷酸/硫磺
(0.1%)改性沥青针入度的影响

(c) 多聚磷酸含量对SBS1301/多聚磷酸/硫磺
(0.1%)改性沥青TFOT老化前后黏度的影响

(d) 多聚磷酸含量对SBS1301/多聚磷酸/
硫磺(0.1%)改性沥青TFOT老化前后延度的影响

(e) 多聚磷酸含量对SBS1301/多聚磷酸/硫磺(0.1%)改性沥青软化点差的影响

图 8.13　多聚磷酸含量对 SBS1301/多聚磷酸/硫磺(0.1%)改性沥青物理性能的影响

短期老化后由于交联的聚合物网络结构在老化的影响下发生降解，沥青的高温性能下降，各沥青样品的软化点较老化前明显降低。长期老化后，由于沥青组分变化的影响，沥青的高温性能改善，软化点明显增加。由于多聚磷酸含量的差异所造成的各沥青样品在高温性能上的差异仍然存在。与图 8.9 硫磺含量为 0.1% 的 SBS1301/硫磺改性沥青相比，在添加 0.5% 的多聚磷酸后所得的 SBS1301/硫磺/多聚磷酸改性沥青在老化前后具有更好的高温性能，很大程度上改善了 SBS1301/硫磺改性沥青老化后高温性能方面所存在的不足。所以对于 SBS1301 改性沥青，综合考虑到储存稳定性和老化前后的高温性能，确定多聚磷酸的添加量为 0.5%，硫磺的添加量为 0.1%[51]。

6. 多聚磷酸、硫磺对星型 SBS 改性沥青物理性能的影响

为了研究多聚磷酸对 SBS4303/硫磺改性沥青物理性能的影响，在硫磺含量为 0.1% 的 SBS4303/硫磺改性沥青中加入少量多聚磷酸制得 SBS4303/多聚磷酸/硫磺改性沥青，其中多聚磷酸的含量分别为 0.3%、0.5%、0.7%，短期老化前后的物理性能如图 8.14 所示[51]。与图 8.10 中硫磺含量为 0.1% 的 SBS4303/硫磺改性沥青相比，离析试验后顶部软化点增加，表明 SBS 的离析更加严重。由于多聚磷酸促使沥青结构的凝胶化在一定程度上使得聚合物与沥青在分子量上的差异更大，所得的改性沥青的体系更不稳定，特别是对于 SBS4303。而且多聚磷酸和硫磺复合使用使得沥青的黏度进一步增加，从图 8.14 可以看出，当多聚磷酸的含量为 0.5% 时，沥青的黏度已经超过公路技术规范中对于聚合物改性沥青黏度的要求 (≤0.3Pa·s)，不符合实际应用的要求。在以上多聚磷酸含量的基础上，如果继续通过增加硫磺含量来解决 SBS4303 改性沥青的离析问题会进一步增加沥青的黏度。所以对于 SBS4303 改性沥青不适于同时采用多聚磷酸和硫磺进行复合改性，只适合于采用硫磺进行改性，尽管老化后硫磺改善的高温性能会有所损失，但是在相同条件下仍具有和 SBS4303 改性沥青相近的高温性能。

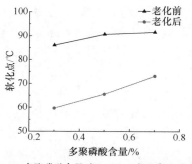

(a) 多聚磷酸含量对SBS4303/多聚磷酸/硫磺
(0.1%)改性沥青TFOT老化前后软化点的影响

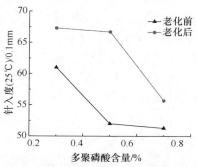

(b) 多聚磷酸含量对SBS4303/多聚磷酸/硫磺
(0.1%)改性沥青TFOT老化前后针入度的影响

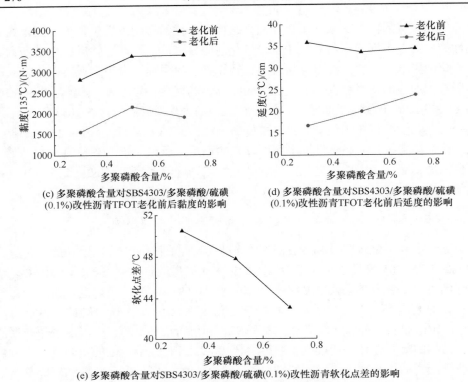

(c) 多聚磷酸含量对SBS4303/多聚磷酸/硫磺
(0.1%)改性沥青TFOT老化前后黏度的影响

(d) 多聚磷酸含量对SBS4303/多聚磷酸/硫磺
(0.1%)改性沥青TFOT老化前后延度的影响

(e) 多聚磷酸含量对SBS4303/多聚磷酸/硫磺(0.1%)改性沥青软化点差的影响

图 8.14　多聚磷酸含量对 SBS4303/多聚磷酸/硫磺(0.1%)改性沥青物理性能的影响

8.2.3　流变性能

1. 线型 SBS 改性沥青的流变性能

对于 SBS1301 改性沥青系列可知, 具有较好储存稳定性和高温性能、低温性能的复合改性沥青仅有一个, 其中多聚磷酸和硫磺的含量分别为 0.5%、0.1%。为了对比研究老化前后多聚磷酸、硫磺对 SBS1301 改性沥青流变性能的影响, 对 SBS1301 改性沥青、SBS1301/多聚磷酸改性沥青(多聚磷酸含量为 0.5%)、SBS1301/硫磺改性沥青(硫磺含量为 0.1%)、SBS1301/多聚磷酸/硫磺改性沥青(多聚磷酸含量为 0.5%, 硫磺含量为 0.1%)老化前后的各样品分别进行三种模式下的流变性能测试。

1) 温度扫描

SBS1301 改性沥青在短期和长期热氧老化前后的复合剪切模量和相位角随温度变化的流变曲线如图 8.15 所示[51], 随老化程度的增加, 复合剪切模量逐渐增加, 经过长期热氧老化后由于沥青组分的变化对流变性能的主导作用使得复合剪切模量在整个温度范围内明显增加, 相位角明显下降, 沥青的弹性行为明显增加。

经过短期老化后复合剪切模量在整个温度范围内略有增加，当温度高于 85℃时，与老化前相比相位角曲线有所升高，表明沥青的黏性行为增加，这是由分布在沥青中的聚合物发生降解所导致的。

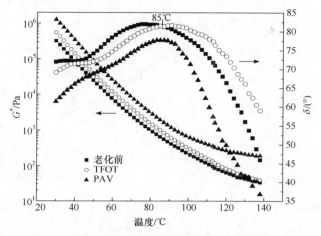

图 8.15　老化对 SBS1301 改性沥青流变性能的影响

　　在聚合物改性沥青的老化过程中，一方面，沥青的硬组分随老化程度的增加而增加，沥青的弹性行为增加，提高了沥青的高温性能；另一方面，分布在沥青中的聚合物在热氧老化的影响下发生降解，沥青的黏性行为增加，降低了沥青的高温性能，沥青高温性能的变化最终取决于这两个方面的综合影响。在短期热氧老化的过程中，沥青组分的变化并不明显，而 SBS 的降解表现得更加突出，显示出一定的黏性行为，而在长期热氧老化的过程中，由于沥青组分的明显变化发挥出主导作用，沥青表现出明显的弹性行为。

　　SBS1301/硫磺改性沥青在短期和长期老化前后的流变曲线如图 8.16 所示[51]，老化前与 SBS1301 改性沥青相比，SBS1301/硫磺改性沥青相位角曲线从 52℃到 113℃出现了平台区域，表明沥青内部出现了明显的聚合物网络结构，这是由于硫磺的化学交联作用在沥青内部形成了交联的聚合物网络结构。但是在经过短期老化后，当温度超过 58℃后相位角曲线明显抬高，沥青老化后表现出明显的黏性行为。经过长期老化后沥青的黏性行为表现得更加明显，相对于短期老化后的相位角曲线，在 69.7℃到 117.9℃相位角曲线抬起得更高，相位角平台完全消失。另外，随温度的升高，三个样品在复合剪切模量上的差异逐渐减小，当温度超过 114.2℃时，经过长期老化后样品的复合剪切模量最小，短期老化后的其次，未老化的最高，表明沥青内部交联的聚合物网络结构随老化程度的增加发生了严重的降解。对于 SBS/硫磺改性沥青，随老化程度的增加，聚合物的降解对流变性能发挥主导作用，长期老化后沥青的高温性能明显下降[51]。

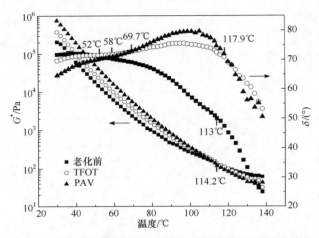

图 8.16　老化对 SBS1301/硫磺改性沥青流变性能的影响

　　SBS/硫磺改性沥青对热氧老化的敏感性在很大程度上受交联体系结构特点的影响，在 SBS、SBR 改性沥青中添加硫磺后，受热的条件下硫分子发生裂解生成自由基，如式(8.2)所示[51]。

$$S_8 \longrightarrow \cdot S_x \cdot + \cdot S_{8-x} \cdot \qquad (8.2)$$

　　新生成的自由基能够与 SBS 和 SBR 分子中丁二烯的碳碳双键发生化学交联反应，以聚硫键为连接链在 SBR 和 SBS 聚合物分子间以及分子内进行交联，形成交联的聚合物网络结构，如式(8.3)所示[51]。而其中聚硫键的键长很长，键能较低，在热氧老化作用下会发生断裂，从而引起所生成的聚合物网络结构的降解。

$$2 \left[CH = CH - CH_2 \right]_n + \cdot S_x \cdot \longrightarrow \begin{array}{c} \left[CH - CH - CH_2 \right]_n \\ | \quad\quad | \\ S_x \quad\quad S_{8-x} \\ | \quad\quad | \\ \left[CH - CH - CH_2 \right]_n \end{array} \qquad (8.3)$$

　　SBS1301/多聚磷酸改性沥青老化前后的温度扫描如图 8.17 所示，类似于老化对 SBS1301、SBS1301/硫磺改性沥青流变性能的影响，由于聚合物的降解，短期老化增加了沥青的黏性行为，相位角曲线明显升高，而且在温度超过 73.1℃后复合剪切模量更低。长期老化后由于沥青中硬组分含量的增加，复合剪切模量在整个温度范围内明显升高，沥青的弹性增强。

　　对于 SBS1301/多聚磷酸/硫磺的复合改性沥青，老化前后的流变曲线如图 8.18 所示[51]，短期老化后相位角曲线几乎在整个温度范围内明显升高，黏性行为明显增加，并且复合剪切模量在较高的温度范围内较老化前低，硫磺和多聚磷酸的添加均会增加 SBS 改性沥青的老化后黏性行为。而长期老化后复合剪切模量在整个温度范围内的明显增加表明了沥青的弹性行为增加，很大程度上是受沥青组分变化的影响。

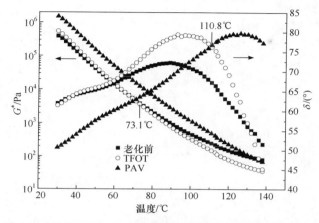

图 8.17　老化对 SBS1301/多聚磷酸改性沥青流变性能的影响

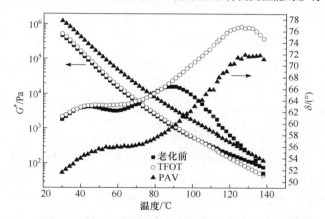

图 8.18　老化对 SBS1301/多聚磷酸/硫磺改性沥青流变性能的影响

SBS1301 改性沥青系列在热氧老化前后的车辙因子随温度的变化曲线如图 8.19 所示[51]，在老化前当温度高于 81.1℃时，随温度的增加，SBS1301/硫磺改性沥青相对于 SBS1301 改性沥青车辙因子逐渐升高，由于硫磺的化学交联作用在沥青内部形成了交联的聚合物网络结构。多聚磷酸的凝胶化效应改善了 SBS1301/多聚磷酸改性沥青的高温性能，相对于 SBS1301、SBS1301/硫磺改性沥青，SBS1301/多聚磷酸改性沥青的车辙因子在整个温度范围内升高。对于 SBS1301/硫磺/多聚磷酸改性沥青，硫磺和多聚磷酸对 SBS1301 改性沥青高温性能改善的协同效应使其高温性能进一步改善，随温度的增加，车辙因子相对于 SBS1301/多聚磷酸改性沥青有所增加，抗车辙性能最好。

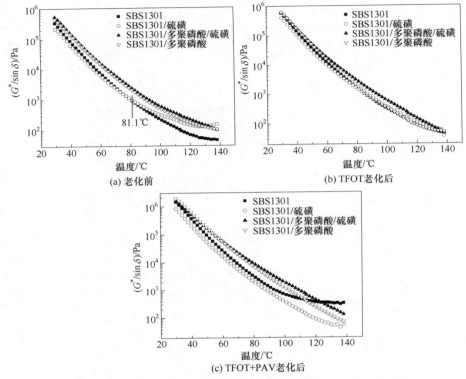

图 8.19　老化对 SBS1301 改性沥青系列车辙因子的影响(温度扫描)

　　经过短期老化后，由于聚合物的降解，SBS1301/多聚磷酸、SBS1301/硫磺改性沥青相对于 SBS1301 改性沥青改善的车辙因子基本消失。整个温度范围内 SBS1301、SBS1301/硫磺、SBS1301/多聚磷酸改性沥青具有相近的车辙因子。对于 SBS1301/多聚磷酸/硫磺改性沥青，随温度的增加，车辙因子相对于其他改性沥青较高，高温性能较好。经过长期老化后，SBS1301/硫磺改性沥青中硫化的聚合物结构进一步发生降解，高温性能进一步降低，在整个温度范围内具有最低的车辙因子，抗车辙性能最差。而对于 SBS1301/多聚磷酸和 SBS1301/多聚磷酸/硫磺改性沥青，由于多聚磷酸的凝胶化效应，老化后的沥青在较宽的温度范围内均具有最高的车辙因子，其高温抗车辙性能较好。相对于 SBS1301/多聚磷酸改性沥青，随温度的增加，SBS1301/多聚磷酸/硫磺改性沥青的车辙因子更高，高温抗车辙性能更好。

　　2) 频率扫描
　　沥青路面结构在行车荷载的作用下主要表现为动态加载效应，不同的荷载作用频率下，沥青材料也会呈现出不同的黏弹性质。由于在夏季沥青路面的最高温度为 60℃左右，因此该温度下对沥青样品进行频率扫描测试能够更好地反映出高温下沥青对不同加载频率的敏感性，老化前后各沥青样品的车辙因子随频率变化的曲线如图 8.20 所示[51]。

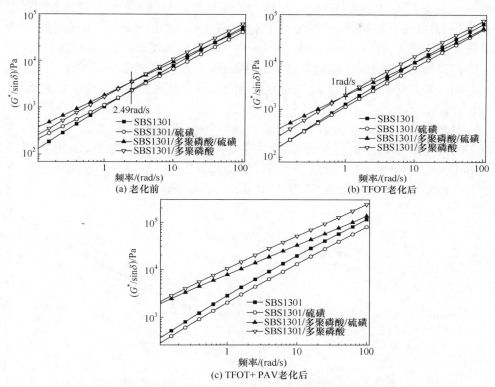

(a) 老化前　(b) TFOT老化后

(c) TFOT+ PAV老化后

图 8.20　老化对 SBS1301 改性沥青系列车辙因子的影响(频率扫描)

老化前如图 8.20(a)所示，当频率小于 2.49rad/s 时，随剪切频率的增加，SBS1301/硫磺和 SBS1301/多聚磷酸/硫磺改性沥青分别相对于 SBS1301 和SBS1301/多聚磷酸改性沥青改善的车辙因子逐渐减小，当频率超过 2.49rad/s 后，SBS1301/硫磺和 SBS1301/多聚磷酸/硫磺改性沥青均具有较低的车辙因子，抗车辙性能较差。这主要是受聚硫键键能和键长的影响，通过硫化所形成的聚合物网络结构并不稳定，在动态剪切加剧的影响下，硫磺化学交联所形成的聚合物网络结构会发生降解，改善的高温性能损失。与 SBS1301、SBS1301/硫磺改性沥青相比，SBS1301/多聚磷酸、SBS1301/多聚磷酸/硫磺改性沥青在整个频率范围内具有更高的车辙因子，高温性能明显改善。多聚磷酸的凝胶化效应，使得沥青的弹性增强。

经过短期老化后如图 8.20(b)所示，受老化降解和动态剪切加速的双重影响，沥青中交联的聚合物网络结构发生了更加明显的降解,高温性能的损失更加明显。与 SBS1301 改性沥青相比,SBS1301/硫磺改性沥青几乎在整个频率范围内均具有最低的车辙因子,抗车辙性能最差。与 SBS1301/多聚磷酸改性沥青相比,当频率仅超过 1rad/s 时,随频率的增加,SBS1301/多聚磷酸/硫磺改性沥青的车辙因子逐渐低于 SBS1301/多聚磷酸改性沥青,与老化前相比车辙因子转变点所对应的频率降低。经过长期老化后如图 8.20(c)所示[51],分别与 SBS1301、SBS1301/多聚磷酸改性沥青相比,SBS1301/硫磺、SBS1301/多聚磷酸/硫磺改性沥青在整个频率扫描的范围内均具有较低的车辙因子,表明硫化的改性沥青内部结构的降解更加明显,高温性能明显降低。

对老化前后 SBS1301 改性沥青系列的各个样品进行不同温度(25℃、30℃、40℃、50℃)下的频率扫描测试,以 25℃下的车辙因子随温度的变化曲线为基线,将其他温度下的曲线按照时间-温度等效原理进行拟合,如图 8.21 所示,然后分别计算出样品在短期和长期热氧老化前后的位移因子 $\alpha(T)$,见表 8.6[51]。

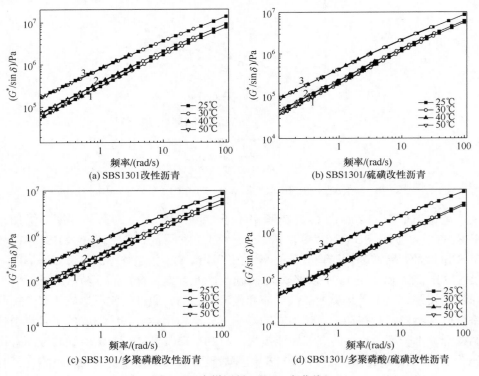

(a) SBS1301改性沥青　　　　　　　　　(b) SBS1301/硫磺改性沥青

(c) SBS1301/多聚磷酸改性沥青　　　　　(d) SBS1301/多聚磷酸/硫磺改性沥青

图 8.21　车辙因子 $G^*/\sin\delta$ 主曲线

1.老化前;2.TFOT 老化后;3.TFOT+PAV 老化后

表 8.6　不同温度及老化方式下的位移因子

沥青种类及老化方式	$\alpha(T)$			
	25℃	30℃	40℃	50℃
SBS1301 改性沥青	1	0.315	0.0320	0.00450
SBS1301 改性沥青-TFOT	1	0.300	0.0300	0.00480
SBS1301 改性沥青-PAV	1	0.302	0.0280	0.00350
SBS1301/多聚磷酸改性沥青	1	0.320	0.0330	0.00435
SBS1301/多聚磷酸改性沥青-TFOT	1	0.315	0.0286	0.00380
SBS1301/多聚磷酸改性沥青-PAV	1	0.358	0.0390	0.00475
SBS1301/硫磺改性沥青	1	0.320	0.0363	0.00594
SBS1301/硫磺改性沥青-TFOT	1	0.330	0.0370	0.00560
SBS1301/硫磺改性沥青-PAV	1	0.295	0.0320	0.00470
SBS1301/多聚磷酸/硫磺改性沥青	1	0.310	0.0335	0.00500
SBS1301/多聚磷酸/硫磺改性沥青-TFOT	1	0.370	0.0425	0.00590
SBS1301/多聚磷酸/硫磺改性沥青-PAV	1	0.305	0.0285	0.00365

$\alpha(T)$ 满足 Arrhenius 方程：$\ln\alpha(T) = \dfrac{E_a}{R}\left(\dfrac{1}{T} - \dfrac{1}{T_0}\right)$，将 $\ln\alpha(T)$ 分别对 $1/T$ 作图，如图 8.22 所示，根据斜率可以分别求得各个沥青样品在短期和长期老化前后的活化能 E_a，见表 8.7[51]。根据活化能的大小可以判断沥青内部组分间相互作用的大小。从表 8.7 可以看出，SBS1301/硫磺改性沥青在老化前后各个阶段均具有最低的活化能，表明沥青组分间的相互作用最弱，内部的结构很不稳定，这主要是由于受聚硫键的影响，化学交联形成的聚合物网络结构不稳定，在热氧老化作用下发生更加明显的降解。对于 SBS1301/多聚磷酸改性沥青，经过短期老化后由于聚合物的降解，聚合物和沥青间的作用力减弱，活化能有所减小，经过长期老化后活化能明显升高，由于沥青组分间的作用力增强。对于 SBS1301/多聚磷酸/硫磺改性沥青，虽然硫磺的添加使得沥青的内部结构不稳定，短期老化后活化能明显降低，但是多聚磷酸使得沥青凝胶化，一定程度上使得沥青内部组分间的相互作用增强，经过长期老化后其活化能明显增强。

对 SBS1301 改性沥青系列中各样品老化前后进行 60℃下的重复蠕变试验，然后根据 Burgers 模型对第 51 次的应变和时间关系进行拟合分析，计算出 G_v 来评价各个样品的高温抗车辙性能，计算结果见表 8.8[51]。

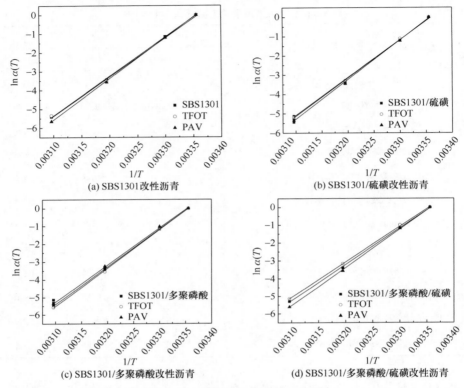

图 8.22　车辙因子 Arrhenius 曲线

表 8.7　老化对活化能的影响

沥青种类	$E_a/(kJ/mol)$		
	老化前	TFOT	PAV
SBS1301 改性沥青	173.77	171.79	181.78
SBS1301/硫磺改性沥青	169.01	170.69	175.62
SBS1301/多聚磷酸改性沥青	174.10	172.10	179.70
SBS1301/多聚磷酸/硫磺改性沥青	170.10	165.50	180.52

表 8.8　重复蠕变试验拟合的 G_v 值

沥青种类	G_v/Pa		
	老化前	TFOT	PAV
SBS1301 改性沥青	256.5	330.9	642.8
SBS1301/硫磺改性沥青	221.9	242.6	350.2
SBS1301/多聚磷酸改性沥青	276.3	314.3	881.8
SBS1301/多聚磷酸/硫磺改性沥青	256.9	467.1	761.4

从表 8.8 可以看出，所有的样品随老化程度的增加，G_v 逐渐增加，高温抗车辙能力相应得到改善，这主要是由于随老化程度的增加沥青中硬组分的含量逐渐增加，特别是对于多聚磷酸改性后的沥青。对于 SBS1301/硫磺改性沥青，由于硫化的聚合物降解，与其他样品相比，在老化前后具有更低的 G_v，表明高温抗车辙性能最差。老化前在重复剪切蠕变的作用下，硫磺交联的聚合物网络结构容易发生破坏而降低了其高温性能，沥青的路用性能下降。而对于 SBS1301/多聚磷酸/硫磺改性沥青在老化前后具有较高的 G_v，表明其高温性能较好，这主要是由于多聚磷酸的加入使得沥青中硬组分的含量增加而发生凝胶化，而这种沥青组分变化所引起的高温性能的改善并不受动态剪切的影响。对于 SBS1301/多聚磷酸改性沥青，长期老化后具有最高的 G_v，高温抗车辙性能最好。

2. 星型 SBS 改性沥青的流变性能

对于 SBS4303 改性沥青，由于多聚磷酸对 SBS4303 改性沥青热稳定性存在严重的负影响，所以不适宜使用多聚磷酸对 SBS4303 改性沥青进行复合改性，而只适合于通过添加较多量的硫磺来改善 SBS4303 改性沥青的储存稳定性。可知硫磺的适宜添加量为 0.15%。对 SBS4303 改性沥青和硫磺含量为 0.15% 的 SBS4303/硫磺改性沥青进行对比研究，考察硫磺对于 SBS4303 改性沥青老化前后流变性能的影响。

1) 温度扫描

SBS4303 改性沥青在短期和长期热氧老化前后复合剪切模量和相位角随温度变化的流变曲线如图 8.23 所示[51]。与老化前相比，短期热氧老化后当温度低于 77.1℃ 时相位角曲线升高，黏性行为增加。经过长期老化后，相位角曲线在更宽的温度范围内升高(小于 101.2℃)，黏性行为表现得更加明显。当温度超过 59.8℃

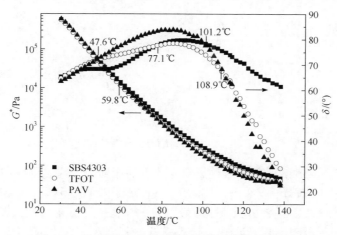

图 8.23 老化对 SBS4303 改性沥青流变性能的影响

后，随温度的增加，复合剪切模量随老化程度的增加而逐渐下降，在高温段长期老化后的样品具有最低的复合剪切模量，短期老化的其次，原样的复合剪切模量最高。与 SBS1301 相比，由于 SBS4303 具有更高的丁二烯含量，因此对老化的敏感程度高，在热氧老化的影响下其内部的结构发生更加明显的降解，因此流变性能的变化影响更加显著。

　　SBS4303/硫磺改性沥青的流变曲线如图 8.24 所示[51]。老化前与 SBS4303 改性沥青相比，相位角曲线在整个温度范围内明显降低，曲线上有着更加明显的平台区域，表明由于硫磺的化学交联作用在沥青中形成了明显的聚合物网络结构。但是短期老化后，当温度超过 43.8℃后，相位角曲线明显升高，表明沥青内部聚合物结构发生了明显的降解，经过长期老化后相位角曲线在很大的温度范围内进一步升高，表明聚合物网络进一步发生降解，黏性行为非常明显。当温度高于84.8℃时，随温度的增加，长期老化后的样品具有最低的复合剪切模量，高温抗车辙性能最差，短期老化后的样品次之，未老化的抗车辙性能最好。这是由于在低温段沥青的抗车辙性能基本上是受沥青性能的影响，老化程度越高，沥青越硬，抗车辙性能越好。而随着温度的增加，沥青发软，复合改性沥青的高温性能主要受沥青中分布着的聚合物性能的影响。而经过长期老化后的沥青样品，沥青中的聚合物降解得更加完全，高温性能的损失更加明显。

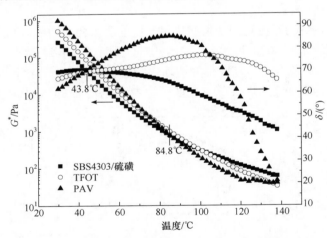

图 8.24　老化对 SBS4303/硫磺改性沥青流变性能的影响

　　SBS4303、SBS4303/硫磺改性沥青老化前后车辙因子对温度的曲线如图 8.25所示[51]，从图 8.25(a)可以看出，当温度超过 75.4℃后，相对于 SBS4303 改性沥青，随温度的增加，SBS4303/硫磺改性沥青的车辙因子逐渐增加，经过短期老化后硫磺改善的车辙因子基本消失，经过长期老化后两个样品在整个温度范围内具有相近的车辙因子，SBS4303/硫磺改性沥青改善的车辙因子完全消失。随老化程度的增加，沥青内部交联的聚合物网络状结构发生明显的降解，改善的高温性能逐渐消失，在长期老化后 SBS4303/硫磺改性沥青在整个温度范围内仍具有与 SBS4303 改性沥青相近的车辙因子。

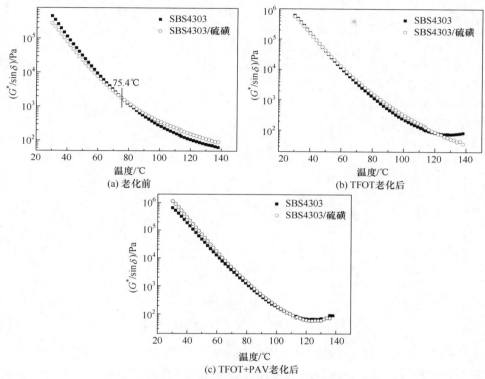

图 8.25　老化对车辙因子的影响(温度扫描)

2) 频率扫描

为考察高温下加载频率对于 SBS4303 改性沥青系列流变性能的影响，对 SBS4303、SBS4303/硫磺改性沥青老化前后的样品进行 60℃下的频率扫描，SBS4303、SBS4303/硫磺改性沥青在短期和长期热氧老化前后车辙因子随频率的变化曲线如图 8.26 所示。老化前如图 8.26(a)所示，当频率低于 0.4rad/s 时，SBS4303/硫磺改性沥青的车辙因子高于 SBS4303 改性沥青，当频率高于 0.4rad/s 时，随剪切频率的增加，SBS4303/硫磺改性沥青的车辙因子低于 SBS4303 改性沥青，类似于剪切频率对 SBS1301/硫磺改性沥青车辙因子的影响，硫磺对于 SBS4303 改性沥青高温性能的改善非常有限，随剪切频率的增加，改善的车辙因子迅速下降，硫化后的 SBS4303 改性沥青对动态剪切的敏感性非常强，内部交联的聚合物网络结构随剪切频率的增加而发生降解。

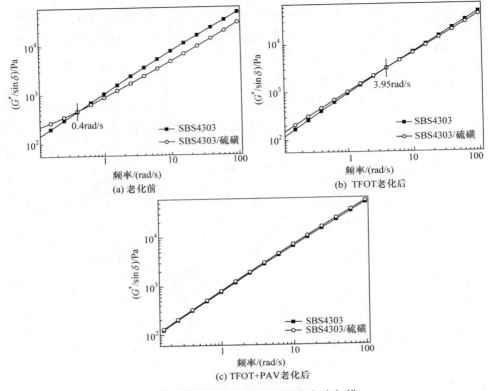

图 8.26　老化对车辙因子的影响(频率扫描)

短期老化后车辙因子随温度的变化如图 8.26(b)所示[51]，与老化前相比，当频率低于 3.95rad/s 时，SBS4303 改性沥青的车辙因子略低于 SBS4303/硫磺改性沥青，而且随频率的增加，车辙因子的差异很快减小。当频率大于 3.95rad/s 时，老化后的 SBS4303/硫磺改性沥青的车辙因子更小，而且随频率的增加，车辙因子的差异逐渐增加。与老化前相比，频率的转移点从 0.4rad/s 上升到 3.95rad/s，而且在节点前后两个样品在车辙因子的差异明显减小，表明老化后的 SBS4303/硫磺改性沥青对动态剪切的敏感程度明显减小，这主要是由于在老化的影响下，硫化的聚合物网络结构发生了明显的降解，老化后交联的聚合物体系中聚硫键的减少降低了对剪切的敏感度。经过长期热氧老化后，如图 8.26(c)所示，老化后的 SBS4303 改性沥青和 SBS4303/硫磺改性沥青在这个频率范围内具有相近的车辙因子，表明交联的聚合物结构完全降解。

按照时间-温度等效原理对于 SBS4303 改性沥青和 SBS4303/硫磺改性沥青在短期和长期老化前后的各样品进行不同温度(25℃、30℃、40℃、50℃)下的频率扫描测试，并以 25℃的车辙因子曲线为基线，根据时间-温度等效原理进行拟合，拟合后的主曲线如图 8.27 所示，分别得出不同温度下的拟合因子 $\alpha(T)$，见表 8.9。

$\alpha(T)$ 满足 Arrhenius 方程：$\ln\alpha(T)=\dfrac{E_a}{R}\left(\dfrac{1}{T}-\dfrac{1}{T_0}\right)$，以 $\ln\alpha(T)$ 分别对 $1/T$ 作图，如图 8.28 所示[51]，所得直线的斜率为 E_a/R，可以求得各个沥青样品在短期和长期老化前后的活化能 E_a，见表 8.10，可以根据活化能的大小来判断沥青内部组分间相互作用的大小。

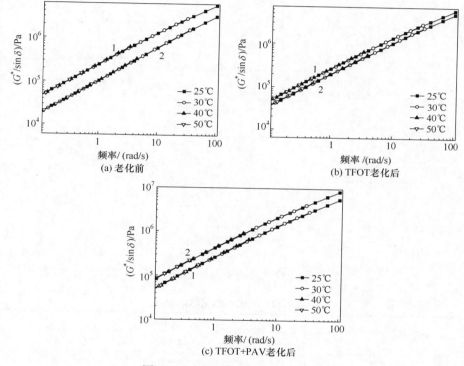

图 8.27　车辙因子 $G^*/\sin\delta$ 主曲线
1. SBS4303 改性沥青；2. SBS4303/硫磺改性沥青

表 8.9　不同温度及老化方式下的位移因子

沥青种类及老化方式	$\alpha(T)$			
	25℃	30℃	40℃	50℃
SBS4303 改性沥青	1	0.317	0.0336	0.0050
SBS4303 改性沥青-TFOT	1	0.300	0.0335	0.0049
SBS4303 改性沥青-PAV	1	0.325	0.0348	0.0054
SBS4303/硫磺改性沥青	1	0.348	0.0440	0.0075
SBS4303/硫磺改性沥青-TFOT	1	0.320	0.0385	0.0055
SBS4303/硫磺改性沥青-PAV	1	0.290	0.0282	0.0039

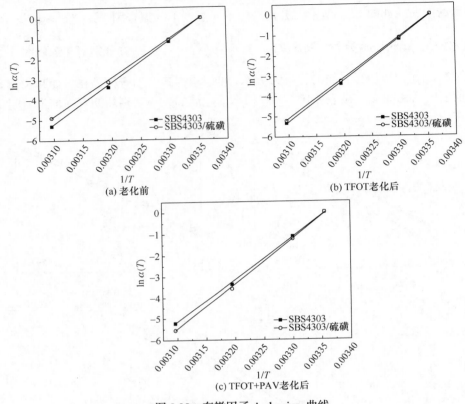

图 8.28　车辙因子 Arrhenius 曲线

表 8.10　老化对活化能的影响

沥青种类	E_a/(kJ/mol)		
	老化前	TFOT	PAV
SBS4303 改性沥青	170.30	170.22	168.09
SBS4303/硫磺改性沥青	167.27	163.46	165.99

　　从表 8.10 可以看出，对于 SBS4303 改性沥青，长期老化后活化能下降，表明沥青内部组分间的相互作用减弱，主要是由于 SBS4303 对老化的敏感度较高，由于聚合物严重的降解而降低了沥青中组分间的相互作用。对于 SBS4303/硫磺改性沥青，短期老化后活化能降低，长期老化后有所升高。

　　为了评价老化对沥青高温抗车辙性能的影响，对 SBS4303、SBS4303/硫磺改性沥青老化前后的样品进行 60℃下的重复蠕变试验，根据 Burgers 模型分别计算出老化前后各样品的 G_v，根据 G_v 来评价沥青样品的高温抗车辙性能，见表 8.11[51]。从表 8.11 可以看出，对于所有的样品，随老化程度的增加，G_v 逐渐增加，沥青的高温抗车辙性能改善。老化前在 SBS4303 改性沥青中添加少量硫磺后 G_v 有所下降，即高温抗车辙性能有所下降，主要是因为在反复剪切蠕变的影响下，沥青内部交联的聚合物网络结构发生降解，随老化程度的增加，SBS4303/硫磺改性沥青和 SBS4303 改性沥青具有相近的高温抗车辙性能。

表 8.11　重复蠕变试验拟合的 G_v 值

材料	G_v/Pa		
	老化前	TFOT	PAV
SBS4303 改性沥青	244.78	245.1	371.2
SBS4303/硫磺改性沥青	163.68	217.4	325.7

8.2.4　结构分析

1. 形貌分析

1）多聚磷酸对基质沥青形貌的影响

基质沥青和 1%多聚磷酸改性沥青的形貌如图 8.29 所示[51]，由于基质沥青和多聚磷酸改性后的沥青在短期和长期老化前后形貌的变化很小，因此仅以老化前的形貌作为例证。与基质沥青相比，经过 1%多聚磷酸改性沥青中出现了一些白色的絮状物质，表明多聚磷酸与沥青中的某些组分发生反应产生了一些新的物质，多聚磷酸使得沥青凝胶化会使得沥青中硬组分如沥青质、胶质的含量增加，这些白色的絮状物可能是由于沥青质或胶质的聚集所形成的胶束。

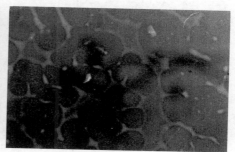

(a) 基质沥青　　　　　　　　　　　　　　　　(b) 多聚磷酸改性沥青

图 8.29　多聚磷酸对基质沥青形貌的影响

2）老化对线型 SBS 改性沥青形貌的影响

线型 SBS 改性沥青老化前后的各个样品的形貌分别如图 8.30 和图 8.31 所示[51]。SBS1301 改性沥青如图 8.30(a)所示，可以看出沥青中分散着很多聚合物的颗粒，聚合物在沥青中的颗粒较大且与沥青的界面明显，表明 SBS 和沥青间的相容性比较差。加入 0.5%的多聚磷酸后如图 8.30(d)所示，可以看出 SBS1301 颗粒的粒径仍然较大且与沥青间的界面更加明显，表明添加多聚磷酸后 SBS 和沥青间的相容性仍然很差，多聚磷酸的加入并没有改善聚合物和沥青间的相容性。

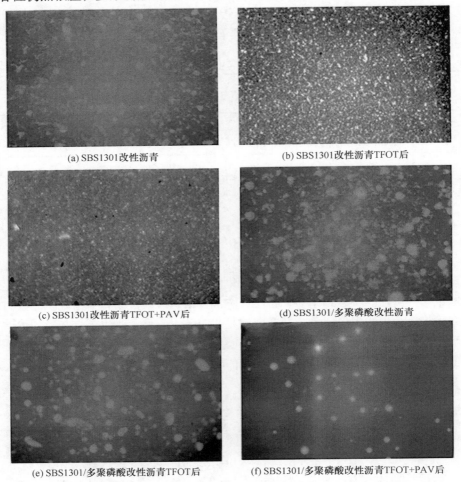

(a) SBS1301改性沥青

(b) SBS1301改性沥青TFOT后

(c) SBS1301改性沥青TFOT+PAV后

(d) SBS1301/多聚磷酸改性沥青

(e) SBS1301/多聚磷酸改性沥青TFOT后

(f) SBS1301/多聚磷酸改性沥青TFOT+PAV后

图 8.30　老化对 SBS1301、SBS1301/多聚磷酸改性沥青形貌的影响

SBS1301 改性沥青在短期和长期热氧老化后形貌分别如图 8.30(b)和(c)所示，与老化前的形貌图 8.30(a)相比，沥青中聚合物颗粒的粒径明显减小且数量增多，表明老化的过程中聚合物发生了明显的降解，聚合物和沥青间的相容性得到改善。经过长期热氧老化后如图 8.30(c)所示，沥青中聚合物颗粒的体积进一步减小，与沥青间的界面变得很模糊，在热氧老化的影响下 SBS 发生了明显的降解，和沥青间的相容性得到明显的改善。SBS1301/多聚磷酸改性沥青在短期和长期老化后的形貌分别如图 8.30(e)和(f)所示，SBS1301/多聚磷酸改性沥青经过短期老化后可以

看出，分散在沥青中的聚合物颗粒的体积较老化前明显变小，表明聚合物发生了降解，部分 SBS 溶于沥青中，SBS 和沥青间的相容性得到改善。经过长期老化后如图 8.30(f)所示，沥青中的聚合物进一步发生降解，样品中除了个别区域有很少量未降解完全的 SBS 颗粒外，绝大部分 SBS 已经完全降解溶于沥青中，二者间的相容性进一步得到改善。

SBS1301/硫磺改性沥青的形貌如图 8.31(a)所示[51]，可以看出在添加少量的硫磺后，SBS1301 在沥青中的形貌发生了明显的变化，颗粒状的 SBS 变为细丝状，这主要是由于 SBS 和硫磺间的化学交联作用，聚合物分子通过聚硫键相互交联在一起，在很大程度上促进了 SBS 颗粒在沥青中的分布，通过交联反应使得聚合物的分子链伸展开来，进一步促进 SBS 在沥青中的溶胀，使得 SBS 和沥青间的相容性得到明显的改善。SBS1301/多聚磷酸/硫磺改性沥青的形貌如图 8.31(d)所示[51]，可以看出沥青中细丝状的聚合物相互交织构成密集的网络结构，从 SBS1301/多聚磷酸改性沥青形貌可知，多聚磷酸的添加并不能促进 SBS 与沥青间的相容性，SBS 颗粒状的形貌不会因为多聚磷酸的添加而发生有利于相容性改善的方向变化。这种细丝状的聚合物所形成的网络状的形貌只是由硫磺的化学交联作用所致，聚硫分子在聚合物间的交联效应使得 SBS 由颗粒状变为细丝状并相互交织成网，SBS 和沥青间的相容性得到明显的改善。

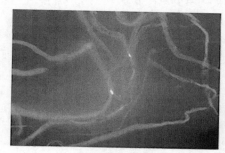

(a) SBS1301/硫磺改性沥青

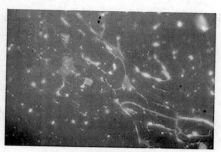

(b) SBS1301/硫磺改性沥青TFOT后

(c) SBS1301/硫磺改性沥青TFOT+PAV后

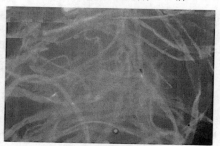

(d) SBS1301/多聚磷酸/硫磺改性沥青

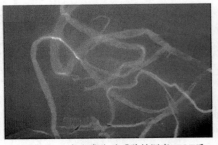
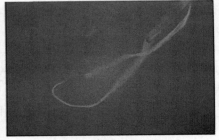

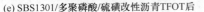

(e) SBS1301/多聚磷酸/硫磺改性沥青TFOT后　　　(f) SBS1301/多聚磷酸/硫磺改性沥青TFOT+PAV后

图 8.31　老化对 SBS1301/硫磺、SBS1301/多聚磷酸/硫磺改性沥青形貌的影响

SBS1301/硫磺改性沥青在短期和长期老化后的形貌如图 8.31(b)和(c)所示[51]，与 SBS1301/硫磺改性沥青老化前的形貌相比，丝状聚合物所构成的网络结构明显降解，聚合物的体积和尺寸明显减小。经过长期老化后如图 8.31(c)所示，聚合物的网络结构完全消失，只有少量未硫化的聚合物颗粒分散在沥青中，聚合物和沥青间的相容性进一步得到改善。SBS1301/多聚磷酸/硫磺改性沥青在短期后的形貌如图 8.31(e)所示，与老化前相比，短期老化后聚合物网络结构在体积和密度上明显变小，聚合物明显降解，与沥青的相容性得到改善。经过长期热氧老化后这种聚合物结构进一步发生降解，大部分聚合物已经完全分解而溶入沥青，仅有部分区域残存着少量的聚合物细丝，如图 8.31(f)所示。

3) 老化对星型 SBS 改性沥青形貌的影响

SBS4303 改性沥青的形貌如图 8.32(a)所示，可以看出沥青中分散着大量的聚合物颗粒，与 SBS1301 改性沥青的形貌相比，SBS4303 的粒径更大，这主要是由于 SBS4303 的分子量较大，聚合物颗粒的柔韧性较强，在相同的剪切条件下不易被剪切为很细小的颗粒，SBS4303 和沥青间的相容性较 SBS1301 改性沥青更差。SBS4303/硫磺改性沥青的形貌如图 8.32(d)所示[52]，类似于 SBS1301 改性沥青在硫化前后的形貌变化，可以看出在添加 0.15%的硫磺后沥青中聚合物的形貌发生了明显的变化。聚合物由较大的颗粒状变为由丝状和絮状的聚合物相互交织所形成的网络结构，其中还分布着少量未硫化的聚合物颗粒，硫化后 SBS 与沥青间的相容性得到明显的改善，这主要是由于硫磺的化学交联作用。

短期和长期老化后 SBS4303 改性沥青的形貌如图 8.32(b)和(c)所示[52]，与老化前的形貌(图 8.32(a))相比，短期老化后沥青中的聚合物颗粒尺寸明显变小且数量增多，发生了明显的降解。长期老化后如图 8.32(c)所示，聚合物颗粒的体积进一步减小，SBS 和沥青间的相容性进一步得到改善。与线型结构的 SBS1301 相比，SBS4303 是星型结构而且分子量较大，所以在相同老化程度的影响下，聚合物的降解没有像 SBS1301 那样完全，短期和长期老化后残留在沥青中的聚合物颗粒的尺寸较大。聚合物 SBS4303/硫磺改性沥青经过短期和长期老化后的形貌如图 8.32(e)和(f)所示，与老化前相比，短期老化后细丝状或絮状的聚合物明显降解，沥青中只残留一些未硫化的聚合物颗粒和未完全降解的丝状聚合物，聚合物和沥青间的相容性得到改善。长期老化后如图 8.32(f)所示，除个别区域还残留有少量细小的聚合物颗粒外，样品中很难再找到其他聚合物，大部分聚合物已经降解并完全溶于沥青中，在相同老化程度的影响下，硫化后的聚合物更容易发生降解，且降解得更加完全。

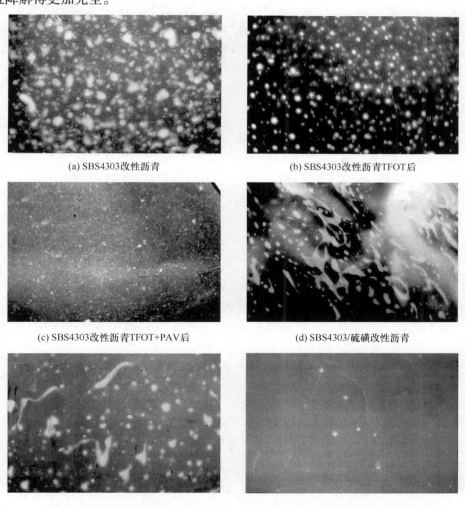

(a) SBS4303改性沥青

(b) SBS4303改性沥青TFOT后

(c) SBS4303改性沥青TFOT+PAV后

(d) SBS4303/硫磺改性沥青

(e) SBS4303/硫磺改性沥青TFOT后

(f) SBS4303/硫磺改性沥青TFOT+PAV后

图 8.32 老化对 SBS4303、SBS4303/硫磺改性沥青形貌的影响

2. 红外光谱分析

SBS1301 系列的改性沥青中各个样品的红外光谱图如图 8.33 所示[51]，与基质沥青相比，只是在 966.7cm^{-1} 的位置出现了一个弱的吸收峰，其对应于丁二烯结构中碳碳双键上 C—H 键的弯曲振动。与 SBS1301 改性沥青相比，SBS1301/多聚磷酸改性沥青的谱图上没有出现新的吸收峰，所有峰的位置和形状基本相同。与 1% 的多聚磷酸改性后的沥青相比，虽然添加了少量的多聚磷酸，但是在 1007.82cm^{-1} 处并没有出现峰，这是由于多聚磷酸的含量较少且被 966.7cm^{-1} 的吸收峰所覆盖。SBS1301/硫磺、SBS1301/多聚磷酸/硫磺改性沥青的红外光谱与 SBS1301 改性沥青相比均没有新的吸收峰出现，尽管硫磺能够与丁二烯的碳碳双键发生交联反应生成 C—S 键，但并不能通过沥青的红外光谱观察出。

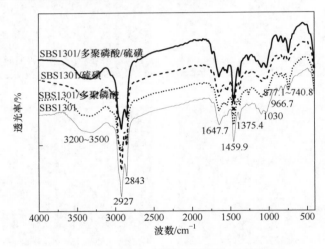

图 8.33　SBS1301 改性沥青系列红外光谱图

8.3　多聚磷酸、SBR 复合改性沥青

沥青作为骨料的黏合剂已被广泛应用于道路路面。但是，由于严重的温度敏感性，沥青水泥或涂层的高温车辙和低温裂纹限制了其进一步的应用。因此，有必要对沥青进行改性。在沥青改性剂中，苯乙烯-丁二烯橡胶(SBR)和多聚磷酸改性剂广泛用于道路路面。

SBR 已被广泛用作重要的沥青改性剂[53-56]。美国联邦航空局网站提供的 1987 年工程简报描述了 SBR 改性沥青在改善沥青混凝土路面和密封涂料性能方面的优势[57]。主要体现在以下几方面：改善了低温延展性，提高了黏度，提高了弹性恢复率,改善了路面的黏合性和内聚性。根据 Becker 等报道,SBR 乳胶聚合物增加了沥青路面的延展性,这使得路面在低温下更具弹性和抗裂性[58]。但不幸的是,在旋转薄膜烘箱(RTFOT)老化后,SBR 改性沥青的低温延展性的损失非常明显。由于 SBR 分子中含有很多丁二烯结构,所以 SBR 在短期老化中更容易被氧化或分解[59]。SBR 对沥青高温性能的改善非常有限,除此之外,SBR 与沥青的较差的兼容性使得沥青混合物在高温下也不稳定。虽然添加 SBR 可以在一定程度上提高沥青的黏合性和黏结性,但是由于 SBR 的柔软特性,纯 SBR 改性沥青对石基质的附着力仍然不是很好[59]。为了粗略地评估 SBR 改性沥青的性能,在许多专业标准中已经将韧性和黏韧性作为两个重要参数,用于测量 SBR 改性沥青与石基质的黏结能力。SBR 改性沥青的韧性和黏韧性应分别不低于 5.0N·m 和 2.5N·m。许多研究结果表明,SBR 改性沥青的韧性和黏韧性测试对评估其性能非常有帮助。韧性表现为道路的承载力,黏韧性表现在不同荷载作用下抵抗变形的能力,而且黏韧性是韧性的主要组成部分[59]。为了提高 SBR 改性沥青的韧性和黏韧性,在研究中已经采用了一些方法,其中一种有效的方法是硫化 SBR。

　　1972 年,Tosco 公司是第一家使用不吹入空气的多聚磷酸作为沥青改性剂的公司。多聚磷酸(含氟聚合物加工助剂)法因此成为改善沥青性能的一种方法。多聚磷酸(含氟聚合物加工助剂)可以显著提高高温等级,可以单独使用或与聚合物结合使用[60]。为了获得更好的改性结果,大多数研究人员开始通过使用多聚磷酸(含氟聚合物加工助剂)和一些聚合物在一起来改性沥青。此后,出版了大量介绍多聚磷酸(含氟聚合物加工助剂)和不同聚合物在路面及屋顶等不同结构中应用的专利和论文。然而,他们与多聚磷酸一起使用的大多数聚合物是 SBS、EVA、SIS、PE、APP 等,并且许多出版物中没有报道多聚磷酸/SBR 改性沥青的具体研究[61]。

　　通过使用三种改性剂(多聚磷酸、SBR、硫磺)获得高性能 SBR 复合改性沥青,并研究改性剂对沥青物理和流变性能的影响。在高性能 SBR 复合改性沥青(2%多聚磷酸/6%SBR/0.67%硫磺)的最佳比例基础上,通过使用傅里叶变换红外光谱分析仪、光学显微镜和热分析仪,考察了含有不同比例改性剂(2%PPA,2%PPA、6%SBR,2%PPA、6%SBR、0.67%硫磺)的沥青内部结构、改性机理和热稳定性。

8.3.1　物理性能

1. 多聚磷酸和 SBR 对基质沥青物理性能的影响

　　为了研究多聚磷酸和 SBR 对基质沥青物理性能的影响,测定了多聚磷酸改性沥青和 SBR 改性沥青的物理性能,如图 8.34 和图 8.35 所示。对于 SBR 改性沥青,从图 8.34 可以看出,当 SBR 含量为 3%时,与基质沥青相比,低温延性明显增加,这意味着 SBR 对基质沥青的低温性能有很好的改善。然而 RTFOT 老化后低温延性严重损失，可能与 SBR 中较高的丁二烯含量有关。在 SBR 分子中含有更多的丁二烯结构使 SBR 在老化过程中更容易被氧化和分解。因此，沥青的低温延性的损失是明显的，特别是在低 SBR 含量下。随着 SBR 含量的增加，RTFOT 老化后的低温延性明显增加，这是由于 SBR 的含量增加不会在沥青中完全氧化。当 SBR 含量增加到 5%时，RTFOT 老化后的低温延展性不小于 200cm。当 SBR 含量不超过 3%时，软化点略有增加，SBR 改性沥青的韧性和黏韧性不能达到 SBR 改性沥青专业要求。结果表明，基质沥青的高温性能 SBR 的改善受到限制，SBR 改性沥青与石料基质的黏合性差。对于多聚磷酸改性沥青，随着多聚磷酸含量的增加，软化点明显增加，针入度相应降低，这表明沥青的高温性能可以通过多聚磷酸提高，然而RTFOT 老化前后的低温延性非常差，这可能与沥青凝胶化程度的增加有关。事实上，多聚磷酸含量的增加促进了从溶胶到凝胶的剧烈结构转变，使沥青更像一种固体，RTFOT 老化使沥青进一步变脆。为了降低多聚磷酸引起的过度凝胶化效应，并使沥青高温性能明显提高，多聚磷酸含量固定在 2%[61]。

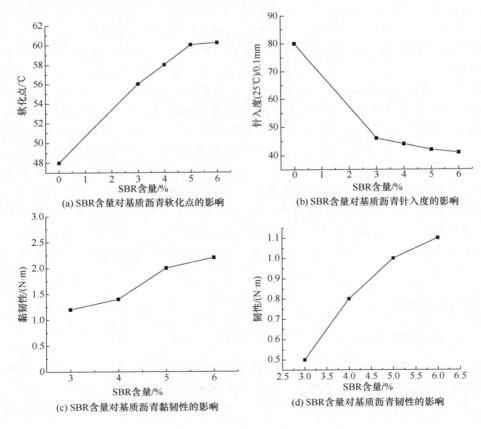

(a) SBR含量对基质沥青软化点的影响　　　　(b) SBR含量对基质沥青针入度的影响

(c) SBR含量对基质沥青黏韧性的影响　　　　(d) SBR含量对基质沥青韧性的影响

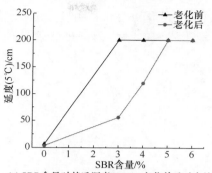

(e) SBR含量对基质沥青RTFOT老化前后延度的影响

图 8.34　SBR 含量对基质沥青物理性能的影响

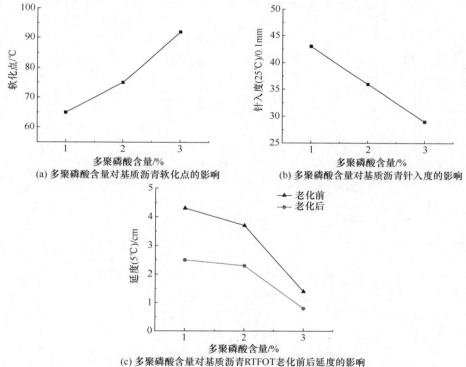

(a) 多聚磷酸含量对基质沥青软化点的影响

(b) 多聚磷酸含量对基质沥青针入度的影响

(c) 多聚磷酸含量对基质沥青RTFOT老化前后延度的影响

图 8.35　多聚磷酸含量对基质沥青物理性能的影响

　　低温延展性是铺路沥青的重要特性，其表明了路面的耐低温开裂性能。为提高多聚磷酸改性沥青的耐低温性能，制备了具有各种 SBR 含量的多聚磷酸/SBR 改性沥青，并对其物理性能进行了测试，如图 8.36 所示[61]。可以看出，随着 SBR 含量的增加，RTFOT 老化前后沥青的低温延展性急剧提升，这表明沥青的低温抗裂性能提高，渗透率略有上升，软化点变化不明显。然而，多聚磷酸/SBR 改性沥青的韧性和黏韧性仍然不能达到 SBR 改性沥青的专业要求。

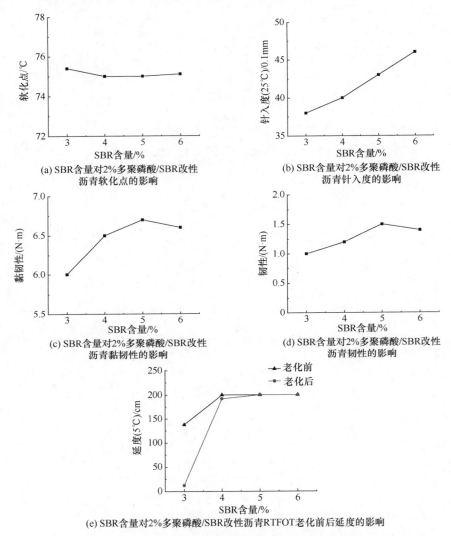

图 8.36　SBR 含量对 2%多聚磷酸/SBR 改性沥青物理性能的影响

韧性和黏韧性是 SBR 改性沥青应用中考虑的两个重要性质，其显示了改性沥青对石基质的黏附能力。为了提高多聚磷酸/SBR 改性沥青的黏韧性和韧性，制备了具有两种硫磺含量的多聚磷酸/SBR/硫磺改性沥青，测试了多聚磷酸/SBR/硫磺改性沥青的物理性能，如图 8.37 所示[61]。可以看出，多聚磷酸/SBR/硫磺改性沥青的黏韧性和韧性在一定程度上通过动态硫化改善。随着硫磺含量的增加，韧性和黏韧性相应增加。当加入 0.67%的硫磺时，韧性和黏韧性明显增加，符合 SBR 改性沥青的专业要求。虽然硫磺的添加可以提高韧性和黏韧性，但由于交联密度的增加和 SBR 分子的降解，老化后沥青的低温延展性迅速下降。幸运的是，加入 6%SBR 的改性沥青在老化后仍然具有良好的低温延展性。综合考虑 SBR 复合改性沥青的主要性能，包括软化点、低温延性、韧性和黏韧性，可以看到 2%多聚磷酸/6%SBR/0.67%硫磺改性沥青是最好的。

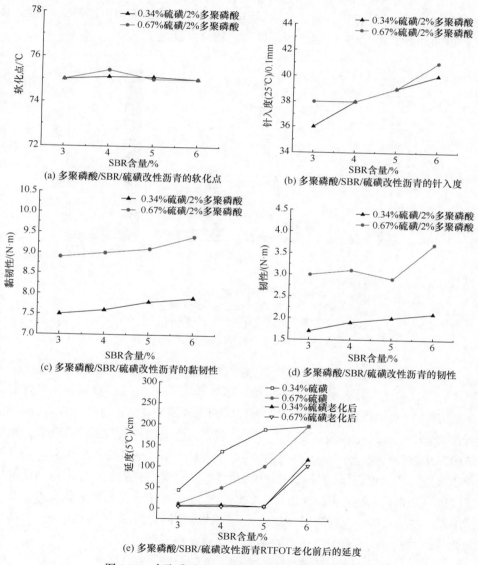

图 8.37　多聚磷酸/SBR/硫磺改性沥青的物理性能

2. SBR/多聚磷酸复合改性沥青的储存稳定性

由于 SBR 和沥青的溶解度参数和密度的差异，SBR 改性沥青在高温储存期间会发生相位分离。分散在沥青中的 SBR 通常在高温和静态下积聚并漂浮在沥青的顶部。为此本书测试了 SBR 改性沥青、多聚磷酸/SBR 改性沥青和多聚磷酸/SBR/硫磺改性沥青的高温储存稳定性，结果如图 8.38 所示[62]。显然，对于 SBR 改性沥青，样品顶部和底部的软化点差异较大，表明相分离非常严重。SBR 改性沥青在 4%SBR 下变得不稳定。随着 SBR 含量的增加，相分离变得更加严重。当 SBR 含量增加到 6%时，SBR 与沥青分离严重，软化点差为 17℃。

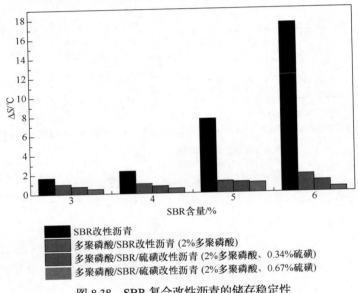

图 8.38　SBR 复合改性沥青的储存稳定性

储存稳定的 SBR 改性沥青可以通过在高温剪切下与多聚磷酸和硫磺反应来制备。可以看出，具有不同 SBR 含量的多聚磷酸/SBR 改性沥青显示出良好的储存稳定性。聚合物改性沥青的稳定性不仅与沥青和聚合物的密度和黏度差异有关。沥青的分子量和结构也很重要。事实上，多聚磷酸使沥青从溶胶结构转变为凝胶结构。从溶胶到凝胶结构的变化使得沥青越来越类似于固体材料，因此影响了聚合物改性沥青的稳定性。多聚磷酸/SBR 改性沥青的储存稳定性可以通过与硫磺的反应进一步提高。随着硫磺的添加，多聚磷酸/SBR/硫磺改性沥青的软化点差进一步降低，表明硫磺的存在通过动态硫化过程改善了沥青与 SBR 的相容性。当硫磺的含量增加到 0.67%时，软化点差不大于 0.5℃。

8.3.2　流变性能

1. SBR 复合改性沥青的流变性

图 8.39 显示了基质沥青、多聚磷酸改性沥青、多聚磷酸/SBR 改性沥青、多聚磷酸/SBR/硫磺改性沥青的流变性能比较[62]。随着温度的升高，基质沥青的 $\tan\delta$ 升高而 G^* 降低。当在基质沥青中添加 2%多聚磷酸后，各种沥青的 $\tan\delta$ 和 G^* 差异大大减缓。与其他样品相比，由于多聚磷酸改性沥青的结构从溶胶变成凝胶，因此它具有最高的复数剪切模量和最低的 $\tan\delta$。然而，在多聚磷酸改性沥青中加入 SBR 在一定程度上降低了复数剪切模量，增加了 $\tan\delta$，这主要与 SBR 粉末的软特性有关。在硬质多聚磷酸改性沥青中加入 SBR，提高了沥青的柔性，使改性沥青变柔软。因此，改性沥青对抗车辙性能下降。然而，在多聚磷酸/SBR 改性沥青中加入硫磺导致 G^* 随温度升高而相对增加，并且 $\tan\delta$ 曲线在测试温度范围内变得平坦。加了 0.67%硫磺的多聚磷酸/SBR/硫磺复合改性沥青的 G^* 高于加了 0.34%硫磺的多聚磷酸/SBR/硫磺复合改性沥青，并且 $\tan\delta$ 的变化幅度也在一定程度上降低。这表明，硫含量的增加会提高 SBR 的化学硫化程度，从而影响多聚磷酸/SBR/硫磺改性沥青的动态力学性能。按照美国 SHRP，AH-90 基质沥青 $G^*/\sin\delta$ 的值等于 1000Pa 时的温度为 64℃，添加 2%多聚磷酸的改性沥青为 100℃，加入 2%多聚磷酸、6%SBR 的改性沥青的相应温度为 92℃，加 2%多聚磷酸、6%SBR、0.34%硫磺的改性沥青为 96℃，加 2%多聚磷酸、6%SBR、0.67%硫磺的改性沥青为 98℃。

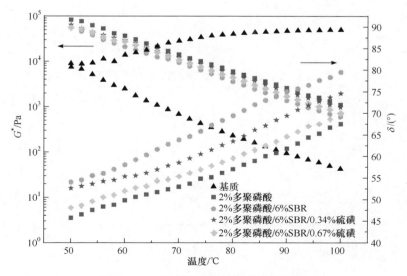

图 8.39　SBR 复合改性沥青的流变性能

2. 多聚磷酸/SBR 改性沥青的流变性能

图 8.40 显示了不同 SBR 含量的多聚磷酸/SBR 改性沥青的动态流变性能。可以看出，当在多聚磷酸改性沥青中加入 3%SBR，改性沥青的 G^* 下降，高温时的 $\tan\delta$ 明显增加。随着 SBR 含量的增加，改性沥青 G^* 在整个温度范围内持续下降，δ 相应增加。这与 SBR 粉末的柔软特性和 SBR 含量的增加有关，随着 SBR 含量的增加，改性沥青变得更具柔性。可以计算出改性沥青的 $G^*/\sin\delta$ 值等于 1000Pa 时的温度，并将不同 SBR 含量改性沥青的结果进行比较，见表 8.12[62]。随着 SBR 含量的增加，改性沥青的性能等级下降。

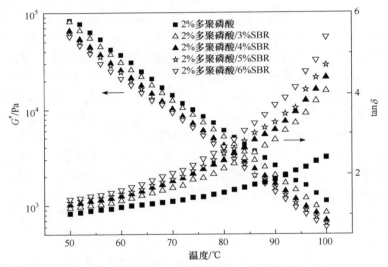

图 8.40　多聚磷酸/SBR 复合改性沥青的流变性能

表 8.12　SBR 含量对多聚磷酸(2%)改性沥青性能等级的影响

多聚磷酸/SBR	当 $G^*/\sin\delta$=1000Pa 时的温度/℃
2%/0%	100
2%/3%	98
2%/4%	96
2%/5%	94
2%/6%	92

3. 多聚磷酸/SBR/硫磺改性沥青的流变性能

添加两种不同硫磺含量的多聚磷酸/SBR/硫磺复合改性流变性能如图 8.41 和

图 8.42 所示[62]。从图 8.41 中可以看出，当在多聚磷酸/SBR 改性沥青中加入 0.34%
硫磺时，不同 SBR 含量的改性沥青的 G^* 十分接近，并且在整个温度范围内高于
相应多聚磷酸/SBR 改性沥青，而且 δ 值明显下降。而从图 8.42 中可以看出，当硫
磺含量增加到 0.67% 时，不同改性沥青 G^* 的差异进一步减小并且 $\tan\delta$ 明显下降。
相同的硫磺含量的改性沥青在整个温度范围内具有类似的流变行为。添加 0.34%
硫磺和 0.67% 硫磺的多聚磷酸/SBR/硫磺复合改性沥青的 $G^*/\sin\delta$ 的值等于 1000Pa
时的温度分别为 96℃和 98℃。显然，随着硫磺含量的增加，SBR 的化学硫化程
度提高，从而进一步影响改性沥青的动力学性能。

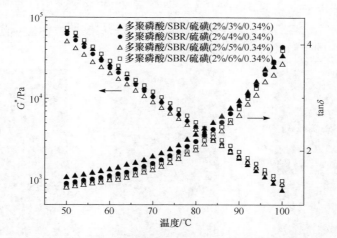

图 8.41　硫磺(0.34%)对多聚磷酸/SBR 改性沥青流变性能的影响

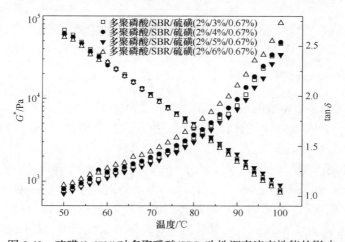

图 8.42　硫磺(0.67%)对多聚磷酸/SBR 改性沥青流变性能的影响

8.3.3　结构分析

1. 形貌分析

图 8.43 显示了添加 6%SBR 的 SBR 改性沥青、多聚磷酸/SBR(2%/6%)改性沥青和多聚磷酸/SBR/硫磺(2%/6%/0.67%)改性沥青的形貌对比。从图 8.43(a)中可以看出，SBR 改性沥青基体存在大量粗糙颗粒，这表明 SBR 难以分散到沥青中。这种不相容性表明 SBR 改性沥青稳定性较差。多聚磷酸/SBR 改性沥青的形貌如图 8.43(b)所示[62]。可以看出，沥青基体中的 SBR 颗粒变得暗淡且比基质沥青中的小，说明 SBR 在酸处理后沥青中分散性很好。从图 8.43(c)中，可以看到硫化后的 SBR 在沥青基体中的分散性明显提高。聚合物尺寸明显减小意味着硫化后的 SBR 在沥青中的分散性进一步提高。

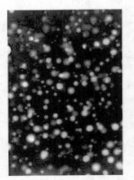 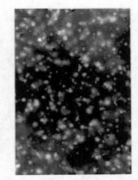 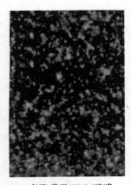

(a) SBR改性沥青(6%SBR)　　(b) 多聚磷酸/SBR(2%/6%)改性沥青　　(c) 多聚磷酸/SBR/硫磺
(2%/6%/0.67%)改性沥青

图 8.43　400 倍放大下的 SBR 改性沥青、多聚磷酸/SBR 改性沥青、多聚磷酸/SBR/硫磺改性
沥青的显微照片

2. 红外光谱分析

基质沥青和多聚磷酸的红外光谱图如图 8.44(a)所示[62]。在基质沥青的红外光谱中，2850~2960cm^{-1} 区域内的强峰是脂肪链上典型的 C—H 伸缩振动。在 1605.11cm^{-1} 处的峰是芳烃上 C=C 的伸缩振动。亚甲基 CH$_2$ 和甲基 CH$_3$ 上的 C—H 键的非对称变形，以及甲基 CH$_3$ 上 C—H 键的对称变形可分别在 1458.86cm^{-1} 和 1375.01cm^{-1} 处观察到。在 1215.15cm^{-1} 处的峰对应于(CH$_3$)$_3$—C—R 的结构振动。在 650~910cm^{-1} 区域内的小峰是典型的苯环上的 C—H 键振动。在多聚磷酸的红外光谱中，在 2843cm^{-1} 处宽而低的峰是由 P—OH 的伸缩振动造成的，在 2350cm^{-1} 处的峰对应于 P—H 的伸缩振动；1645cm^{-1} 处的峰对应于 O—H 的变形振动；1007.82cm^{-1} 处对应于 P—O—P 的伸缩振动；925cm^{-1} 和 699.2cm^{-1} 处对应

于 P—O—P 的不对称振动；494.3cm⁻¹ 对应于 P—O—P 的弯曲振动。加入 2%多聚磷酸的改性沥青的红外光谱图如图 8.44(b)所示，可以看出，相比于基质沥青，新的吸收峰分别出现在 1007.82cm⁻¹、699.2cm⁻¹、494.3cm⁻¹ 处，然而这些峰也可以在多聚磷酸的红外光谱中观察到。虽然多聚磷酸与某些沥青组分发生反应，但是由于其他峰的重叠，新配合物造成的吸收峰不能在多聚磷酸改性沥青的红外光谱图中找到。多聚磷酸/SBR(2%/6%)和多聚磷酸/SBR/硫磺(2%/6%/0.67%)改性沥青的红外光谱图如图 8.44(c)所示[62]。在 968.58cm⁻¹ 处的新峰对应于 SBR 分子链上的 C═C 伸缩振动。为了避免沥青膜厚度的影响，用结构性指标 $I_{C═C}$ 表明添加硫磺前后 SBR 含量的变化，$I_{C═C}$ 可以由式(8.4)计算：

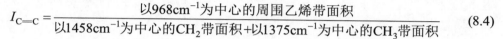

$$I_{C═C} = \frac{\text{以968cm}^{-1}\text{为中心的周围乙烯带面积}}{\text{以1458cm}^{-1}\text{为中心的CH}_2\text{带面积}+\text{以1375cm}^{-1}\text{为中心的CH}_3\text{带面积}} \quad (8.4)$$

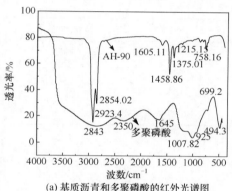

(a) 基质沥青和多聚磷酸的红外光谱图

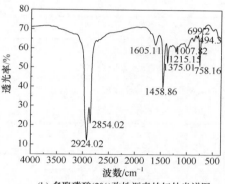

(b) 多聚磷酸(2%)改性沥青的红外光谱图

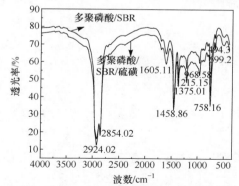

(c) 多聚磷酸/SBR(2%/6%)改性沥青和多聚磷酸/SBR/硫磺(2%/6%/0.67%)
改性沥青的红外光谱图

图 8.44 不同沥青的红外光谱图

可以从图 8.44(c)计算出多聚磷酸/SBR 和多聚磷酸/SBR/硫磺改性沥青的结构

指数 $I_{C=C}$ 分别为 0.51 和 0.42，多聚磷酸/SBR/硫磺改性沥青相比于多聚磷酸/SBR 改性沥青具有较低的结构指标，说明沥青中 SBR 含量经过动态硫化下降了。

3. 热分析

沥青的热稳定性是需要考虑的一个重要特性，它取决于产品的特性。本章通过氮气环境下的 TG 试验研究了基质沥青、多聚磷酸改性沥青(2%多聚磷酸)、多聚磷酸/SBR(2%/6%)改性沥青、多聚磷酸/SBR/硫磺(2%/6%/0.67%)改性沥青的热稳定性及其色谱组分，得到曲线的主要特征、质量损失效应的起始温度(T_0)、在主要的分解温度范围(350~553℃)内的质量损失，并计算了 553℃的残余量，如表 8.13 和图 8.45 所示[62]。在氮气气流下进行的热重测量显示所有样品都经历了一个质量损失过程。

表 8.13　沥青的 TG 性能结果

样品	T_0/℃	质量损失率/%	在 553℃时的残余量/%
AH-90	596	75.14	16.06
多聚磷酸改性沥青	639	69.13	22.30
多聚磷酸/SBR 改性沥青	621	71.13	21.41
多聚磷酸/SBR/硫磺改性沥青	603	71.82	19.98

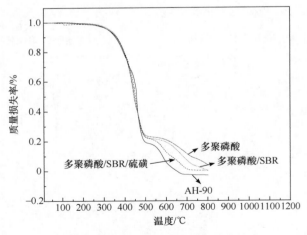

图 8.45　氮气气流下沥青的 TG 曲线

四种沥青的热力学行为相似。沥青质量损失过程的起始温度表明多聚磷酸改性沥青的热稳定性最高，其次是多聚磷酸/SBR 改性沥青和多聚磷酸/SBR/硫磺改性沥青，而基质沥青是最不稳定的。从主要分解温度范围内沥青的质量损失也可以得出类似的结论。相比于多聚磷酸/SBR 改性沥青在 553℃的残余量，多聚磷酸/SBR/硫磺改性沥青残余量似乎更少，这表明 C—H 键热稳定性更低。原沥青的残余量表明了焦炭的存在。

8.4　多聚磷酸与 SEBS 复合改性沥青

SEBS 是 SBS 在分子链上的碳碳双键被氢原子饱和，活性的碳碳双键变成了惰性的亚甲基。在 SEBS 分子链中的功能基团由苯乙烯和亚甲基组成，而丁二烯的数量很少。由于缺乏活性的丁二烯，其颗粒弹性较低，沥青的膨胀在很大程度上受到限制，这些特性导致了较弱的改性效果。因此，在沥青改性中，SEBS 不能与 SBS 进行竞争，许多 SEBS 改性沥青的物理特性包括软化点、低温延性、弹性、黏韧性和韧性都比采用相同聚合物含量的 SBS 改性沥青更低。然而，丁二烯的缺乏也在很大程度上降低了 SEBS 改性沥青的老化性，并且在老化后的性能损失小于 SBS 改性沥青的性能。出于这个原因，许多研究人员已经对此进行了大量研究，并认为由于更好的抗老化性，SBS 的替换应该可以接受。然而，就像 SBS 一样，SEBS 的存储稳定性不好[63-66]，SEBS 在高温下与沥青分离。为此，一些研究人员研究了 SEBS 与沥青的相容性，并通过添加蒙脱石或 SEBS/高岭石化合物制备储存稳定的 SEBS 复合改性沥青，虽然可以通过这种方法实现对储层稳定性的改善[67]，但在物理和流变学上的其他主要性能都受到了负面影响，特别是低温性能的影响。也有一些研究人员使用了 SEBS 与马来酸酐改进的混合，以达到存储的稳定性，但是在工业生产的改良沥青中，也不可能准备大量的修饰剂。

实际上由于沥青改性的连续性，SEBS 改性沥青的储存稳定性并不重要，因为沥青生产率与沥青混合料制备的时间间隔在实际施工中通常较短，而且长期以来通常不需要在许多工厂中存储 SEBS 改性沥青。然而，由于 SEBS 价格远高于 SBS(SEBS 为 3 万元/t，SBS 为 2 万元/t)，所以减少 SEBS 改性沥青制备中的 SEBS 含量非常重要。同时，由于与 SBS 改性沥青相比，SEBS 改性沥青的进一步改进也非常必要。多聚磷酸作为重要的改性剂广泛用于沥青改性。多聚磷酸的凝胶化作用改变沥青构成并改善了高温性能。通常在 SBS 或 SBR 改性沥青中使用多聚磷酸，以降低 SBS 含量，进一步提高高温性能[68-72]。然而，SEBS/多聚磷酸改性沥青的研究在许多出版物中还没有报道。通过加入多聚磷酸，由于成本较低，进一步改善 SEBS 改性沥青应该更有意义。在本研究中，制备了 SEBS 改性和 SEBS/多聚磷酸改性沥青，对物理性质进行了研究和比较。使用不同的流变学试验来研究短期和长期热老化前后沥青的结构特征，并进一步证实了 SEBS 改性沥青中多聚磷酸的改性。为了研究改性和老化的机理，采用不同的分析方法。通过光学显微镜观察不同修饰和老化条件下 SEBS 在沥青中的形态特征，通过红外光谱法显示沥青官能团的分布。采用热分析法进一步研究了各种沥青的热力学行为和结构特征。

8.4.1　制备工艺

改性沥青是在高温下依次采用高速剪切机和机械搅拌器制备的。首先，500g 沥青在铁容器中加热并充分熔融，加入 SEBS 并以 5000r/min 的速度用高速剪切机剪切 1h，随后用注射器将多聚磷酸注入沥青，并且使得到的沥青混合料搅拌 2h，确保改性剂的充分溶胀反应，整个过程的温度保持在 180℃。

8.4.2　物理性能

1. SEBS 改性沥青的物理性能

不同含量(4%、5%、6%)的 SEBS 改性沥青的物理性质如图 8.46 所示[73]。SEBS 的加入大大提高了基质沥青的主要物理性能，从它的软化点、延性、弹性、韧性和黏韧性与表 8.14 基质沥青相比较都增加了可以看出。软化点的增加可以归因于 SEBS 分子链的结构特点：一方面，沥青软组分如饱和烃和芳烃可在一定程度上被氢化丁二烯基团吸收且沥青的组成分布发生了改变；另一方面，SEBS 分子链中具有较高玻璃化转变温度的苯乙烯基团也使软化点进一步提高。低温韧性和弹性的提高取决于溶胀于沥青中的 SEBS 颗粒的柔性。聚合物链的强度和弹性有助于提高沥青的抗变形能力，可以从韧性和黏韧性看出。随着沥青中 SEBS 含量的提高，软化点的明显增加表示改进效果进一步提升。但是，塑性、韧性和黏韧性未明显改变，这是因为氢化丁二烯活性较低。

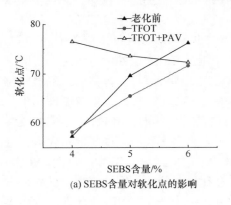

(a) SEBS含量对软化点的影响

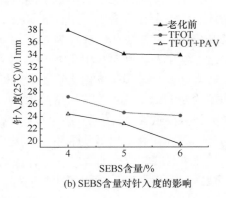

(b) SEBS含量对针入度的影响

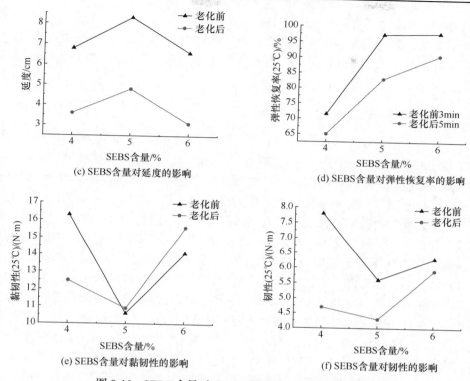

(c) SEBS 含量对延度的影响

(d) SEBS 含量对弹性恢复率的影响

(e) SEBS 含量对黏韧性的影响

(f) SEBS 含量对韧性的影响

图 8.46　SEBS 含量对 SEBS 改性沥青物理性能的影响

表 8.14　基质沥青(AH-70)的物理性能

物理性能	数值
软化点/℃	48
针入度(25℃)/0.1mm	63.5
黏度(135℃)/(Pa·s)	0.79
延度(5℃)/cm	0
TFOT 老化后	
软化点/℃	55
针入度(5℃)/0.1mm	42
延度(5℃)/cm	0

　　聚合物的降解和沥青硬组分的增加是沥青老化导致的两个结果,它对高温性能有着相反的影响。TFOT 老化后,可以看出,5%SEBS 改性沥青和 6%SEBS 改性沥青的主要物理性能包括软化点、延性、弹性、韧性都在一定程度上降低了,显示了 SEBS 降解的影响,这也可由 SEBS 改性沥青延性和弹性的损失证实。然

而，4%SEBS 改性沥青软化点的增加表明这是沥青组分改变的主要效应。TFOT＋PAV 老化后，每种沥青的软化点都进一步提高说明沥青组成的改变起主导作用，但是具有更高的 SEBS 含量的沥青的低软化点却较低，也证实了聚合物降解对沥青的性能也有一定的影响。

2. 多聚磷酸与 SEBS 复合改性沥青

为了在降低 SEBS 含量的基础上进一步提高 SEBS 改性沥青的物理性能，通过在 SEBS 含量为 4%的 SEBS 改性沥青中添加不同含量的多聚磷酸(0.5%、0.8%、1.1%)对其进行进一步改性。得到的物理性能如图 8.47 所示[73]。可以看出，通过添加 0.5%的多聚磷酸、4%SEBS 改性沥青的软化点和弹性大大提高了，这是因为引起多聚磷酸的凝胶效应改变了沥青组成的分布而使沥青的刚性增加。随着多聚磷酸含量的增加，软化点进一步提高，进一步证实了这种效果。SEBS/多聚磷酸改性沥青黏韧性的下降也表明凝胶对 SEBS 在沥青中的延伸和溶胀的消极影响。TFOT 老化后，所有样品延性和弹性的损失表明了 SEBS 降解产生的影响，另外4%SEBS/0.8%多聚磷酸改性沥青和 4%SEBS/1.1%多聚磷酸改性沥青的软化点略有下降。4%SEBS/0.5%多聚磷酸改性沥青的软化点较其他二者增加表示沥青组成的改变起主导作用。老化后，所有沥青韧性和黏韧性的增加可以归因于沥青硬组分的增加导致的较大张力。TFOT+PAV 老化后，所有样品软化点都进一步提高证明沥青组成的改变再一次起了主导作用，并且随多聚磷酸含量提高，软化点进一步提高表明凝胶程度进一步加剧。

4%SEBS/0.8%多聚磷酸改性沥青主要物理性能包括软化点、延性、弹性、韧性和黏韧性与图 8.46 中 6%SEBS 改性沥青老化前后的物理性能相似，因此可以推断在沥青改性中，加入 0.8%多聚磷酸在一定程度上可以取代 2%SEBS。因此在4%SEBS 改性沥青中加入多聚磷酸可以显著提高主要物理性能并减少沥青中SEBS 的含量且没有负面影响。

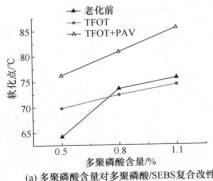

(a) 多聚磷酸含量对多聚磷酸/SEBS复合改性
沥青软化点的影响

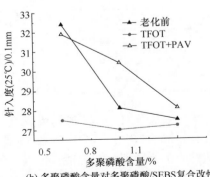

(b) 多聚磷酸含量对多聚磷酸/SEBS复合改性
沥青针入度的影响

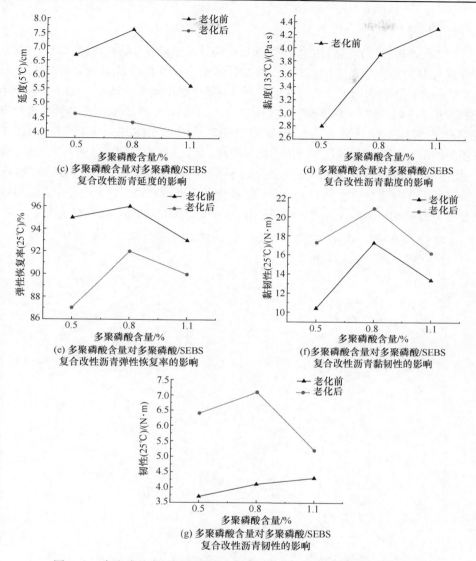

图 8.47　多聚磷酸含量对多聚磷酸/SEBS 复合改性沥青物理性能的影响

8.4.3　流变性能

为了探讨多聚磷酸对 SEBS 改性沥青流变性能的影响，同时进一步评价多聚磷酸的改性结果，在不同的流变测试模式下选择性地测试了一些沥青样品老化前后的流变性能，包括 4%SEBS 改性沥青、4%SEBS/0.8%多聚磷酸改性沥青、6%SEBS 改性沥青。

1. 温度扫描

4%SEBS 改性沥青、4%SEBS/0.8%多聚磷酸改性沥青和 6%SEBS 改性沥青 TFOT 老化以及 TFOT+PAV 老化后的流变行为如图 8.48 所示[73]。图 8.48(a)中，4%SEBS/0.8% 多聚磷酸改性沥青相比于 4%SEBS 改性沥青在整个温度范围内具有更大的 G^* 和较小的相位角 δ，这表明由于多聚磷酸的凝胶效应，4%SEBS/0.8%多聚磷酸改性沥青具有较好的高温抗车辙性能。由于较高的 SEBS 含量，6%SEBS 改性沥青相比于 4%SEBS/0.8%多聚磷酸改性沥青似乎更具柔性，从它在 102℃前较低的 G^* 可以看出；而 102℃后两者的 G^* 非常相似表明聚合物本身具有较好的抗车辙性能。6%SEBS 改性沥青更高的聚合物含量同样大大降低了沥青的温度敏感性，这可由整个温度范围内缓慢升高的相位角曲线证明，特别是出现在 56℃或从 56℃到 82℃的平缓段。

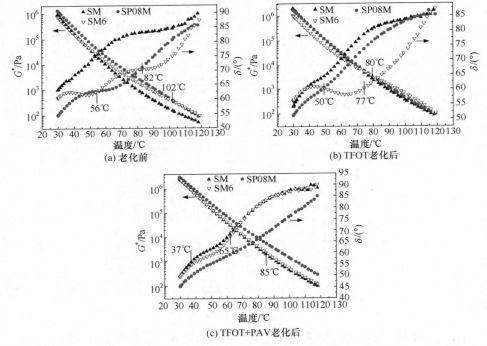

图 8.48　SEBS 复合改性沥青老化前后 G^* 和 δ 随温度变化的等时图(10rad/s，30～118℃)
SM. SEBS 改性沥青(4%SEBS501)；SP08M. SEBS/多聚磷酸改性沥青(4%SEBS501、0.8%多聚磷酸)；
SM6. SEBS 改性沥青(6%SEBS501)

TFOT 老化后，在图 8.48(b)中，与 4%SEBS 改性沥青相比，4%SEBS/0.8%多聚磷酸改性沥青更小的相位角和在 80℃之前的几乎整个温度范围内更高的 G^* 再次显示了多聚磷酸的凝胶效应。6%SEBS 改性沥青在 80℃前后的较低的 G^* 再次表明其在常温下的柔性和更好的高温性能。虽然 SEBS 在 TFOT 老化后的降解降低了温度敏感性，从图中老化后 6%SEBS 改性沥青相位角曲线比老化前陡峭可看出，从 50℃ 到 77℃ 弯曲区还证实了沥青中还有很多残余聚合物的存在。

　　TFOT+PAV 老化后，如图 8.48(c)所示[73]，除了残留聚合物的微弱影响(通过 6%SEBS 改性沥青从 37℃ 到 65℃ 较低的相位角，或 85℃ 后相比于 4%SEBS 改性沥青稍高的 G^* 可以看出)，G^* 和 δ 在整个温度范围几乎没有差异，表明随着进一步老化，聚合物降解严重。4%SEBS/0.8%多聚磷酸改性沥青在整个温度更大的 G^* 和较小的相位角表明进一步老化后，多聚磷酸凝胶具有协同效应且沥青组成改变。

　　2. 频率扫描

　　4%SEBS 改性沥青、4%SEBS/0.8%多聚磷酸改性沥青和 6%SEBS 改性沥青在 60℃ 下老化前后的流变行为对于频率的依赖性如图 8.49 所示。老化前如图 8.49(a) 所示[73]，可以看出，相比于 4%SEBS 改性沥青，在整个频率范围内具有较高的 G^* 和较小的相位角，表明由于多聚磷酸凝胶的效应，使弹性性能提高。在较低频率时，6%SEBS 改性沥青较 4%SEBS 改性沥青具有较大的 G^*，并且随着频率的增加，G^* 的差距减小，当频率超过 15.8rad/s(过渡频率)，6%SEBS 改性沥青的 G^* 低于 4%SEBS

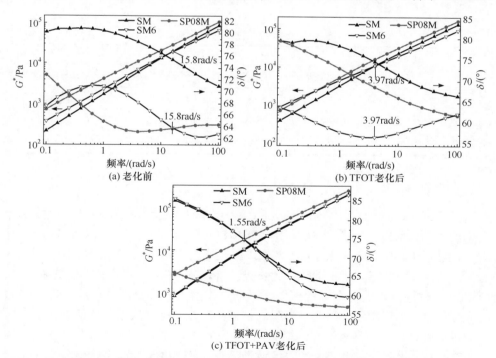

图 8.49　SEBS 复合改性沥青老化前后的 G^* 和 δ 随频率变化的等时图(0.1～100rad/s，60℃)

SM. SEBS 改性沥青(4%SEBS501)；SP08M. SEBS/多聚磷酸改性沥青(4%SEBS501、0.8%多聚磷酸)；

SM6. SEBS 改性沥青(6%SEBS501)

改性沥青。这是因为沥青中松软的 SEBS 表现出了剪切稀释现象，导致出现黏性行为，即在较高频率时出现较小的 G^*。另外，6%SEBS 改性沥青在整个频率范围内波动的相位角曲线也表明沥青中的聚合物网络对剪切频率的敏感性。

TFOT 老化后，如图 8.49(b)所示[73]，多聚磷酸凝胶效应使 4%SEBS/0.8%多聚磷酸改性沥青几乎在整个频率范围内具有最高的 G^* 和较小的 δ。相较于老化前，4%SEBS 改性沥青和 6%SEBS 改性沥青的过渡频率下降至 3.97rad/s，这表明老化后聚合物网络被破坏。6%SEBS 改性沥青老化后相位角曲线相较于老化前平坦，并且没有较多的波动，也证实了这一结果，然而在 3.97rad/s 左右的谷值区表明还有残余的聚合物网络结构。TFOT+PAV 老化后，如图 8.49(c)所示，6%SEBS 改性沥青的聚合物网络被进一步破坏，且 4%SEBS 改性沥青和 6%SEBS 改性沥青在整个频率范围内的 G^* 几乎没有差异，6%SEBS 改性沥青弹性行为的残余的改进只能从 1.55rad/s 后较小的 δ 观察到。对于 4%SEBS/0.8%多聚磷酸改性沥青，进一步老化后，多聚磷酸凝胶的协同效应和沥青构成的改变使沥青弹性行为占主导，可从全频率范围内具有明显更高的 G^* 和更小的 δ 看出。

3. 重复蠕变(表 8.15)

表 8.15　SEBS 复合改性沥青老化前后的 G_v

沥青种类	G_v/Pa		
	4%SEBS 改性沥青	4%SEBS/0.8%多聚磷酸改性沥青	6%SEBS 改性沥青
老化前	679.3	611.9	477.5
TFOT 老化后	1044.2	1008.7	540.2
TFOT+PAV 老化后	1690.1	2081.9	1544.8

4. 低温弯曲蠕变

4%SEBS 改性沥青、4%SEBS/0.8%多聚磷酸改性沥青和 6%SEBS 改性沥青老化前后的低温蠕变特性可采用 BBR 在−20℃进行测试得到，结果如图 8.50 所示[73]。图 8.50(a)中，4%SEBS/0.8%多聚磷酸改性沥青相比于 4%SEBS 改性沥青具有更低的蠕变劲度 S，表明了低温柔性的改进和蠕变率 m 的差异是难以被区分的。4%SEBS 改性沥青的低温柔性可以通过沥青中适量的多聚磷酸凝胶改善，因为 SEBS 颗粒在沥青中的溶胀会被适量的多聚磷酸凝胶略微限制，这使沥青中的聚合物更具弹性，从而导致柔性的增加。

TFOT 老化后，相比于 4%SEBS 改性沥青，4%SEBS/0.8%多聚磷酸改性沥青低温性能的提升变得更明显，通过图 8.50(b)中较高的 m 和较低的 S 可看出。TFOT+PAV 老化后，4%SEBS/0.8%多聚磷酸改性沥青相比其余改性沥青有较低的

S 和较大的 m，显示它具有更好的抗裂性能。虽然在图 8.50 中，6%SEBS 改性沥青的蠕变劲度 S 在一定程度上低于 4%SEBS 改性沥青和 4%SEBS/0.8%多聚磷酸改性沥青，但是其蠕变速率 m 仍远小于 4%SEBS 改性沥青和 4%SEBS/0.8%多聚磷酸改性沥青，这意味着老化前后的 6%SEBS 改性沥青的低温抗裂性能都很差。

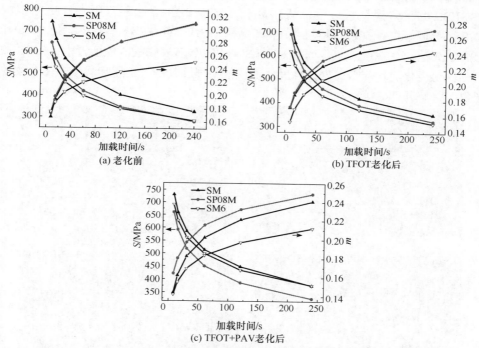

图 8.50　SEBS 复合改性沥青老化前后在−20℃下蠕变劲度 S 和蠕变速率 m
随加载时间变化的曲线

SM. SEBS 改性沥青(4%SEBS501)；SP08M. SEBS/多聚磷酸改性沥青(4%SEBS501、0.8%多聚磷酸)；
SM6. SEBS 改性沥青(6%SEBS501)

　　DSR 和 BBR 试验表明，4%SEBS 改性沥青高、低温流变性能可以通过添加适量的多聚磷酸提高，并且改进的行为在进一步老化后更加明显。由于多聚磷酸的成本低得多，在改性时减少 2%SEBS 含量，代以加入 0.8%的多聚磷酸的效果非常显著。

8.4.4　结构分析

　　为了进一步研究多聚磷酸和老化对 SEBS 改性沥青结构特性的影响，采用形貌分析、傅里叶变换红外光谱分析、热分析等不同的分析方法对 TFOT 老化前后的基质沥青、4%SEBS 改性沥青和 4%SEBS/0.8%多聚磷酸改性沥青进行分析。

1. 形貌分析

4%SEBS 改性沥青和 4%SEBS/0.8%多聚磷酸改性沥青老化前后的形貌如图 8.51 所示[73]。老化前，从图 8.51(a)中可以看出，4%SEBS 改性沥青中分散着许多 SEBS 颗粒并且可以从沥青基中的任何地方容易地找到连续相。图 8.51(b)中，4%SEBS/0.8%多聚磷酸改性沥青中相较于 4%SEBS 改性沥青更大和更粗糙的 SEBS 颗粒尺寸表明多聚磷酸凝胶降低了溶胀效应。TFOT 老化后，在图 8.51(c)和(d)中，无论 4%SEBS 改性沥青还是 4%SEBS/0.8%多聚磷酸改性沥青中，SEBS 颗粒相比于老化前均变得更少，且尺寸也在很大程度收缩，这意味着很多聚合物粒子发生降解并部分溶解在沥青中。

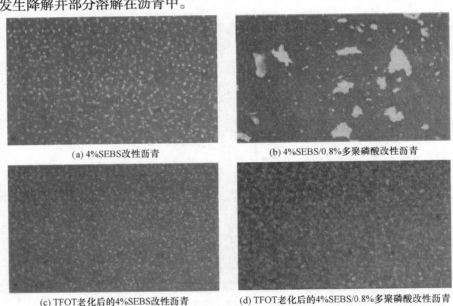

(a) 4%SEBS改性沥青　　　　　　　　(b) 4%SEBS/0.8%多聚磷酸改性沥青

(c) TFOT老化后的4%SEBS改性沥青　　(d) TFOT老化后的4%SEBS/0.8%多聚磷酸改性沥青

图 8.51　SEBS 复合改性沥青在 TFOT 老化前后放大 400 倍(光学显微镜)的形貌

2. 红外光谱分析

AH-70、4%SEBS 改性沥青、4%SEBS/0.8%多聚磷酸改性沥青老化前后的红外光谱图如图 8.52 所示[73]。由于每种沥青老化前后的红外光谱的相似性，未老化的沥青的光谱也可解释老化后沥青的光谱。在图 8.52(a)中，可以看到脂肪族烃 C—H 伸缩振动的强吸收峰在 2850~2960cm^{-1} 处。芳烃的 C=C 键的伸缩振动位于 1599cm^{-1} 处。在 1460cm^{-1} 和 1380cm^{-1} 处的峰可以归因于亚甲基 CH$_2$ 和甲基 CH$_3$ 上的 C—H 不对称和对称变形振动。(CH$_3$)$_3$C—R 框架振动可从 1212cm^{-1} 处的峰看出。亚砜基团(S=O)的伸缩振动出现在 1036cm^{-1} 处。分布在 668~863cm^{-1} 区域的弱峰应为芳香环上 C—H 键振动。SBS 的特征峰位于 966.7cm^{-1} 处，它是丁二烯双键上的 C—H

键弯曲振动产生的,但在 SEBS 光谱中没有这个峰。在图 8.52(b)中,相比于 4%SEBS 改性沥青,4%SEBS/0.8%多聚磷酸改性沥青的光谱中没有新的特征峰出现。

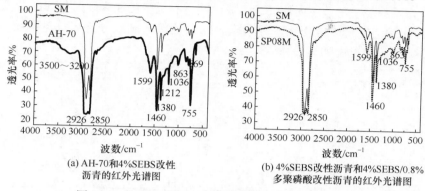

(a) AH-70和4%SEBS改性
沥青的红外光谱图

(b) 4%SEBS改性沥青和4%SEBS/0.8%
多聚磷酸改性沥青的红外光谱图

图 8.52　各种沥青的红外光谱图比较(4000~400cm⁻¹)

SM. SEBS 改性沥青(4%SEBS501);SP08M. SEBS/多聚磷酸改性沥青(4%SEBS501、0.8%多聚磷酸)

3. 热分析

热分析法用以研究沥青的结构特征。SEBS、基质沥青、4%SEBS 改性沥青、4%SEBS/0.8%多聚磷酸改性沥青老化前后的热力学曲线,包括 TG、DTG、DSC 曲线,如图 8.53 所示[73]。在图 8.53(a)中,在 350~500℃的曲线明显下降,表明这是所有样品的主要质量损失阶段。这可以归因于 SEBS 的降解和沥青轻组分如饱和分和芳香分的挥发,这也可以通过图 8.53(b)和(c)中 DTG 和 DSC 曲线的变化得到证实。TFOT 老化后,基质沥青、4%SEBS 改性沥青和 4%SEBS/0.8%多聚磷酸改性沥青的热力学曲线如图 8.53(d)~(f)所示。如图 8.53(d)所示,老化后的沥青的主要质量损失仍集中在温度范围为 350~500℃的过程,这是由于残余的沥青成分的挥发和聚合物的进一步降解,这也可由图 8.53(e)和图 8.53(f)中 DTG 和 DSC 曲线的峰 1 值证明。此外,在图 8.53(d)中 4%SEBS/0.8%多聚磷酸改性沥青的 TG 曲线仍然显示在 600℃之后有急剧的质量损失的过程,这意味着剩余部分的进一步降解。图 8.53(e)中,相比于 4%SEBS 改性沥青,4%SEBS/0.8%多聚磷酸改性沥青在 550~800℃出现的峰 2 表明在该阶段有进一步质量损失,凝胶叠加效应和老化增加沥青的硬组分如沥青质和胶质,并导致在高温时的进一步分解和质量损失。此外,在图 8.53(e)中 4%SEBS/0.8%多聚磷酸改性沥青的 DTG 曲线的细长的峰也表明沥青硬组分的分子量分布窄。

所有样品老化前后的 DSC 曲线如图 8.53(c)和(f)所示,从图 8.53(c)看出,所有样品老化之前的主要峰都是吸热峰。TFOT 老化后,图 8.53(f)中 4%SEBS 改性沥青的主要峰仍然是吸热峰。然而,老化基质沥青的主峰 1 已部分成为辐射峰(低于热流边界),这种现象对于 4%SEBS/0.8%多聚磷酸改性沥青更加明显,而且在

550~750℃有一个明显的辐射峰(峰 2)，这也和图 8.53(e)中的 DTG 曲线相应的峰 2 以及图 8.53(d)中 4%SEBS/0.8%多聚磷酸改性沥青的 TG 曲线的明显下降相符合。由于老化后凝胶叠加效应而使沥青组成改变，有更多的沥青硬组分如沥青质和胶质留于 4%SEBS/0.8%多聚磷酸改性沥青中，并且沥青硬组分随着温度升高进一步降解，导致质量损失和能量释放。

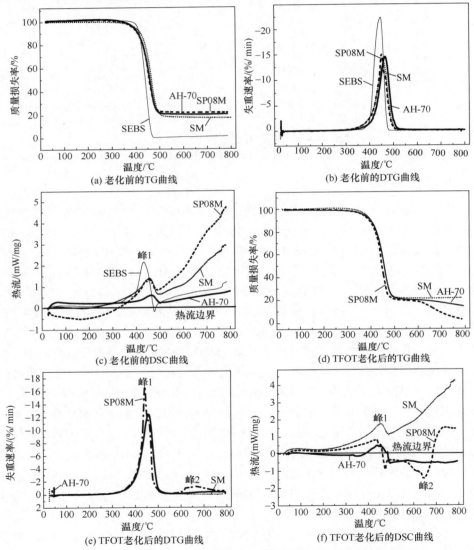

图 8.53　AH-70、4%SEBS 改性沥青、4%SEBS/0.8%多聚磷酸改性沥青

TFOT 老化前后的 TG、DTG、DSC 曲线

SM. SEBS 改性沥青(4%SEBS501)；SP08M. SEBS/多聚磷酸改性沥青(4%SEBS501、0.8%多聚磷酸)

　　为了进一步研究改性沥青的组成，每种沥青老化前后的 DSC 曲线中的主要峰面积(绝对值)采用做切线计算，计算结果见表 8.16[73]。可以看出，SEBS 分解增加了能量消耗并导致 4%SEBS 改性沥青与基质沥青相比有更大的峰面积。凝胶化导致更少的沥青轻组分挥发且 4%SEBS/0.8%多聚磷酸改性沥青的峰面积相比于 4%SEBS 改性沥青下降。TFOT 老化后，基质沥青的主要质量损失过程是由于沥青轻组分的挥发和沥青硬组分的分解，所以峰面积比老化前明显增加。对于 4%SEBS 改性沥青，老化后 SEBS 的部分降解降低了能量消耗，所以面积相较于老化前减小。对于 4%SEBS/0.8%多聚磷酸改性沥青，在第一质量损失过程的巨大峰面积显示复杂的吸热和放热过程同时发生，并且老化后沥青的组成更加复杂。4%SEBS/0.8%多聚磷酸改性沥青的峰 2 面积表明后续沥青硬组分的分解进一步释放了能量。

表 8.16　沥青峰面积绝对值

样品	峰 1	TFOT 老化后	
		峰 1	峰 2
AH-70	27.9	70.8	—
4%SEBS 改性沥青	63.7	56.9	—
4%SEBS/0.8%多聚磷酸改性沥青	46.8	227.7	91.4

8.5　多聚磷酸、硫磺与 SIS 复合改性沥青

　　SIS 与 SBS 相比，SIS 分子结构的主要区别是 SBS 分子链中的丁二烯基团被异戊二烯替代，交联异戊二烯和苯乙烯基团出现在分子链中，SIS 的类型根据分子链分布分为线型或星型。由于异戊二烯分支甲基，SIS 具有较好的韧性和与其他添加剂的相容性。SIS 由壳牌公司和飞利浦公司自 20 世纪 70 年代开发。同时，一些日本公司也开发了关于 SIS 的新生产技术，典型的是关于氢气技术。日本 Kuraray 公司在 80~90 年代，在其实验室发明了 SIS 专用氢技术[74]。

　　通常 SIS 在实践中用于制备胶带和标签，现在应用于改性沥青仍然很少。然而，当 SBS 短缺的某些情况下，仍然需要考虑在沥青改性中替代 SBS，同时 SIS 的良好改性结果也使 SIS 改性沥青可以接受。孙彦伟制作了 SIS 改性沥青，研究了 SIS 含量和种类对沥青性能的影响，确定了 SIS 的良好改性。但是，调查显示，SIS 的价格高于 SBS 的价格，这将阻碍其实际应用。为此，仍然需要修改 4%SIS 改性沥青并通过进一步添加其他改性剂来降低 SIS 含量。

　　多聚磷酸和硫磺作为两种主要的附加沥青改性剂广泛用于制备聚合物改性沥

青。多聚磷酸的添加可以提高聚合物改性沥青的高温性能，降低沥青中聚合物含量，从而降低成本。硫磺可以大大提高聚合物改性沥青的稳定性，并在一定程度上增加老化的敏感性。关于多聚磷酸和硫磺在聚合物改性沥青中的应用，特别是在 SBS 改性沥青中有很多报道[75-77]。然而，在许多文献中，对 4%SIS 改性沥青使用多聚磷酸和硫磺仍然没有涉及，详细的研究是十分不明朗的，特别是对于低温流变性能和结构特征的研究。由于 SBS 和 SIS 的分子结构相似，通过添加多聚磷酸和硫磺，可以在 4%SIS 改性沥青中获得良好的改性[78]。

本节通过适当添加多聚磷酸或硫磺来制备 SIS 复合改性沥青，以进一步提高 4%SIS 改性沥青的物理性能，降低 SIS 含量。为了确认改性效果，在 SIS/多聚磷酸/硫磺改性沥青和 4%SIS 改性沥青之间进行了比较。为了研究多聚磷酸和硫磺对 4%SIS 改性沥青的流变行为和结构特征的影响，采用不同的试验和分析方法。采用动态剪切流变仪和弯曲流变仪，通过采用不同的试验方式研究改性剂对沥青的高低温流变行为的影响。使用薄膜加热试验和压力老化容器试验模拟沥青的短期和长期热老化。光学显微镜用于研究改性沥青的形貌，采用傅里叶变换红外光谱法研究老化前后功能组的分布情况。采用热分析法进一步研究沥青组分的分布和改性沥青的热力学特性。

8.5.1　制备工艺

改性沥青由高速剪切机和机械搅拌器依次在高温下制备。首先将 500g 基质沥青加热并在铁容器中充分熔融，加入 SIS 并以 5000r/min 的高速剪切机剪切 1h，随后将多聚磷酸和硫磺加入沥青中，并将混合物搅拌 2h，确保改性剂完全溶胀和反应，整个过程在 180℃下成型。

8.5.2　物理性能

1. SIS 改性沥青的物理性能

为了研究 SIS 含量对基质沥青性能的影响，制备了不同 SIS 含量(4%、5%、6%)的 SIS 改性沥青，短期和长期老化前后物理性能如图 8.54 所示[78]。可以看出，与表 8.1 中的基质沥青相比，具有 4%SIS 的 SIS 改性沥青的物理性能大大改善，并且在图 8.54 中可以看出，随着 SIS 含量的增加，包括韧性、弹性在内的 SIS 改性沥青的主要物理性能也进一步改善。就像 SBS 一样，SIS 也有两个不同玻璃态的特征链段(苯乙烯和异戊二烯)分子链中的温度。低玻璃态异戊二烯段在常温或低温下(-73℃)能吸收轻质沥青成分并变得柔软和有弹性，使 SIS 改性沥青在低温下具有弹性或柔韧性。此外，由于软化点、韧性和黏韧性的增加，苯乙烯链段的较高的玻璃化转变温度也有助于提高高温性能和抗变形性能。随着 SIS 含量的增加，这些提升越来越明显。

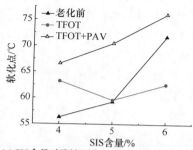

(a) SIS含量对改性沥青TFOT老化前后软化点的影响

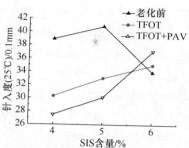

(b) SIS含量对改性沥青TFOT老化前后针入度的影响

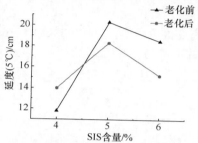

(c) SIS含量对改性沥青TFOT老化前后延度的影响

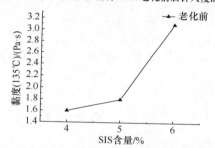

(d) SIS含量对改性沥青TFOT老化前黏度的影响

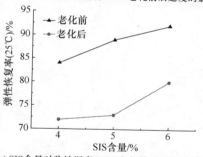

(e) SIS含量对改性沥青TFOT老化前后弹性恢复率的影响

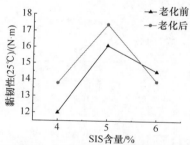

(f) SIS含量对改性沥青TFOT老化前后黏韧性的影响

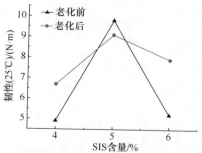

(g) SIS含量对改性沥青TFOT老化前后韧性的影响

图8.54 SIS含量对改性沥青TFOT老化前后物理性能的影响

2. SIS 与多聚磷酸、硫磺复合改性沥青的物理性能

为了进一步改进 SIS 改性沥青的主要物理性能，降低沥青中的 SIS 含量，通过加入 0.5%多聚磷酸和 0.1%的硫磺，制备了 SIS/多聚磷酸改性沥青(4%SIS1209、0.5%多聚磷酸)和 SIS/多聚磷酸/硫磺改性沥青(4%SIS1209、0.5%多聚磷酸、0.1%硫磺)。TFOT 和 TFOT+PAV 老化前后 4%SIS 改性沥青、SIS/多聚磷酸改性沥青、SIS/多聚磷酸/硫磺改性沥青的物理性能如图 8.55 所示。可以看出，与 4%SIS 改性沥青相比，SIS/多聚磷酸改性沥青具有较高的软化点、延展性、韧性和黏韧性，老化后多聚磷酸引起的凝胶化作用使 SIS/多聚磷酸改性沥青硬化，导致软化点更高，韧性试验中拉伸强度提高。SIS/多聚磷酸改性沥青的延展性提高表明，加 0.5%多聚磷酸对低温性能没有负面影响。然而，储存稳定性试验中较大的软化点差异显示 SIS/多聚磷酸改性沥青仍然不稳定，相分离变得更严重。显然，多聚磷酸的少量添加可以改善 4%SIS 改性沥青在老化前后的主要物理性能。

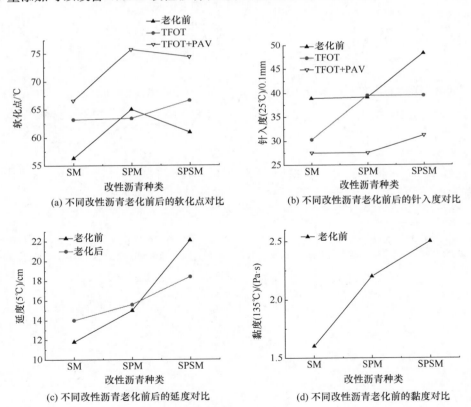

(a) 不同改性沥青老化前后的软化点对比
(b) 不同改性沥青老化前后的针入度对比
(c) 不同改性沥青老化前后的延度对比
(d) 不同改性沥青老化前的黏度对比

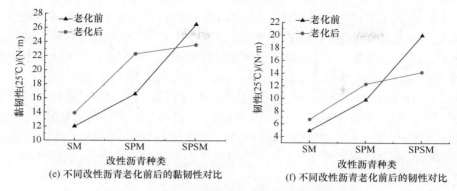

图 8.55　不同改性沥青老化前后的物理性能对比

SM. SIS 改性沥青(4%SIS1209)；SPM. SIS/多聚磷酸改性沥青(4%SIS1209、0.5%多聚磷酸)；

SPSM. SIS/多聚磷酸/硫磺改性沥青(4%SIS1209、0.5%多聚磷酸、0.1%硫磺)

添加硫磺可大大提高 SIS/多聚磷酸改性沥青的稳定性，如 SIS/多聚磷酸/硫磺改性沥青在储存试验中的软化点差小。此外，SIS/多聚磷酸/硫磺改性沥青的延展性、弹性、韧性和黏韧性也大大提高。这可归因于通过硫化改变的 SIS 分子结构，SIS 分子链中的异戊二烯基团可以与硫分子反应，大多数 SIS 分子通过多硫键一起交联并形成聚合物网络，这使得改性沥青更具弹性和柔性并导致性能的提升[78]。与图 8.54 中 5%的 SIS 改性沥青相比，可以看出，SIS/多聚磷酸/硫磺改性沥青在老化前后物理性能更为优越，而且研究显示 SIS/多聚磷酸/硫磺改性沥青的成本要比 5%SIS 改性沥青低。因此，通过添加 0.5%多聚磷酸和 0.1%硫磺来改性 4%SIS 改性沥青来代替 5%SIS 改性沥青是可以接受的。

8.5.3　流变性能

为了研究多聚磷酸和硫磺对 4%SIS 改性沥青流变行为的影响，并对 SIS/多聚磷酸/硫磺改性沥青和 SIS 改性沥青做进一步比较，对 4%SIS 改性沥青、SIS/多聚磷酸改性沥青、SIS/多聚磷酸/硫磺改性沥青和 5%SIS 改性沥青进行不同的流变测试。四个样品的配方为：SM——SIS 改性沥青(4%SIS1209)；SPM——SIS/多聚磷酸改性沥青(4%SIS1209、0.5%多聚磷酸)；SPSM——SIS/多聚磷酸/硫磺改性沥青(4%SIS1209、0.5%多聚磷酸、0.1%硫磺)；SM5——SIS 改性沥青(5%SIS1209)。

1. 温度扫描

测试老化前后不同温度下 4%SIS 改性沥青、SIS/多聚磷酸改性沥青、SIS/多聚磷酸/硫磺改性沥青、5%SIS 改性沥青的流变性能，如图 8.56 所示[78]。在老化前，从图 8.56(a)可以看出，与 4%SIS 改性沥青相比，57.9℃后，SIS/多聚磷酸改性沥青的 G^* 增加得明显，也可见 71.8℃后，SIS/多聚磷酸/硫磺改性沥青的 G^* 进一步增加。在几乎整个温度范围内，与 4%SIS 改性沥青相比，SIS/多聚磷酸改性沥青的相位角δ曲线也可以观察到凝胶的影响，38.9℃后 SIS/多聚磷酸/硫磺改性沥青的δ进一步降低，也显示硫化改善了温度敏感性。老化对流变行为的影响如图 8.56(b)和(c)所示。SIS/多聚磷酸改性沥青的流变行为改善仍然是稳定的，如与TFOT 或 TFOT+PAV 老化的 4%SIS 改性沥青相比，具有较高的 G^* 或更低的δ。然而，对于 SIS/多聚磷酸/硫磺改性沥青，随着进一步老化，进一步改善的流变性能下降，在图 8.56(c)中，表明交联聚合物的老化敏感性。与 5%SIS 改性沥青相比，SIS/多聚磷酸/硫磺改性沥青总是具有更好的高温性能，如老化前后较高的 G^* 和较低的相位角。

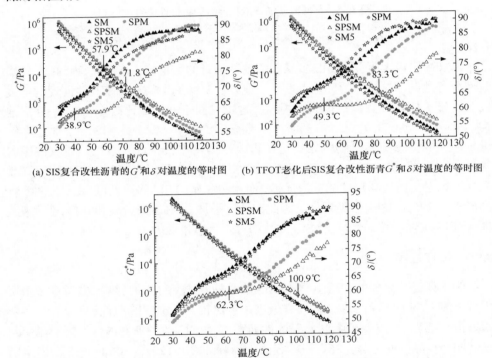

(a) SIS复合改性沥青的G^*和δ对温度的等时图　(b) TFOT老化后SIS复合改性沥青G^*和δ对温度的等时图

(c) TFOT + PAV老化后SIS复合改性沥青的G^*和δ对温度的等时图

图 8.56　SIS 复合改性沥青老化前后的 G^* 和δ对温度的等时图(10rad/s，30~120℃)

2. 频率扫描

4%SIS 改性沥青、SIS/多聚磷酸改性沥青、SIS/多聚磷酸/硫磺改性沥青、5%SIS改性沥青的流变行为对老化前后 60℃的频率的依赖关系如图 8.57 所示[78]。可以看出，与 4%SIS 改性沥青相比，SIS/多聚磷酸改性沥青性能的提升通过老化前后的整个频率范围内较高的 G^* 和较低的δ来证实。由于通过硫化形成交联聚合物网络，在

图 8.57(a)中显示了 SIS/多聚磷酸/硫磺改性沥青与 SIS/多聚磷酸改性沥青相比改进的 G^* 在 1.58rad/s 之前。然而，聚合物网络容易受到动态剪切，随着频率的增加而被破坏，改进的 G^* 在转变频率(1.58rad/s)后消失。在 TFOT 老化后，聚合物网络在一定程度上被破坏，如图 8.57(b)中 1.0rad/s 的较低跃迁频率所示。在 TFOT+PAV 老化后，图 8.57(c)中在整个频率范围内 SIS/多聚磷酸/硫磺改性沥青的 G^* 低于 SIS/多聚磷酸改性沥青，显示了聚合物网络的严重分解，SIS/多聚磷酸/硫磺改性沥青的 δ 曲线 4.0rad/s 后部分升高也进一步证实了效果。然而，在老化前后，SIS/多聚磷酸/硫磺改性沥青在整个频率范围内仍然具有较高的 G^* 和较低的相位角。

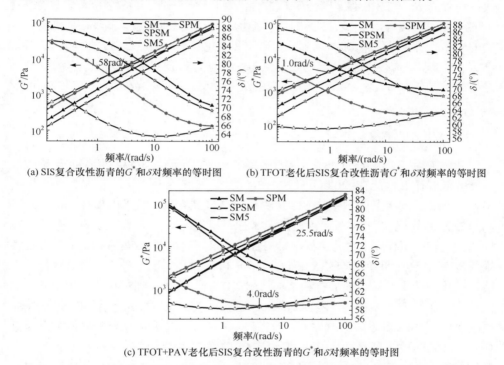

(a) SIS复合改性沥青的G^*和δ对频率的等时图　(b) TFOT老化后SIS复合改性沥青G^*和δ对频率的等时图

(c) TFOT+PAV老化后SIS复合改性沥青的G^*和δ对频率的等时图

图 8.57　SIS 复合改性沥青老化前后的 G^* 和 δ 随频率的等时图(0.1~100rad/s，60℃)

3. 重复蠕变

重复蠕变试验通常用于评估高温(60℃)沥青的永久抗变形能力。该测试模拟重复的车辆加载过程：一个循环由加载阶段(30Pa，1s)和恢复阶段(0Pa，9s)组成，总共 100 个循环。根据 NCHRP 研究报告，第 50 次和第 51 次循环的蠕变劲度的黏性成分 G_v 是有效的，可用于评价沥青的变形抵抗能力。对所有样品在 60℃下老化前后的 G_v 进行了测试，见表 8.17[78]。

表 8.17　SIS 复合改性沥青老化前后的 G_v

材料	G_v/Pa			
	4%SIS 改性沥青	SIS/多聚磷酸改性沥青	SIS/多聚磷酸/硫磺改性沥青	5%SIS 改性沥青
老化前	709.1	753.0	371.0	329.7
TFOT 老化后	869.9	890.4	507.7	423.5
TFOT+PAV 老化后	1061.6	1094.5	849.6	781.3

可以看出，由于沥青中 SIS 形态的变化，多聚磷酸通过凝胶效应改善了 4%SIS 改性沥青的 G_v，与 SIS/多聚磷酸/硫磺改性沥青相比，降低了 SIS/多聚磷酸改性沥青的 G_v。在 TFOT 老化后或 TFOT+PAV 老化后，由于沥青质或树脂等硬质沥青组合物的增加，所有样品的 G_v 均增加，且凝胶和硫化的影响仍然存在，如 4%SIS 改性沥青、SIS/多聚磷酸改性沥青、SIS/多聚磷酸/硫磺改性沥青中不变的 G_v 序列。由于老化前后更高的 G_v 值，SIS/多聚磷酸/硫磺改性沥青的抗变形性能好于 5%SIS 改性沥青。

4. 低温弯曲蠕变

老化前后 4%SIS 改性沥青、SIS/多聚磷酸改性沥青、SIS/多聚磷酸/硫磺改性沥青的低温流变性能在−20℃下通过 BBR 测试，如图 8.58 所示[78]。从图中可以看出，与 4%SIS 改性沥青相比，SIS/多聚磷酸改性沥青具有较低的蠕变劲度 S 和较高的蠕变速率 m，因此多聚磷酸的适量添加可以提高 4%SIS 改性沥青的低温柔韧性，沥青在一定程度上也符合低温延展性的结果。通过图 8.58(b)和(c)中的 SIS/多聚磷酸/硫磺改性沥青较低的 S 和较高的 m 可以观察到硫化进一步改善的低温性能。硫化的结果是 SIS 的形态和结构从粗糙的聚合物颗粒到丝状，发生了很大的变化，从而增加了柔韧性。然而，图 8.58(c)中 TFOT+PAV 老化后 SIS/多聚磷酸/硫磺改性和 SIS/多聚磷酸改性沥青改善的 m 的损失也表明聚合物网络的严重破坏。与 5%SIS 改性沥青相比，SIS/多聚磷酸/硫磺改性沥青较高的 m 和较低的 S 在老化前后显示出较好的低温抗开裂性能。

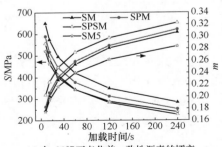

(a) 在−20℃下老化前，改性沥青的蠕变劲度 S 和蠕变速率 m 值随加载时间的变化

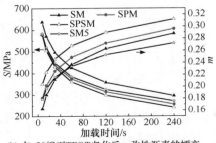

(b) 在−20℃下 TFOT 老化后，改性沥青的蠕变劲度 S 和蠕变速率 m 值随加载时间的变化

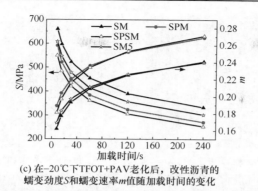

(c) 在-20℃下TFOT+PAV老化后，改性沥青的
蠕变劲度S和蠕变速率m值随加载时间的变化

图 8.58　在-20℃下改性沥青老化前后的蠕变劲度 S 和蠕变速率 m 值随加载时间变化的曲线

8.5.4　结构分析

1. 形貌分析

　　TFOT 老化前后 4%SIS 改性沥青、SIS/多聚磷酸改性沥青、SIS/多聚磷酸/硫磺改性沥青的形态如图 8.59 所示[78]。在图 8.59(a)中，SIS 颗粒稀疏地分散在沥青中，聚合物颗粒的粗略轮廓表明了较差的相容性。在图 8.59(b)中，许多 SIS 颗粒出现在沥青中，其轮廓清晰，清晰的轮廓和较大的 SIS 颗粒表明 SIS 与沥青由凝胶效应引起的不相容性加剧。硫化后，如图 8.59(c)所示，只有几种丝状聚合物形态可以在某处沥青基质中发现，即使在观察到许多样品后也难以再次找到较粗糙的 SIS 颗粒。硫化的结果是从粗颗粒到丝状聚合物的巨大形态变化，显示出聚合物与沥青相容性的提高。TFOT 老化后，如图 8.59(d)和(e)所示，4%SIS 改性沥青和 SIS/多聚磷酸改性沥青中仍然存在少量残留的聚合物颗粒，4%SIS 改性沥青中的颗粒轮廓变得非常暗淡，颗粒数变少。沥青中大部分 SIS 颗粒显著降解，溶解在沥青中。如图 8.59(f)所示，对于 SIS/多聚磷酸/硫磺改性沥青，仍然可以在观察到许多样品后再次发现剩余的聚合物长丝，显示硫化聚合物网络也因老化而严重降解。

(a) 4%SIS改性沥青在老化前

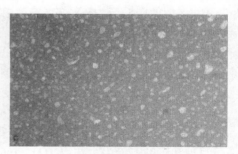

(b) SIS/多聚磷酸改性沥青在老化前

(c) SIS/多聚磷酸/硫磺改性沥青在老化前　　　　　(d) TFOT老化后的4%SIS改性沥青

(e) TFOT老化后的SIS/多聚磷酸改性沥青　　　　(f) TFOT老化后的SIS/多聚磷酸/硫磺改性沥青

图 8.59　TFOT 老化前后的 4%SIS 改性沥青、SIS/多聚磷酸改性沥青、SIS/多聚磷酸/硫磺
改性沥青放大 400 倍的形态(光学显微镜)

2. 红外光谱分析

基质沥青、4%SIS 改性沥青、SIS/多聚磷酸改性沥青、SIS/多聚磷酸/硫磺改性
沥青的红外光谱图如图 8.60 所示[78]。老化前后各样品的红外光谱相似，可以在老
化前进行说明。基质沥青的经典吸收峰仍然可以在图 8.60(a)中 AH-70 的光谱中找
到。在 2850~2960cm^{-1} 处可以看出脂肪族烃的 C—H 伸缩振动的强吸收峰。芳烃
的 C=C 伸缩振动显示为 1599cm^{-1} 处峰。1460cm^{-1} 和 1380cm^{-1} 处的峰可归因于
CH$_2$ 和 CH$_3$ 中 C—H 的不对称和对称变形振动。(CH$_3$)$_3$C—R 的框架振动由
1212cm^{-1} 处的峰表示。亚砜基(S=O)伸缩振动出现在 1036cm^{-1} 处。分布在 668~
863cm^{-1} 区域的弱峰应为芳环的 C—H 振动。4%SIS 改性沥青在 966.2cm^{-1} 处的新
吸收峰归因于 SIS 分子链的异戊二烯双键中 C—H 的弯曲振动。与 4%SIS 改性沥
青相比，SIS/多聚磷酸改性沥青的红外光谱没有出现新的峰值，图 8.60 中 SIS/多
聚磷酸/硫磺改性沥青也发现了相同的结果。

3. 热分析

热分析用于研究沥青的结构特征，并通过热重分析在 10℃/min 下研究了老化
前后每种沥青的热行为，并用 TG、DTG、DSC 曲线表示，如图 8.61 所示[78]。老

化前，主要质量损失阶段分布在 300～500℃，由于 SIS 分解和轻质沥青组分如芳烃和饱和物的挥发，这一阶段也由图 8.61(b)和(c)中的 DTG 和 DSC 曲线说明。在图 8.61(c)中，采用切线计算了 300～500℃各吸热峰面积，见表 8.18。与 4%SIS 改性沥青相比，SIS/多聚磷酸改性沥青的面积越大，通过加入多聚磷酸，能量消耗越大，由于多聚磷酸所引起的沥青凝胶化，沥青组分分布变得更加复杂。由于聚合物网络的形成，SIS/多聚磷酸/硫磺改性沥青的复杂成分也被较高的面积证实。

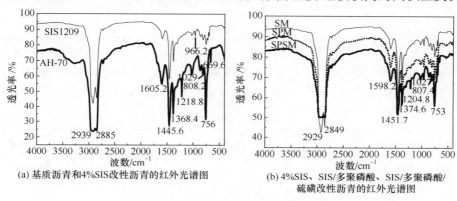

(a) 基质沥青和4%SIS改性沥青的红外光谱图

(b) 4%SIS、SIS/多聚磷酸、SIS/多聚磷酸/硫磺改性沥青的红外光谱图

图 8.60 各种沥青的红外光谱图(4000～400cm⁻¹)

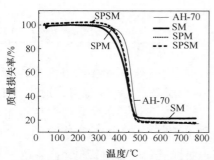

(a) 基质沥青、4%SIS改性沥青、SIS/多聚磷酸改性沥青、SIS/多聚磷酸/硫磺改性沥青的TG曲线

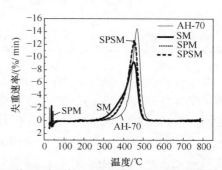

(b) 基质沥青沥青、4%SIS改性沥青、SIS/多聚磷酸改性沥青、SIS/多聚磷酸/硫磺改性沥青的DTG曲线

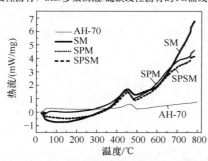

(c) 基质沥青、4%SIS改性沥青、SIS/多聚磷酸改性沥青、SIS/多聚磷酸/硫磺改性沥青的DSC曲线

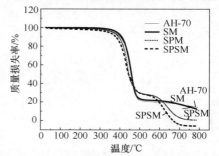

(d) TFOT老化后的基质沥青、4%SIS改性沥青、SIS/多聚磷酸改性沥青、SIS/多聚磷酸/硫磺改性沥青的TG曲线

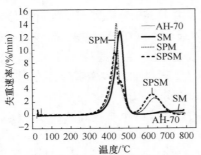
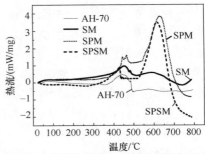

(e) TFOT老化后的基质沥青、4%SIS改性沥青、SIS/多聚磷酸改性沥青、SIS/多聚磷酸/硫磺改性沥青的DTG曲线　(f) TFOT老化后的基质沥青、4%SIS改性沥青、SIS/多聚磷酸改性沥青、SIS/多聚磷酸/硫磺改性沥青的DSC曲线

图 8.61　基质沥青、4%SIS 改性沥青、SIS/多聚磷酸改性沥青、SIS/多聚磷酸/硫磺改性沥青 TFOT 老化前后的 TG、DTG、DSC 曲线

表 8.18　吸热峰面积

改性沥青种类	峰 1	TFOT 老化后	
		峰 1	峰 2
AH-70	27.9	70.8	11.9
4%SIS 改性沥青	46.1	48.8	44.3
SIS/多聚磷酸改性沥青	50.8	23.5	354.1
SIS/多聚磷酸/硫磺改性沥青	53.9	33.6	400.3

　　TFOT 老化后，从图 8.61(d)～(f)可以看出，对于 SIS/多聚磷酸改性沥青和 SIS/多聚磷酸/硫磺改性沥青，550～750℃的质量损失变得明显，这也可以通过 DTG 和 DSC 曲线中的剧烈变化来证实。在 DSC 曲线中，该阶段的吸热峰 2 变得非常大，计算出的面积见表 8.18[78]。与 4%SIS 改性沥青相比，具有多聚磷酸的沥青在第二质量损失阶段消耗更多的能量，表明在该阶段剩余的残留物量更多。这种现象应归因于进一步增加的硬质沥青组分如沥青质和多聚磷酸胶凝所生成的胶质。此外，SIS/多聚磷酸/硫磺改性沥青的更大的峰 2 面积表明沥青组分或分子量分布更为复杂，包括残留聚合物网络在内的各种分解聚合物结构进一步发挥作用。

8.6　多聚磷酸、硫磺与 EVA 复合改性沥青

8.6.1　概述

　　多聚磷酸作为重要的沥青改性剂通常用于进一步提高基质沥青和聚合物改性

沥青的高温性能。由于多聚磷酸的凝胶化作用，不仅沥青质或胶质等硬质沥青的含量增加，沥青的内部结构也发生了一定程度的变化，导致高温性能的提高，这个结论长期以来已被证明，且有很多应用[79]。高温性能的进一步改善也在一定程度上降低了聚合物含量，因此多聚磷酸在聚合物改性沥青中的应用更有意义，特别是对于 SBS 改性沥青。另外，多聚磷酸在含有 PE、SBR 的其他聚合物改性沥青中也被研究人员使用[80, 81]。虽然已经对一些聚合物改性沥青应用了多聚磷酸，但 EVA/多聚磷酸改性沥青的研究在许多出版物中仍未报道。EVA 作为一种重要的聚合物改性剂，相应地通过加入多聚磷酸的化合物改性也应进一步进行研究。

　　在本书中，多聚磷酸用于进一步改性 EVA 改性沥青，以提高高温性能并确认多聚磷酸的可用性。使用各种流变学测试模式来显示多聚磷酸对短期和长期老化前后 EVA 改性沥青流变行为的影响。采用不同的分析方法，包括形态观察、红外光谱分析和热分析，研究多聚磷酸对未老化或老化的 EVA 改性沥青结构特征的影响。

8.6.2　物理性能

　　基质沥青、EVA 改性沥青、EVA/多聚磷酸改性沥青物理性能如图 8.62 所示[82]。从图中可以看出，通过加入 5%的 EVA，基质沥青 TFOT 老化前后的主要物理性能包括软化点、弹性、黏韧性和韧性都大大提高，尤其是弹性。EVA 对沥青的改性很大程度上取决于 EVA 的结构特点：一方面，沥青轻组分如饱和分和芳香分被 EVA 分子链的乙酸乙烯酯链段吸收，从而使 EVA 在沥青中变得具有弹性和黏结性，导致弹性、延性、黏韧性和韧性得到提高；另一方面，乙烯链段作为分子链的结晶部分增加了沥青的刚度并限制了沥青在高温时的流动性，导致软化点增加。然而，在储存稳定性试验中，EVA 改性沥青的软化差异很大，说明 EVA 与沥青不相容。与 EVA 改性沥青相比，EVA/多聚磷酸改性沥青在老化前后具有较高的软化点和黏韧性以及较低的延性。由于多聚磷酸凝胶效应，沥青的硬组分(沥青质或胶质)增加，这导致样品刚度和黏度的增加，可以通过软化点和黏韧性的增加看出，同时 EVA 在沥青中溶胀也受凝胶限制，所以 EVA 的灵活性稍有下降，通过延性的改变可以确认。

　　EVA/多聚磷酸改性沥青在稳定性试验中微小软化点差异表明多聚磷酸改性后相容性提高了。在 EVA 的乙酸乙烯酯段和 EVA/多聚磷酸改性沥青制备时多聚磷酸释放的氢质子应该发生了酯的水解反应。多聚磷酸在沥青中提供了大量游离氢质子，它们在 EVA/多聚磷酸改性沥青制备时的高温和机械剪切及搅拌下变得十分活跃，氢质子与 EVA 分子链的乙酸乙烯酯充分反应并通过水解反应促使乙酸乙烯酯分解，如图 8.63 所示[82]，最后导致沥青中 EVA 的进一步溶解，从而导致相容性变好。

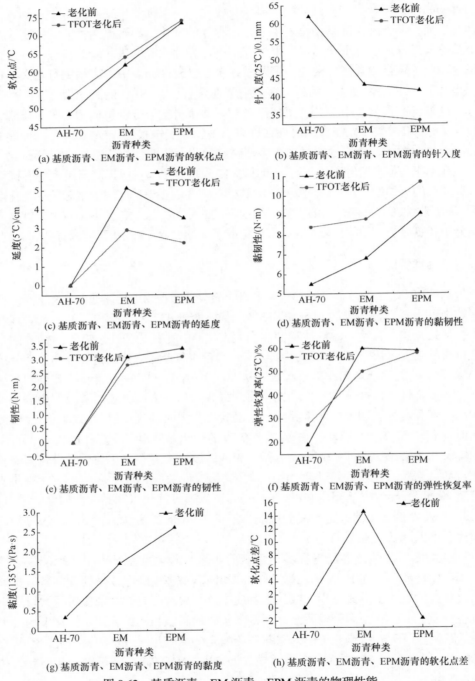

图 8.62 基质沥青、EM 沥青、EPM 沥青的物理性能

AH-70. 基质沥青；EM. EVA 改性沥青(5%EVA)；EPM. EVA/多聚磷酸改性沥青(5%EVA、0.75%多聚磷酸)

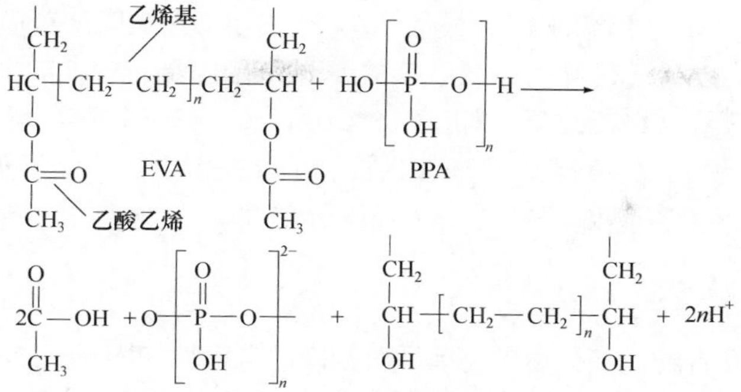

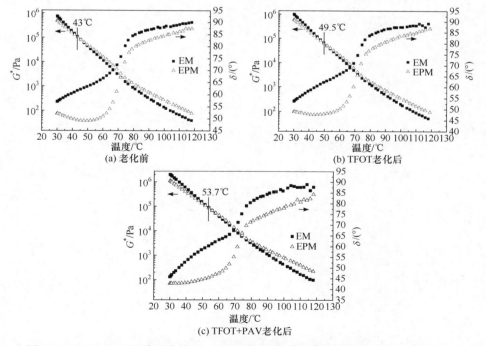

图 8.63　EVA 分子的酸化和水解反应

8.6.3　流变性能

1. 温度扫描

EVA 改性沥青和 EVA/多聚磷酸改性沥青在不同温度下老化前后的流变性能如图 8.64 所示。在老化前，EVA 改性沥青和 EVA/多聚磷酸改性沥青的流变曲线如图 8.64(a)所示[82]，可以看出，EVA/多聚磷酸改性沥青在转换温度(43℃)之后，

(a) 老化前

(b) TFOT老化后

(c) TFOT+PAV老化后

图 8.64　EM、EPM 沥青老化前后 G^* 和 δ 随温度变化的等时图(10rad/s，30～118℃)

EM. EVA 改性沥青(5%EVA)；EPM. EVA/多聚磷酸改性沥青(5%EVA、0.75%多聚磷酸)

整个温度范围内具有更高的 G^* 和较低的 δ，这表明了多聚磷酸凝胶引起的刚度。TFOT 老化后，EVA/多聚磷酸改性沥青在测试范围内具有较低的 δ，而 G^* 的转换温度更高，出现在 49.5℃之后，如图 8.64(b)所示，这表明了聚合物降解的影响。TFOT+PAV 老化后，EVA/多聚磷酸改性沥青的转换温度进一步增加，在 53.7℃，如图 8.64(c)所示，这表明 EVA 进一步加剧分解。

2. 频率扫描

EVA 改性沥青的流变行为老化前后对频率的依赖性如图 8.65 所示[82]。图 8.65(a)中，EVA/多聚磷酸改性沥青对剪切频率更加敏感并在跃迁频率(1.6rad/s)后具有较低的 G^*，EVA/多聚磷酸改性沥青较低的 δ 表明多聚磷酸凝胶的影响。由于多聚磷酸水解导致的 EVA 的部分分解，沥青中 EVA 颗粒的强度和韧性有所下降。TFOT 老化后，EVA/多聚磷酸改性沥青在整个频率范围内具有较低的 G^*，如图 8.65(b)所示，这意味着酸化 EVA 颗粒的强度和韧性在老化后进一步下降。TFOT+PAV 老化后，1rad/s 后 EVA/多聚磷酸改性沥青较低的 G^* 证实了酸化 EVA 的进一步降解。老化后多聚磷酸凝胶导致的沥青刚度的进一步增加可以通过图 8.65(b)和(c)较低的相位角曲线看出。

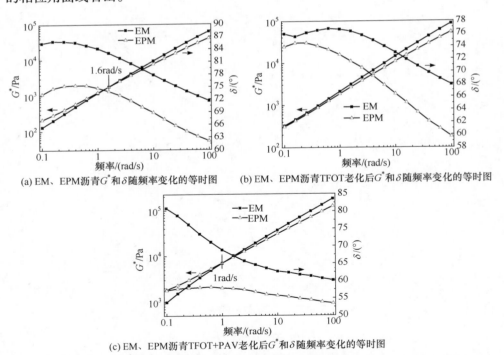

(a) EM、EPM沥青G^*和δ随频率变化的等时图　　(b) EM、EPM沥青TFOT老化后G^*和δ随频率变化的等时图

(c) EM、EPM沥青TFOT+PAV老化后G^*和δ随频率变化的等时图

图 8.65　EM、EPM 沥青老化前后 G^* 和 δ 随频率变化的等时图(0.1～100rad/s，60℃)

EM. EVA 改性沥青(5%EVA)；EPM. EVA/多聚磷酸改性沥青(5%EVA、0.75%多聚磷酸)

3. 重复蠕变

60℃重复蠕变通常用来模拟车辆对路面的加载，它包括 100 个周期，每个周期包括两个阶段：加载阶段(1s, 30Pa)，恢复阶段(9s, 0Pa)。在第 51 个周期的蠕变劲度的黏性成分 G_v 被提出作为一个很好的指标，可用于评估在高温下的抗车辙性能。EVA 改性沥青和 EVA/多聚磷酸改性沥青老化前后的 G_v 比较见表 8.19。可以看出，EVA 改性沥青总是比 EVA/多聚磷酸改性沥青具有更高的 G_v，这意味着 EVA/多聚磷酸改性沥青中的酸化 EVA 对重复加载更加敏感并且 EVA/多聚磷酸改性沥青在车辆碾磨下变软。

表 8.19　EM、EPM 沥青老化前后的 G_v

状态	G_v/Pa	
	EM	EPM
老化前	493.2	278.4
TFOT 老化后	566.5	387.7
TFOT+PAV 老化后	1213.1	873.6

注：EM 表示 EVA 改性沥青(5%EVA)；EPM 表示 EVA/多聚磷酸改性沥青(5%EVA、0.75%多聚磷酸)。

高温流变测试表明，EVA/多聚磷酸改性沥青对动态剪切敏感并且会在老化后变得具有柔性。虽然表 8.19 中的物理测试表明 EVA/多聚磷酸改性沥青具有很好的高温性能，但传统的试验无法证实流变行为的差异，处理具有复杂流变行为的聚合物改性沥青是一个问题。

4. 低温弯曲蠕变

用 BBR 测试的在−20℃下 EVA 改性沥青和 EVA/多聚磷酸改性沥青老化前后的低温蠕变行为如图 8.66 所示[82]。老化前，图 8.66(a)中 EVA/多聚磷酸改性沥青较高的蠕变劲度 S 和较低的蠕变速率 m 表明其抗裂性下降，刚度增加，这与多聚磷酸凝胶化后沥青质含量增加有关。图 8.66(b)和(c)中，EVA/多聚磷酸改性沥青 TFOT 或 TFOT+PAV 老化后较低的 S 和较高的 m 表明 EVA/多聚磷酸改性沥青的老化敏感性，老化的 EVA/多聚磷酸改性沥青变得更具柔性且表现出明显的黏性行为。在老化的影响下，多聚磷酸进一步酸化降解造成 EVA 颗粒部分溶解且变得更微小，导致沥青软化，这在一定程度上提高了 EVA/多聚磷酸改性沥青的低温柔性和抗裂性能。

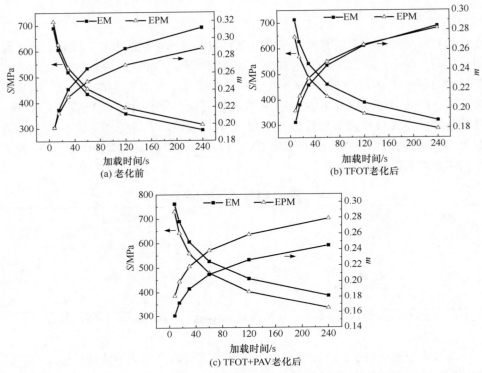

图 8.66　EM、EPM 沥青老化前后在−20℃下的蠕变劲度 S 和蠕变速率 m
随加载时间变化的曲线

EM. EVA 改性沥青(5%EVA)；EPM. EVA/多聚磷酸改性沥青(5%EVA、0.75%多聚磷酸)

8.6.4　结构分析

1. 形貌分析

用光学显微镜进行 EVA 改性沥青和 EVA/多聚磷酸改性沥青老化前后的形貌如图 8.67 所示[82]。老化前，如图 8.67(a)所示，有很多清晰细小的白色 EVA 颗粒分散于沥青中，而在图 8.67(b)中，多聚磷酸凝胶化之后，EVA 颗粒的数量变少且轮廓变得模糊，很明显多聚磷酸的添加促使了 EVA 的分解并提高了与沥青的相容性。TFOT 老化后，如图 8.67(c)所示，沥青中仍有残余的 EVA 颗粒，而对于图 8.67(d)中的 EVA/多聚磷酸改性沥青，EVA 颗粒数量更少且轮廓变得模糊，在老化和酸化的影响下，EVA 颗粒变得更少了。

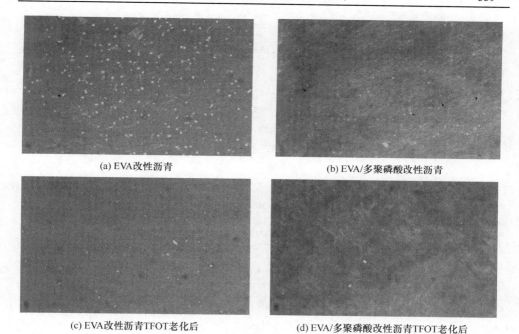

(a) EVA改性沥青　　　　　　　　　　(b) EVA/多聚磷酸改性沥青

(c) EVA改性沥青TFOT老化后　　　　　(d) EVA/多聚磷酸改性沥青TFOT老化后

图 8.67　EVA 改性沥青和 EVA/多聚磷酸改性沥青 TFOT 老化前后在 400 倍
放大下的形貌(光学显微镜)

2. 红外光谱分析

基质沥青、EVA 改性沥青、EVA/多聚磷酸改性沥青的红外光谱图如图 8.68 所示[82]。由于老化前后样品的光谱相似，老化沥青的谱图可以用老化前的进行解释。在图 8.68(a)中，在 $2850\sim2926\text{cm}^{-1}$ 处的强峰是烷基烃 C—H 键的伸缩振动，在

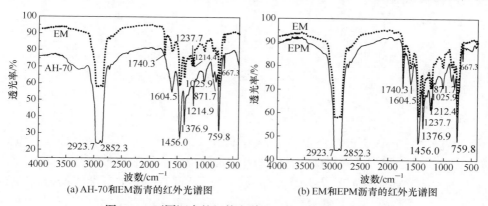

(a) AH-70和EM沥青的红外光谱图　　　　　(b) EM和EPM沥青的红外光谱图

图 8.68　不同沥青的红外光谱图比较(4000~400cm⁻¹)

AH-70. 基质沥青；EM. EVA 改性沥青(5%EVA)；EPM. EVA/多聚磷酸改性沥青(5%EVA、0.75%多聚磷酸)

1604.5cm⁻¹ 处的峰值是由于芳香分 C≡C 键的伸缩振动，在 1456.0cm⁻¹ 处的峰是 CH₂ 和 CH₃ 上 C—H 的非对称振动，而在 1376.9cm⁻¹ 处的峰是 CH₃ 上 C—H 的对称振动。1214.9cm⁻¹ 处的峰为(CH₃)₃C—R 的框架振动。亚砜官能团上 S≡O 伸缩振动对应于 1025.9cm⁻¹ 处的峰。芳香环上典型的 C—H 振动位于 667.3~871.7cm⁻¹ 处。EVA 改性沥青的新峰值位于 1740.3cm⁻¹ 和 1237.7cm⁻¹ 处，1740.3cm⁻¹ 是羰基官能团 C≡O 的伸缩振动，在 1237.7cm⁻¹ 处的峰对应于乙酸乙烯酯基团—CO—OR 的伸缩振动。C≡O 含量在多聚磷酸改性或老化前后的含量应该很稳定。

3. 热分析

热分析通常用于研究聚合物改性沥青的结构特点。为了研究 EVA 对 EVA 改性沥青热行为的影响，EVA 的 TG、DTG 和 DSC 曲线如图 8.69 所示[82]。可以看出，在 DSC 曲线中有四个吸热峰，而这些峰可以分为两个小峰(峰 1 和峰 2)和两个主峰(峰 3 和峰 4)，两个小峰分别出现在 100℃(峰 1)和 250~380℃(峰 2)，主峰分别出现在 400~500℃(峰 3)和 500~750℃(峰 4)。峰 1 对应于 EVA 颗粒中溶剂的挥发，峰 2 是由 EVA 分子的低熔点和沸点导致的乙酸乙烯酯链段的分解和挥发产生的，峰 2 也可对应地从 TG 曲线突然的质量损失和 DTG 曲线在 250~380℃ 的小峰看出。峰 3 对应于 TG 和 DTG 曲线的主要质量损失阶段，这与乙烯段的分解有关。峰 4 是由分子链的残余乙烯和乙酸乙烯酯的进一步分解和挥发导致的。

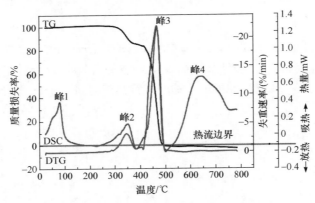

图 8.69　EVA 的 TG、DTG、DSC 曲线

基质沥青、EVA 改性沥青和 EVA/多聚磷酸改性沥青的热动力学曲线，包括 TFOT 老化前后的 TG、DTG、DSC 曲线，如图 8.70 和图 8.71 所示[82]。老化前，基质沥青、EVA 改性沥青、EVA/多聚磷酸改性沥青的 TG 和 DTG 曲线如图 8.70(a) 和(b)所示，可以看出，主要的质量损失峰出现在 400~500℃，这可以归因于沥青轻组分，如饱和分和芳香分的挥发及 EVA 的分解。DSC 曲线如图 8.70(c)所示，

曲线上出现的能量峰面积用切线法进行计算，结果见表 8.20。EVA 改性沥青峰 2
的特性无法在基质沥青的曲线中找到，但与图 8.69 中 EVA 的峰 4 有很强的相关
性。多聚磷酸改性后，EVA/多聚磷酸改性沥青的峰变得更宽，面积也更大，说明
构成更加复杂，分子量分布更分散。然而，EVA 改性沥青原来的特征峰 2 在几乎
同样温度范围内变为 EVA 改性沥青中只有一个放热峰，而且峰形状(下边界)仍然
与 EVA 改性沥青类似，这意味着多聚磷酸改性后的残余 EVA 变得更少，且多聚
磷酸通过水解反应促使 EVA 分解。

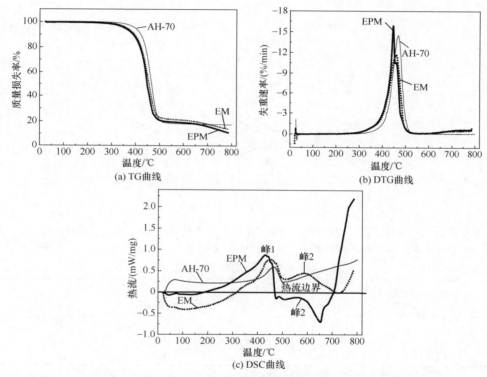

图 8.70　基质沥青、EM 沥青、EPM 沥青的 TG、DTG、DSC 曲线

AH-70. 基质沥青；EM. EVA 改性沥青(5%EVA)；EPM. EVA/多聚磷酸改性沥青(5%EVA、0.75%多聚磷酸)

　　TFOT 老化后，基质沥青、EVA 改性沥青、EVA/多聚磷酸改性沥青的主要质
量损失仍然可以分别通过图 8.71(a)和(b)的 TG 曲线的突然下降和 DTG 曲线的主
峰观察得到。在图 8.71(c)中，EVA 改性沥青和 EVA/多聚磷酸改性沥青的曲线大
多变为吸热的，并且在基质沥青之上，计算峰面积见表 8.20。EVA/多聚磷酸改性
沥青峰 1 面积进一步增大表明老化后分子量分布更加分散，组成更加复杂。这与
进一步加剧的胶凝结构有关，然而相较于 EVA 改性沥青较小的峰 2 同样再次表
明，酸溶解的结果残留了较少的 EVA。

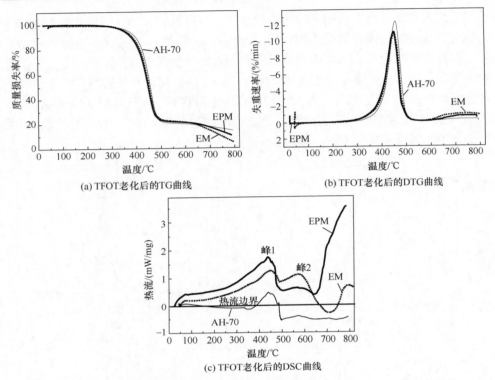

图 8.71　基质沥青、EM 沥青、EPM 沥青 TFOT 老化后的 TG、DTG、DSC 曲线

AH-70. 基质沥青；EM. EVA 改性沥青(5%EVA)；EPM. EVA/多聚磷酸改性沥青(5%EVA、0.75%多聚磷酸)

表 8.20　沥青吸热峰面积的计算结果

沥青种类	峰 1	峰 2	TFOT 老化后	
			峰 1	峰 2
AH-70	27.9	—	70.8	10.1
EM	32.9	27.7	24.2	18.6
EPM	139.6	25.0	156.4	14.7

注：AH-70 表示基质沥青；EM 表示 EVA 改性沥青(5%EVA)；EPM 表示 EVA/多聚磷酸改性沥青(5%EVA、0.75%多聚磷酸)。

8.7　多聚磷酸在高黏度改性沥青中的应用

8.7.1　概述

高黏度改性沥青作为排水沥青路面的沥青受到越来越多的关注。由于高黏度改性沥青具有完美的高温性能、黏结性、抗变形性，也可广泛应用于桥梁的路面、水泥路面、旧的路面重建等许多路面施工中。然而，高黏度改性沥青的应用在很大程度上仍然受到高昂成本的限制。SBS 作为高黏度改性沥青的主要改性剂被过度使用，通常 SBS 的含量为沥青质量的 8%～10%。此外，SBS 价格的快速增长使近年来高黏度改性沥青的成本进一步增加。因此如何降低高黏度改性沥青的成本并保持其主要性能已成为沥青研究的首要问题[83]。

多聚磷酸作为一种经常用于沥青改性的附加改性剂。它的添加使沥青凝胶化，并大大降低了温度敏感性。沥青质和胶质在硬沥青中的含量不仅增加，而且沥青质或胶质的分子结构发生相应变化。因为多聚磷酸的凝胶化作用，它经常用于改进聚合物改性沥青的性能[84-86]。在聚合物改性沥青中适量添加多聚磷酸可以进一步提高高温性能和黏附性、降低温度敏感性，并且对其他物理性能没有负面影响。因此，多聚磷酸通常用于不同聚合物改性沥青的进一步改性，尤其适用于 SBS 或 SBR 改性沥青[51,70]。然而，高黏度改性沥青作为 SBS 含量较高的聚合物改性沥青，其相应的对于加入多聚磷酸的应用尚未得到实施。

在之前的研究中，在剪切和搅拌条件下，通过添加 SBS、糠醛抽出油、硫磺，制备了高黏度改性沥青[35]。高黏度改性沥青具有良好的物理性能，可以达到相应的标准。对其流变性能和结构特征也已经进行了详细研究。然而，高黏度改性沥青中的 SBS 含量为 6%，相比之下较高。为了进一步降低 SBS 含量，确定高黏度改性沥青中加入多聚磷酸的可用性，采用多聚磷酸进一步制备高黏度改性沥青，对高黏度改性沥青的技术条件、物理和流变性能进行了明确的研究，使用了形态观察、红外光谱分析和热分析等不同的分析方法来研究高黏度改性沥青老化前后的结构特征。

8.7.2　样品的制备

在高黏度改性沥青比例的基础上，加入 0.5%的多聚磷酸进一步改性性能并降低 SBS 含量。为了优化多聚磷酸样品的配合比和制备，设计了三种工艺和四种样品配合比。图 8.72 显示了制备工艺与样品的对应关系，各样品的比例见表 8.21[87]。采用高速剪切机和机械混合机分别对试样进行剪切和搅拌，制备温度保持在 180～190℃。

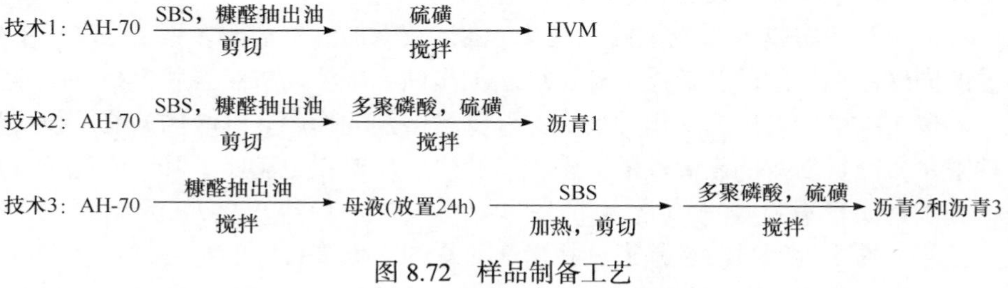

技术1：AH-70 ——SBS，糠醛抽出油 剪切——→ ——硫磺 搅拌——→ HVM

技术2：AH-70 ——SBS，糠醛抽出油 剪切——→ ——多聚磷酸，硫磺 搅拌——→ 沥青1

技术3：AH-70 ——糠醛抽出油 搅拌——→ 母液(放置24h) ——SBS 加热，剪切——→ ——多聚磷酸，硫磺 搅拌——→ 沥青2和沥青3

图 8.72　样品制备工艺

表 8.21　改性沥青的配合比

改性剂	改性剂含量/%			
	高黏度改性沥青	沥青 1	沥青 2	沥青 3
SBS	6	4	4	5
糠醛抽出油	4	4	4	4
硫磺	0.2	0.2	0.2	0.2
多聚磷酸	0	0.5	0.5	0.5

注：沥青 1 表示 1# SBS/糠醛抽出油/多聚磷酸/硫磺复合改性沥青；沥青 2 表示 2# SBS/糠醛抽出油/多聚磷酸/硫磺复合改性沥青；沥青 3 表示 3# SBS/糠醛抽出油/多聚磷酸/硫磺复合改性沥青。

通过技术 1 制备高黏度改性沥青：将 SBS 和糠醛抽出油加入熔融沥青，并将复合物在 5000r/min 下剪切 1h，随后加入硫磺复合搅拌 2h。

通过技术 2 制备沥青 1：将 SBS 和糠醛抽出油加入熔融沥青，并将复合物在 5000r/min 下剪切 1h，随后加入硫磺和多聚磷酸，搅拌 2h。

通过技术 3 制备沥青 2 和沥青 3：将糠醛抽出油加入熔融沥青，搅拌 1h，在室温下放置 24h 后，得到的化合物被称为母液。将母液再次加热，完全熔化，加入 SBS，在 5000r/min 下剪切 1h，再加入硫磺和多聚磷酸，搅拌 2h。

8.7.3　物理性能

高黏度改性沥青和多聚磷酸改性沥青的物理性能如图 8.73 所示[87]。对于比例相同的沥青 1 和沥青 2，沥青 2 具有较好的高温性能和低温性能，如软化点、老化前的动力黏度和老化后的延性和柔性，这意味着在技术 2 中多聚磷酸和糠醛抽出油的冲突效应可以通过技术 3 沥青的糠醛抽出油预混合避免，SBS 可以在母液中充分溶胀，从而提高延性和柔性。经过长时间的放置，母液稳定，不仅为 SBS 的溶胀提供足够的轻组分，而且在相同的剪切和搅拌过程中，使 SBS 在沥青中完全分散。已经证明，在动力黏度测试中沥青和毛细管的黏合力在很大程度上取决于沥青中 SBS 的轮廓和尺寸，更细的颗粒尺寸和丝状聚合物形态通常导致更强的黏附力和较高的动力黏度。

然而，对于由技术 2 制造的沥青 1，上述较低的性能表明多聚磷酸和糠醛抽出油的同时添加导致冲突效应。由于糠醛抽出油和轻质沥青组合物类似的化学组成，多聚磷酸可能与糠醛抽出油反应并降低增塑剂的作用。SBS 的溶胀不仅受到这种限制，而且沥青的高温性能受多聚磷酸进一步改性也有所下降。因此，采用技术 2 制备沥青不合适。

虽然沥青 2 的明显改性是通过技术 3 获得的，但沥青 2 的主要物理性能包括软化点、动力黏度、黏韧性和韧性，弹性恢复率仍然无法与高黏度改性沥青相比。

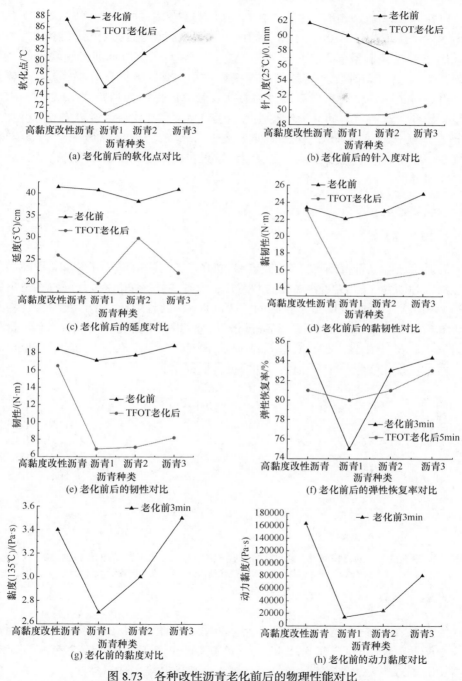

图 8.73　各种改性沥青老化前后的物理性能对比

沥青 1. 1# SBS/糠醛抽出油/多聚磷酸/硫磺复合改性沥青；沥青 2. 2# SBS/糠醛抽出油/多聚磷酸/硫磺复合改性沥青；沥青 3. 3# SBS/糠醛抽出油/多聚磷酸/硫磺复合改性沥青

这可以在一定程度上归因于在沥青 2 中 SBS 含量较低。这些性能的进一步改进在很大程度上仍取决于 SBS 的含量，因此也需要通过将 SBS 含量增加到 5%并同时采用技术 3 来制备沥青。可以看出，沥青 3 和高黏度改性沥青的软化点、弹性恢复率、黏韧性和韧性、延展性和柔韧性在动力黏度方面没有明显差异。对于高黏度改性沥青，老化后较高的动力黏度及较高的黏韧性和韧性仍取决于 SBS 含量，因此对这些性能的进一步改性仍不能被多聚磷酸代替，多聚磷酸的主要作用仍是增加老化前后软化点。即使如此，沥青 3 的动力黏度仍然远远超过 $2 \times 10^4 Pa \cdot s$。因此，通过采用技术 3，多聚磷酸在高黏度改性沥青中的合适添加仍然是建设性的。

8.7.4　流变性能

1. 温度扫描

高黏度改性沥青及沥青 3 的流变特性如图 8.74 所示[87]，图 8.74(a)中高黏度改性沥青和沥青 3 的 G^*随着温度的升高几乎没有差异。高黏度改性沥青相位角曲线的最小值和急转折表明由于较高的 SBS 含量，沥青中有一个连续的聚合物网络。图 8.74(b)中 TFOT 老化后，高黏度改性沥青相位角曲线的最小值和急转折几乎消失了，表明聚合物网络被严重破坏。沥青 3 在全温度范围内的较低相位角曲线显示了凝胶化效应，40℃后的高 G^*值也可以证实。

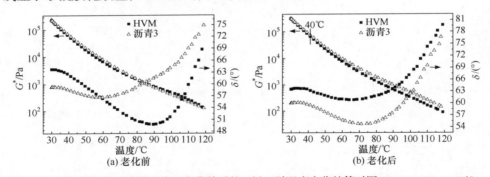

图 8.74　高黏度改性沥青和沥青 3 老化前后的 G^*和 δ 随温度变化的等时图(10rad/s，30～118℃)

HVM. 高黏度改性沥青；沥青 3.3# SBS/糠醛抽出油/多聚磷酸/硫磺复合改性沥青

2. 频率扫描

流变行为对频率的依赖性如图 8.75 所示[87]。在图 8.75(a)中，高黏度改性沥青相较于沥青 3 较低的 G^*(在 0.25rad/s 之后)和较高的相位角(10rad/s 之前)表明对动态剪切的敏感性，并且高黏度改性沥青随着频率的升高表现出黏性流变行为。在图 8.75(b)TFOT 老化后，高黏度改性沥青的黏性行为愈发明显，可以通过整个频率范围内较高的相位角曲线和较低的 G^* 表现出来。

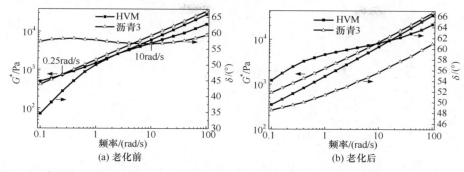

图 8.75　高黏度改性沥青和沥青 3 老化前后的 G^* 和 δ 随频率变化的等时图(0.1～100rad/s，60℃)

HVM：高黏度改性沥青；沥青 3：3# SBS/糠醛抽出油/多聚磷酸/硫磺复合改性沥青

3. 重复蠕变

60℃重复蠕变通常用来模拟路面上的车辆荷载，它是由 100 个周期组成的，每个周期包括两个阶段：加载阶段(1s，30Pa)，恢复阶段(9s，0Pa)。在第 51 个周期的蠕变劲度的黏性成分 G_v 被认为是评价样品在高温时抗车辙性能的很好的一个指标。高黏度改性沥青和沥青 3 的 G_v 见表 8.22[87]，高黏度改性沥青老化前后较低的 G_v 证明了对动态剪切的敏感性。

表 8.22　改性沥青老化前后的 G_v

状态	G_v/Pa	
	高黏度改性沥青	沥青 3
老化前	164.4	293.5
TFOT 老化后	182.0	326.9
TFOT+PAV 老化后	394.2	425.9

动态剪切试验表明，高黏度改性沥青对动态剪切敏感，而沥青 3 拥有更好的高温抗车辙性能。多聚磷酸的加入提高了高温流变性能，降低了动态剪切敏感性。

4. 低温流变行为

高黏度改性沥青及沥青 3 老化前后的低温流变行为采用 BBR 在–20℃下进行测试，如图 8.76 所示[87]。可以看出，沥青 3 老化前后在整个范围内具有较高的蠕变劲度 S 和较低的蠕变速率 m，这意味着沥青 3 具有更好的低温抗裂性。这可以归因于多聚磷酸的凝胶化效应。适当的凝胶化限制了 SBS 在沥青中的溶胀，使

SBS 粒子更具弹性，从而提高了低温柔韧性。

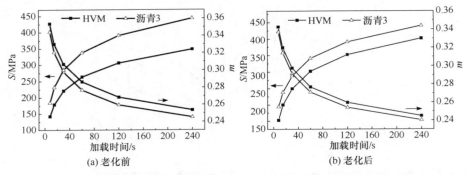

图 8.76　高黏度改性沥青和沥青 3 老化前后在-20℃的蠕变劲度 S 和
蠕变速率 m 随加载时间的曲线

HVM. 高黏度改性沥青；沥青 3.3# SBS/糠醛抽出油/多聚磷酸/硫磺复合改性沥青

8.7.5　结构分析

1. 形貌分析

高黏度改性沥青及沥青 3 中老化前后聚合物的分布使用光学显微镜进行观察，如图 8.77 和图 8.78 所示[87]。在图 8.77(a)中，密集的丝状聚合物分散于高黏

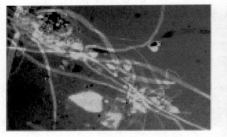
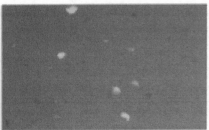

(a) 高黏度改性沥青

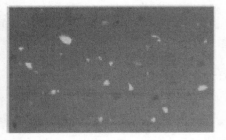

(b) 沥青3

图 8.77　高黏度改性沥青和沥青 3 在 400 倍放大下的形貌(光学显微镜)

(a) 高黏度改性沥青

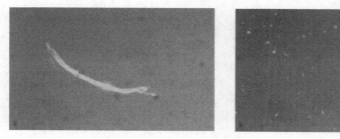

(b) 沥青 3

图 8.78　高黏度改性沥青和沥青 3 老化后在 400 倍放大下的形貌(光学显微镜)

度改性沥青中。硫化后，SBS 的轮廓发生了很大的变化，从粗颗粒到丝状，并且由于较高的 SBS 含量，大量的丝状聚合物缠结在一起，形成一个密集的网络。此外，图 8.77(b)中还有很多未硫化的 SBS 颗粒分散在沥青某处。对于沥青 3，仍然可在沥青中发现丝状和粒状聚合物，如图 8.77(c)和(d)所示，由于 SBS 含量较低，图 8.77(c)中硫化聚合物网络的密度下降。

　　TFOT 老化后，分别观察了许多样品之后，仍然可以在高黏度改性沥青和沥青 3 中发现残留的丝状或颗粒状 SBS 的轮廓，如图 8.78(a)、(b)所示。与老化前相比，SBS 网络的数量和密度都大幅度下降，说明交联聚合物网络很大程度上已在沥青中降解和溶解。在观察了数量众多的样品之后，还是很难找到高黏度改性沥青及沥青 3 形貌的明显差异。

2. 红外光谱分析

　　基质沥青、高黏度改性沥青和沥青 3 的红外光谱图如图 8.79 所示[87]。由于未老化和老化样品的相似性，老化样品的光谱也可以由未老化的说明。在 $2851 \sim 2929cm^{-1}$ 处的强峰是脂肪族烃上 C—H 的伸缩振动。在 $1603cm^{-1}$ 处的峰是芳环 C=C 的伸缩振动。在 $1452.2cm^{-1}$ 处的峰是亚甲基 CH_2 和甲基 CH_3 上的非对称变形，而 $1379.1cm^{-1}$ 处的峰是 CH_3 的对称变形。在 $1214cm^{-1}$ 处的峰可以归因于 $(CH_3)_3C$—R 的结构振动。在 $1030.1cm^{-1}$ 处的峰是由于 S=O 的伸缩振动。$664 \sim$

865.8cm^{-1} 的小峰是芳香环 C—H 的伸缩振动。与基质沥青相比，高黏度改性沥青和沥青 3 在 966.7cm^{-1} 处的新的特征峰对应于丁二烯上 C—H 的弯曲振动，而在高黏度改性沥青和沥青 3 中没有发现新的峰。

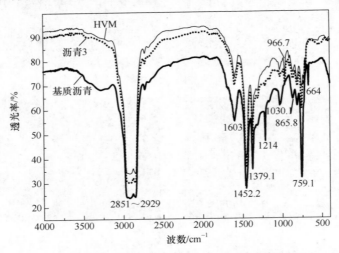

图 8.79 基质沥青、高黏度改性沥青和沥青 3 的红外光谱图(4000～400cm^{-1})

HVM. 高黏度改性沥青；沥青 3.3# SBS/糠醛抽出油/多聚磷酸/硫磺复合改性沥青

为了研究老化对高黏度改性沥青和沥青 3 光谱的影响，用方程式(8.5)进一步评估沥青中的 SBS 含量，计算结果见表 8.23[87]。

$$I_{CH=CH} = \frac{以966.2cm^{-1}为中心的周围乙烯带面积}{2855cm^{-1}和2939cm^{-1}之间的谱图面积之和} \tag{8.5}$$

表 8.23 改性沥青老化前后的 $I_{CH=CH}$

状态	$I_{CH=CH}$	
	高黏度改性沥青	沥青 3
老化前	0.0129	0.008
老化后	0.0119	0.006

可以看出由于较低的 SBS 含量，沥青 3 的 $I_{CH=CH}$ 比高黏度改性沥青小，两种沥青老化后 $I_{CH=CH}$ 的降低表明 SBS 严重分解。

3. 热分析

热分析通常用来研究沥青的结构特征。老化前后的高黏度改性沥青及沥青 3 热力学曲线如图 8.80 所示[87]。老化前，从图 8.80(a)和(b)可以看出，TG 曲线中出现的主要质量损失阶段集中在 350~500℃，这也由 DSC 和 DTG 曲线相应的主要峰证实了。在这个阶段的损失可以归因于 SBS 的分解和沥青轻组分以及糠醛抽出油的挥发。老化后，主要的质量损失仍然出现在相同的温度范围，由图 8.80(c)和(d)中 TG、DTG 和 DSC 曲线主峰确认，这时的损失可以归因于残余 SBS 或沥青硬组分如沥青质的进一步分解和沥青轻组分的进一步挥发。

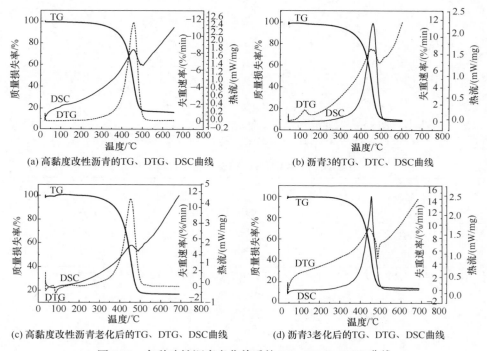

(a) 高黏度改性沥青的TG、DTG、DSC曲线　　　　(b) 沥青3的TG、DTC、DSC曲线

(c) 高黏度改性沥青老化后的TG、DTG、DSC曲线　　(d) 沥青3老化后的TG、DTG、DSC曲线

图 8.80　各种改性沥青老化前后的 TG、DTG、DSC 曲线

　　为了研究高黏度改性沥青及沥青 3 的结构特性，使用切线计算了 DSC 曲线的峰面积，如图 8.81(a)和(b)所示，计算结果见表 8.24。可以看出，高黏度改性沥青老化前拥有较高的峰面积，这是因为高黏度改性沥青有更高的 SBS 含量，而且更多的 SBS 颗粒在这个阶段降解，导致更多的能量消耗。老化后，高黏度改性沥青的峰面积较老化前下降，这表明很大部分 SBS 分解，从而有更少的 SBS 残余下来，能量消耗进一步减少，SBS 的分解在老化中起主要作用。然而，对于沥青 3，老化后峰面积明显增加，且比高黏度改性沥青高得多，这意味着有很大的能量消耗，且老化后沥青组分更为复杂，分子量的分布也越来越广。这在一定程度上归因于多聚磷酸凝胶化效应。多聚磷酸的添加促进了沥青的结构变化，增加了沥青硬组分如沥青质和胶质。除了老化的影响外，SBS 不仅部分降解，并溶解于沥青中，而且沥青硬组分进一步增加。与高黏度改性沥青相比，SBS 降解不再起主导

作用，而复杂的沥青组分和分布导致长期能源消耗过程。因此，高黏度改性沥青对老化的敏感性在很大程度上是通过多聚磷酸的添加而得到抑制。

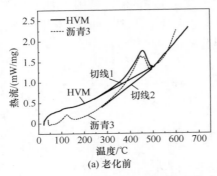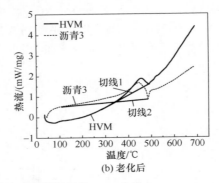

图 8.81　高黏度改性沥青和沥青 3 老化前后的 DSC 曲线

HVM. 高黏度改性沥青；沥青 3. 3# SBS/糠醛抽出油/多聚磷酸/硫磺复合改性沥青

表 8.24　改性沥青 TFOT 老化前后的峰面积

状态	峰面积	
	HVM	沥青 3
老化前	43.5	36.2
TFOT 老化后	35.5	101.6

注：HVM 表示高黏度改性沥青；沥青 3 表示 3# SBS/糠醛抽出油/多聚磷酸/硫磺复合改性沥青。

8.8　本章小结

本章研究表明，多聚磷酸能够明显改善 SBS 改性沥青的高温性能，但对 SBS 改性沥青的储存稳定性会产生负面影响。沥青的凝胶化增大了 SBS 和沥青在分子量上的差异，使得 SBS 改性沥青的离析现象加重。硫磺能够明显改善 SBS 改性沥青的储存稳定性和老化前的高温性能，促进 SBS 与沥青的相容性。但由于化学交联作用所形成的聚合物网络结构对热氧老化非常敏感，在短期和长期热氧老化的影响下很容易发生降解，改善的高温性能基本消失，特别是对于 SBS1301/硫磺改性沥青。

为了提高沥青路面的性能，研究了在基质沥青中添加多聚磷酸、SBR、硫磺后的物理性能和流变性能。由于沥青结构从溶胶向凝胶的转变，多聚磷酸可以提高沥青的高温物理和流变性能，但是会对低温延性产生不利影响。在多聚磷酸改性沥青中加入 SBR 能显著提高低温延性，然而会在一定程度上影响沥青的动态流变性能，这主要与 SBR 橡胶的柔软特性相关。在多聚磷酸/SBR 改性沥青中加入硫磺可以改善高温流变性能,并且通过动态硫化提高了沥青与聚合物的相容性,而这只会对热稳定性产生微小的影响。相同硫含量的多聚磷酸/SBR/硫磺改性沥青表现出相似的流变行为。在沥青中加入合适比例的多聚磷酸、SBR、硫磺可以全面改善 SBR 复合改性沥青的性能。

SEBS 改性沥青中多聚磷酸的适度胶凝改善了 4%SEBS 改性沥青老化前后的主要物理性能,且没有负面影响。高低温流变性能也因为适度的凝胶化得到改进,且改进的性能随进一步老化而越来越明显。物理性能和流变性能测试结果表明,0.8%的多聚磷酸在改性时可以取代 2%的 SEBS。形貌分析显示由于多聚磷酸凝胶作用导致严重 SEBS。红外光谱分析显示了老化前后官能团的特征。热分析显示了 SEBS 和多聚磷酸对热力学行为及沥青老化前后结构特性的影响。热分析表明,SEBS 随着温度的升高,消耗的能量增加,而多聚磷酸改变了 SEBS 改性沥青在主要质量损失阶段的能量转移,导致在高温下的质量损失和能量释放。老化和多聚磷酸凝胶都会使沥青硬组分含量增加,导致进一步分解和质量损失。

加入 SIS 可显著改善基质沥青的物理性能。适当添加多聚磷酸可以在一定程度上改善 4%SIS 改性沥青的高温性能和低温性能,且不会产生负面影响,并降低沥青中的 SIS 含量。SIS/多聚磷酸改性沥青中,硫磺的应用进一步改善了沥青的物理性能,尤其是储存稳定性。不同的流变试验证实了多聚磷酸和硫磺对 4%SIS 改性沥青的高温性能和低温性能的影响,包括老化对不同改性沥青结构特性的影响。在 4%SIS 改性沥青中添加多聚磷酸和硫磺,全面改善了 4%SIS 改性沥青的性能,且降低了沥青中 SIS 的含量。形貌观察表明,老化和硫化提高了 SIS 与沥青的相容性,然而多聚磷酸会导致相反的效果。红外光谱分析同样表明了改性沥青的结构特征。热分析进一步显示了多聚磷酸和硫磺对 4%SIS 改性沥青的热力学行为和成分的影响。

多聚磷酸的添加提高了 EVA 改性沥青老化前后的高温物理性能,并使 EVA 与沥青的相容性好,因为在样品制备过程中乙酸乙烯酯段与多聚磷酸发生了水解反应。多聚磷酸可以提供更多的活性氢质子与 EVA 分子的乙酸乙烯酯段反应,促使 EVA 在沥青中的部分溶解。流变学试验表明,多聚磷酸凝胶化和水解反应分别对 EVA 改性沥青的流变性能有影响。不仅使 EVA/多聚磷酸改性沥青在老化前具有刚性,而且具有柔性,并在老化后表现出明显的黏性行为,这是由于在老化和酸化的双重作用下,EVA 分解加剧。形态学观察表明,多聚磷酸改性和老化后沥青中 EVA 部分溶解。傅里叶变换红外光谱分析证实了多聚磷酸酸化下的乙酸乙烯酯的水解反应。热分析同样显示了多聚磷酸对 EVA 改性沥青热力学行为的影响,并进一步证明了多聚磷酸改性后 EVA 的分解。

预先混合糠醛抽出油和沥青母液对于避免多聚磷酸和糠醛抽出油的冲突效应是很有必要的,对于 SBS 在沥青中的溶胀和分散非常有帮助。制备母液时使用多聚磷酸能进一步提高最少 SBS 含量下的高黏度改性沥青的软化点，然而高黏度改性沥青的动力黏度、黏韧性和韧性仍在很大程度上取决于 SBS 的含量。流变性能测试表明，通过适当的多聚磷酸凝胶化可进一步提高高黏度改性沥青的流变行为。形貌分析表明，硫化后形成了交联的聚合物网络，并证实了老化后聚合物的分解。红外光谱分析表明，老化对不同 SBS 含量高黏度改性沥青的影响。热分析表明，多聚磷酸的添加通过改变沥青的组成和分子的分布大大降低了高黏度改性沥青的老化敏感性。

第9章　湿热地区路用聚合物复合改性沥青

9.1　南方湿热地区路用沥青技术特点

我国南方各省广泛使用沥青路面，各省具有典型的高温多雨气候特点。以福建省作为湿热地区的典型代表，其年平均气温为 18.7~24℃，年平均最高气温在 25℃左右，年平均最低气温在 17℃左右，年极端最高气温在 36℃左右，年极端最低气温在−8℃左右；累年各月气温(累年各月平均气温、累年各月平均最高气温和累年各月平均最低气温)和累年各月极端气温(累年各月极端最高气温和累年各月极端最低气温)呈现先增加后减小的变化趋势，即这些气温的极大值一般出现在 7月、8月；福建省降雨较多并且主要集中在春夏两季，与气温较高月份基本一致，属于典型的湿热地区，具有雨热同季的气候特性。同时，年太阳辐射量比较大，月太阳辐射量较高的季节多为夏季，冬季太阳辐射量相对较小。

综合来看，福建省高温、多雨和太阳辐射量较大的季节为夏季，加之山区长大纵坡的恶劣环境以及越来越多的超重载现象，组成了湿热地区沥青路面的环境场，这种不良的外界环境使得湿热地区的沥青路面更易发生车辙、水损害、老化等过早破坏现象。湿热地区沥青路面面层结构的温度最高值能达到 65℃，有时甚至更高，目前福建省沥青路面的结构主要病害是裂缝、水损害、车辙、坑槽、松散等。这些病害主要与沥青的高温性能、低温性能、疲劳性能、抗水损害性能及抗老化性能等五个方面相关，具体如下：

(1) 沥青路面的开裂与沥青的稠度(针入度)、黏度、低温性能和温度敏感性相关。

(2) 沥青路面车辙变形与沥青的针入度、软化点、动力黏度、模量、相位角相关。

(3) 沥青路面的水损害与沥青的黏度相关。

(4) 沥青路面的松散、坑槽等病害与沥青的黏度和抗老化性能相关。

基于以上可以看到，湿热地区的改性沥青评价应主要针对其高温性能、低温性能、温度敏感性、抗老化性、抗疲劳性、抗水损害性能及改性效果等方面，对于湿热地区尤其应重视高黏、抗老化、黏附性强的改性沥青研究。

9.2　不同改性沥青性能对比评价

依据以上南方湿热地区改性沥青的技术特点，为了解和揭示不同改性沥青性能的适用性，选取前面已试验研究的典型改性沥青进行性能测试结果的对比分析。具体包括：掺量 3%的 SBS 改性沥青、掺量 15%的 60 目胶粉改性沥青、掺量 15%的 60 目胶粉+3%的 SBS 复合改性沥青、掺量 18%硅藻土改性沥青、掺量 30%的 TLA 改性沥青。

9.2.1　改性沥青常规性能比较

选择的各类改性沥青常规技术指标比较见表 9.1。

表 9.1　各类改性沥青常规技术指标

技术指标	沥青类型					
	基质沥青	SBS 改性沥青	60 目胶粉改性沥青	胶粉+SBS 复合改性沥青	硅藻土改性沥青	TLA 改性沥青
25℃针入度/0.1mm	53.4	31.1	45.3	41.5	32.4	37.8
软化点/℃	49.8	78	61.3	79.5	51.4	54.5
5℃延度/cm	3.5	9.4	10.2	20	4	20.3(15℃)
25℃弹性恢复率/%	18.5	83	87.5	92	—	—
175℃布氏黏度/(Pa·s)	0.11	1.2	1.06	2.4	0.15	0.14
60℃动力黏度/(Pa·s)	—	3594.9	2389.7	3336.5	—	—
黏韧性/(N·m)	—	17.55	10.5	22.4	—	—
韧性/(N·m)	—	10	2.4	10.5	—	—
残留针入度比(TFOT)/%	65	71.6	70.4	85.8	88.6	73.3

由表 9.1 中的试验数据比较可以发现：

(1) 研究的五类改性沥青的针入度都比基质沥青小，即五类改性剂的添加都在一定程度上提高了沥青的抗剪切性能，其中对于针入度反映的抗剪切性能，依次排序为：SBS 改性沥青>硅藻土改性沥青>TLA 改性沥青>胶粉+SBS 改性沥青>60 目胶粉改性沥青。

(2) 研究的五类改性沥青的软化点都比基质沥青大，即五类改性剂的添加都在一定程度上提高了沥青软化时的温度。软化点依次排序为：胶粉+SBS 复合改性沥青>SBS 改性沥青>60 目胶粉改性沥青>TLA 改性沥青>硅藻土改性沥青。

(3) 研究的四类改性沥青(除去 TLA 改性沥青)的延度都比基质沥青大，即四类改性剂的添加都在一定程度上提高了沥青在拉伸力作用下的抵抗变形能力。湖沥青硬质成分含量较多，沥青较脆，因此加入基质沥青后使沥青的脆性加大，5℃延度值较小，几乎为 0。其他四类改性沥青 5℃延度大小排序为：胶粉+SBS 复合改性沥青>60 目胶粉改性沥青>SBS 改性沥青>硅藻土改性沥青。

(4) 研究的五类改性沥青的 175℃布氏黏度都比基质沥青大，即五类改性剂的添加都在一定程度上提高了沥青的黏度。175℃黏度大小排序为：胶粉+SBS 复合改性沥青>SBS 改性沥青>60 目胶粉改性沥青>硅藻土改性沥青>TLA 改性沥青。

(5) 研究的五类改性沥青的残留针入度比都比基质沥青大，即五类改性剂的添加都在一定程度上提高了沥青的抗老化能力。残留针入度比反映的抗老化能力大小排序为：硅藻土改性沥青>胶粉+SBS 复合改性沥青>TLA 改性沥青>SBS 改性沥青>60 目胶粉改性沥青。

(6) 对于针对改性沥青的弹性恢复率、黏韧性、韧性及动力黏度等新指标，湖沥青和硅藻土改性沥青对上述指标几乎没有起到改善作用，因此在此不再对比这两类改性沥青的上述性能。其他三类改性沥青弹性恢复率大小排序为：胶粉+SBS 复合改性沥青>60 目胶粉改性沥青>SBS 改性沥青；黏韧性大小排序为：胶粉+SBS 复合改性沥青>SBS 改性沥青>60 目胶粉改性沥青；韧性大小排序为：胶粉+SBS 复合改性沥青>SBS 改性沥青>60 目胶粉改性沥青；动力黏度大小排序为：胶粉+SBS 复合改性沥青>SBS 改性沥青>60 目胶粉改性沥青。

综上所述，SBS 改性沥青、胶粉改性沥青、胶粉+SBS 复合改性沥青、硅藻土改性沥青和 TLA 改性沥青都能在一定程度上改善基质沥青的路用性能，但不同改性剂对基质沥青路用性能的改善程度不同。SBS 改性沥青和胶粉+SBS 复合改性沥青的各项性能最优，胶粉改性沥青的高温性能和低温性能优于硅藻土改性沥青和 TLA 改性沥青，硅藻土改性沥青的抗老化能力高于 SBS 改性沥青和胶粉改性沥青，TLA 改性沥青的抗老化性能高于胶粉改性沥青，但不及 SBS 改性沥青和胶粉+SBS 复合改性沥青。

对于改性沥青的新指标，硅藻土和 TLA 改性沥青对于基质沥青几乎没有改善作用，而 SBS 改性沥青、胶粉改性沥青、胶粉+SBS 复合改性沥青对于新指标的改善作用较为显著。

将单一改性沥青进行对比分析，比较对象选择 SBS、胶粉、硅藻土、湖沥青改性沥青，四种改性沥青对于基质沥青常规性能指标改善幅度如图 9.1 所示。

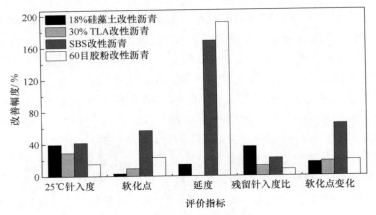

图 9.1　改性沥青常规指标改善程度

　　针入度越小，软化点越大，表示沥青的高温性能越好；延度越大表示沥青的低温性能越好；残留针入度比越大，软化点变化越小，表示沥青的抗老化性能越好。根据以上原则，硅藻土和湖沥青对于基质沥青高温性能的改善程度不及 SBS 和胶粉改性沥青，对基质沥青低温性能的改善程度远不及 SBS 和胶粉改性沥青；对于沥青的抗老化性能改善程度，硅藻土改性沥青的抗老化能力高于 SBS 和胶粉改性沥青，TLA 改性沥青的抗老化性能高于胶粉改性沥青，但不及 SBS 改性沥青。

9.2.2　改性沥青流变学性能比较

　　不同类型改性沥青温度扫描模式下流变学技术指标的比较情况见表 9.2。由表可以看出，五种不同类型的改性沥青与基质沥青相比，不同温度下的复数剪切模量增加，相位角减小，车辙因子增加，这些参数的变化都说明了沥青抗车辙能力的增强，但不同改性沥青增加的程度有所不同，其中胶粉+SBS 复合改性沥青对沥青抗车辙能力的提高最为显著，不同温度下的复数剪切模量和车辙因子是普通基质沥青的 3 倍左右，相位角比基质沥青减小了 20°左右；其次是 SBS 改性沥青，该类型改性沥青的复数剪切模量和车辙因子提高值以及相位角减小值稍小于胶粉+SBS 复合改性沥青；60 目胶粉改性沥青对于基质沥青流变学参数的改善作用次于胶粉+SBS 复合改性沥青和 SBS 改性沥青，而硅藻土和湖沥青对基质沥青复数剪切模量和车辙因子的提高值以及相位角的减小值都不大，即这两类改性沥青对于沥青的流变学指标影响不大。

表 9.2　各类改性沥青温度扫描模式下流变学技术指标

技术指标		沥青类型					
		基质沥青	SBS改性沥青	60目胶粉改性沥青	胶粉+SBS复合改性沥青	硅藻土改性沥青	TLA改性沥青
复数剪切模量/kPa	46℃	38.60	92.94	71.5	99.27	49.08	51.31
	52℃	14.95	48.86	38.1	58.56	17.95	19.41
	58℃	5.86	19.50	17.82	28.51	9.82	7.65
	64℃	3.26	10.97	10.82	18.37	4.03	4.26
	70℃	1.24	4.35	4.96	9.20	1.58	1.60
相位角/(°)	46℃	76.40	65.80	60.36	54.37	77.60	76.79
	52℃	79.32	66.70	60.59	54.36	80.66	79.53
	58℃	81.38	68.00	61.23	54.08	82.41	81.82
	64℃	83.85	69.50	61.67	54.04	84.62	83.61
	70℃	86.27	75.53	62.91	54.48	86.83	85.95
车辙因子/kPa	46℃	39.71	101.90	82.26	122.10	50.25	52.71
	52℃	15.20	53.22	43.73	72.05	18.19	19.74
	58℃	8.11	21.04	20.33	35.21	9.91	7.72
	64℃	3.28	11.71	12.29	18.26	4.05	4.29
	70℃	1.25	4.54	5.57	11.30	1.59	1.60

不同类型改性沥青频率扫描模式下流变学技术指标比较情况见表 9.3。

表 9.3　各类改性沥青频率扫描模式下流变学技术指标

技术指标		沥青类型				
		基质沥青	SBS改性沥青	60目胶粉改性沥青	胶粉+SBS复合改性沥青	硅藻土改性沥青
复数剪切模量/kPa	0.1rad/s	0.0682	0.257	1.35	1.62	0.55
	1rad/s	0.652	2.11	5.73	6.40	0.54
	10rad/s	5.70	13.40	23.70	25.20	4.93
	100rad/s	44.20	70.60	102.00	103.00	40.40
相位角/(°)	0.1rad/s	88.70	84.10	60.10	54.50	89.30
	1rad/s	86.80	77.60	56.30	53.60	87.90
	10rad/s	82.50	68.20	56.20	54.40	84.30
	100rad/s	78.00	65.30	57.80	56.20	80.50
车辙因子/kPa	0.1rad/s	0.0682	0.258	1.55	1.99	0.55
	1rad/s	0.653	2.16	6.89	7.95	0.54
	10rad/s	5.75	14.40	28.50	31.00	4.96
	100rad/s	45.20	77.60	120.00	164.00	41.00

由表 9.3 可以看出，在不同频率下，与基质沥青相比，胶粉+SBS 复合改性沥青具有最高的复数剪切模量和车辙因子以及最小的相位角，其次是 60 目胶粉改性

沥青，再次为 SBS 改性沥青，而不同频率下硅藻土改性沥青比基质沥青的复数剪切模量和车辙因子更小，相位角更大。因此在不同频率下，SBS 和胶粉的加入对沥青的流变学参数具有改善和增强作用，而硅藻土对流变学参数会产生不利影响，对沥青在 60℃下的抗车辙能力是不利的。

按现行 Superpave 沥青混合料规范，要求原样沥青的车辙因子不小于 1.0kPa，胶粉+SBS 复合改性沥青、60 目胶粉改性沥青和 SBS 改性沥青能将普通沥青提高 2 个或 2 个以上的高温等级，这样就能更好地应对南方湿热地区较高的路用温度环境。而单一硅藻土或 TLA 改性沥青则较难达到要求。

9.2.3　综合比较与加工机理分析

综上所述，SBS、胶粉、硅藻土、湖沥青等作为改性剂的加入对常规指标都有一定程度的提高，但对于提高的幅度而言，除硅藻土和湖沥青对基质沥青的针入度改善作用低于 SBS 改性沥青，硅藻土改性沥青的抗老化性能优于 SBS、胶粉以及二者的复合改性沥青，TLA 改性沥青的抗老化性能优于胶粉改性之外，其他指标硅藻土和湖沥青均不及 SBS、胶粉和复合改性沥青。

动态剪切流变试验的温度扫描和频率扫描结果表明，SBS、胶粉和复合改性沥青较基质沥青而言具有更好的抗车辙能力，而硅藻土和湖沥青对于基质沥青流变学参数的影响较小，不同温度和频率下既有提高性能的现象，也有减弱性能的现象，同时频率扫描的试验结果还说明硅藻土的加入使得沥青在不同频率下的性能有所减弱，对沥青抗车辙性能会产生不利影响。

当在基质沥青中只加入硅藻土或湖沥青一种改性剂时，所形成改性沥青的性能较基质沥青有所提高，但提高幅度有限，而在基质沥青中加入 SBS 和胶粉中的一种或两种改性剂能够大幅度提高沥青的各项性能。因此要想大幅度提高沥青的性能，硅藻土和湖沥青的单一改性方案很难达到要求，而研究表明，以 SBS 或胶粉为主要改性剂，同时添加其他改性剂的复合改性沥青方案对于大幅度、均衡地提高沥青的各项技术性能具有显著作用。

加工工艺对于改性沥青的性能具有较大影响，一般认为，改性沥青的加工工艺有两种：直投法和预混法。直投法是将改性剂直接投入沥青混合料的拌和设备中，使其与矿料、沥青等一起拌和形成改性沥青混合料，严格说来，这种方式并没有经历改性沥青的加工制备过程，并不是真正意义上的改性沥青加工工艺。而预混法是指将改性剂直接加入到基质沥青中的一种改性沥青的制作工艺。

预混法的方式有简单搅拌、高速剪切、胶体磨等，本书中实验室制备改性沥青时采用了高速剪切法、搅拌法、高速剪切法和搅拌法相结合的方法。高速剪切法采用能够控制转速的搅拌设备进行，通过高速剪切将粒径较大的改性剂进行剪切磨细、溶胀等；搅拌法采用搅拌器对加入改性剂的沥青进行搅拌，使改性剂进行溶胀, 并确保搅拌均匀。不同改性剂采用不同的制备方法是由改性剂的材料性质决定的。本书聚合物改性(SBS 等)沥青、胶粉改性沥青和复合改性沥青的制备, 采用了高速剪切法和搅拌法两种制备方法, 硅藻土和湖沥青的制备则是采用高速搅拌器进行制作。

聚合物改性剂 SBS 等加入到基质沥青中会吸收沥青中的油分而软化, 当采用高速剪切机进行剪切时, 能够将粒径较大的改性剂剪切破碎, 使之更好地分散到基质沥青中, 采用搅拌器进行搅拌则能够使改性剂在沥青中的分散更加均匀, 性能更加稳定。基质沥青和 SBS 并没有发生化学反应, 而是均匀地分散、吸附在沥青中, 仅仅是物理意义上的共存共容, 但由于基质沥青和 SBS 改性剂在分子量、相对密度及分子结构等方面存在较大的差距, 两者的相容性较差, 形成的改性沥青稳定性差, 易离析, 而稳定剂的加入可有效解决这一问题。使用较多的稳定剂是硫磺, 在硫磺的作用下聚合物通过化学交联, 在结构上形成相互缠绕的分子互穿网络结构, 改变分子间的引力常数, 使得和沥青的溶解度相近, 从而增加了热力学稳定性。

胶粉改性沥青的制备同样采用高速剪切加搅拌的方法, 高速剪切可以保证胶粉在沥青中的分散匀质, 使得胶粉能够迅速地分散到沥青中, 而简单搅拌则进一步使胶粉均匀分散在沥青中, 同时还可使胶粉处于悬浮状态。胶粉改性沥青的制备过程为胶粉和沥青在高温条件下的溶胀反应, 表现为胶粉吸油后体积膨胀、油分减少和黏度增加。

硅藻土改性沥青的制备同样采取简单的机械搅拌法, 从本书硅藻土改性沥青的光学显微镜图像中可以看出, 硅藻土加入基质沥青后能够比较均匀地分散到基质沥青中。硅藻土作为矿物填料加入沥青中既可以使沥青吸附到硅藻土表面形成稳定的界面吸附层, 还能对沥青的强度起到补强作用。红外光谱试验表明, 硅藻土加入基质沥青后, 并没有产生新的吸热峰, 两者只是简单的物理共混, 没有发生化学反应。

湖沥青为天然沥青的一种, 其实质为沥青, 因此与基质沥青具有良好的相容性, 采用简单的机械搅拌法即可达到与沥青均匀混合的目的, 但湖沥青密度比较大, 容易产生矿物成分的沉淀, 因此使用前应充分搅拌。红外光谱试验表明, 湖沥青与基质沥青相容后没有产生新的吸热峰, 两者只是简单的物理共混, 没有发生化学反应。

9.3 南方湿热地区改性沥青指标建议

沥青材料本身的特性对沥青混合料高温性能会产生较大影响, 沥青的高温性能主要指标是软化点，其高温黏度越大，软化点越高，沥青就越容易与集料黏结，沥青混合料的高温稳定性就越好。特别是改性剂或者抗车辙剂会显著提高沥青的高温黏度，改善沥青混合料的高温性能。对于基质沥青而言，宜选用 70 号或者 50 号 A 级沥青，并在软化点指标要求上有所提高。对于改性沥青，在福建地区，建议选用 I-D 型改性沥青，软化点指标提高到 75℃以上，动力黏度为 1～3Pa·s，以避免沥青运动黏度过低造成沥青与矿料黏结力不足，从而影响沥青混合料的高温性能。

　　沥青的黏度对浸水马歇尔、冻融劈裂试验指标有很大影响，黏性大的沥青具有较好的润湿性能，易于与集料结合。通常情况下，掺加聚合物改性剂对提高沥青水稳定性有一定的效果，如果改性沥青混合料出现水稳定性不足的情况，加入适宜的抗剥落剂可以取得明显的效果。

　　沥青用量增加，易在沥青混合料表面形成较厚的沥青膜厚度，对水稳定性的性能有很大的提高，一般情况下，在多雨地区进行沥青配合比设计时，沥青膜厚度应该在 7μm 以上。但沥青用量的增加不利于其高温性能，因此沥青用量应该控制在合理范围内。通常情况下，在高温多雨地区，综合沥青的高温稳定性和水稳定性，其用量可在配合比设计的最佳沥青用量下减少 0.1%～0.2%。

　　综合福建和深圳地区的实践研究，提出高黏改性沥青的指标体系见表 9.4。

表 9.4　高黏改性沥青推荐技术指标和技术标准值

性能	技术指标	单位	技术标准	测试方法(试验标准)
高温性能	软化点	℃	≥80	T0606
	当量软化点	℃	≥55	T0604
	25℃针入度	0.1mm	40~60	T0604
低温性能	5℃延度	cm	≥25	T0605
	当量脆点	℃	≤-16	T0604
温度敏感性	PVN(25~135℃)	—	1.5~3.5	T0604、T0625
	黏温指数 VTS	—	-4~-2	T0620、T0625
抗老化性能	黏度老化指数(TFOT)	%	<30	T0625
	软化点变化(TFOT)	℃	≤6	T0606
	25℃残留针入度比(TFOT)	%	≥80	T0604
施工和易性	170℃黏度	Pa·s	≤1.2	T0625
抗水损害性能	60℃动力黏度	Pa·s	≥100000	T0620
储存稳定性	48h软化点差	℃	≤2.5	T0606
其他指标	5℃弹性恢复	%	≥65	T0662
	25℃黏韧性	N·m	≥20	T0624
	25℃韧性	N·m	≥15	

该指标体系具有如下特点：

(1) 对于高黏改性沥青的控制指标选用软化点、60℃动力黏度、黏韧性和韧性，四项技术指标的技术标准值必须严格控制。

(2) 对于技术指标值的选取采用生产力水平和现有技术标准值相结合的方法，并采用以下原则：同一性能的评价指标，相关性较高的指标优先选择操作简单、区分度高的作为评价指标；同一性能评价指标相关度低的，尽量采用多个指标共同评价，同时兼顾区分度大小以及数据稳定性。

(3) 与我国聚合物改性沥青技术要求(选择 SBS 类中 I-D 技术标准要求作为比较对象)相比，该指标体系具有如下特点：

① 指标体系选用25℃针入度、当量软化点和软化点作为高温性能评价指标，国家规范采用 25℃针入度和软化点；技术标准方面，该指标体系针入度范围为 40～60(0.1mm)，较国家规范针入度范围 30～60(0.1mm)稍小，该指标体系软化点不小于 80℃，较国家规范不小于 60℃更高，这是由湿热地区的特殊性以及目前高黏改性沥青的平均生产力水平决定的。

② 指标体系选用PVN(25～135℃)和黏温指数 VTS 作为温度敏感性的评价指标，国家规范仅采用针入度指数，试验分析发现，采用 PVN(25～135℃)和黏温指数 VTS 更客观，数据更稳定。

③ 指标体系选用5℃延度和当量脆点作为低温性能的评价指标，国家规范仅采用 5℃延度；技术标准方面，该指标体系 5℃延度不小于 25cm，较国家规范不小于 20cm 更为严格，技术标准值优先考虑了目前高黏改性沥青的平均生产力水平。

④ 指标体系选用170℃黏度作为施工性能评价指标，国家规范采用135℃黏度，综合考虑 135℃和 170℃黏度相关性较高，同时高黏改性沥青施工温度更高，因此采用170℃黏度作为施工性能评价指标更为合理。

⑤ 指标体系采用弹性恢复的试验温度为5℃，国家规范采用25℃，试验研究表明，不同高黏改性沥青 25℃时的弹性恢复率一般为 100%，不同改性沥青没有区分度，采用 5℃时的弹性恢复率区分度更高，试验数据更稳定。

⑥ 对于储存稳定性，与国家规范采用相同的评价指标和技术标准值。推荐采用 TFOT 后残留物的黏度老化指数、软化点变化和 25℃残留针入度比三项指标共同评价抗老化性能，国家规范采用质量变化、残留针入度比和 5℃延度三项指标。

⑦ 推荐采用软化点、60℃动力黏度、黏韧性和韧性作为高黏改性沥青的控制指标，国家规范只给出了软化点的要求，对于湿热地区特殊的地理环境而言，60℃动力黏度、黏韧性和韧性也应该是重点关注的技术指标。

综合试验研究，提出了胶粉改性沥青的指标体系，见表9.5。

表 9.5　湿热地区橡胶改性沥青指标和技术标准推荐

指标	单位	技术标准	测试方法
25℃针入度	0.1mm	40~80	T0604
软化点	℃	≥60	T0606
5℃延度	cm	≥5	T0605
25℃弹性恢复率	%	≥60	T0662
175℃黏度	Pa·s	1~4	T0625
25℃残留针入度比(TFOT)	%	≥80	T0604
软化点变化(TFOT)	℃	≤6	T0606

胶粉改性沥青的技术标准具有如下特点：

(1) 以上指标多为常规经验性指标，这些指标操作简单、试验结果较为直观、易于理解，因此易于被接受和执行，在工程实际中对胶粉改性沥青的评价具有重要意义。

(2) 黏韧性、韧性、60℃黏度及动态剪切流变试验在胶粉改性沥青上的应用技术尚不成熟，还存在很多需要改进的地方，因此这些指标可作为胶粉改性沥青的研究性指标。随着经济发展和技术水平的进步，应该更加注重将这些研究性指标推广到工程实际中，以便更好地区分和评价胶粉改性沥青，同时注重试验数据和工程经验的积累，进一步完善胶粉改性沥青技术标准体系。

(3) 推荐采用 25℃弹性恢复率不小于 60%，弹性恢复率为胶粉改性沥青的重要评价指标，技术指标值过小不利于不同胶粉改性沥青的区分。

对于硅藻土改性沥青和 TLA 改性沥青，研究认为单一硅藻土改性沥青主要降低沥青的针入度和提高抗老化性能，对于软化点、延度和黏度的改善作用并不是特别显著。以本书试验数据为基础，建议硅藻土改性沥青应该重点关注针入度和抗老化评价指标(黏度老化指数、残留针入度比和软化点变化等)，其他指标参照基质沥青评价指标。同时应该在今后的试验研究和工程实践中进一步积累经验，对硅藻土改性沥青的评价体系进一步完善。

单一 TLA 改性沥青主要改善沥青的抗老化性能，对于软化点、黏度和车辙因子的改善作用并不是特别显著，同时对于 5℃延度具有不利影响。因此 TLA 改性沥青应该重点关注其 5℃延度和抗老化评价指标(黏度老化指数、残留针入度比和软化点变化等)。同时湖沥青中的灰分会很大程度上影响改性沥青技术性能，因此在改性沥青评价过程中也应重点控制。

9.4　本　章　小　结

单一指标往往无法反映改性沥青的总体性能，总体扫描检验往往十分必要。沥青改性对于各个指标的改变效果往往并不均衡，甚至反向，需要结合具体需求，选择具体的改性方法和材料。

研究对比显示，SBS 改性沥青、胶粉改性沥青、胶粉+SBS 复合改性沥青、硅藻土改性沥青和 TLA 改性沥青都能在一定程度上改善基质沥青的各项路用性能，但不同改性剂对基质沥青路用性能的改善程度不同。SBS 改性沥青和胶粉+SBS复合改性沥青的各项性能最优，胶粉改性沥青的高温性能和低温性能优于硅藻土和 TLA 改性沥青，但抗老化性能不及硅藻土和 TLA 改性沥青。对于改性沥青的新指标，硅藻土和 TLA 改性沥青对于基质沥青几乎没有改善作用，而 SBS、胶粉、SBS+胶粉复合改性对于新指标的改善作用较为显著。动态剪切流变试验的温度扫描和频率扫描结果表明，SBS、胶粉和复合改性沥青较基质沥青具有更好的抗车辙能力，而硅藻土和湖沥青对于基质沥青流变学参数的影响较小。对于 SBS、胶粉和胶粉+SBS 复合改性沥青的制备宜采用高速剪切加机械搅拌的方法，而硅藻土和 TLA 改性沥青的制备采用简单的机械搅拌即可。

湿热地区改性沥青的评价建议采用多指标共同评价，同时在高黏改性沥青研发时，应该重点提高高黏改性沥青的 60℃动力黏度、黏韧性和韧性，并使其针入度在合适的范围内。对于胶粉改性沥青则应采用黏韧性、韧性和 60℃动力黏度作为评价指标，以更好地区分各类胶粉改性沥青的性能。掺量不同，对于沥青的各项性能影响程度不同，对于本书选用的三种掺量的硅藻土改性沥青，建议最佳掺量为 15%～18%，四种掺量的 TLA 改性沥青建议最佳掺量为 20%～30%。掺量会显著影响沥青的黏温曲线，进而影响混合料的施工(拌和和压实)温度，在工程实际中，应根据掺量来计算施工温度，同时对于混合料的拌和宜采用拌和温度的上限。

第 10 章　研　究　展　望

　　我国沥青路面的使用和发展是一个长期的工作，研制和生产优质高等级道路沥青、改性沥青，以提高我国沥青路面的耐久性和使用性能，始终都是我国道路建设和维护的重大课题。大力发展改性沥青已成为当今石油沥青生产技术的发展方向，本书对于聚合物复合改性沥青的研究和推广，对于提高聚合物改性沥青的质量，完善其性能，降低成本，改善沥青路面的性能均具有重要意义。展望未来，我们仍然还有很多工作需要开展。

　　(1) 原料的优化选择。

　　道路沥青的产品质量和路用性能与生产沥青的原油有密切的关系。我国的石油资源中，按照常规方法大多数原油都不适于生产沥青。为了满足高等级道路沥青逐年高速增长的需求，开发适于我国石油资源、具有中国特点的沥青生产工艺技术，是我国石油沥青生产领域急需解决的热点和难点课题。世界石油沥青主要生产地美国、西欧及日本等，主要利用本地和进口的中东高硫低蜡环烷基、中间基原油生产道路沥青。对我国来讲，目前主要利用进口原油生产高等级道路沥青，因此仍然存在生产高等级道路沥青原料不足的问题，今后要继续选择适宜油源，扩大原料来源，充分优化利用国产高黏原油，并继续筛选适宜生产高等级道路沥青的进口原油。

　　(2) 重视石油沥青生产技术创新，提升工厂生产的沥青品质。

　　国外石油沥青生产工艺技术主要有：常压蒸馏、减压蒸馏(调节蒸馏深度)、溶剂脱沥青、(半)氧化、组分调和(软沥青和硬沥青两种基础组分调和、脱油沥青与减压渣油调和等)以及上述各工艺的组合。几十年来，我国已突破单纯依赖优质油源生产道路沥青的加工方式，多种生产沥青的深度加工组合工艺成套技术不断发展并推广应用。例如，对石蜡基或含蜡中间基原油，灵活采用组合工艺生产道路沥青取得成功：①采用蒸馏-溶剂脱沥青-溶剂抽提-调和的组合工艺降低沥青含蜡量，改善沥青的流变性能；②采用连续脱水-汽提蒸馏-轻度氧化的联合工艺加工稠油，通过调节蒸馏和氧化深度，调整沥青的化学组成，改善沥青的黏弹性和感温性；③开发出强化蒸馏技术，利用富含芳烃的催化裂化油作为强化剂加入沥青或渣油中，经强化蒸馏处理，改善沥青化学组成及沥青化学组分间的配伍性，并降低蜡含量。可以发现，道路沥青生产技术的研究开发，可以提升工厂生产的沥青品质，相当于工厂前源改性，相比后期通过材料改性，具有很大的潜在经济效益和社会效益，这个领域还有很大的上升空间。

(3) 继续大力发展改性沥青，发展高性能改性沥青混合料，提高道路沥青的路用性能。

应进一步加强改性沥青的研究开发，重点研究优化选择改性剂；改善改性沥青的储存稳定性；扩大改性沥青品种并系列化；改善聚合物与沥青的相容性；建立健全实验室评定和路用工程性能的评定方法；扩大以 SBS 为改性剂的改性道路沥青与改性建筑沥青防水卷材的工业化生产规模。日本改性道路沥青的主要生产工艺是采取现场调和和预调和两种工艺。我国也应该重视这两种方式，预调和改性效果好、性质稳定，现场调和有利于市场的占有和迅速推广。

目前我国的沥青基础理论研究薄弱，与产品性能紧密相关的基础理论研究也很薄弱，研究工作缺乏连续性，系统的数据积累不足。今后应加强沥青科研力量，系统开展沥青基础理论的研究工作，例如，研究沥青化学组成与结构对其物理性质的影响、物理性质的关联、沥青混合料力学性能与物理性质的关联、沥青及沥青混合料的流变学性质、沥青韧性与路用性能的关联、不同加工工艺操作条件的调节对沥青性质的影响等。

以沥青为基本材料的新型路用沥青混合材料的开发也显示出较好的应用前景，未来可大幅度提高废橡胶粉改性沥青、沥青玛蹄脂碎石料(SMA)、PA 透水沥青混合料、超薄高韧性加铺混合料等高性能材料的应用范围。

(4) 进一步提升我国普通道路沥青标准指标，加强针对性的地方技术标准、特种沥青技术标准的研究和制定。

建议进一步多样化发展各类道路沥青标准，如国家标准、行业标准及交通部门标准、地区标准、团体标准等。当今世界道路沥青的标准已由理化性质的测定向沥青路用性能评定的方向发展。美国 1987~1993 年完成的 SHRP 计划，建立了一套对沥青混合料进行评价和分级的新方法，其新沥青规范和相应的测试方法可直接与工程概念的路用性能相关，适应于所有改性和非改性道路沥青。我国也应研究建立上述道路沥青路用性能评定标准，并建立改性沥青、乳化沥青、水工沥青标准，以完善我国石油沥青产品标准。另外，针对各地气候和地理特点、交通特点，加强针对性的地方技术标准、特种沥青技术标准的研究和制定。

(5) 进一步开发常规沥青品种和特种沥青品种。

我国乳化道路沥青品种少，生产和使用方面同发达国家有较大差距。路面层间黏结和渗透、病害修补、高等级道路的维护、旧路翻修都需求大量可快速冷铺的乳化道路沥青。可在现有的基础上加强研究，开发性能更好、成本更低的新型沥青乳化剂。国外以石油沥青为原料生产特殊材料的研究开发范围很广，如复合建筑材料、黏结剂、保温泡沫沥青、防腐涂料、减震材料等。我国在特种沥青的研究开发方面与国外相比差距较大，应积极研究和开发市场急需的高附加值特种沥青产品。例如，开发可适应更大温度变化、更广阔气候区域、性能优于高等级道路沥青且生产成本低于改性沥青的多级道路沥青；开发沥青再生路面快速修复材料，特别是高附加值黏结料；开发沥青阻尼材料、彩色石油沥青等。

参 考 文 献

[1] 廖克俭, 丛玉凤. 道路沥青生产与应用技术[M]. 北京: 化学工业出版社, 2004.

[2] 沈金安. 改性沥青与 SMA 路面[M]. 北京: 人民交通出版社, 1999.

[3] 雷雨滋. 改性沥青国内外发展历程及趋势[J]. 山西建筑, 2006, 32(20): 155-156.

[4] 杨军. 聚合物改性沥青[M]. 北京: 化学工业出版社, 2007.

[5] 高军, 佘万能. 新型热塑性弹性体 SEBS[J]. 化工新型材料, 2004, 32(4): 21-24.

[6] 胡昌斌, 张峰. 水泥混凝土路面加铺沥青混合料复合改性技术研究[R]. 福州: 福州大学, 2016.

[7] 解建光, 钱春香, 肖庆一, 等. SEBS 改性沥青性能研究与机理分析[J]. 东南大学学报(自然科学版), 2004, 34(1): 96-99.

[8] 王德充, 刘青, 李伟. SIS 热塑性弹性体的开发和应用[J]. 粘接, 2002, 23(5): 23-26.

[9] 李谷, 麦堪成, 冯开才, 等. SIS 改性及其应用[J]. 广东橡胶, 2003, 12: 1-3.

[10] 孙彦伟, 黄鹭鹭, 龚志刚, 等. 苯乙烯-异戊二烯-苯乙烯嵌段共聚物(SIS)改性沥青的性能研究及应用[J]. 中国建筑防水, 2015, 14: 6-8.

[11] 张瑜. 多聚磷酸、硫磺对聚合物改性沥青性能的影响研究[D]. 福州: 福州大学, 2017.

[12] 张旭. 硅藻土的矿物学特征及改性沥青中的应用[D]. 长春: 吉林大学, 2004.

[13] 于滢. 硅藻土作沥青改性剂的研究[J]. 矿产保护与利用, 2006, 1: 17-22.

[14] 李斌. 有机化蒙脱土改性沥青的制备、性能及其改性机理研究[D]. 武汉: 武汉理工大学, 2010.

[15] 王华才. 沥青/有机化蒙脱土复合材料的结构及紫外老化研究[D]. 武汉: 武汉理工大学, 2010.

[16] 路剑其. 岩沥青在道路工程中的应用研究[D]. 长春: 吉林大学, 2008.

[17] 谢美东, 李向琼. 天然岩沥青改性沥青性能及改性机理试验研究[J]. 湖南交通科技, 2007, 33(3): 1-3.

[18] 王娜. TLA 天然沥青的改性机理及其应用研究[D]. 重庆: 重庆交通大学, 2012.

[19] 李玉龙. 高分子材料助剂[M]. 北京: 化学工业出版社, 2008.

[20] 张铭铭. 多聚磷酸改性沥青微观结构及技术性能研究[D]. 西安: 长安大学, 2012.

[21] 胡昌斌, 张峰. 富油细粒式沥青混合料应力吸收层研究[R]. 福州: 福州大学, 2016.

[22] 交通部公路科学研究所. JTG E20—2019　公路工程沥青及沥青混合料试验规程[S]. 北京: 人民交通出版社, 2019.

[23] 张亚玲. 湿热地区非聚合物改性沥青性能研究[D]. 福州: 福州大学, 2016.

[24] 王楠楠. 湿热地区路用改性沥青性能与技术指标研究[D]. 福州: 福州大学, 2014.

[25] 胡昌斌, 张峰. 湖沥青在南方湿热地区应用与技术规程研究[R]. 福州: 福州大学, 2012.

[26] Jiang Z L, Hu C B, Zheng X Y, et al. Evaluation of physical, rheological, and structural properties of vulcanized EVA/SBS modified bitumen[J]. Journal of Applied Polymer Science, 2017, 448(50): 1-10.

[27] Giovanni P, Antonio M, Dario B, et al. Effect of composition on the properties of SEBS modified asphalts[J]. Journal of European Polymer, 2006, 42(5): 1113-1121.

[28] Djaffar S B, Samy D. Rheological properties and storage stability of SEBS polymer modified

bitumen[J]. Journal of Engineering Science and Technology, 2013, 5(5): 1031-1038.

[29] Ouyang C F, Wang S F, Zhang Y, et al. Thermo-rheological properties and storage stability of SEBS/kaolinite clay compound modified asphalts[J]. European Polymer, 2006, 42: 46-57.

[30] Zhang F, Hu C B, Zhang Y. Influence of montmorillonite on ageing resistance of styrene-ethylene/butylene-styrene-modified asphalt[J]. Journal of Thermal Analysis and Calorimetry, 2018, 133(2): 893-905.

[31] Zhang F, Hu C B. The composition and ageing of high-viscosity and elasticity asphalts[J]. Journal of Polymer Composites, 2017, 38(11): 2509-2517.

[32] Monismith C L, Coetzee N F. Reflection cracking: analysis, laboratory state and design considerations[J]. Proceedings of AAPT, 1980, 49: 268-313.

[33] Dempsey B J. Development and performance of interlayer stress-absorbing composite in asphalt concrete overlays[J]. Transportation Research Record, 2002, 1809(1): 175-183.

[34] 廖卫东, 陈拴发, 李祖仲. 改性沥青混合料应力吸收层材料特性与结构行为[M]. 北京: 科学出版社, 2010.

[35] Zhang F, Hu C B. Preparation and properties of high viscosity modified asphalt[J]. Journal of Polymer Composites, 2017, 38(5): 936-946.

[36] Zhang F, Hu C B. The research for thermal behavior, creep properties and morphology of SBS-modified asphalt[J]. Journal of Thermal Analysis and Calorimetry, 2015, 121: 651-661.

[37] Zhang F, Hu C B. The research for high-elastic modified asphalt[J]. Journal of Applied Polymer, 2015, 132(25): 1-14.

[38] Zhang F, Hu C B. Physical and rheological properties of crumb rubber/styrene-butadiene-styrene compound modified asphalts[J]. Journal of Polymer Composites, 2017, 38(9): 1918-1927.

[39] Yetkin Y. Polymer modified asphalt binders[J]. Construction and Building Materials, 2007, 21(1): 66-72.

[40] Bahia H U, Hanson D I, Zeng M, et al. National cooperative highway research program report 459: characterization of modified asphalt binders in superpave mix design[J]. National Research Council, 2001, 36: 1-45.

[41] Zhang F, Hu C B. The research for structural characteristics and modification mechanism of crumb rubber compound modified asphalts[J]. Construction and Building Materials, 2015, 76: 330-342.

[42] Zhang F, Hu C B. The research for crumb rubber/waste plastic compound modified asphalt[J]. Journal of Thermal Analysis and Calorimetry, 2016, 124(2): 729-724.

[43] Qi Y. Study on changing of chemical group composition and kinetics of petroleum asphalt in series heating and air aging[J]. Petroleum Asphalt, 1993, 4: 17.

[44] Wright J R. Determination of oxidation rates of air-blown asphalt by infra-red spectroscopy[J]. Journal of Applied Chemistry, 1962, 12(6): 256-266.

[45] Shui H. Effects of ^{1}H-NMR and IR on aging process of paving asphalt[J]. Journal of China Eastern University, 1998, 24(4): 405.

[46] Petersen J C. Comparison of oxidation of SHRP asphalts by two different methods[J]. Fuel

Science & Technology International, 1993, 11(1): 89-121.

[47] Ding G, Zhang F, Yu J. Durability of paving asphalts by absorption of oxygen[J]. Petroleum Processing, 1990, 21: 42.

[48] Buncher M. Polyphosphoric acid modification of asphalt[J]. Asphalt, 2005, 20: 38-40.

[49] Martin J V. Polyphosphoric acid use in asphalt more than 40 years experience[J]. Asphalt, 2006, 21: 23-26.

[50] Masson J F. Brief review of the chemistry of polyphosphoric acid and bitumen[J]. Energy & Fuels, 2008, 22: 2637-2640.

[51] 张峰. 多聚磷酸、硫磺对聚合物改性沥青老化性能影响的研究[D]. 武汉: 武汉理工大学, 2011.

[52] Zhang F, Yu J Y, Wu S P. Effect of ageing on rheological properties of storage-stable SBS/sulfur-modified asphalts[J]. Journal of Hazardous Materials, 2010, 182: 507-517.

[53] Navarro F J, Martineboza F J, Partal P, et al. Effect of processing variables on the linear viscoelastic properties of SBS-oil blends[J]. Polymer Engineering & Science, 2001, 41(12): 2216-2225.

[54] Liu X, Isacsson U. Modification of road bitumens with thermoplastic polymers[J]. Polymer Testing, 2000, 20(1): 77-86.

[55] Boutevin B, Pietrasanta Y, Robin J. Bitumen polymer blends for coatings applied to roads and public constructions[J]. Progress in Organic Coatings, 1989, 17(3): 21-49.

[56] Morrison C R, Lee J K, Hesp A M. Chlorinated polyolefins for asphalt binder modification[J]. Journal of Applied Polymer Science, 1994, 54(2): 231-240.

[57] Bates R, Worch R. Engineering brief no.39 styrene-butadiene rubber latex modified asphalt[J]. Federal Aviation Administration, 1987, 32: 109-116.

[58] Becker M Y, Muller J A, Rodriguez Y. Use of rheological compatibility criteria to study SBS modified asphalts[J]. Journal of Applied Polymer Science, 2003, 90(7): 1772-1782.

[59] Shen J. Study on low temperature tension performances of polymer modified asphalts based on force ductility test[J]. Petrol Asphalt, 2005, 19(4): 4-7.

[60] Mark B. Polyphosphoric acid modification of asphalt[J]. Asphalt, 2005, 20: 38-40.

[61] 张峰. 含磷化合物改性沥青及其流变性的研究[D]. 兰州: 西北师范大学, 2008.

[62] Zhang F, Yu J. The research for high-performance SBR compound modified asphalt[J]. Construction and Building Materials, 2010, 24: 410-418.

[63] Isacsson U, Lu X. Characterization of bitumens modified with SEBS, EVA and EBA polymers[J]. Journal of Materials Science, 1999, 34(15): 3737-3745.

[64] Lu X, Isacsson U, Ekblad J. Rheological properties of SEBS, EVA and EBA polymer modified bitumens[J]. Materials and Structures, 1999, 32(2): 131-139.

[65] Ho R M, Adedeji A, Giles D W, et al. Microstructure of triblock copolymers in asphalt oligomers[J]. Journal of Polymer Science, 1997, 35(17): 2857-2877.

[66] Ouyang C F, Wang S F, Zhang Y, et al. Improving the aging resistance of styrene-butadiene-styrene triblock copolymer modified asphalt by addition of antioxidants[J]. Polymer

Degradation and Stability, 2006, 91(4): 795-804.

[67] Samuel Z C, Joséluis R A, María C C, et al. Physical and rheological properties of asphalt modified with SEBS/montmorillonite nanocomposite[J]. Construction and Building Materials, 2016, 106: 349-356.

[68] Yan K Z, Zhang H L, Xu H B. Effect of polyphosphoric acid on physical properties, chemical composition and morphology of bitumen[J]. Construction and Building Materials, 2013, 47: 92-98.

[69] Peng L A, Liang M, Fan W Y, et al. Improving thermo-rheological behavior and compatibility of SBR modified asphalt by addition of polyphosphoric acid[J]. Construction and Building Materials, 2017, 139: 183-192.

[70] Zhang F, Hu C B. The research for SBS and SBR compound modified asphalts with polyphosphoric acid and sulfur[J]. Construction and Building Materials, 2013, 43: 461-468.

[71] Xiao F P, Amirkhanian S, Wang H N, et al. Rheological property investigations for polymer and polyphosphoric acid modified asphalt binders at high temperatures[J]. Construction and Building Materials, 2014, 64: 316-323.

[72] Martin J, Hampl R, Otakar V, et al. Rheology of conventional asphalt modified with SBS, Elvaloy and polyphosphoric acid[J]. Fuel Processing Technology, 2015, 140: 172-179.

[73] Zhang F, Hu C B. Research for SEBS/PPA compound modified asphalt[J]. Journal of Applied Polymer, 2018, 135(14): 1-10.

[74] Zhou L Y, Xiong H F. Develop SIS industry and prompt the full utilization for C5 resource[J]. Petrol Chem Today, 2007, 15: 18-26.

[75] Wang D C, Liu Q, Li W. Development and applications of SIS thermoplastic elastomers[J]. Splice, 2002, 23(5): 23-26.

[76] Zhang F, Yu Y J, Wu S P. Effect of ageing on rheology of SBR/sulfur-modified asphalt[J]. Polymer Engineering and Science, 2012, 52(1): 71-79.

[77] Zhang F, Yu J Y. Effect of thermal oxidative ageing on dynamic viscosity, TG/DTA and FTIR of SBS- and SBS/sulfur-modified asphalts[J]. Construction and Building Materials, 2011, 25: 129-137.

[78] Zhang F, Hu C B, Zhang Y. The research for SIS compound modified asphalt[J]. Materials Chemistry and Physics, 2018, 205: 44-54.

[79] Kodrat I, Sohn D, Hesp A M. Comparison of polyphosphoric acid-modified asphalt binders with straight and polymer-modified materials[J]. Transportation Research Record, 2007, 19: 47-55.

[80] Liu X M, Li T G, Zhang H L. Short-term aging resistance investigations of polymers and polyphosphoric acid modified asphalt binders under RTFOT aging process. Construction and building materials, 2018, (191): 787-799.

[81] Nuñez J Y M, Domingos M D I, Faxina A L, et al. Susceptibility of low-density polyethylene and polyphosphoric acid-modified asphalt binders to rutting and fatigue cracking[J]. Construction and Building Materials, 2014, 73: 509-514.

[82] Zhang F, Hu C B, Zhang Y. Influence of poly(phosphoric acid) on the properties and structure of

ethylene-vinyl acetate-modified bitumen[J]. Journal of Applied Polymer, 2018, 135(29): 1-8.

[83] 徐斌. 排水性沥青路面理论与实践[M]. 北京: 人民交通出版社, 2011.

[84] Baumgardner G L, Masson J F, Hardee J R, et al. Polyphosphoric acid modified asphalt: proposed mechanisms[J]. Journal of the Association of Asphalt Paving Technologists, 2005, 74: 283-305.

[85] Bonemazzi F, Giavarini C. Shifting from sol to gel[J]. Journal of Petroleum Science and Engineering, 1999, 22(1): 17-24.

[86] Yadollahi G, Mollahosseini H S. Improving the performance of crumb rubber bitumen by means of polyphosphoric acid and vestenamer additives[J]. Construction and Building Materials, 2011, 25: 3108-3116.

[87] Zhang F, Hu C B, Zhang Y. The effect of PPA on performances and structures of high-viscosity modified asphalt[J]. Journal of Thermal Analysis and Calorimetry, 2018, 134(29): 1729-1738.